西安交通大学本科"十三五"规划教材

普通高等教育力学系列"十三五"规划教材

# 塑性力学基础

## （第3版）

尚福林 编著

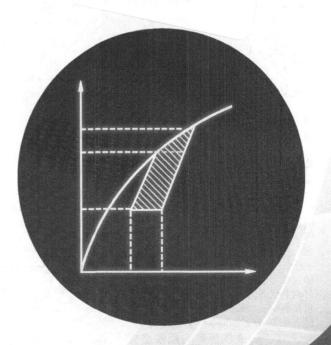

西安交通大学出版社
XI'AN JIAOTONG UNIVERSITY PRESS

## 内容简介

本书介绍了塑性力学的基本理论和研究各种塑性力学问题的基本方法,主要内容有:应力和应变;屈服条件;塑性本构关系(增量理论和全量理论);简单的弹塑性问题(弯曲梁、扭转圆轴、受压球壳、厚壁圆筒、旋转圆盘);理想刚塑性平面应变问题;塑性极限分析和安定分析原理;典型结构(梁、刚架、薄板、薄壳)的极限分析;率相关塑性本构关系。本书兼顾理论严密性和工程应用的特点,从求解工程问题的需求出发对所涉及的基本概念和基本理论给出清晰且严谨的阐述,略去过于繁琐且不影响具体问题求解的理论推导,并尽量选择典型的工程应用中的塑性力学问题进行举例说明,其宗旨在于将经典塑性力学中重要的基础知识介绍给读者。本书可作为工程力学、结构分析、材料、机械、土建、航天、航空等工科专业的高年级大学生和研究生的塑性力学课程教材,也可供有关工程技术人员参考。

**图书在版编目(CIP)数据**

塑性力学基础/尚福林编著. —3 版. —西安:西安交通
大学出版社,2018.4(2024.3 重印)
普通高等教育力学系列"十三五"规划教材
ISBN 978 - 7 - 5693 - 0535 - 7

Ⅰ.①塑… Ⅱ.①尚… Ⅲ.①塑性力学－高等学校－
教材 Ⅳ.①O344

中国版本图书馆 CIP 数据核字(2018)第 066096 号

| | | |
|---|---|---|
| 书 名 | 塑性力学基础(第 3 版) | |
| 编 著 | 尚福林 | |
| 责任编辑 | 田 华 | |
| 责任校对 | 李 文 | |

出版发行　西安交通大学出版社
　　　　　(西安市兴庆南路 1 号　邮政编码 710048)
网　址　http://www.xjtupress.com
电　话　(029)82668357　82667874(市场营销中心)
　　　　　(029)82668315(总编办)
传　真　(029)82668280
印　刷　西安日报社印务中心

开　本　787mm×1092mm　1/16　印张 20.25　字数 487 千字
版次印次　2018 年 8 月第 3 版　2024 年 3 月第 10 次印刷
书　号　ISBN 978 - 7 - 5693 - 0535 - 7
定　价　50.00 元

如发现印装质量问题,请与本社市场营销中心联系。
订购热线:(029)82665248　(029)82667874
投稿热线:(029)82664954　QQ:190293088
读者信箱:190293088@qq.com

# 第 3 版前言

本书第 2 版出版以来,得到了许多读者和同学的认可和使用。从对读者负责的考虑出发,借出版社重印之机,对原书进行修订再版。

除了改正文字、公式和图表等印刷错误之外,主要对第 2 版中的"强化材料的增量型本构关系"小节进行了重写。原来的理论推导存在不当之处,给读者造成一些困惑,深感不安。另外,增加了"关于应变强化的物理解释"(见 2.6 节),以及 Hill 关于弹塑性应力解唯一性证明的说明性文字(见 4.1 节),删去了原书习题 4.10 等。

作者衷心感谢对本书提出宝贵意见的专家、同仁、读者朋友和历届同学,特别致谢华中科技大学李振环教授、武汉理工大学王向阳教授、郑州大学张旭博士、中国矿业大学力学系同仁和英国曼彻斯特大学孙永乐博士等。本次修订过程中,作者还与西安交通大学力学系马利锋教授等数位老师进行了深入讨论,收益颇多。

感谢我的研究生郭惠丽、黄哲峰、李力、武晨光、邓师哲等同学,他们亦提出了许多有价值意见。感谢西安交通大学出版社田华女士的持续鼓励、热情帮助与出色编辑工作,本书的不断完善与她的敬业精神息息相关。

尚福林
2018 年 3 月

# 第 2 版前言

本书在 2011 年出版以后,除了作者所在的西安交通大学,已陆续被国内数所高校作为本科生和研究生教材使用,得到了大家的认可。一些读者反映,本书清晰易懂,塑性力学这门课程不再那么难学了。目前书已售罄,不能满足广大读者的需求。

本书第 2 版继续保持了原书的特点,采纳了许多力学同仁和读者提出的宝贵意见和建议,同时借鉴参考了国内外最新的若干塑性力学专著和教材(主要有参考文献[23,33,41~49,55~58]),并且融入了作者近年来从事课程教学的经验以及心得体会。第 2 版主要变化如下。

(1)新增加 1 章内容,即第 8 章"率相关塑性本构关系",概要介绍了考虑温度效应和应变率效应的塑性变形行为的本构模型,包括经验型本构关系、粘塑性本构关系和基于物理机制的本构关系。高温度和高加载速率条件下固体变形属于塑性力学的重要研究内容,不少读者希望书中有所涵盖,以便正确理解和合理选择塑性本构关系。

(2)第 1 章中新增加 1.2 小节"塑性变形的物理本质",目的在于使读者对金属塑性变形有更为清晰的了解和更为深刻的认识,将唯象的连续本构理论与微观层次发生的物理过程之间建立起联系。

(3)对原书第 2 章部分内容进行了改写,包括:2.3 小节"应变偏张量和等效应变";2.4 小节"屈服条件";2.6 小节"后继屈服条件";2.7 小节"加载、卸载准则"。其中,2.4 节中补充了"各向异性屈服条件"的内容;2.6 节中,重点增加了随动强化模型、组合强化模型的篇幅,对重要的强化模型给出了较为详细的说明,也增加了近年来新发展的重要结果。2.7 节中补充了"一致性条件"概念的内容。

(4)改写了原书第 3 章 3.2 小节部分内容,补充了关于依留申公设的讨论性内容;3.3 小节中,补充了关于"非关联流动法则"的讨论性内容;3.4 小节"全量型本构关系"增加了关于全量理论适用范围的讨论和新进展;新增加了 3.5 小节"应变空间中的塑性本构关系",概要介绍在应变空间中基于依留申公设所建立的塑性本构关系基本要素和数学关系式。

(5)第 4 章中增加"回弹分析"、"残余应力"、"反向屈服"等讨论性内容,以体现塑性力学理论与工程问题之间的紧密联系。

(6)各章末尾增加了"塑性力学人物"内容,以增强读者对塑性力学发展历史的了解和学习兴趣。

另外,调整、增加了部分习题以及详细的解答提示,以便读者练习;对原书部分"原文阅读材料"进行了改写(部分全文可以从作者个人主页网站下载:http//gr.

I

xjtu. edu. cn/web/shangfl/13/);对原书中的许多文字叙述、数学推导、插图作了修改,并修订了印刷错误和不当之处。

作者衷心感谢对本书提出宝贵意见的专家、同仁、读者朋友和历届同学,特别致谢李振环教授、王向阳教授和孙永乐同学。

尚福林

2015 年 3 月

# 第 1 版前言

塑性力学和弹性力学一样,是固体力学的中心内容,是研究物体发生弹塑性变形规律的一门学科。塑性力学不仅是断裂力学、损伤力学等许多研究领域的理论基础,而且在金属材料强度和加工、结构和机械设计、结构分析以及其他一些工程实际问题等方面都有着重要的应用。作为连续介质力学的分支学科,经典塑性力学是从塑性变形材料的宏观现象出发,采用数学方法对常温附近、具有延性的多晶金属明显表现出的非弹性特性进行阐述和处理。它所研究的问题分为两方面:(1)以实验观察结果为出发点,建立塑性状态下变形的基本规律,即塑性本构关系以及有关的基本理论;(2)应用这些关系和理论,分析确定在外载荷等作用下物体或结构内各处的应力与应变的分布。

本书是为学习工程力学、结构分析的学生而编写的塑性力学教材。主要内容以作者在西安交通大学为工程力学、结构分析专业的本科生和研究生授课的讲义为基础,并汲取了国内外数部塑性力学方面较好著作的适当内容。鉴于目前课内学时数逐渐减少,本书将重点放在清晰阐述基本概念和基本理论上,并介绍了解决有关工程问题的一些基本方法。

全书分 6 章。绪论部分对金属材料的塑性行为和研究所需要的基本假设作了简单介绍。第 2 章讨论了塑性本构关系的第一、第二要素,即屈服条件的建立,着重介绍了目前常用的初始屈服条件以及强化条件。第 3 章继续讨论塑性本构关系的第三要素,即流动法则,重点介绍了增量型本构关系和全量型本构关系,该章是全书的基础理论部分。第 4 章集中讨论了采用解析方法求解简单弹塑性问题的方法和特点。第 5 章介绍求解平面应变问题的滑移线场方法。第 6、7 章分别讨论了塑性力学中最有实用意义的分支之一,即结构极限分析的基本理论和方法,主要讨论了分析确定梁、刚架、薄板、薄壳等的塑性极限载荷的方法和途径;限于篇幅,第 6 章末尾仅对塑性安定分析的基本方法作了初步介绍。对于更为有效的弹塑性有限元方法,众多计算力学教材均有相关的介绍,本书不再重复。本书各章附有一定量的习题,同时,一些章节还留有部分课后练习和讨论题,以供学生加深理解和锻炼解决实际问题的能力。

实际上,经典塑性力学所涵盖的内容相当丰富,诸如粘塑性本构理论、岩土(土壤、岩石和混凝土等)的塑性理论、复合材料塑性理论、塑性稳定性问题、塑性动力学(研究强动载荷作用下材料的动态行为、结构塑性动力响应以及弹塑性应力波的传播等问题)以及塑性大变形理论等。塑性力学仍然是一门年轻的学科,还有许多值得深入研究和探索的课题。本书对这些专门问题未作介绍,建议读者参考有关专著。

对编写本书提出建设性意见的有：俞茂宏教授、西安交通大学工程力学系多位老师、数届本科生（特别是力学硕 41、力学硕 51、力学硕 61、力学 61、力学硕 71、结构 71）、众多研究生和本科生（特别是赵朋飞、郭显聪、李晓冬、孙永乐、朱鑫垚、曾伟、黄凯等），对于他们的不断鼓励和热情帮助，作者表示深切的谢意！本书得到了教育部特色专业建设项目的支持，特此致谢！作者同时感谢西安交通大学出版社任振国老师和田华女士对本书顺利出版提供的帮助。

作者希望本书能够对力学系和有关学科的本科生和研究生以及从事塑性力学相关的教育和研究人员有所帮助。同时，恳请同行专家和使用本书的读者提出宝贵意见，并不吝赐教。联系 E-mail：shangfl@mail.xjtu.edu.cn.

作　者

2011 年 3 月于西安

# 目　录

# 第1章　绪　论

塑性力学是变形固体力学的一个分支。塑性力学是以弹性力学为基础的,在学习塑性力学之前有必要对弹性力学的内容作一回顾。图 1.1 为弹性力学课程的基本内容框图。

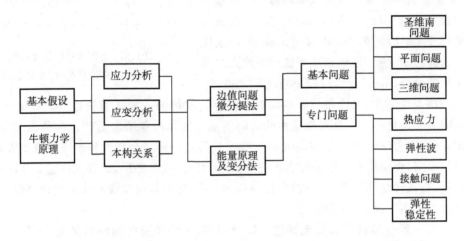

图 1.1　弹性力学课程的基本内容

弹性力学对所研究的对象最基本的特征做出了描述,假设物体是连续的、均匀的、各向同性的,服从线弹性(linear elasticity)规律、变形(位移和应变)是微小的,且物体内无初应力。从学科结构的严密性和系统性来看,弹性力学是固体力学所有学科中的典范,它是学习固体力学其他分支学科的基础。从学科发展来看,弹性力学在其专门问题的深入研究及在相关的新兴学科方面都有了进一步的发展,例如,非均匀弹性理论、各向异性弹性理论、非线性弹性理论、电磁弹性理论、微结构弹性理论等等。

塑性力学和弹性力学一样,是固体力学的中心内容。它既是基础的理论学科,又是重要的应用学科,是结构和机械设计、金属材料加工及强度研究等必不可少的基础内容。学习塑性力学的过程中,应注意与弹性力学的有关内容相联系,认清哪些知识是与弹性力学相一致的,哪些是有本质区别的,这对理解塑性力学的特点是很有好处的。

学习塑性力学除需要有一定的数学、物理及力学的基础外,还需要有金属物理的知识,这样才能把宏观和微观的研究结合起来。塑性力学是金属压力加工、结构极限设计、板壳理论、复合材料力学、蠕变力学、断裂力学、冲击动力学、爆炸力学以及弹塑性有限元分析等课程必不可少的基础。

## 1.1　塑性变形的实验观察

实践是建立理论的基础。在建立塑性理论和进行结构弹塑性分析之前,应该首先研究材料在塑性变形阶段的力学性质和变形规律。

### 1. 单轴拉伸(压缩)实验

图 1.2 为金属材料单向拉伸实验得到的典型载荷-伸长量曲线。在拉伸的初始阶段,载荷和伸长量成正比。当其偏离线性规律时,认为**初始屈服**(initial yield)发生,$Oa$ 阶段为**弹性阶段**(elastic region)。如果在实验试样变形超过 $a$ 点到达 $b$ 点时,将载荷完全卸除,则会剩余有不能恢复的永久变形量 $Oc$,这部分变形称为**塑性变形**(plastic deformation)。$cb$ 段的斜率非常接近于 $Oa$ 段的斜率,即与杨氏模量 $E$ 成比例。最大载荷位于 $d$ 点,在该点或者接近于该点时刻开始发生局部**颈缩**(necking),试样不再均匀地变形。

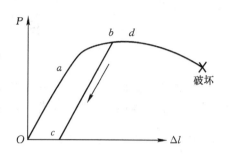

图 1.2　金属材料拉伸实验的典型载荷-伸长量曲线

在 $d$ 点之后的某个时刻,试样最终发生断裂。颈缩是材料的一种**几何失稳**(instability)行为,此时材料的应变强化不足以弥补横截面的局部削减。如果将颈缩之后的拉伸数据进行分析,就会发现,真实应力($\sigma = P/A$)会单调增长直至失效开始。典型金属的初始屈服应变大约处于 $0.1\% \sim 1\%$ 范围,而颈缩时的应变则会比它大 $10 \sim 40$ 倍。变形之后,试样大体上无永久的体积变化。而且,当试样受到静水压力载荷时,得到的载荷-伸长量曲线没有多大变化。也就是说,静水压力基本上不引起永久变形。

图 1.3 为一般金属材料和低碳钢进行简单拉伸、压缩实验得到的名义应力-名义应变曲线。这里的名义应力 $\sigma$、名义应变 $\varepsilon$ 均是按试件的原始尺寸计算的,即

$$\left. \begin{array}{l} \sigma = P/A_0 \\ \varepsilon = (l-l_0)/l_0 \end{array} \right\} \tag{1.1.1}$$

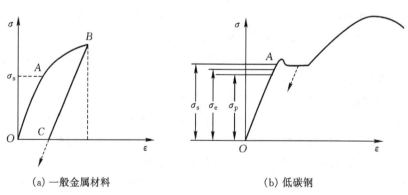

(a) 一般金属材料　　　　　　　(b) 低碳钢

图 1.3　金属材料拉伸实验的名义应力-应变曲线

它反映了常温、静载下材料在受力过程中应力-应变关系的全貌,显示了材料固有的力学性能。对于低碳钢、铸钢、部分合金钢等,通常有比较明显的屈服阶段,存在**比例极限**(proportional limit)$\sigma_p$、**弹性极限**(elastic limit)$\sigma_e$ 以及**屈服应力**(yield stress)$\sigma_s$ 三个参数的差别。由于它们非常接近,在工程上对它们一般不严加区分。退火软钢和一些铝合金还有上、下屈服点,由于上屈服点一般不稳定,对实验条件敏感,常采用下屈服点所对应的应力作为 $\sigma_s$。在应力超过 $\sigma_s$ 之后,会出现一个应力基本不变而应变显著增加的屈服(流动)阶段。对于中碳钢、部分高强合

金钢和部分有色金属等,常观察不到明显的屈服阶段。工程上往往以残余应变达0.2%时作为塑性变形的开始,其对应的应力作为材料的屈服应力,以 $\sigma_{0.2}$ 表示。在塑性力学中规定,屈服极限 $\sigma_s$ 作为弹性和塑性的分界点。

在变形过程中,试件的尺寸在不断地变化,因此,上述 $\sigma - \varepsilon$ 曲线不能真实地反映瞬时应力-应变关系。若考虑试件尺寸变化,可定义如下真应力(或称自然应力)和自然应变(或称对数应变)

$$\left.\begin{array}{l} \sigma_T = P/A \\ \varepsilon_T = \ln(l_1/l_0) \end{array}\right\} \tag{1.1.2}$$

式中:$A$ 为各瞬时的截面积;$l_0$ 为原始长度;$l_1$ 为瞬时长度。以 $\sigma_T$ 和 $\varepsilon_T$ 为坐标轴的曲线反映了各瞬时的应力-应变关系,称为真应力-自然应变曲线。图 1.4 为几种材料的真应力-自然应变曲线(据 Ludwik & Scheu 的实验结果)。为便于将拉伸和压缩试验结果放在一起,画出的是应力、应变的绝对值,而且,拉伸应力是相对于截面积的减小值计算而得,压缩应力是相对于试件高度的减小值计算而得的。实验结果显示,拉伸和压缩两种情形下得到的真应力-自然应变关系差异不大。因此,在处理工程问题时,一般都把二者看成是一致的。

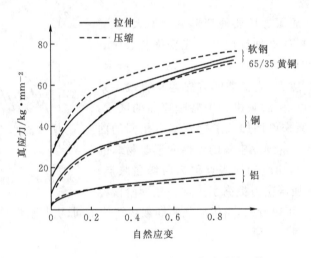

图 1.4  拉伸和压缩应力-应变关系的比较

以下对塑性变形的具体表现作一仔细观察。

(1) 加载和卸载

在弹性变形的范围内,如图 1.5(a)所示,其应力应变曲线往返的路径是一致的。当应力超过某一限度(如 $\sigma_s$)后去掉外力时,则不能恢复原形,有一部分变形被保留下来,如图 1.5(b)所示。在力去掉以后立即消失的变形(CE)是弹性变形 $\varepsilon^e$,除此之外被保留下来的部分(OC)称为非弹性变形(inelastic deformation)。在非弹性变形当中,有一部分(DC)会随时间的增长而缓慢消失,这种现象称为**弹性后效**(又称应力后效、滞弹性(anelasticity),指应力卸除后,当经历充分长时间,部分应变可以逐渐恢复,即应变相对于应力有滞后现象),它是由材料的粘性(viscosity)引起的。最后不能消失的部分(OD)为永久变形。在一定的应力作用下,永久变形随时间而缓慢增加的现象称为**蠕变**(creep),它也是由材料的粘性引起的。这种与时间有关的永久变形称为**流态变形**;而与时间无关、只和应力有关的永久变形就是塑性变形 $\varepsilon^p$。

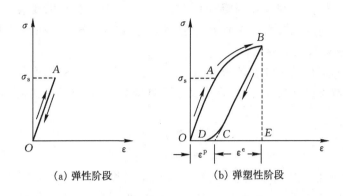

(a) 弹性阶段　　　　　　(b) 弹塑性阶段

图 1.5　不同变形阶段的加载与卸载规律

一般来说,在常温下,硬金属的弹性后效和蠕变变形与塑性变形相比是非常小的,因此,就把非弹性变形作为塑性变形来理解,即图中 $OD \approx OC$,且 $\varepsilon = \varepsilon^e + \varepsilon^p$。但对常温下的软金属和高温下的金属,与时间有关的变形是不能忽略的。

(2) 卸载后再加载

对多数材料来说,屈服之后要使变形继续增大,就需要继续增加载荷。材料的这种反应称为**应变强化**(strain hardening)或**加工强化**(work hardening)。如图1.6所示,若在卸载后重新加载,应力-应变曲线首先遵从直线关系直到最初卸载的应力点,然后画出一条略微弯曲的区段,再下去则遵从一条与原来单调加载情况下基本相同的曲线,就像未曾卸载一样。继续发生新的塑性变形时材料的再度屈服称为**后继屈服**,相应的屈服点称为**后继屈服点**。由于强化作用,材料的屈服应力提高了。这一变形阶段称

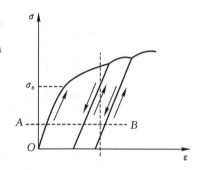

图 1.6　材料的强化特性

为**强化(或硬化)阶段**。可以看出,由于加载和卸载规律的不同,引起塑性阶段应力与应变的多值对应关系(如图中虚线 $AB$ 所示)。

(3) 反向加载

材料在拉伸强化后卸载,再进行反向加载(压缩)至屈服。实验发现,新的屈服应力一般低于最初未强化就反向加载时的屈服点的应力值。这种现象最早由德国的 J. Bauschinger(鲍辛格)发现,因此被称为 Bauschinger 效应。如图 1.7 所示,$\sigma_s'' < \sigma_s'$。这一效应说明,强化材料随着塑性变形的增加,屈服极限在一个方向上提高而在相反方向降低。这样,即使是初始各向同性的材料,在出现塑性变形之后,也会变为各向异性,即鲍辛格效应使得材料具有各向异性性质。

(4) 应力循环

如图1.8所示,设材料从某一应力状态 $\sigma_0$(图

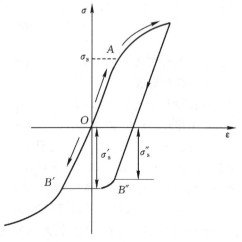

图 1.7　Bauschinger 效应

中 $d$ 点)开始加载,应力-应变关系按线性规律由 $d$ 点达到 $e$ 点,这时如给一应力增量 d$\sigma$,它将引起一个新的塑性应变增量 d$\varepsilon^{\mathrm{p}}$。在此变形过程中应变能有了增量。若从 $f$ 点卸载,应力又降为 $\sigma_0$(图中 $g$ 点)。这时弹性应变恢复,弹性应变能得到释放,而塑性应变被残留下来,相应的塑性应变能(图中的阴影部分)被保留而不能释放。也即,产生这一新的塑性变形 d$\varepsilon^{\mathrm{p}}$ 会耗散掉一定的能量。与此相应的外力功称为塑性功,它是不可逆的。所以,在上述应力循环中塑性功恒大于零(或非负),即

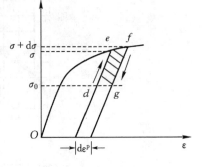

图 1.8　塑性功不可逆

$$
\left.
\begin{aligned}
(\sigma - \sigma_0) \cdot \mathrm{d}\varepsilon^{\mathrm{p}} &\geqslant 0 \\
\mathrm{d}\sigma \cdot \mathrm{d}\varepsilon^{\mathrm{p}} &\geqslant 0
\end{aligned}
\right\}
\tag{1.1.3}
$$

式中的等号适用于理想塑性材料。

**2. 静水压力实验**

P. W. Bridgman(布里奇曼)曾进行了不同金属材料在静水压力(各向均压)作用下的拉伸试验,即著名的 Bridgman 试验。Bridgman 通过大量的高压(各向均压)试验发现以下结论。

① 静水压力与材料体积的改变近似地服从线弹性规律,若除去压力,体积变化可以恢复,没有残余的体积变形,这样就可以认为各向均压时体积变化是弹性的。也就是说,静水应力状态不影响塑性变形而只产生弹性的体积变化。试验还表明,这种体积变化是很小的。例如,弹簧钢在 10000 个大气压下体积缩小约 2.2%。因此,对于一般应力状态下密实的金属材料,当发生较大的塑性变形时,可以忽略弹性的体积变化,而认为材料在塑性状态时的体积是不可压缩的。后面将会看到,这一假设在建立塑性本构关系时极其重要。

② 静水压力与材料的屈服极限 $\sigma_{\mathrm{s}}$ 无关。Bridgman 用不同钢材(如镍、钨)试样作出轴向拉伸时的应力-应变曲线与轴向拉伸和静水压力共同作用时的拉伸应力-应变曲线,如图 1.9 所示。比较发现,在静水压力增加的条件下,塑性强化效应不大;静水压力对初始屈服的影响很小,可以忽略不计。对多数金属而言,这个结论已经被确认在静水压力不大的条件下(材料屈服极限量级)是比较符合的。但对于软金属、矿物及岩土等材料,静水压力的影响比较明显,不能忽略,需要放弃这一假设。

概括上述单轴拉伸、压缩和静水压力实验结果,可以将塑性变形的特点总结如下:

① 不可恢复性是塑性变形的主要表现;从材料本身的力学行为或响应来看,材料进入塑性变形阶段,加载和卸载规律不同则是塑性变形的本质特点;

② 进入塑性变形阶段,应变不仅与应力水平有关,还和加、卸载路径(历史)有关,即路径相关性(path dependency);

③ 有强化现象;

④ 存在 Bauschinger 效应;

⑤ 塑性功不可逆,塑性变形会耗散一定的能量,即耗散性(dissipation);

⑥ 静水应力状态不影响塑性变形,材料在塑性状态时体积不可压缩。

塑性变形的特点集中地表现在应力与应变的关系上。简言之,金属材料的塑性(plasticity)就是变形的不可恢复性(irreversibility)。

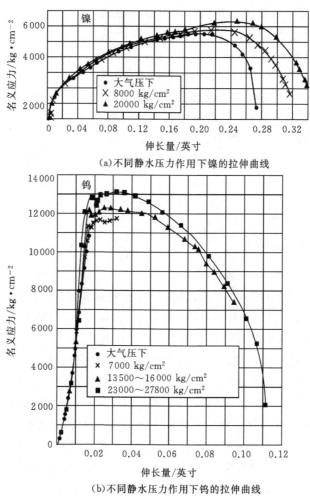

(a)不同静水压力作用下镍的拉伸曲线

(b)不同静水压力作用下钨的拉伸曲线

图1.9 不同静水压力作用下的拉伸曲线

## 1.2 塑性变形的物理本质

本节简要介绍发生屈服和塑性变形的原因,包括材料的微观结构和塑性变形过程中微观层次主要的物理过程。这些内容并非本课程的学习重点,但是十分有助于理解材料塑性变形的各种实验结果,同时也可为后面建立塑性本构关系提供依据和基础。

### 1. 晶体结构与晶体滑移

一般来说,塑性力学是以多晶体韧性材料的变形行为作为研究对象而发展起来的。构成多晶体的一个一个晶粒内部有大量的原子群,它们在三维空间有序排列形成规则的晶格(lattice)。典型金属材料的代表性晶体结构有面心立方(fcc)、体心立方(bcc)、密排六方(hcp)三种,如图1.10所示。

该图示意说明了一个单位晶格(称晶胞)的构造情况,晶胞在三维空间重复堆砌就构成空间点阵,即晶体结构。对于多晶体(polycrystal)而言,其各个晶粒取向是随机的,当无初始应

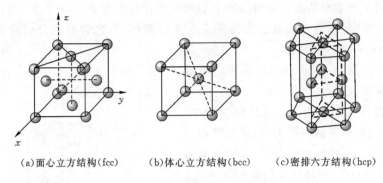

(a)面心立方结构(fcc)　　(b)体心立方结构(bcc)　　(c)密排六方结构(hcp)

图 1.10　金属的典型晶格类型

变时,其总体行为基本上呈现各向同性。但是,也不难想像,随着变形的增大,由于这种晶体取向的特性会造成在宏观上观察到的塑性变形的各向异性行为。例如上一节提到的 Bausch-inger 效应,正是由不同取向晶粒的有差异的塑性变形造成的,这些都说明了晶体结构对塑性行为的影响。

　　与多晶体相对应的是由单个晶粒构成的单晶(single crystal)材料。实验表明,塑性变形是某些特定的晶面在沿这些晶面的剪切应力作用下,沿特定晶向的相对移动,即滑移(slip)。滑移的特定晶面称为滑移面(slip plane),特定晶向称滑移方向(slip direction),二者共同构成一个滑移系(slip system)。从微观角度来说,滑移总是沿着原子密度最大的晶面和晶向发生。表 1.1 列出了典型金属材料的主要滑移面、滑移方向和滑移系。

表 1.1　典型金属的主要滑移面、滑移方向和滑移系

| 晶格 | 体心立方晶格(bcc) | | 面心立方晶格(fcc) | | 密排六方晶格(hcp) | |
|---|---|---|---|---|---|---|
| 滑移面 | {110}×6 | | {111}×4 | | 六方底面×1 | |
| 滑移方向 | ⟨111⟩×2 | | ⟨110⟩×3 | | 底面对角线×3 | |
| 滑移系个数 | 6×2=12 | | 4×3=12 | | 1×3=3 | |
| 典型金属 | 铁　钼　钽 | | 铜　铝　镍 | | 锌　镁　钛 | |
| CRSS | 15　50　50 | | 0.9　0.55　3.3 | | 0.18　0.5　14 | |
| 剪切模量(GPa) | 81.7　126　69 | | 48.3　26.2　76.0 | | 41.8　77.0　44.2 | |

　　金属晶体内滑移系的存在为金属产生滑移提供了可能性。滑移还必须有外力的作用。晶

体在外力的作用下产生滑移的力是滑移面上沿着滑移方向作用的分切应力。当此分切应力的数值达到一定大小时,晶体才会在这个滑移系上进行滑移,称之为临界分切应力(critical resolved shear stress, 简称 CRSS)。

这一概念可用图 1.11 所示的单晶体的单轴拉伸情况加以说明。

设单晶体的横截面积为 $A_0$,拉伸载荷为 $F$,正应力 $\sigma = F/A_0$,滑移面的面积为 $A$,$F$ 与滑移面法线夹角为 $\varphi$,$F$ 与滑移方向夹角为 $\lambda$,$F$ 在滑移方向的分力等于 $F\cos\lambda$,而滑移面的面积 $A = A_0/\cos\varphi$,所以在滑移面滑移方向上的分切应力 $\tau$ 为

$$\tau = \frac{F\cos\lambda}{A} = \frac{F\cos\lambda}{A_0/\cos\varphi} = \frac{F}{A_0}\cos\lambda\cos\varphi = m \cdot \sigma$$

$$(1.2.1)$$

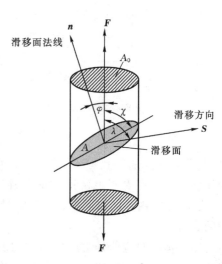

图 1.11 单晶体的单向拉伸

式中:$m = \cos\lambda\cos\varphi$,是外加力相对于晶体滑移系的取向因子,称为 Schmid(施密特)因子。当拉伸轴与滑移面平行(即 $\varphi = \pi/2$ 的情形)、拉伸轴与滑移方向垂直($\lambda = \pi/2$ 的情形)时,晶体滑移均不会发生。这一关系式已被众多实验证实。滑移系开动所需的临界分切应力标志着晶体特性,是一个定常值,与外加力的取向无关,这一规律称为 Schmid 定律。一般来说,bcc 晶体的 CRSS 值比 fcc、hcp 晶体大,请参考表 1.1。如果把滑移面开动所对应的正应力看作是屈服强度 $\sigma_s$,则屈服强度和外加力的取向有关。

实际上,单晶体在外力的作用下,除了单纯的滑移方式下的变形,还伴随有晶体的转动,如图 1.12 所示。

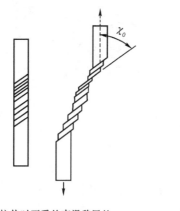

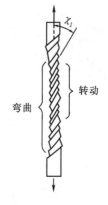

(a)拉伸时不受约束滑移层的
相对滑动,不发生转动

(b)固定夹头拉伸时滑移
面的转动($\chi_1 < \chi_0$)

图 1.12 拉伸时晶体的转动

如果晶体在拉伸时不受约束,滑移时各滑移层像推开扑克牌那样一层层滑开,则第一层和力轴的夹角 $\chi_0$ 保持不变,如图 1.12(a)所示。但是在实际的拉伸中,夹头不能移动,这迫使晶

体转动,在靠近夹头处由于夹头的约束晶体不能自由滑移而产生弯曲,在远离夹头的地方,会引起晶体点阵的逐渐转动和取向变化,转动的方向是使滑移方向转向力轴,如图 1.12(b)所示。

#### 2. 位错和塑性滑移

如果晶体剪切是相邻原子面之间均匀的相对滑动过程,那么可以理论计算出滑移产生所必需的剪应力大小。假设晶体理想完整,如图 1.13 所示,那么晶体的理论剪切强度近似为

$$\tau_{th} = \frac{Gd}{2\pi h}\Big(\approx \frac{G}{6}\Big) \tag{1.2.2}$$

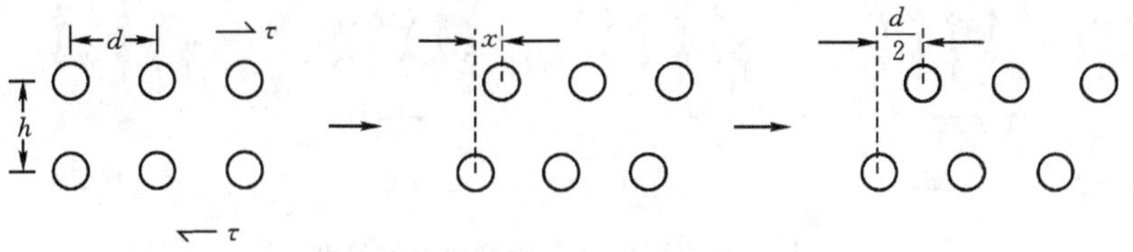

图 1.13 两列相邻原子的相对滑动

式中:$G$ 为剪切模量(根据弹性力学胡克定律,剪应力 $\tau$ 与剪应变 $\gamma$ 之间的关系为 $\tau = G\gamma$)。如果将实际晶体结构考虑在内,更为精确的计算结果表明,$\tau_{th} \approx G/30$。但是,这一剪切强度比实验测定的单晶体的剪切屈服强度(其数量级约为 $10^{-3}G \sim 10^{-5}G$)大 $10^2 \sim 10^4$ 倍。

这种悬殊的差距充分说明,晶体滑移并非整个晶面的滑移。人们已经认识到,晶体的塑性变形通常是晶体内部的一种缺陷——位错(dislocation)的运动造成的。

真实的晶体内部总会存在偏离理想晶格结构的区域,即包含各种各样的缺陷。例如,空位、间隙原子、置换原子等点缺陷;晶界、相界、堆垛层错等面缺陷。就影响材料的塑性变形行为而言,最为重要的是位错这类线缺陷。晶体缺陷的位错模型于 1934 年由 Taylor(泰勒)、Orowan(奥罗万)和 Polanyi(波拉尼)差不多同时独立提出。位错是一种有规律或有序状态的缺陷。晶体内部存在相当数量的位错。定义位错的密度为单位体积内位错线的总长度。通常,退火态金属材料中位错密度为 $10^{11}$ m/m³,超纯金属经细心制备和充分退火后内部的位错密度约为 $10^9 \sim 10^{10}$ m/m³,经过冷变形的金属的位错密度会达到 $10^{14} \sim 10^{16}$ m/m³。

晶体中有两类典型的位错:刃型位错(edge dislocation)和螺型位错(screw dislocation),如图 1.14 所示。

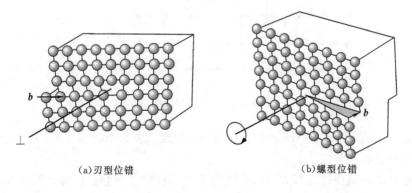

(a)刃型位错          (b)螺型位错

图 1.14 两类典型的位错

因为位错的存在,塑性变形不需要整个滑移面滑动,而是通过位错从晶面的一侧滑动到另一侧来完成整个滑移面的滑动。图 1.15 所示为一个刃型位错在剪应力的作用下在滑移面的滑动过程,位错的逐步滑动完成了整个滑移面的相对滑移。

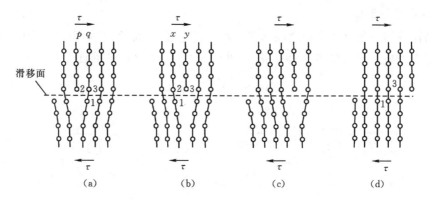

图 1.15　刃型位错在滑移面上的滑动

从图 1.15(a)到图 1.15(b)位错移动一个柏氏矢量的距离,只有位错线附近少量的几个原子列作位置调整。如此连续调整,滑移面上的滑移逐步传播,就完成了整个滑移面的滑移,如图 1.15(d)所示。显然,位错的滑移是容易的,所以由位错滑动完成的滑移所需的力比整个滑移面滑移所需的力要小得多。如图 1.16 所示,要使一个刃型位错(符号⊥,其柏氏矢量为 $b$)在滑移平面内移动一个原子间距所需的力近似为所谓的 Peierls-Nabarro(皮尔斯-纳巴罗)应力

$$\tau_{PN} = \frac{2G}{1-\nu}\exp\left[-\frac{2\pi h}{d(1-\nu)}\right] \tag{1.2.3}$$

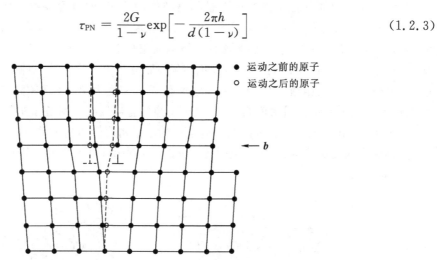

● 运动之前的原子
○ 运动之后的原子

← $b$

图 1.16　刃型位错滑移

式中:$\nu$ 为泊松比。对于一般的 fcc 和 hcp 金属,$\tau_{PN}$ 的数量级为 $10^{-6}G \sim 10^{-5}G$,与实际剪切屈服强度的数量级是相符合的。

假设滑移面沿刃型位错滑移方向的长度为 $s$,刃型位错在滑移面内移动距离为 $x$,那么,其位移量为 $bx/s$,$b$ 为柏氏矢量的大小。这样,$n$ 个位错移动一平均距离 $\bar{x}$ 产生的位移为 $u=$

$nb\overline{x}/s$。如果用 $l$ 表示滑移面的平均间距,则宏观的塑性剪应变为

$$\gamma^{p} = \frac{u}{l} = \frac{nb\overline{x}}{ls} \qquad (1.2.4)$$

上式中 $n/ls$ 代表着可动位错密度(density of mobile dislocations)$\rho_{m}$,即可移动的位错的总长度;那些不移动的位错对塑性应变无贡献。所以就有

$$\gamma^{p} = \rho_{m}b\overline{x} \qquad (1.2.5)$$

再进一步,塑性剪应变速率为

$$\dot{\gamma}^{p} = \rho_{m}b\overline{v} \qquad (1.2.6)$$

式中:$\overline{v}$ 为位错平均运动速率。

现在已清楚,位错在晶体内的运动就是晶体塑性变形的根源,正是晶体的晶面相对滑动产生了永久的塑性变形。事实上,如果把变形前晶体表面进行仔细抛光,变形后在其表面上能够观察到很细的滑移痕迹,材料学中称之为滑移线和滑移带。图 1.17 所示为变形后的镍基高温合金 $\gamma$ 相单晶体的三维原子力显微镜照片。从图 1.17(b)、(c)的精细结构视图可以测得,其滑移线台阶的距离周期约为 20 nm,滑移带是由很多细的滑移线组成的。

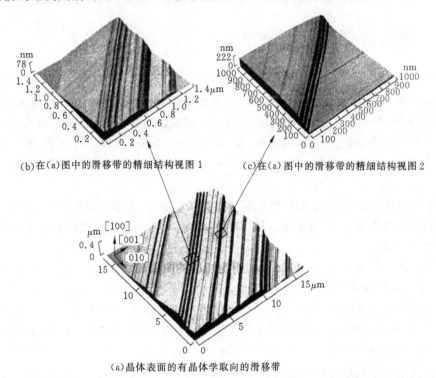

(b)在(a)图中的滑移带的精细结构视图 1　(c)在(a)图中的滑移带的精细结构视图 2

(a)晶体表面的有晶体学取向的滑移带

图 1.17　变形后的镍基高温合金 $\gamma$ 相单晶体的三维原子力显微镜电镜(AFM)视图

位错理论成功地解释了金属塑性行为中的许多现象。这里以塑性力学的主要研究对象——多晶体的屈服强度为例作一说明。

与单晶体不同的是,多晶体材料内部各个晶粒具有不同的取向,其分切应力各不相同。因此,不同晶粒会在不同的外加应力水平时到达其 CRSS,这样,晶粒逐步发生屈服。例如,Hall 和 Petch 观察到,低碳钢在屈服区域某些个别晶粒由单独的滑移系激活,然后滑移过程从一个

晶粒进入到另一个晶粒,最终引起整体屈服。而且,晶粒之间的晶界对位错运动形成强烈的阻碍,可以想象的是,多晶体的屈服应力会变得更高。换言之,材料强度得到了强化(此即晶界强化机制)。一般来说,多晶体的屈服应力是晶粒尺寸的递减函数,即随着晶粒尺寸的减小,塑性滑移阻力增加。这种函数关系可以通过实验确定,经常可用下面的 Hall-Petch 关系来表示

$$\sigma_s = \sigma_0 + k_s / \sqrt{d} \tag{1.2.7}$$

式中:$d$ 为晶粒直径;$\sigma_0$ 和 $k_s$ 是与温度相关的材料常数。$\sigma_0$ 可理解为忽略晶界效应时的屈服应力。Taylor(1938)发现,如果单晶体沿一滑移系受剪切的应力-应变曲线表示为 $\tau = f(\gamma^p)$,则多晶体有

$$\sigma = \overline{m} f(\overline{m} \varepsilon^p) \tag{1.2.8}$$

上式中 $\overline{m}$ 为关系式(1.2.1)中的取向因子 $m$ 的平均值,称为 Taylor 因子。对于 fcc 金属,Taylor 计算得到的 $\overline{m}$ 值约为 3.1。

Hall-Petch 关系指出,多晶体的屈服强度与晶粒的直径 $d$ 呈 $-1/2$ 次方的关系,即晶粒越细,强度越高;多晶体的强度高于单晶体。大多数多晶体材料都符合这种关系。

更多关于塑性变形行为的位错物理解释,请参见余永宁编著的《金属学原理》,2013。

## 1.3 塑性力学的研究内容

塑性力学是固体力学的一个重要分支,是研究变形固体发生塑性变形时的应力和应变(变形)分布规律的学科。它与弹性力学关系密切,弹性力学中的某些基本假设以及关于应力、应变的分析等与材料物性无关的基本概念仍然适用。但是,塑性力学问题远比弹性力学问题复杂。例如,弹性力学存在统一的本构关系(constitutive relation),即广义胡克(R. Hooke)定律,而塑性力学中由于问题的复杂性,不存在统一的本构关系。塑性力学的研究内容有以下两个方面。

① 根据实验观察结果,建立塑性状态下变形的基本规律,即塑性本构关系(包括初始屈服条件、后继屈服条件以及应力-应变关系等)和有关的基本理论。这种关系要求既要能与实验吻合,又要便于计算。

② 应用已建立起来的这些关系和理论求解给定的边值问题或边值-初值问题,确定物体在载荷等外来因素作用下塑性变形时的应力与变形的分布,包括研究在加载过程中的每一时刻,物体内各处的应力及变形,以及确定物体内已进入塑性状态的范围(即弹性区和塑性区的界限)、卸载后的残余应力等。它将探讨求解的方法,讨论所得解的唯一性、解的精度等问题,寻求精确的解析解法或者采用近似解法(如有限元法)等。

简言之,塑性力学问题的特点表现为以下几点。

① 本构关系复杂,问题往往归结为求解非线性方程,因此存在数学上的困难。

② 必须注意是加载还是卸载。

③ 一般情况下存在弹性与塑性的交界面,因此需要确定该交界面,并满足该交界面处的力和变形的连续条件,这会增加求解的难度。

塑性力学从宏观现象出发并用数学方法来研究材料的塑性性能。当然,也可以从塑性微观结构、微观变形机理的角度来研究塑性问题,这属于固体物理、金属学的研究内容。事实上,塑性力学的近代研究已走向与微观变形机理结合起来探讨塑性变形规律的方向,详细参见下

面的"塑性力学的发展简史"部分。本书中将主要介绍经典塑性力学的基本理论、方法和结果，其他部分暂不过多涉及。另外，本书前 7 章着重讨论金属材料在常温、静载荷条件下塑性变形的基本理论和基本方法，不考虑温度、时间、加载速率等因素对材料力学性质的影响。所得结果和研究方法可部分地应用于土壤、岩石、高分子化合物等。作为对上述内容的补充和发展，第 8 章概要介绍了较高温度、较高加载速率条件下金属材料塑性变形的主要特征和本构理论，其中考虑了温度效应、应变率效应等的影响。

## 1.4  基本假设

经典塑性力学是从宏观唯象的观点出发来进行研究的，而不是从物质的微观结构（例如原子、分子、结晶体的物性）出发，因此属于连续介质力学（continuum mechanics）的范畴。经典塑性力学采用的基本假设如下。

① 材料是均匀的、连续的，在初始屈服前是各向同性的。

② 基于 Bridgman 的试验结果，静水应力状态不影响塑性变形而只产生弹性的体积变化，即在塑性状态时，材料的体积是不可压缩的。换言之，塑性变形是在体积不变（不可压缩）的情况下进行的，即有 $\varepsilon_x^p + \varepsilon_y^p + \varepsilon_z^p = 0$。

③ 材料是稳定的或递减强化的。图 1.8 已经说明了在应力循环下塑性功不可逆，存在关系式（1.1.3），这个表达式是 Drucker 关于稳定材料塑性功不可逆在一维情况下的形式，它们是关于材料是否稳定的条件。

图 1.18 表示了一个应力循环（$\sigma_1 \to \sigma_2 \to \sigma_1$）的两种情况，应力都回到原来的值，应变由 $\varepsilon_1 \to \varepsilon_1'$，二者有差值 $\Delta\varepsilon^p$，在图（a）中 $\Delta\varepsilon^p > 0$；在图（b）中 $\Delta\varepsilon^p < 0$，不能满足稳定条件。虽然它们均满足 $\mathrm{d}\sigma/\mathrm{d}\varepsilon > 0$，但在图（a）中，卸载瞬时**切线弹性模量** $\mathrm{d}\sigma/\mathrm{d}\varepsilon = E_t < E$，而在图（b）中 $E_t > E$；只有如图（a）那样递减强化的 $\sigma$-$\varepsilon$ 曲线，才能满足稳定条件，也就是说，稳定材料的 $\sigma$-$\varepsilon$ 曲线满足

$$E \geqslant E_c \geqslant E_t \geqslant 0 \tag{1.4.1}$$

式中：$E_c = \sigma/\varepsilon$ 为**割线弹性模量**。3.2 节将给出关于稳定材料与不稳定材料的严格定义。

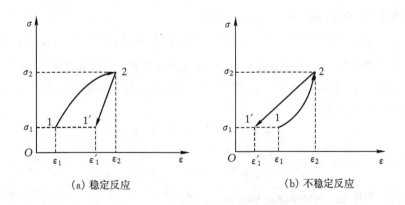

(a) 稳定反应　　　　　　　　　　(b) 不稳定反应

图 1.18  对应力循环的响应

④ 材料是非粘性的，材料的力学性能与温度、时间无关。这一假设有两层含义：

(a) 当温度不高、时间不长时,忽略材料的蠕变效应、松弛效应;

(b) 在应变率不大的情况下,忽略应变率对塑性变形的影响,也就是说,这里主要是研究在常温、静载荷下的金属塑性特性。

一般来说,材料在高温、动态载荷、不同应变率等条件下的力学特性是不同的。传统上,将金属、陶瓷、高分子材料等在较高温度下的不可恢复变形称为蠕变,属于材料高温强度学、蠕变力学等学科的研究内容。对于在较高应变率加载条件下的塑性变形,一般属于塑性动力学、冲击动力学、爆炸力学等学科的重点研究内容。在这两种情况下,通常不能忽略材料的粘性效应和应变率效应。本书第 8 章对上述两方面的变形行为及其常用的本构关系作了概要介绍。

⑤ 弹性性质与塑性变形无关,即弹性模量不随塑性变形而改变,这对金属材料是近似正确的,但是对岩土材料则会出现弹塑性耦合的情况。本书内容主要是结合金属材料的,对于土壤、岩石、混凝土类材料,请参照岩土塑性力学方面的教材和专著。

## 1.5　应力-应变关系的简化

虽然对材料的性质作了上述假设和限制,但由于材料在塑性状态下应力-应变关系非常复杂,而且还和变形历史有关。因此,在求解实际材料的具体塑性力学问题时,还需要根据不同材料和应用的范围建立简化的应力-应变关系。

除了理想弹性(perfectly elastic)模型,还有以下几种常用的简化模型。

**1. 理想弹塑性(elastic-perfectly plastic)模型**

有的材料具有明显的塑性流动阶段,且流动阶段较长,或者强化的程度较小,强化现象不大,此时可以忽略强化的影响,采用如图 1.19(a)所示的理想弹塑性模型。该模型的应力-应变关系的数学表达式为

$$\sigma = \begin{cases} E\varepsilon & \text{当 } |\varepsilon| \leqslant \varepsilon_s \\ \sigma_s & \text{当 } \varepsilon > \varepsilon_s \\ -\sigma_s & \text{当 } \varepsilon < -\varepsilon_s \end{cases} \qquad (1.5.1)$$

**2. 理想刚塑性(rigid-perfectly plastic)模型**

当弹性应变远小于塑性变形 $\varepsilon^p$ 时,可以采用此简化,此时恒有 $\sigma = \sigma_s$,如图1.19(b)所示。

**3. 线性强化弹塑性(elastic-linear hardening)模型(双线性强化模型)**

对于强化材料,应力-应变曲线可用图 1.19(c)所示的折线来简化,称为线性强化弹塑性模型。这时应力-应变关系的数学不等式为

$$\sigma = \begin{cases} E\varepsilon & \text{当 } |\varepsilon| \leqslant \varepsilon_s \\ \sigma_s + E'(\varepsilon - \varepsilon_s) & \text{当 } \varepsilon > \varepsilon_s \\ -\sigma_s + E'(\varepsilon + \varepsilon_s) & \text{当 } \varepsilon < -\varepsilon_s \end{cases} \qquad (1.5.2)$$

**4. 线性强化刚塑性(rigid-linear hardening)模型**

若变形比较大,可略去弹性变形部分,如图 1.19(d)所示,就称为线性强化刚塑性模型。

**5. 幂强化(power-hardening)模型**

上述简化模型中,弹性阶段和塑性阶段的应力-应变关系必须用不同的式子分别表示,使

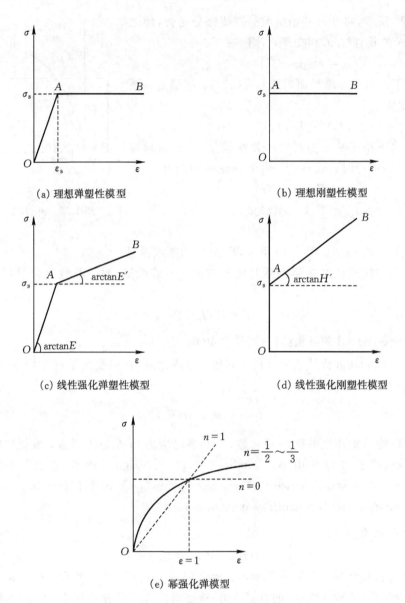

图 1.19　应力-应变曲线的简化模型

用时不太方便。为了便于计算,可采用幂次函数近似地描述应力-应变曲线,称为幂强化模型,如图 1.19(e)所示,其数学表达式为

$$\sigma = A\varepsilon^n \qquad (1.5.3)$$

式中:$A > 0, 0 \leqslant n \leqslant 1$,两参数为材料的特性常数。当 $n=0$ 时,为理想刚塑性模型;当 $n=1$ 时,为线弹性模型。当 $n$ 取为其他值时,则没有明显的线性阶段,通常用于变形较大的情形。幂强化模型的好处是其解析式比较简单;$n$ 可以在较大范围内变化,故常被采用。

### 6. 一般加载规律

对于一般的单向拉伸曲线,有时也取如下的应力-应变关系

$$\sigma = E[1 - \omega(\varepsilon)]\varepsilon \qquad (1.5.4)$$

如图 1.20 所示,将变形开始阶段的直线部分延长,使之与过观察点 $A$ 的垂直线 $\overline{BC}$ 相交于 $C$,则

$$\sigma = \varepsilon \tan\alpha - \overline{CA}$$

线段 $\overline{CA}$ 取决于 $\varepsilon$,且随 $\varepsilon$ 增长而增长。设 $\overline{CA}$ 与 $\varepsilon$ 的函数关系已由试验确定为

$$\overline{CA} = E\varepsilon\omega(\varepsilon)$$

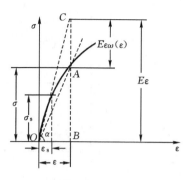

图 1.20　$\sigma = E[1-\omega(\varepsilon)]\varepsilon$

即 $\omega(\varepsilon) = \overline{CA}/\overline{CB}$。其中 $E$ 为材料的弹性模量,$\omega(\varepsilon)$ 由材料的性质确定,当 $\varepsilon < \varepsilon_s$ 时,$\omega(\varepsilon) = 0$。由于 $\tan\alpha = E$,故有

$$\begin{aligned}
\sigma &= E\varepsilon - E\varepsilon\omega(\varepsilon) \\
&= E[1-\omega(\varepsilon)]\varepsilon \\
&= E'\varepsilon
\end{aligned} \tag{1.5.5}$$

式中:$E' = E[1-\omega(\varepsilon)]$。从图 1.20 可见,$E'$ 为 $A$ 的割线模量。

式(1.5.4)在用迭代法求解问题时比较方便。不难验证,对于线性强化材料,当 $|\varepsilon| > \varepsilon_s$ 时,有

$$\omega(\varepsilon) = (1-E'/E)[1-\varepsilon_s/|\varepsilon|] \tag{1.5.6}$$

**7. Ramberg-Osgood 关系模型(有时简称 ROR 材料)**

Ramberg-Osgood 方程是描述材料在其屈服点附近应力-应变关系的常用理论模型之一,其塑性阶段的数学表达式为

$$\varepsilon = \frac{\sigma}{E} + \alpha\frac{\sigma_0}{E}\left(\frac{\sigma}{\sigma_0}\right)^n \tag{1.5.7}$$

式中:$E$ 为材料的初始弹性模量;$\alpha$ 是常数;$\sigma_0$ 是参考应力;$n$ 是应力指数,表征材料屈服后的强化行为。该模型于 1943 年由 W. Ramberg 和 W. R. Osgood 提出,详细请参见技术报告 "Description of stress-strain curves by three parameters", Technical Note No. 902, National Advisory Committee for Aeronautics, Washington DC。

**8. Swift 关系模型**

$$\sigma = A(B+\varepsilon)^n, \quad 0 \leqslant n \leqslant 1 \tag{1.5.8}$$

式中:$A, B, n$ 为材料常数。由该式可知,当 $\sigma = 0$ 时,$\varepsilon = -B$。该式表示材料由简单拉伸到应变 $B$ 以后应变强化(或冷作强化)的真实应力-应变对应关系。在应用中,以 $\sigma > 0$ 的曲线来描述应力-应变强化曲线。此式适用于大应变的情况。

**9. Ludwik 关系模型**

$$\sigma = \sigma_s + H\varepsilon_T^n \tag{1.5.9}$$

式中:$H$ 为常数;$n$ 为应变强化指数($0 \leqslant n \leqslant 1$);$\varepsilon_T$ 为对数应变。该模型适用于弹性应变可忽略的情形。

由于目前多使用计算机分析塑性力学问题,计算量的大小已经不是主要问题,因此也可以直接应用实验测得的应力-应变关系曲线,而不必作上述简化或近似。

**例 1.1**　为了使幂强化曲线在 $\varepsilon \leqslant \varepsilon_s$ 时满足胡克定律,可采用公式

$$\sigma = \begin{cases} E\varepsilon & \text{当} \varepsilon \leqslant \varepsilon_s \\ A(\varepsilon-\varepsilon_0)^m & \text{当} \varepsilon \geqslant \varepsilon_s, \, 0 < m < 1 \end{cases}$$

（1）为保证 $\sigma$ 及 $\mathrm{d}\sigma/\mathrm{d}\varepsilon$ 在 $\varepsilon=\varepsilon_s$ 处连续,试确定 $A,\varepsilon_0$;

（2）若将上述曲线表示为 $\sigma=E\varepsilon[1-\omega(\varepsilon)]$,试给出 $\omega(\varepsilon)$ 的形式。

**解**　将

$$E\varepsilon_s = A(\varepsilon_s-\varepsilon_0)^m \quad (\sigma\ \text{连续}) \tag{a}$$

$$E = mA(\varepsilon_s-\varepsilon_0)^{m-1} \quad (\mathrm{d}\sigma/\mathrm{d}\varepsilon\ \text{连续}) \tag{b}$$

联立求解,将式(b)代入式(a)得到

$$\varepsilon_s-\varepsilon_0 = m\varepsilon_s \tag{c}$$

所以

$$\varepsilon_0 = (1-m)\varepsilon_s$$

将式(c)代入式(a)得到

$$E\varepsilon_s = A(m\varepsilon_s)^m \tag{d}$$

所以

$$A = E\varepsilon_s/(m\varepsilon_s)^m$$

这样有

$$\sigma = \begin{cases} E\varepsilon & \text{当}\ \varepsilon\leqslant\varepsilon_s \\ \dfrac{E\varepsilon_s}{(m\varepsilon_s)^m}[\varepsilon-(1-m)\varepsilon_s]^m & \text{当}\ \varepsilon\geqslant\varepsilon_s,\ 0<m<1 \end{cases}$$

容易得到,当 $\varepsilon\leqslant\varepsilon_s$ 时,$\omega(\varepsilon)=0$;当 $\varepsilon>\varepsilon_s$ 时

$$\sigma = E\varepsilon[1-\omega(\varepsilon)] = \frac{E\varepsilon_s}{(m\varepsilon_s)^m}[\varepsilon-(1-m)\varepsilon_s]^m$$

得

$$\omega(\varepsilon) = 1 - \frac{\varepsilon_s}{\varepsilon}\Big[\frac{1}{m}\Big(\frac{\varepsilon}{\varepsilon_s}-1\Big)+1\Big]^m$$

$$= 1 - \Big[\frac{1}{m}\Big(\frac{\varepsilon}{\varepsilon_s}-1\Big)+1\Big]^m \Big/ \frac{\varepsilon}{\varepsilon_s}$$

## 1.6　塑性力学对工程实际的意义

塑性力学源于生产实践,又直接为生产服务,它对工程实践有非常重要的意义。这里先以一个简单的三杆桁架的极限设计为例来说明。

设图 1.21 为一简单的三杆对称桁架,各杆截面积相同,由同一钢材制成,其屈服极限为 $\sigma_s=265$ MPa,桁架的工作载荷为 $P_0=10^5$ N。若安全系数取 3,试确定杆的截面积 $A$。

这是一次超静定的桁架问题,在各杆均保持弹性状态的情况下,可解得各杆的内力为

$$P_1 = \frac{2P}{2+\sqrt{2}}, \quad P_2 = \frac{P_1}{2} = \frac{P}{2+\sqrt{2}}$$

桁架的工作载荷为 $10^5$ N,安全系数为 3,则设计载荷 $P=3\times10^5$ N,故

$$P_1 = \frac{2\times300\,000}{2+\sqrt{2}} = 175736\ \text{N}, \quad P_2 = 87868\ \text{N}$$

若按弹性状态设计,以桁架最大受力部分的应力达到屈服极限时作为桁架的破坏,即当 $P_1=A_e\sigma_s$ 时桁架发生破坏,则杆截面积应取

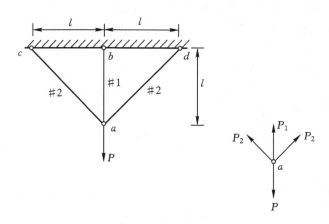

图 1.21　三杆桁架问题

$$A_e = \frac{P_1}{\sigma_s} = 663 \text{ mm}^2$$

注意,$P_2 = P_1/2$,即两根♯2杆的应力才达到屈服应力的一半,还处于弹性状态,因此存在很大承载潜力,还可以继续承载。由于钢材为韧性材料,♯1杆屈服后能发生一定的变形而不丧失其强度,两根♯2杆可继续承受较大的载荷。只有当♯2杆也达到屈服极限时,桁架的承载能力才达到极限值。假设所用钢材为理想塑性材料,不计强化作用,有 $P_1 = P_2 = A_p\sigma_s$。根据节点 $a$ 的平衡条件有

$$P_1 + \sqrt{2}P_2 = P$$

即

$$A_p\sigma_s(1+\sqrt{2}) = P$$

若按塑性极限状态设计,杆的截面积应取

$$A_p = \frac{P}{(1+\sqrt{2})\sigma_s} = 469 \text{ mm}^2$$

由此可见,如果采用塑性设计,杆的截面积可减少近 30%,因而可节省材料近 30%。

　　这一普通的极限设计例子充分说明,应用塑性力学可以充分发挥材料的承载能力,带来很好的经济效益。塑性极限设计只是塑性力学在工程实践中应用的一个方面。

　　下面再以图 1.22 所示的两端固定的等截面直杆为例,说明结构在外载荷作用下的弹塑性响应。对于由理想塑性材料制成的结构,其变形随着载荷的单调增加,依次可分为三个阶段。首先是弹性阶段,结构内各部分都处于弹性状态。使结构处于弹性状态的最大载荷称为最大弹性载荷,用 $P_e$ 表示。接着,随着载荷的增加,结构中有一部分材料进入塑性状态,但其变形受到相邻弹性部分的约束,仍属于弹性量级,因而整个结构的变形也是弹性量级的。这一阶段称为约束塑性变形阶段。最后,随着载荷的继续增加,结构的全部或足够大的部分进入塑性状态,致使弹性部分丧失了对塑性区的约束作用,因而结构的整体刚度

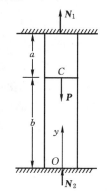

图 1.22　受轴向载荷的两端固定的直杆

明显削弱,变形显著增加。这一阶段称为自由塑性变形阶段。使结构达到自由塑性变形阶段的载荷称为极限载荷,用 $P_p$ 表示。由于材料是理想塑性的,自由塑性变形阶段的开始也意味着达到其极限状态。在载荷不变的情况下,结构可"无限地"变形,形成塑性流动。

设杆的截面面积为 $A$,在 $y=b$ 处($a<b$),有一逐渐增加的力 $P$ 作用。设材料是理想塑性的,在拉伸或压缩时的屈服极限相等,均为 $\sigma_s$。下面按加载过程分析结构所处的不同状态,并建立力 $P$ 与力 $P$ 作用点位移 $\delta$ 之间的关系。

设杆在力 $P$ 作用下,两端的反力为 $N_1$,$N_2$。

杆的平衡方程为

$$N_1 + N_2 = P \tag{a}$$

变形协调方程为

$$\Delta a + \Delta b = 0 \tag{b}$$

上述方程(a)和(b)与材料性质、变形状态无关,各阶段的区别仅在于物理方程的不同。

(1)弹性解

杆全部处于弹性状态时,力和变形的关系遵循胡克定律,因此变形协调方程为

$$\frac{N_1 a}{EA} - \frac{N_2 b}{EA} = 0 \tag{c}$$

也就是材料力学中解静不定问题中的补充方程。

联立求解方程(a),(c)得

$$\left. \begin{array}{l} N_1 = \dfrac{b}{a+b}P \\[3mm] N_2 = \dfrac{a}{a+b}P \end{array} \right\} \tag{d}$$

由上述分析可知,$a$ 段杆受拉,$b$ 段杆受压。由于 $b>a$,故有 $|N_1|>|N_2|$,也就是说,在加载过程中 $a$ 段杆将先达到屈服。因此当 $N_1 = N_s = \sigma_s A$ 时,由(d)式的第一式可得出结构能承受的最大弹性载荷

$$P_e = (1 + \frac{a}{b})\sigma_s A \tag{e}$$

这时,就整个结构来说,它处于弹性状态的极限。与此相应的截面 $C$ 的位移为

$$\delta_c = \frac{N_1 a}{EA} = \frac{P_e ab}{(a+b)EA} \tag{f}$$

(2)弹塑性解

当载荷超过 $P_e$ 时,$a$ 段杆已进入屈服,对于理想弹塑性材料,按理说它可以自由地产生较大的变形,但实际上它受到这时还处于弹性状态的 $b$ 段杆变形的限制,仍应满足变形协调方程(b),所以全杆的变形仍属于弹性量级。这种状态即为上述约束塑性变形阶段。这时 $a$ 段杆的应力不再增加,$a$ 段杆的内力为

$$N_1 = N_2 = \sigma_s A$$

由平衡方程(a),可得 $b$ 段杆的内力

$$N_2 = P - N_1 = P - \sigma_s A$$

于是,当杆处于弹塑性状态时,$C$ 截面的位移取决于 $b$ 段杆的变形

$$\delta_c = \Delta b = \frac{N_2 b}{EA} = \frac{(P - \sigma_s A)b}{EA}$$

$$= \frac{[Pa + (P - P_{\mathrm e})b]b}{EA(a+b)}$$

（3）塑性解

当力 $P$ 再继续增加，到 $b$ 段杆也达到屈服时，杆 $b$ 的内力为

$$N_2 = N_{\mathrm s} = \sigma_{\mathrm s}A$$

这时杆件变形显著增加，丧失承载能力，开始进入自由塑性变形阶段。由式(a)可得杆件的极限载荷

$$P_{\mathrm p} = 2N_{\mathrm s} = 2\sigma_{\mathrm s}A$$

综上所述，截面 $C$ 的位移 $\delta_{\mathrm c}$ 与载荷 $P$ 的关系如图 1.23 所示。

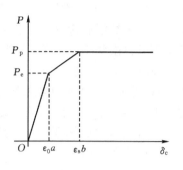

图 1.23　结构的 $P$-$\delta$ 图

事实上，塑性力学对于工程实践的意义是多方面的。除了这种以塑性力学为依据，解决零件或结构的众多强度和稳定问题之外，还能解决很多其他问题，例如：

① 金属的压力加工和成形问题，即如何使用最小的力和消耗最小的能量，达到加工的目的，并且使物体内部的变形均匀些，不致产生破坏或缺陷；

② 土力学、岩石力学及地质力学等问题。

随着计算机的普及应用，计算弹塑性力学的出现和不断成熟更加拓展了塑性力学在工程技术中的应用范围以及能够解决的科学和工程问题。

## 1.7　塑性力学的发展简史

塑性力学作为连续介质力学的一个重要分支，其历史比较短。塑性力学方面最早的一批著作发表于 19 世纪 70 年代。1773 年 C. A. de Coulomb 提出了土的屈服条件。1864 年法国工程师 H. Tresca 公布了关于金属冲压和挤压的初步实验报告，提出了金属在最大剪应力达到某一临界值时就发生塑性屈服的著名论断，即最大剪应力屈服条件，这就是后来所称的 Tresca 条件。此后，Saint-Venant 采用 Tresca 屈服条件计算了理想塑性圆柱体在扭转或弯曲作用下出现部分塑性时的应力(1870)，以及受内压作用下完全塑性的圆管中的应力(1872)。Saint-Venant 还建立了二维塑性流动下应力、应变的五个控制方程。Saint-Venant 认识到应力和总的塑性应变不存在一一对应的关系，提出假设认为，在塑性变形的每一时刻，最大剪应变速率的方向与最大剪应力方向一致。1871 年，法国学者 M. Lévy 按照 Saint-Venant 的观点建立了三维情况下的应力与塑性应变速率的关系式。

在塑性力学迈出这重要的第一步以后的 40 年内，其发展非常缓慢。直到 20 世纪初，Haar 和 T. von Karman(1909)以及 R. von Mises(1913)的研究工作才使塑性力学又获得一些进展。Haar 和 T. von Karman 从某些变分原理出发得到了塑性力学的方程。1913 年，von Mises 基于纯粹数学上的考虑，明确地提出了一个新的屈服条件——应力强度不变条件。实践证明，在当时提出的各种屈服准则当中，这一条件对于金属材料能够给出最为满意的预测。数年之后，H. Hencky 给出了此条件的物理解释，即当单位体积的弹性形变能达到某一临界值时，材料发生屈服。事实上，M. Huber 早在 1904 年就曾提出过这一条件，因此这一条件有时又称为 Huber-Mises-Hencky 屈服条件，简称 Mises 屈服条件。von Mises 还独立提出了类

似于 Lévy 的塑性应变增量与应力关系表达式,后来就称为 Lévy-Mises 方程。由于他们都考虑了塑性应变增量,因此属于刚塑性模型的理论。

在两次世界大战期间,德国科学家积极投身于塑性力学的研究。后来在苏联、英国和美国,塑性力学和空气动力学同时成为了连续介质力学中发展最为蓬勃的部分。从 20 世纪 20 年代到 50 年代,理论和实验两方面均取得了重大成果,形成了一个能够反映在常温下各向同性金属材料的主要弹性和塑性性质的理论,并且相当大程度上与实验观察结果一致。L. Prandtl 在 1920 年和 1921 年的研究表明,二维的塑性问题是双曲型问题,他计算了采用扁平模子压入水平表面和平头楔形体所需的载荷。同时期的 A. L. Nadai 进行了实验测试,其结果与 Prandtl 的计算结果是一致的。但是,后来的研究表明,Prandtl 的工作在某些方面是有缺陷的。1923 年 Hencky 将 Prandtl 的特解推广为更为一般的理论。Nadai 从理论和实验两方面研究了棱柱形扭杆的塑性区。塑性力学有效应用到技术加工始于 1925 年,当时 von Karman 分析了滚压过程中的应力状态。此后的几年,Siebel 和 Sachs 针对拔丝问题提出了相似的理论分析。1924 年,Prandtl 将 Lévy-Mises 理论推广应用到平面应变问题,同时考虑了塑性变形和弹性变形。采用薄壁圆管试样,W. Lode(1926)测量了在不同轴向拉力和内压联合作用下的应力,G. I. Taylor 和 H. Quinney(1931)开展了其在轴向拉伸和扭转联合作用下的实验,从而证实,Lévy-Mises 应力-应变关系在一阶近似下是准确的。Schmidt(1932)和 Odquist(1933)还尝试将加工强化引入 Lévy-Mises 理论框架。1930 年,A. Reuss 把 Prandtl 的工作推广到三维问题,从而建立了 Prandtl-Reuss 增量型塑性理论。与此并行的是,1924 年,Hencky 采用 Mises 条件提出了另一个全新的理论,建立了全量应变和应力关系。1931 年,Nadai 在他的塑性专著中对该理论给予了极大的关注,并随后在苏联的教科书中被广泛采用。1937 年,Nadai 考虑了材料的强化,建立了大变形情况下的应力应变关系。1943 年,A. A. Ilyushin 把 Hencky 的理论加以系统化,建立和完善了全量型塑性理论。后来的研究表明,在各应力分量按照同一比例增大的简单加载情况下,全量理论是可用的。W. Prager 和 P. G. Hodge(1948)以及 H. J. Greenberg(1949)建立了塑性增量理论的极限原理。从历史发展来看,英国和美国在这方面研究主要是受到需要计算自紧圆筒枪管的应力、装甲板抵抗弹丸的力等类问题的驱动。此后许多国家在这方面开展了大量研究。不夸张地说,目前教科书介绍的知识大部分可归功于 1945 年到 1949 年这 5 年间的研究工作。

进入 20 世纪 50 年代,塑性力学在理论上、方法上和实际应用上都得到了迅速的发展。对塑性变形基本规律、塑性动力学和动态塑性失稳等研究是理论研究的重要方面。例如,50 年代初出现了塑性势理论,对于满足 Drucker 公设的屈服条件相关联的一般本构关系进行了讨论。Ilyushin(1954)提出了五维偏应变矢量空间中的一般弹塑性本构理论,将应力表示为变形迹内蕴几何学参数的泛函,它适合于描写复杂加载下金属材料的塑性响应特性。应该说,经典塑性理论研究在 20 世纪 50 年代已经成熟,其主要结果总结在 Hill 的名著《塑性数学理论》和 Prager 和 Hodge 的名著《理想塑性的固体理论》中。

伴随着电子计算技术的飞速发展,采用数值方法特别是有限单元法求解复杂弹塑性问题已经成为现实。有限单元法在塑性力学问题的最初应用归功于 J. H. Argyris(1960),R. H. Gallagher, J. Padlog 和 P. P. Bijlaard (1962),G. G. Pope(1966),O. C. Zienkiewiez(1969),J. T. Oden(1972),D. R. J. Owen 和 E. Hinton(1980)等人的工作。目前,求解结构塑性响应已相当成熟,也是大多数流行的有限元程序的标准功能。在塑性力学的应用方面,主要集中在板壳和结构的弹塑性分析、极限分析、金属的塑性成形、金属材料及其结构在爆炸和高速冲击载荷下塑性响应等方面。

相对于经典塑性理论,后来的塑性理论方面发展在文献中被称为"近代塑性理论"。内容涉及有限塑性变形理论、塑性热力学、理性塑性力学、塑性损伤力学、内变量理论、内蕴时间塑性理论(K. C. Valanis,1971)、多种统一塑性理论(A. K. Miller,1976;E. W. Hart,1976;J. C. Swearengen,1978;J. L. Chaboche,1977,1983;E. Krempl,1979)、广义塑性理论(俞茂宏,2005)、非局部化弹塑性理论(王小平,2007),以及由宏观唯象理论向细观深度发展、由金属向多晶集合体、颗粒材料、复合材料、地质材料发展而出现的塑性细观力学等方面,详见王自强(1986)、陈罕(1987)、王仁(2001)、俞茂宏(2002)、刘旭红(2007)等的评述文章。近年来,随着各种微纳米材料与结构的不断涌现,传统塑性力学遇到了前所未有的挑战和难题,研究人员提出了一些新的塑性理论,诸如离散位错塑性理论(discrete dislocation plasticity, A. Needleman,2000)、各种应变梯度塑性理论[19,20](strain gradient plasticity),来尝试解释奇特的微纳米材料力学性能的实验结果,提供更为合适、准确的力学计算方法。

由弹性力学到塑性力学,表明人们对材料与结构力学行为的认识和运用上有了一个重要发展,它为力学的发展提供了更为可靠的测量方法和更为先进的计算工具。目前塑性力学已在土木、机械、水利、航空、造船、核能、冶金、采矿、材料等工程领域获得了广泛的应用。作为变形固体力学的一个独立分支,塑性力学仍然是一门年轻的学科,还存在许多值得继续深入研究和探索的课题。随着研究工作的深入,塑性力学将在各工程领域中发挥越来越大的作用。

## 习　题　1

**1.1**　自然应变(对数应变)$\varepsilon_T$ 较工程应变 $\varepsilon$ 有哪些优点? 试仿照对数应变来定义对数截面收缩率 $\Psi$,并证明在体积不可压缩时

(1) $\Psi = \varepsilon_T$;

(2) $(1+\varepsilon)(1-\psi)=1$,其中 $\psi$ 为截面收缩率。

**1.2**　以图形方式观察 Ramberg-Osgood 应力应变关系式和 Swift 应力应变关系式的特点。其中,前者可假设 $\alpha=1.25,\sigma_0=345$ MPa,$n=3.2,E=129$ GPa;后者可假设 $A=156$ MPa,$B=0.22,n=0.25$。

**1.3**　参考 1.6 节中图 1.21 的三杆对称桁架,如果所用钢材为理想弹塑性材料,当外力 $F$ 逐渐增加时,试分析确定:

(1)桁架处于弹性范围内所能承受的最大载荷 $F_e$,以及此时的节点 $a$ 的竖直位移量、♯2 杆的应力值;

(2)当 $F>F_e$ 直至两个♯2 杆达到屈服时的载荷 $F_p$,以及此时的节点 $a$ 的位移量。

**1.4**　同 1.3 题,如果所用钢材是线性强化弹塑性材料,试分析:(1)$F_e$;(2)♯2 杆进入塑性时的外载荷 $F_1$。

**1.5**　试分析下图中的三杆桁架在组合集中力作用下的:

(1) 屈服极限;(2) 屈服后形态;(3) 卸载后的残余内力;(4) 再次屈服条件。假设所用的钢材为理想弹塑性材料。

**1.6**　证明:

(1) 线性弹塑性的强化系数 $E'$ 与线性刚塑性模型的强化系数 $H'$ 之间存在如下关系

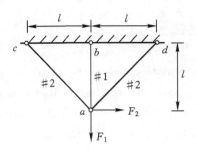 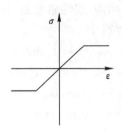

题 1.5 图 三杆桁架问题

$$H' = \frac{EE'}{E - E'}$$

(2) 若用 $E_p$ 表示塑性模量 $\dfrac{\mathrm{d}\sigma}{\mathrm{d}\varepsilon^p}$，则 $\dfrac{1}{E_p} = \dfrac{1}{E_t} - \dfrac{1}{E}$；

(3) 线性强化弹塑性材料的 $\omega(\varepsilon) = (1 - E'/E) \cdot (1 - \dfrac{\varepsilon_s}{\varepsilon}\mathrm{sgn}\varepsilon)$，当 $|\varepsilon| \geqslant \varepsilon_s$ 时。

**1.7** 题 1.7 图 (a) 是多晶镍基合金的显微照片，其平均晶粒尺寸约为 100 μm；题 1.7 图 (b) 和图 (c) 是其单个晶粒中一个微小区域的晶体结构原子面示意图，在剪切作用下，原子面构形从图 (b) 变为图 (c)，请尝试用这些图形来分析出宏观塑性变形的一些特点：

(1) 体积不可压缩性；

100 μm

(a) 多晶镍基合金 C263 的显微照片

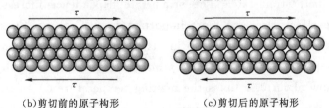

(b) 剪切前的原子构形　　　　(c) 剪切后的原子构形

题 1.7 图

(2)静水应力不影响塑性滑移；

(3)对于多晶体,塑性屈服是一个各向同性过程。

**英文阅读材料 1**

In addition to elastic and visco-elastic deformation behavior, materials can undergo plastic deformation. The main characteristic of plastic deformation is that it is ***irreversible***. Plastic deformation can be virtually instantaneous or time-dependent depending on the conditions under which deformation takes place. The main controlling variables are temperature and deformation rate.

We will be mostly concerned with ***instantaneous or time-independent, permanent deformation or plastic deformation for short***. Figure 1.2 is a schematic load-extension diagram when a specimen is plastically deformed in a tensile test. ***Initial yield*** occurs at *a* with departure from linearity. Range *Oa* is called the ***elastic region***. Only for some very high-strength metals is it possible to have nonlinear elastic behavior prior to internal yield. If the specimen is deformed beyond *a* to *b* and then the load is reduced to zero, the permanent deformation *Oc* remains. The slope of *cb* is to a very good approximation the same as that of *Oa*, i. e. , proportional to Young's modulus *E*. The point of maximum load is *d*. At or near this point localized necking begins and the specimen no longer deforms uniformly. At some point past *d* the specimen fractures. Necking is a material-geometric instability in which strain hardening of the material is insufficient to compensate for a local reduction in cross-sectional area. If one could obtain tensile data past the necking point, one would find that the true stress, $\sigma = P/A$, increases monotonically until failure starts. Typically, the initial yield strain is between 0.1% and 1% while the strain at necking is 10 to 40 times larger. There is virtually no permanent change in volume after the specimen has been deformed. Furthermore, the force-elongation curve is essentially unchanged when the specimen has hydrostatic pressure superimposed on it. Hydrostatic pressure alone induces almost no permanent deformation.

Plastic deformation of typical structural materials can be considered rate-independent at room temperature and at normal strain-rates. For strain rates in the range of $10^{-6}$/sec. to 10/sec. , the behavior is relatively insensitive to the strain-rate at which the test is conducted. If the temperature is a significant fraction of the melting temperature ( in Kelvin), however, the strain-rate sensitivity becomes marked. Tin or lead are examples where even at room temperature rate effects play a role. Figure 1 shows the result of tests conducted at constant strain-rate. The strain-rate dependence increases with increasing temperature. Rate effects are also more important in BCC than FCC materials. In what follows, we will assume that the temperature is low enough that *strain rate effects can be neglected*, and we will consider *time-independent plasticity*. Typically, this means the temperature is below about 0.4 times the melting temperature on an absolute temperature scale. Above 0.4 times the melting temperature, creep becomes important (see Figure 1).

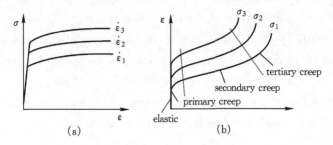

Fig. 1　(a) Tests conducted at different constant strain rates ($\dot{\varepsilon}_1 < \dot{\varepsilon}_2 < \dot{\varepsilon}_3$);

　　　　(b) Tests conducted at different constant stress $\sigma_1 > \sigma_2 > \sigma_3$ (creep tests).

（注：上述阅读材料摘编自力学网站 http://imechanica. org/）

**塑性力学人物 1**

### Johann Bauschinger(约翰·鲍辛格)

Johann Bauschinger (11 June 1834 in Nuremberg-25 November 1893 in Munich) was a mathematician, builder, and professor of Engineering Mechanics at Munich Polytechnic from 1868 until his death. The Bauschinger effect in materials science is named after him.

The Bauschinger effect refers to a property of materials where the material's stress/strain characteristics change as a result of the microscopic stress distribution of the material. For example, an increase in tensile yield strength occurs at the expense of compressive yield strength. While more tensile cold working increases the tensile yield strength, the local initial compressive yield strength after tensile cold working is actually reduced. The greater the tensile cold working, the lower the compressive yield strength.

The Bauschinger effect is normally associated with conditions where the yield strength of a metal decreases when the direction of strain is changed. It is a general phenomenon found in most polycrystalline metals. The basic mechanism for the Bauschinger effect is related to the dislocation structure in the cold worked metal. As deformation occurs, the dislocations will accumulate at barriers and produce dislocation pile-ups and tangles. Based on the cold work structure, two types of mechanisms are generally used to explain the Bauschinger effect.

First, local back stresses may be present in the material, which assist the movement of dislocations in the reverse direction. Thus, the dislocations can move easily in the reverse direction and the yield strength of the metal is lower. The pile-up of dislocations at grain boundaries and Orowan loops around strong precipitates are two main sources of these back stresses.

Second, when the strain direction is reversed, dislocations of the opposite sign can be produced from the same source that produced the slip-causing dislocations in the initial direction. Dislocations with opposite signs can attract and annihilate each other. Since strain hardening is related to an increased dislocation density, reducing the number of dislocations reduces strength.

The net result is that the yield strength for strain in the opposite direction is less than it would be if the strain had continued in the initial direction.

# 第 2 章　屈服条件

从上一章的介绍知道,塑性力学的主要任务包括以下内容:

① 根据实验观察结果,建立塑性状态下变形的基本规律,即本构关系以及有关的基本理论;

② 应用这些关系和理论求解具体问题,即求解物体在外载荷等因素作用下的应力和变形分布,包括研究在加载过程中的每一个时刻,物体内各处的应力及变形,以及确定物体内已进入塑性状态的范围(即确定弹性区和塑性区的界限)等。

在以定量的手段描述塑性行为之前,还应注意到,材料由弹性变形状态进入塑性变形状态时存在一个临界点,即弹性极限。因而首先确定材料在怎样的受力程度上开始发生塑性变形或进入塑性阶段是极为重要的。在单向拉、压应力状态下,测出的弹性极限或屈服极限 $\sigma_s$ 即为材料进入塑性状态的标志。但在复杂应力状态下,一点的应力状态是由 6 个应力分量确定的,此时要确定材料的屈服或弹性极限,显然不能从一个应力分量的数值大小进行判断,而必须考虑 6 个应力分量的联合作用。本章的内容就是要讨论在复杂应力状态下如何确定材料进入塑性阶段的判据或准则问题,也就是要建立屈服条件的问题。

## 2.1　应力偏张量及其性质

**预备知识**　主应力、主剪应力和应力张量的不变量

在空间应力状态下,如适当地选择坐标轴,可使得一点的剪应力为零而只剩正应力,这样三个相互垂直的坐标轴的方向称为应力张量的主方向(或称主轴),与主方向垂直的面叫主平面,该面上存在的正应力叫主应力。三个主应力分别用 $\sigma_1, \sigma_2, \sigma_3$ 表示。主应力 $\sigma_N$ 的值可由行列式

$$\begin{vmatrix} \sigma_x - \sigma_N & \tau_{xy} & \tau_{zx} \\ \tau_{xy} & \sigma_y - \sigma_N & \tau_{yz} \\ \tau_{zx} & \tau_{yz} & \sigma_z - \sigma_N \end{vmatrix} = 0$$

即

$$\sigma_N^3 - I_1 \sigma_N^2 - I_2 \sigma_N - I_3 = 0$$

求得。其中

$$\left. \begin{aligned} I_1 &= \sigma_x + \sigma_y + \sigma_z \\ I_2 &= -(\sigma_x \sigma_y + \sigma_y \sigma_z + \sigma_z \sigma_x) + (\tau_{xy}^2 + \tau_{yz}^2 + \tau_{zx}^2) \\ I_3 &= \sigma_x \sigma_y \sigma_z + 2\tau_{xy} \tau_{yz} \tau_{zx} - \sigma_x \tau_{yz}^2 - \sigma_y \tau_{zx}^2 - \sigma_z \tau_{xy}^2 \end{aligned} \right\} \tag{2.1.1a}$$

在坐标变换时,应力分量会改变,但主应力的值不变,因此系数 $I_1, I_2$ 和 $I_3$ 的值与坐标轴的取向无关,它们分别称为应力张量的第一、第二、第三不变量。如果取应力主轴为坐标轴,则可得到由应力表示的应力不变量

$$
\left.
\begin{aligned}
I_1 &= \sigma_1 + \sigma_2 + \sigma_3 \\
I_2 &= -(\sigma_1\sigma_2 + \sigma_2\sigma_3 + \sigma_3\sigma_1) \\
I_3 &= \sigma_1\sigma_2\sigma_3
\end{aligned}
\right\}
\tag{2.1.1b}
$$

另外,通过一个主方向且与另外两个主方向成 45°角的平面上的剪应力也是一个重要的应力数值,将这些面上的剪应力称为主剪应力,显然它们共有三对,分别用 $\tau_1, \tau_2, \tau_3$ 表示。主剪应力与主应力的数值关系为

$$
\left.
\begin{aligned}
\tau_1 &= \frac{1}{2}(\sigma_2 - \sigma_3) \\
\tau_2 &= \frac{1}{2}(\sigma_1 - \sigma_3) \\
\tau_3 &= \frac{1}{2}(\sigma_1 - \sigma_2)
\end{aligned}
\right\}
\tag{2.1.2}
$$

从 $\tau_1, \tau_2, \tau_3$ 中选取绝对值最大的,就是最大剪应力的数值。如将三个主应力按顺序 $\sigma_1 \geqslant \sigma_2 \geqslant \sigma_3$ 排列,则

$$
\tau_{\max} = \frac{1}{2}(\sigma_1 - \sigma_3)
\tag{2.1.3}
$$

这里只介绍了有关结论,关于详细的推导分析,请参阅有关的弹性力学教材。

### 1. 应力张量的分解及应力偏量

要建立复杂应力状态下的屈服准则或判据,必须从深入分析一点的应力状态着手。根据 Bridgman 的实验,静水压力不影响屈服,对应于静水应力状态的变形是弹性的体积改变,而无形状的改变。可以设想,如将描述一点应力状态的应力张量分解成两部分,其中一部分为平均正应力,即静水压力,它与塑性变形无关;另一部分是扣除平均应力后的剩余部分,它将直接与形状改变、塑性变形相关。

记平均正应力(mean normal stress)为 $\sigma_m$,有

$$
\sigma_m = \frac{1}{3}(\sigma_x + \sigma_y + \sigma_z)
\tag{2.1.4}
$$

由应力张量的第一不变量 $I_1 = \sigma_x + \sigma_y + \sigma_z$ 可知,平均正应力也是一个不变量,它不随坐标轴的选择而改变。现在将应力张量分解为两部分,即

$$
\begin{aligned}
\begin{bmatrix}
\sigma_x & \tau_{xy} & \tau_{zx} \\
\tau_{xy} & \sigma_y & \tau_{yz} \\
\tau_{zx} & \tau_{yz} & \sigma_z
\end{bmatrix}
&=
\begin{bmatrix}
\sigma_m & 0 & 0 \\
0 & \sigma_m & 0 \\
0 & 0 & \sigma_m
\end{bmatrix}
+
\begin{bmatrix}
\sigma_x - \sigma_m & \tau_{xy} & \tau_{zx} \\
\tau_{xy} & \sigma_y - \sigma_m & \tau_{yz} \\
\tau_{zx} & \tau_{yz} & \sigma_z - \sigma_m
\end{bmatrix} \\
&=
\begin{bmatrix}
\sigma_m & 0 & 0 \\
0 & \sigma_m & 0 \\
0 & 0 & \sigma_m
\end{bmatrix}
+
\begin{bmatrix}
S_x & S_{xy} & S_{zx} \\
S_{xy} & S_y & S_{yz} \\
S_{zx} & S_{yz} & S_z
\end{bmatrix}
\end{aligned}
\tag{2.1.5}
$$

或简写为

$$
\sigma_{ij} = \sigma_m \delta_{ij} + S_{ij}
\tag{2.1.6}
$$

等式右边第一个张量称为应力球张量(简称球张量),其中 $\delta_{ij}$ 为 Kronecker 符号,它的定义为

$$
\delta_{ij} =
\begin{cases}
1, & \text{当 } i = j \\
0, & \text{当 } i \neq j
\end{cases}
\tag{2.1.7}
$$

它也可称为单位张量,即

$$\delta_{ij} = \begin{bmatrix} 1 & 0 & 0 \\ 0 & 1 & 0 \\ 0 & 0 & 1 \end{bmatrix} \tag{2.1.8}$$

等式右边第二个张量称为应力偏张量（简称应力偏量，deviatoric stress），其中 $S_x = \sigma_x - \sigma_m$，$S_y = \sigma_y - \sigma_m$，$S_z = \sigma_z - \sigma_m$，$S_{xy} = \tau_{xy}$，$S_{zx} = \tau_{zx}$，$S_{yz} = \tau_{yz}$。应力球张量对应于均匀应力状态，它只引起弹性体积改变，而无形状改变。应力偏张量反映了一个实际的应力状态偏离均匀应力状态的程度，它所代表的应力状态将只产生材料的形状改变，而无体积改变。正是由于应力偏量显示出与形状改变有关的塑性变形的部分，因而，在塑性力学中，应力偏量概念有重要意义。

**2. 应力偏量的性质**

（1）主方向和不变量（invariant）

应力偏张量也是一种应力状态，它代表一特殊应力状态，因而也有主方向和不变量。可以看出，$S_{ij}$ 与 $\sigma_{ij}$ 有相同的主方向，其不变量可表示为

$$
\left.
\begin{aligned}
J_1 &= S_x + S_y + S_z = S_{ii} = 0 \\
J_2 &= -(S_x S_y + S_y S_z + S_z S_x) + (S_{xy}^2 + S_{yz}^2 + S_{zx}^2) \\
&= \frac{1}{2}\left[S_x^2 + S_y^2 + S_z^2 + 2(S_{xy}^2 + S_{yz}^2 + S_{zx}^2)\right] \\
&= \frac{1}{2} S_{ij} S_{ij} \\
J_3 &= S_x S_y S_z + 2 S_{xy} S_{yz} S_{zx} - S_x S_{yz}^2 - S_y S_{zx}^2 - S_z S_{xy}^2 \\
&= \frac{1}{3}\{S_x^3 + S_y^3 + S_z^3 + 6 S_{xy} S_{yz} S_{zx} \\
&\quad + 3[S_{xy}^2(S_x + S_y) + S_{yz}^2(S_y + S_z) + S_{zx}^2(S_z + S_x)]\} \\
&= \frac{1}{3} S_{ij} S_{jk} S_{ki}
\end{aligned}
\right\} \tag{2.1.9}
$$

若以 $S_1, S_2, S_3$ 表示主应力偏量，则有

$$
\left.
\begin{aligned}
J_1 &= S_1 + S_2 + S_3 = 0 \\
J_2 &= -(S_1 S_2 + S_2 S_3 + S_3 S_1) = \frac{1}{2}(S_1^2 + S_2^2 + S_3^2) \\
J_3 &= S_1 S_2 S_3
\end{aligned}
\right\} \tag{2.1.10}
$$

在塑性力学中，应力偏张量的第二不变量 $J_2$ 是一个非常重要的量。$J_2$ 还可用 $\sigma_{ij}$ 表示为

$$
\begin{aligned}
J_2 &= \frac{1}{6}\left[(\sigma_x - \sigma_y)^2 + (\sigma_y - \sigma_z)^2 + (\sigma_z - \sigma_x)^2 + 6(\tau_{xy}^2 + \tau_{yz}^2 + \tau_{zx}^2)\right] \\
&= \frac{1}{6}\left[(\sigma_1 - \sigma_2)^2 + (\sigma_2 - \sigma_3)^2 + (\sigma_3 - \sigma_1)^2\right] \\
&= \frac{1}{3}\left[\sigma_1^2 + \sigma_2^2 + \sigma_3^2 - \sigma_1 \sigma_2 - \sigma_2 \sigma_3 - \sigma_3 \sigma_1\right]
\end{aligned} \tag{2.1.11}
$$

请读者自己证明关系式（2.1.10）和式（2.1.11）。应力偏张量也是一个二阶对称张量，即 $S_{ij} = S_{ji}$，其主方向是与应力张量的主方向一致的。

（2）关于 $J_2$ 的一个不等式

若 $\sigma_1 \geqslant \sigma_2 \geqslant \sigma_3$，则存在 $1 \leqslant \dfrac{2\sqrt{J_2}}{\sigma_1 - \sigma_3} \leqslant \dfrac{2}{\sqrt{3}} \approx 1.15$。

**证明 1**　由 $(\sigma_1-\sigma_2)\geqslant 0$ 和 $(\sigma_2-\sigma_3)\geqslant 0$ 可知

$$
\begin{aligned}
(\sigma_1-\sigma_3)^2 &\geqslant (\sigma_1-\sigma_3)^2-2(\sigma_1-\sigma_2)(\sigma_2-\sigma_3)\\
&=[(\sigma_1-\sigma_2)+(\sigma_2-\sigma_3)]^2-2(\sigma_1-\sigma_2)(\sigma_2-\sigma_3)\\
&=(\sigma_1-\sigma_2)^2+(\sigma_2-\sigma_3)^2\\
&\geqslant \frac{1}{2}[(\sigma_1-\sigma_2)^2+(\sigma_2-\sigma_3)^2]+\frac{2}{2}(\sigma_1-\sigma_2)(\sigma_2-\sigma_3)\\
&=\frac{1}{2}(\sigma_1-\sigma_3)^2
\end{aligned}
$$

$$(\text{注}:a^2+b^2-2ab\geqslant 0,2a^2+2b^2-a^2-b^2-2ab\geqslant 0,a^2+b^2\geqslant \frac{1}{2}(a^2+b^2)+\frac{2}{2}ab)$$

故有

$$\frac{1}{2}(\sigma_1-\sigma_3)^2\leqslant (\sigma_1-\sigma_2)^2+(\sigma_2-\sigma_3)^2\leqslant (\sigma_1-\sigma_3)^2$$

给上式加上 $(\sigma_1-\sigma_3)^2$,再除以 6,即得

$$\frac{1}{4}(\sigma_1-\sigma_3)^2\leqslant J_2\leqslant \frac{1}{3}(\sigma_1-\sigma_3)^2$$

由此即可得证。

**证明 2**　因对于任意非负实数 $x,y$,存在

$$(x+y)^2\leqslant 2(x^2+y^2)\leqslant 2(x+y)^2$$

令 $x=\sigma_1-\sigma_2$,$y=\sigma_2-\sigma_3$ 代入即得证。

### 3. 几个与 $J_2$ 有关的量

(1) 等斜面(八面体面)上的正应力 $\sigma_8$ 和剪应力 $\tau_8$

现在讨论一特殊平面上的应力。选取坐标轴 $x,y,z$ 与被考察点的三个应力主方向重合,考虑一个法线为 $\boldsymbol{N}$ 的斜面,$\boldsymbol{N}$ 为单位矢量,其方向余弦为

$$|l|=|m|=|n|=\frac{1}{\sqrt{3}}$$

这种平面称为等斜面(见图 2.1)。显然这样的面有八个(每个象限有一个),它们构成一个八面体,所以等斜面也称为八面体面。等斜面上的正应力(octahedral normal stress) $\sigma_8$(或记为 $\sigma_{\text{oct}}$)为

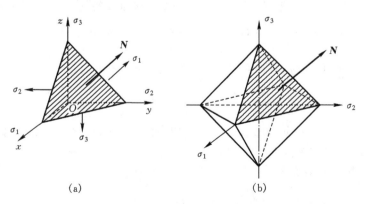

(a)　　　　　　　　　　　　(b)

图 2.1　八面体面上的应力

$$\sigma_8 = \sigma_1 l^2 + \sigma_2 m^2 + \sigma_3 n^2 = \frac{1}{3}(\sigma_1 + \sigma_2 + \sigma_3) = \sigma_m \qquad (2.1.12)$$

等斜面上的总应力为

$$F_8^2 = (\sigma_1 l)^2 + (\sigma_2 m)^2 + (\sigma_3 n)^2 = \frac{1}{3}(\sigma_1^2 + \sigma_2^2 + \sigma_3^2)$$

则等斜面上的剪应力(octahedral shear stress) $\tau_8$ (或记为 $\tau_{oct}$)为

$$\tau_8 = \sqrt{F_8^2 - \sigma_8^2} = \sqrt{\frac{2}{9}(\sigma_1^2 + \sigma_2^2 + \sigma_3^2 - \sigma_1\sigma_2 - \sigma_2\sigma_3 - \sigma_3\sigma_1)}$$

$$= \frac{1}{3}\sqrt{(\sigma_1 - \sigma_2)^2 + (\sigma_2 - \sigma_3)^2 + (\sigma_3 - \sigma_1)^2}$$

$$= \sqrt{\frac{2}{3}J_2} \qquad (2.1.13)$$

由此可见,等斜面上的应力可分解为两部分,其中八面体剪应力在塑性力学中很有用处。$\tau_8$ 也可以用应力分量表示为

$$\tau_8 = \frac{1}{3}\sqrt{(\sigma_x - \sigma_y)^2 + (\sigma_y - \sigma_z)^2 + (\sigma_z - \sigma_x)^2 + 6(\tau_{xy}^2 + \tau_{yz}^2 + \tau_{zx}^2)}$$

(2) 应力强度(等效应力)$\sigma_i$

为了使不同应力状态下的强度效应能相互比较,引入应力强度或等效应力的概念。单向应力状态仅由应力的大小即可反映出其强度。对复杂应力状态,其强度应由各应力分量的联合作用来表征。为此引入一个综合性的量,使它具有和单向应力相似的可比较性,即应力强度。

在塑性力学中,将应力强度定义为

$$\sigma_i = \frac{3}{\sqrt{2}}\tau_8 = \frac{\sqrt{2}}{2}\sqrt{(\sigma_1 - \sigma_2)^2 + (\sigma_2 - \sigma_3)^2 + (\sigma_3 - \sigma_1)^2} \qquad (2.1.14)$$

或者

$$\sigma_i = \frac{\sqrt{2}}{2}\sqrt{(\sigma_x - \sigma_y)^2 + (\sigma_y - \sigma_z)^2 + (\sigma_z - \sigma_x)^2 + 6(\tau_{xy}^2 + \tau_{yz}^2 + \tau_{zx}^2)}$$

容易证明,$\sigma_i$ 也可以用应力偏量表示为

$$\sigma_i = \sqrt{\frac{3}{2}}\sqrt{S_x^2 + S_y^2 + S_z^2 + 2(S_{xy}^2 + S_{yz}^2 + S_{zx}^2)} = \sqrt{\frac{3}{2}}\sqrt{S_{ij}S_{ij}}$$

单向应力状态可作为复杂应力状态的特例,对于单向拉伸,$\sigma_1 \neq 0$,$\sigma_2 = \sigma_3 = 0$,有 $\sigma_i = \sigma_1$。这就是 $\sigma_i$ 的定义式(2.1.14)中引入系数 $\frac{3}{\sqrt{2}}$ 的来由。

等效应力还可以用 $J_2$ 来表示,有

$$\sigma_i = \sqrt{3J_2} \qquad (2.1.15)$$

显然它也是一个不变量,与坐标的选择无关。从函数的形式可以看出,各正应力分量增加或减少一个静水应力,等效应力的值不变,即它与球张量无关,而只与应力偏张量有关。

(3) 主剪应力和剪应力强度

设 $\sigma_1 \geqslant \sigma_2 \geqslant \sigma_3$,可定义三个主剪应力为

$$\tau_1 = \frac{\sigma_2 - \sigma_3}{2}, \quad \tau_2 = \frac{\sigma_3 - \sigma_1}{2}, \quad \tau_3 = \frac{\sigma_1 - \sigma_2}{2}$$

则有

$$J_2 = \frac{1}{6}\big[(\sigma_1 - \sigma_2)^2 + (\sigma_2 - \sigma_3)^2 + (\sigma_3 - \sigma_1)^2\big]$$

$$= \frac{2}{3}(\tau_1^2 + \tau_2^2 + \tau_3^2)$$

在纯剪应力状态下,即 $\tau_{xy} = \tau$,$\sigma_x = \sigma_y = \sigma_z = \tau_{yz} = \tau_{zx} = 0$,则 $J_2 = \tau^2$。若令 $T = \sqrt{J_2}$(纯剪时 $T = \tau$),$T$ 称为剪应力强度,可用来表征塑性变形。它是将复杂应力状态化作一个具有相同效应的纯剪状态时的剪应力。由式(2.1.13)可得

$$T = \sqrt{J_2} = \sqrt{\frac{3}{2}}\tau_8 \tag{2.1.16}$$

以上介绍的 $\tau_8$,$\sigma_i$ 及 $T$ 均与应力球张量无关,它们直接与单纯的形状变化相关联,故在塑性力学中均有应用。

## 2.2　应力空间、π 平面和 Lode 参数

### 1. 主应力空间和 π 平面

一点应力状态的表示可采用六个独立的应力分量,也可以用三个主应力的大小及其相应的三个主方向,还可以用应力张量的三个不变量及应力主方向。如同在三维空间内 $x$,$y$,$z$ 的三个坐标值可确定空间一个点的位置一样,确定一点应力状态的六个独立应力分量也可在虚构的六维应力空间中表示。所谓六维应力空间,就是以六个应力分量为六个坐标轴的假想空间,该应力空间中的任一点都表示一个应力状态。考虑到材料是初始各向同性的,从建立屈服条件的目标出发,只要知道三个主应力的大小即可。于是,如将三个主应力 $\sigma_1$,$\sigma_2$,$\sigma_3$ 取为三个相互垂直的直角坐标轴而构成一个空间直角坐标系(见图 2.2),则该空间中的一点 $P$ 就对应于物体中某点的应力状态($\sigma_1$,$\sigma_2$,$\sigma_3$),或者用矢量 $\overrightarrow{OP}$ 表示该点的应力状态,称为**应力状态矢**。这个空间就称为**主应力空间**,它是由 Haigh-Westergaard 提出的。在载荷改变的过程中,物体内各点的应力状态在不断地变化,在应力空间中相应的应力点也在不断地改变其位置,则这些应力状态矢的矢端描出的轨迹就称为相应点的**应力路径**(历史),即应力空间中的一曲线表示了一点应力状态的变化过程。

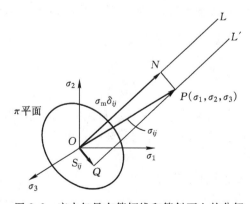

图 2.2　应力矢量在等倾线和等斜面上的分解

设以 $i,j,k$ 表示主应力空间中三个坐标轴的单位向量。今在应力空间中做一直线 $L$，它过原点 $O$，且与三个坐标轴的夹角相等，称之为**等倾线** $L$（也有称等斜线）。由于 $L$ 上任一点在三个坐标轴上的坐标是相等的，所以 $L$ 直线的方程是

$$\sigma_1 = \sigma_2 = \sigma_3$$

也就是说，$L$ 线上各点代表均匀应力状态，其应力偏量为零。再在应力空间中观察过原点且与 $L$ 垂直的平面，其方程式为

$$\sigma_1 + \sigma_2 + \sigma_3 = 0$$

由于在这个平面上所有各点的平均应力为零，只有应力偏量，因此，将其称为**偏量平面** $\pi$。位于 $\pi$ 平面上的点是与应力偏量相对应的。

现对矢量 $\overrightarrow{OP}$ 做如下分解

$$
\begin{aligned}
\overrightarrow{OP} &= \sigma_1 i + \sigma_2 j + \sigma_3 k \\
&= (\sigma_1 - \sigma_m)i + (\sigma_2 - \sigma_m)j + (\sigma_3 - \sigma_m)k + \sigma_m i + \sigma_m j + \sigma_m k \\
&= (S_1 i + S_2 j + S_3 k) + (\sigma_m i + \sigma_m j + \sigma_m k) \\
&= \overrightarrow{OQ} + \overrightarrow{ON}
\end{aligned}
$$

式中 $\overrightarrow{OQ}$ 为应力偏量；$\overrightarrow{ON}$ 为静水应力。因 $\overrightarrow{ON}$ 在三个坐标轴上的投影相等，故必与等倾线 $L$ 重合。又由 $S_1 + S_2 + S_3 = 0$，知 $\overrightarrow{OQ}$ 必在 $\pi$ 平面内。

注意，过 $\pi$ 平面上任一点且与 $\pi$ 平面相垂直做一直线 $L'$，该线上各点的应力偏量是相同的。因静水应力对材料的塑性特性没有影响，故考察塑性变形与应力状态之间的关系时，可以着眼于 $\pi$ 平面，只考虑在该平面的投影（如 $\overrightarrow{OQ}$）即可，因为应力空间中任一点所代表的应力状态的偏量部分必落在 $\pi$ 平面上。

### 2. 应力偏量的二维表示

塑性力学仅对应力偏量感兴趣，故在应力空间中只需研究 $\pi$ 平面上各点所代表的应力状态即可。而在 $\pi$ 平面上任一点的位置可用两个参数来表示，即

$$(\sigma_1, \sigma_2, \sigma_3) \rightleftharpoons (x, y) \ \text{或}\ (r, \theta)$$

如何建立空间点与平面之间的关系？下面进行讨论。

将单位矢量 $(i, j, k)$ 向 $\pi$ 平面上投影，且记为 $(i', j', k')$，在 $\pi$ 上取直角坐标 $Oxy$，使 $y$ 轴与 $j'$ 重合，如图 2.3 所示。

为建立主应力空间一点 $(\sigma_1, \sigma_2, \sigma_3)$ 与空间直角坐标一点 $(x, y)$ 的关系，先要求出 $i,j,k$ 在 $\pi$ 平面上投影的长度。

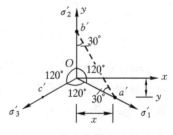

图 2.3　应力偏量矢及其分量

设矢量 $i$ 在 $\sigma_1$ 轴上的端点为 $a$，在 $\pi$ 平面上的投影为 $a'$，$j$ 在 $\sigma_2$ 轴上的端点为 $b$，在 $\pi$ 平面上的投影为 $b'$，则矢量 $\overrightarrow{ab}$ 的长度为

$$|\overrightarrow{ab}| = \sqrt{|i|^2 + |j|^2} = \sqrt{2}$$

因 $\overrightarrow{ab}$ 与 $\pi$ 平面平行，故

$$|\overrightarrow{a'b'}| = \sqrt{2}$$

则

$$| \overrightarrow{Oa'} | = \frac{| \overrightarrow{a'b'} |}{2} \frac{1}{\cos 30°} = \sqrt{\frac{2}{3}}$$

故 $a'$ 在 $Oxy$ 系下的坐标为 $\left( x = \frac{\sqrt{2}}{2}, y = -\frac{1}{\sqrt{6}} \right)$;据此,主应力空间一点 $(\sigma_1, 0, 0)$ 在 $\pi$ 平面投影

的坐标为 $\left( \frac{\sqrt{2}}{2}\sigma_1, -\frac{1}{\sqrt{6}}\sigma_1 \right)$。类似地,$b'$ 在 $Oxy$ 系下的坐标为 $\left( x = 0, y = \sqrt{\frac{2}{3}} \right)$,故 $(0, \sigma_2, 0)$ 在 $\pi$

平面投影的坐标为 $\left( 0, \sqrt{\frac{2}{3}}\sigma_2 \right)$。$c'$ 在 $Oxy$ 系下的坐标为 $\left( -\frac{\sqrt{2}}{2}, -\frac{1}{\sqrt{6}} \right)$,则 $(0, 0, \sigma_3)$ 在 $\pi$ 平面

投影的坐标为 $\left( -\frac{\sqrt{2}}{2}\sigma_3, -\frac{1}{\sqrt{6}}\sigma_3 \right)$。

因而,$(\sigma_1, 0, 0) + (0, \sigma_2, 0) + (0, 0, \sigma_3) = (\sigma_1, \sigma_2, \sigma_3)$ 在 $\pi$ 平面内 $Oxy$ 直角坐标系下的坐标为

$$\begin{cases} x = \frac{\sqrt{2}}{2}(\sigma_1 - \sigma_3) = \frac{\sqrt{2}}{2}(S_1 - S_3) \\ y = \frac{2\sigma_2 - \sigma_1 - \sigma_3}{\sqrt{6}} = \frac{2S_2 - S_1 - S_3}{\sqrt{6}} \end{cases} \tag{2.2.1}$$

设偏量矢量 $\overrightarrow{OQ}$ 的模为 $r_\sigma$,与 $x$ 轴夹角为 $\theta_\sigma$,进而可得在 $\pi$ 平面内极坐标系下的坐标

$$\left. \begin{array}{l} r_\sigma = \sqrt{x^2 + y^2} = \sqrt{2J_2} = \sqrt{2}T = \sqrt{3}\tau_8 = \sqrt{\frac{2}{3}}\sigma_i \\ \tan\theta_\sigma = \frac{y}{x} = \frac{1}{\sqrt{3}}\frac{2\sigma_2 - \sigma_1 - \sigma_3}{\sigma_1 - \sigma_3} = \frac{1}{\sqrt{3}}\mu_\sigma \end{array} \right\} \tag{2.2.2}$$

式中:$\theta_\sigma$ 称为罗德(Lode)应力角,它反映了各应力偏量之间的比例特征;$r_\sigma$ 则反映了它们之间

的数量特征。上式中已经给出,一个应力状态在 $\pi$ 平面上的投影等于它的应力强度乘以 $\sqrt{\frac{2}{3}}$。

其中

$$\mu_\sigma = \frac{2\sigma_2 - \sigma_1 - \sigma_3}{\sigma_1 - \sigma_3} = \frac{2S_2 - S_1 - S_3}{S_1 - S_3} = 2\frac{\sigma_2 - \sigma_3}{\sigma_1 - \sigma_3} - 1 \tag{2.2.3}$$

$\mu_\sigma$ 称为 Lode 应力参数,它反映了中间主应力与其他两个主应力的比值,和平均应力 $\sigma_m$ 无关,故它是反映应力偏量特征的一个量。

若有 $\sigma_1 \geqslant \sigma_2 \geqslant \sigma_3$,则有

$$-1 \leqslant \mu_\sigma \leqslant 1$$
$$-30° \leqslant \theta_\sigma \leqslant 30°$$

以下为几个特殊情况的 $\mu_\sigma$ 值。

① 单向拉伸状态:$\sigma_2 = \sigma_3 = 0, \sigma_1 > 0$,则 $\mu_\sigma = -1$;

② 纯剪状态:$\sigma_1 = -\sigma_3, \sigma_2 = 0$,则 $\mu_\sigma = 0$;

③ 单向压缩状态:$\sigma_1 = \sigma_2 = 0, \sigma_3 < 0$,则 $\mu_\sigma = 1$。

从以上讨论可知,给定 $(\sigma_1, \sigma_2, \sigma_3)$ 可以确定 $(S_1, S_2, S_3)$,进而可确定 $(x, y)$ 或 $(r_\sigma, \theta_\sigma)$。反之,给出 $(x, y)$ 或 $(r_\sigma, \theta_\sigma)$,可得 $(S_1, S_2, S_3)$。即,利用 $S_1 + S_2 + S_3 = 0$,容易得到

$$S_1 = \frac{1}{\sqrt{2}}x - \frac{1}{\sqrt{6}}y = \sqrt{\frac{2}{3}}r_\sigma \sin\left(\theta_\sigma + \frac{2}{3}\pi\right)$$

$$S_2 = \sqrt{\frac{2}{3}}y = \sqrt{\frac{2}{3}}r_\sigma \sin\theta_\sigma \qquad\qquad (2.2.4)$$

$$S_3 = -\frac{1}{\sqrt{2}}x - \frac{1}{\sqrt{6}}y = \sqrt{\frac{2}{3}}r_\sigma \sin\left(\theta_\sigma - \frac{2}{3}\pi\right)$$

即 $(\sigma_1,\sigma_2,\sigma_3)\rightarrow(S_1,S_2,S_3)\rightleftharpoons(x,\ y)\rightleftharpoons(r_\sigma,\ \theta_\sigma)$。

**例 2.1**　证明 $S_1:S_2:S_3=(-3+\mu_\sigma):(-2\mu_\sigma):(3+\mu_\sigma)$。

**证明**　根据

$$\mu_\sigma = \frac{2S_2 - S_1 - S_3}{S_1 - S_3} = 2\frac{S_2 - S_3}{S_1 - S_3} - 1$$

得到

$$\frac{S_2 - S_3}{S_1 - S_3} = \frac{1}{2}(\mu_\sigma + 1)$$

由 $S_1+S_2+S_3=0$ 得出 $S_3=-(S_1+S_2)$，代入上式，得到

$$3S_2 - \mu_\sigma S_2 = 2\mu_\sigma S_1$$

此即

$$S_1:S_2 = (-3+\mu_\sigma):(-2\mu_\sigma)$$

类似可证第二个比例式。

该比例式表明，当应力状态变化时，如果 $\mu_\sigma$ 不变，则 $S_1,S_2,S_3$ 之间的比值保持不变。在进行材料塑性试验研究时，$\mu_\sigma$ 常被引用，它可用于确定加载是简单的、还是复杂的，这一点在后续章节中会讲到。

## 2.3　应变偏张量和等效应变

**预备知识**　位移和应变的关系

在小变形的情况下，位移和应变由 Cauchy 公式确定

$$\varepsilon_x = \frac{\partial u}{\partial x}, \quad \varepsilon_y = \frac{\partial v}{\partial y}, \quad \varepsilon_z = \frac{\partial w}{\partial z},$$

$$\varepsilon_{xy} = \frac{1}{2}\left(\frac{\partial u}{\partial y} + \frac{\partial v}{\partial x}\right), \quad \varepsilon_{yz} = \frac{1}{2}\left(\frac{\partial v}{\partial z} + \frac{\partial w}{\partial y}\right)$$

$$\varepsilon_{zx} = \frac{1}{2}\left(\frac{\partial w}{\partial x} + \frac{\partial u}{\partial z}\right)$$

上式称为几何方程，其张量形式为

$$\varepsilon_{ij} = \frac{1}{2}(u_{i,j} + u_{j,i}) \qquad\qquad (2.3.1)$$

$\varepsilon_{ij}$ 称为 Cauchy 线性应变张量。其中的脚标 $i$ 和 $j$ 之间的逗号表示求导，例如 $u_{x,y}=\partial u/\partial y$。在实践中常常应用的是工程应变，其表达式为

$$\left.\begin{array}{l} \varepsilon_x = \dfrac{\partial u}{\partial x}, \quad \varepsilon_y = \dfrac{\partial v}{\partial y}, \quad \varepsilon_z = \dfrac{\partial w}{\partial z} \\[2mm] \gamma_{xy} = \dfrac{\partial u}{\partial y} + \dfrac{\partial v}{\partial x}, \quad \gamma_{yz} = \dfrac{\partial v}{\partial z} + \dfrac{\partial w}{\partial y} \\[2mm] \gamma_{zx} = \dfrac{\partial w}{\partial x} + \dfrac{\partial u}{\partial z} \end{array}\right\}$$

即工程剪应变 $\gamma_{xy}$，$\gamma_{yz}$，$\gamma_{zx}$ 是应变张量分量 $\varepsilon_{xy}$，$\varepsilon_{yz}$，$\varepsilon_{zx}$ 的两倍。其中，正应变 $\varepsilon_x$，$\varepsilon_y$，$\varepsilon_z$ 表示微分线段单位长度的相对伸缩，剪应变 $\gamma_{xy}$，$\gamma_{yz}$，$\gamma_{zx}$ 表示各微分线段之间的直角的改变量(用弧度表示)。它们都是无量纲的量。由这 6 个应变分量可以完全确定一点附近的变形状态。

虽然弹塑性变形要比纯弹性变形大，但当外载荷未达到极限载荷前，对大多数问题来说，小变形假设和式(2.3.1)仍然适用。

对于大变形(或称为有限变形)的情形，有以下两种描述方法。

①在物体变形前的初始坐标中描述的拉格朗日(Lagrange)方法；②在物体变形后的瞬时坐标中描述的欧拉(Euler)方法。两种方法导致的应变张量并不相同。如采用前者，位移矢量用 $\boldsymbol{U}$ 表示，可得到格林(Green)应变张量 $E_{ij}$，位移-应变关系可写为

$$E_{ij} = \frac{1}{2}(U_{i,j} + U_{j,i} + U_{k,i}U_{k,j}) \tag{2.3.2}$$

如采用后者，得到欧拉应变张量 $\varepsilon_{ij}^{*}$，可写为

$$\varepsilon_{ij}^{*} = \frac{1}{2}(u_{i,j} + u_{j,i} - u_{k,i}u_{k,j}) \tag{2.3.3}$$

由以上二式可见，当小变形时，不计高阶小量，它们与式(2.3.1)完全等价。

### 1. 应变张量的分解和应变偏量

与应力张量相类似，可以将应变张量分解为应变球张量和应变偏张量，即

$$\begin{bmatrix} \varepsilon_x & \varepsilon_{xy} & \varepsilon_{zx} \\ \varepsilon_{xy} & \varepsilon_y & \varepsilon_{yz} \\ \varepsilon_{zx} & \varepsilon_{yz} & \varepsilon_z \end{bmatrix} = \begin{bmatrix} \varepsilon_{\mathrm{m}} & 0 & 0 \\ 0 & \varepsilon_{\mathrm{m}} & 0 \\ 0 & 0 & \varepsilon_{\mathrm{m}} \end{bmatrix} + \begin{bmatrix} \varepsilon_x - \varepsilon_{\mathrm{m}} & \varepsilon_{xy} & \varepsilon_{zx} \\ \varepsilon_{xy} & \varepsilon_y - \varepsilon_{\mathrm{m}} & \varepsilon_{yz} \\ \varepsilon_{zx} & \varepsilon_{yz} & \varepsilon_z - \varepsilon_{\mathrm{m}} \end{bmatrix} \tag{2.3.4}$$

上式右端的第一个张量称为**应变球张量**，用 $\varepsilon_{\mathrm{m}}\delta_{ij}$ 表示，其中

$$\varepsilon_{\mathrm{m}} = \frac{1}{3}(\varepsilon_x + \varepsilon_y + \varepsilon_z) = \frac{1}{3}\varepsilon_{kk} \tag{2.3.5}$$

称为平均应变。第二个张量称为**应变偏张量**，用 $e_{ij}$ 表示

$$e_{ij} = \begin{bmatrix} e_{xx} & e_{xy} & e_{zx} \\ e_{xy} & e_{yy} & e_{yz} \\ e_{zx} & e_{yz} & e_{zz} \end{bmatrix} = \begin{bmatrix} \varepsilon_x - \varepsilon_{\mathrm{m}} & \varepsilon_{xy} & \varepsilon_{zx} \\ \varepsilon_{xy} & \varepsilon_y - \varepsilon_{\mathrm{m}} & \varepsilon_{yz} \\ \varepsilon_{zx} & \varepsilon_{yz} & \varepsilon_z - \varepsilon_{\mathrm{m}} \end{bmatrix} \tag{2.3.6}$$

由此，应变张量可简写为

$$\varepsilon_{ij} = \varepsilon_{\mathrm{m}}\delta_{ij} + e_{ij} \tag{2.3.7}$$

应变球张量表示各个方向受相同的伸缩应变，它只引起体积的改变(等向体积膨胀或收缩)，而不产生形状改变，体积应变 $\theta = \varepsilon_x + \varepsilon_y + \varepsilon_z = 3\varepsilon_{\mathrm{m}}$。而应变偏量张量的三个正应变之和为零，说明它没有体积变形，只反映变形中形状改变的那部分。

类似于应力张量和应力偏张量，应变张量和应变偏张量也存在着不变量。具体的表达式只需将 2.1 节有关的表达式中分别以 $\varepsilon_{ij}$ 代替 $\sigma_{ij}$，以 $e_{ij}$ 代替 $S_{ij}$ 就可以得到。应变张量的三个

不变量用 $I'_1$，$I'_2$，$I'_3$ 表示，应变偏张量的三个不变量用 $J'_1$，$J'_2$，$J'_3$ 表示。后者的常用表达式为

$$
\begin{aligned}
J'_1 &= e_x + e_y + e_z = e_1 + e_2 + e_3 = 0 \\
J'_2 &= \frac{1}{2} e_{ij} e_{ij} = \frac{1}{2}(e_1^2 + e_2^2 + e_3^2) \\
&= \frac{1}{6}\big[(\varepsilon_x - \varepsilon_y)^2 + (\varepsilon_y - \varepsilon_z)^2 + (\varepsilon_z - \varepsilon_x)^2 + 6(e_{xy}^2 + e_{yz}^2 + e_{zx}^2)\big] \\
&= \frac{1}{6}\big[(\varepsilon_x - \varepsilon_y)^2 + (\varepsilon_y - \varepsilon_z)^2 + (\varepsilon_z - \varepsilon_x)^2 + \frac{3}{2}(\gamma_{xy}^2 + \gamma_{yz}^2 + \gamma_{zx}^2)\big] \\
&= \frac{1}{6}\big[(\varepsilon_1 - \varepsilon_2)^2 + (\varepsilon_2 - \varepsilon_3)^2 + (\varepsilon_3 - \varepsilon_1)^2\big] \\
J'_3 &= |e_{ij}| = e_1 e_2 e_3 \\
&= e_x e_y e_z + 2 e_{xy} e_{yz} e_{zx} - e_x e_{yz}^2 - e_y e_{zx}^2 - e_z e_{xy}^2
\end{aligned}
\right\} \quad (2.3.8)
$$

式中：$\varepsilon_j$ 和 $e_j$ 分别表示主应变和应变偏张量的主值。

如果将应变偏张量进一步分解（利用条件 $J'_1 = 0$），有

$$
\begin{pmatrix} e_{11} & e_{12} & e_{13} \\ e_{12} & e_{22} & e_{23} \\ e_{13} & e_{23} & e_{33} \end{pmatrix} =
\begin{pmatrix} e_{11} & 0 & 0 \\ 0 & -e_{11} & 0 \\ 0 & 0 & 0 \end{pmatrix} +
\begin{pmatrix} 0 & 0 & 0 \\ 0 & -e_{33} & 0 \\ 0 & 0 & e_{33} \end{pmatrix} + \\
\begin{pmatrix} 0 & e_{12} & 0 \\ e_{12} & 0 & 0 \\ 0 & 0 & 0 \end{pmatrix} +
\begin{pmatrix} 0 & 0 & e_{13} \\ 0 & 0 & 0 \\ e_{13} & 0 & 0 \end{pmatrix} +
\begin{pmatrix} 0 & 0 & 0 \\ 0 & 0 & e_{23} \\ 0 & e_{23} & 0 \end{pmatrix} \quad (2.3.9)
$$

上式右端的 5 个矩阵表示纯剪切变形，可以清楚地看到，应变偏张量 $e_{ij}$ 只与材料的剪切变形有关。

**2. 等效应变和 Lode 应变参数**

类似于 2.1 节中的推导，可以得出等斜面上的正应变和剪应变分别为

$$
\left.
\begin{aligned}
\varepsilon_8 &= \frac{1}{3}(\varepsilon_1 + \varepsilon_2 + \varepsilon_3) = \varepsilon_m \\
\gamma_8 &= \frac{2}{3}\sqrt{(\varepsilon_1 - \varepsilon_2)^2 + (\varepsilon_2 - \varepsilon_3)^2 + (\varepsilon_3 - \varepsilon_1)^2} = \sqrt{\frac{8}{3} J'_2}
\end{aligned}
\right\} \quad (2.3.10)
$$

类似地可以定义**应变强度**（或称等效应变）$\varepsilon_i$

$$
\begin{aligned}
\varepsilon_i &= \frac{1}{\sqrt{2}(1+\nu)}\sqrt{(\varepsilon_x - \varepsilon_y)^2 + (\varepsilon_y - \varepsilon_z)^2 + (\varepsilon_z - \varepsilon_x)^2 + \frac{3}{2}(\gamma_{xy}^2 + \gamma_{yz}^2 + \gamma_{zx}^2)} \\
&= \frac{1}{\sqrt{2}(1+\nu)}\sqrt{(\varepsilon_1 - \varepsilon_2)^2 + (\varepsilon_2 - \varepsilon_3)^2 + (\varepsilon_3 - \varepsilon_1)^2}
\end{aligned} \quad (2.3.11)
$$

在塑性状态下，假定体积不可压缩，泊松比 $\nu$ 接近于 0.5，上式变为

$$
\begin{aligned}
\varepsilon_i &= \frac{\sqrt{2}}{3}\sqrt{(\varepsilon_1 - \varepsilon_2)^2 + (\varepsilon_2 - \varepsilon_3)^2 + (\varepsilon_3 - \varepsilon_1)^2} = \sqrt{\frac{4}{3} J'_2} \\
&= \frac{\sqrt{2}}{3}\sqrt{(\varepsilon_x - \varepsilon_y)^2 + (\varepsilon_y - \varepsilon_z)^2 + (\varepsilon_z - \varepsilon_x)^2 + \frac{3}{2}(\gamma_{xy}^2 + \gamma_{yz}^2 + \gamma_{zx}^2)}
\end{aligned} \quad (2.3.12)
$$

对于单向拉伸状态，$\varepsilon_x = \varepsilon, \varepsilon_y = \varepsilon_z = -\nu\varepsilon$，$\gamma_{xy} = \gamma_{yz} = \gamma_{zx} = 0$，则有 $\varepsilon_i = \varepsilon$。

如果采用应变偏张量来表示，则为

$$\varepsilon_i = \sqrt{\frac{2}{3}}\sqrt{e_x^2 + e_y^2 + e_z^2 + \frac{1}{2}(\gamma_{xy}^2 + \gamma_{yz}^2 + \gamma_{zx}^2)}$$

$$= \sqrt{\frac{2}{3}}\sqrt{e_{ij}e_{ij}} \quad (\text{取正值}) \tag{2.3.13}$$

在纯剪切情况下，有 $\varepsilon_1 = -\varepsilon_3 = \frac{1}{2}\gamma > 0$；$\varepsilon_2 = 0$，则有 $J'_2 = \frac{1}{4}\gamma^2$，于是可以定义剪应变强度(或称等效剪应变)为

$$\gamma_i = 2\sqrt{J'_2} = \sqrt{3}\varepsilon_i \tag{2.3.14}$$

不难验证，纯剪切情况下 $\gamma_i = \gamma$。

仿照 2.2 节中主应力空间的定义，也可以构造一主应变空间，即以 $\varepsilon_1, \varepsilon_2, \varepsilon_3$ 为正交坐标轴建立一个三维空间。进而，可定义如下的 Lode 应变参数 $\mu_\varepsilon$ 和 Lode 应变角 $\theta_\varepsilon$

$$\mu_\varepsilon = \frac{2\varepsilon_2 - \varepsilon_1 - \varepsilon_3}{\varepsilon_1 - \varepsilon_3} = \sqrt{3}\tan\theta_\varepsilon \tag{2.3.15}$$

其变化范围为 $-1 \leqslant \mu_\varepsilon \leqslant 1$。其中的三个特殊情况为：

①单向拉伸状态：$\varepsilon_1 > 0$，$\varepsilon_2 = \varepsilon_3 = -\nu\varepsilon_1$，则 $\mu_\varepsilon = -1$。

②纯剪状态：$\varepsilon_1 = -\varepsilon_3 > 0$，$\varepsilon_2 = 0$，则 $\mu_\varepsilon = 0$。

③单向压缩状态：$\varepsilon_3 < 0$，$\varepsilon_1 = \varepsilon_2 = -\nu\varepsilon_3$，则 $\mu_\varepsilon = 1$。

Lode 应力参数表示了一点应力状态的特征，而 Lode 应变参数则表示了一点应变状态的特征。

值得说明的是，以上两节中引入了等效应力 $\sigma_i$ 和等效应变 $\varepsilon_i$ 的概念与定义，并试图从单向拉伸状态下它们与拉伸应力和拉伸应变分别相等来解释其定义式中的系数。但是，更为本质的原因应归为二者塑性功等效。也就是说，对于复杂应力状态，采用上述等效应力和等效应变，可以保证其塑性变形功与简单应力状态下的塑性变形功相等。详细的证明请参见本书 3.3 节例题 3.4。

## 2.4　初始屈服条件和初始屈服曲面

### 1. 屈服条件的一般概念

物体在外力作用下最初呈弹性响应，当载荷达到一定程度时物体内应力较大处开始进入塑性状态或达到屈服。问题是应力状态满足怎样的条件时材料将达到屈服？我们将物体内一点开始达到屈服时应力所满足的关系式称为**初始屈服条件**，有时简称为**屈服准则**(yield criterion)，又称为**塑性条件**，它在应力空间中对应的曲面称为**屈服面**(yield surface)。

对简单应力状态，屈服条件很容易确定。如对于单向拉伸，当拉应力 $\sigma$ 达到材料屈服极限 $\sigma_s$ 时开始屈服，所以屈服条件可写为

$$\sigma = \sigma_s \quad \text{或} \quad \sigma - \sigma_s = 0$$

对纯剪状态，当剪应力 $\tau$ 达到材料剪切屈服极限 $\tau_s$ 时开始屈服，其屈服条件为

$$\tau = \tau_s \quad \text{或} \quad \tau - \tau_s = 0$$

在一般情况下,应力状态是由 6 个独立的应力分量确定的,显然不能简单地取某个应力分量作为判断是否开始屈服的判据,更何况这 6 个分量还和坐标轴的选择有关。但是,可以肯定,一般情况下,屈服条件应该和这 6 个应力分量有关,还和材料的性质有关,即复杂应力状态下的屈服条件可以写成下面的函数关系

$$f(\sigma_x, \sigma_y, \sigma_z, \tau_{xy}, \tau_{yz}, \tau_{zx}) = 0 \quad \text{或} \quad f(\sigma_{ij}) = 0 \qquad (2.4.1)$$

现在的目标就是要确定函数 $f$ 的具体形式。对于单拉或纯剪状态,$f$ 可用实验确定,但对于复杂应力状态则要采用理论分析加实验测试相结合的研究方法。

**2. 屈服条件的简化及屈服面的几何形状**

首先来分析初始屈服面应具有的性质。

**性质 1** 在应力空间中,屈服面是母线平行于等倾线 $L$ 的等截面柱面。

对于初始各向同性的材料,屈服和应力方向无关,故可以在主应力空间内讨论问题。屈服函数 $f$ 应该用与坐标轴的选择无关的应力不变量来表示,因而为

$$f(\sigma_1, \sigma_2, \sigma_3) = 0 \quad \text{或} \quad f(I_1(\sigma_{ij}), I_2(\sigma_{ij}), I_3(\sigma_{ij})) = 0 \qquad (2.4.2)$$

考虑到静水应力(各向均匀应力状态)不影响屈服,上式还可写为

$$f(S_1, S_2, S_3) = 0 \qquad (2.4.3)$$

式(2.4.2)表示一曲面,式(2.4.3)表示 $\pi$ 平面上的一曲线 $C$,即屈服曲线(yield curve)。

因为总要在应力的大小达到一定数值时才会屈服,故曲线 $C$ 不会通过原点 $O$,且 $C$ 将把原点包围在内部;当应力点处于曲线内部时呈弹性状态,处于曲线 $C$ 上的点进入塑性状态,故屈服曲线是 $\pi$ 平面上一封闭曲线。而过屈服线上任一点与 $L$ 平行的直线上的点集的应力偏量相同,故在应力空间中,屈服面是母线平行 $L$ 的等截面柱面,如图 2.4 所示。

**性质 2** 屈服曲线是外凸的。

由 $O$ 点出发的射线与屈服曲线只能交于一点,因为材料初始屈服只能有一次,图 2.5 的情况不可能存在,即屈服曲线 $C$ 对坐标原点是外凸的(证明见 3.2 节)。

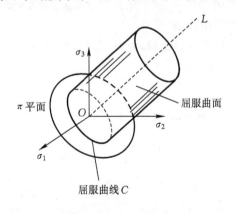

图 2.4 屈服面与屈服曲线　　　　图 2.5 不可能的屈服曲线

**性质 3** 屈服曲线关于 $\sigma_1', \sigma_2', \sigma_3'$ 对称。

由初始各向同性假设可知,若在应力状态$(\sigma_1, \sigma_2, \sigma_3)$下屈服,则在$(\sigma_1, \sigma_3, \sigma_2)$下亦屈服,但它们在 $\pi$ 平面的投影$(S_1, S_2, S_3)$及$(S_1, S_3, S_2)$关于 $\sigma_1'$ 轴对称,故屈服曲线以 $\sigma_1'$ 轴对称。同理,也以 $\sigma_2'$ 和 $\sigma_3'$ 为对称轴(这里 $\sigma_1', \sigma_2', \sigma_3'$ 为 $\sigma_1, \sigma_2, \sigma_3$ 在 $\pi$ 平面上的投影)。

**性质 4** 屈服曲线以 $\sigma_1', \sigma_2', \sigma_3'$ 的垂线为对称轴。

假定拉、压屈服极限(初始屈服)的绝对值相等,则当$(S_1,S_2,S_3)$在屈服线上时,$(-S_1,-S_2,-S_3)$也必在屈服线上。由以前的分析知,$(S_1,S_2,S_3)$在 $\pi$ 平面上的坐标为(对初始状态适用)

$$\left.\begin{array}{l} x=\dfrac{\sqrt{2}}{2}(S_1-S_3) \\[3mm] y=\dfrac{2S_2-S_1-S_3}{\sqrt{6}} \end{array}\right\}\quad (\text{图 2.6 中的点 } M)$$

$(-S_1,-S_2,-S_3)$的坐标为

$$\left.\begin{array}{l} x'=-\dfrac{\sqrt{2}}{2}(S_1-S_3) \\[3mm] y'=-\dfrac{2S_2-S_1-S_3}{\sqrt{6}} \end{array}\right\}\quad (\text{图 2.6 中的点 } K)$$

则与 $K$ 点关于 $\sigma'_1$ 对称的点 $H$ 必在屈服线上。但 $H$ 和 $M$ 是关于 $\sigma'_1$ 的垂线为对称的,故 $\sigma'_1$ 的垂线是屈服曲线的对称轴。同理,$\sigma'_2$ 和 $\sigma'_3$ 的垂线亦为对称轴。

综上,屈服曲线共有 6 个对称轴,由 12 段相同的弧线所组成。因此,只要能确定 $\pi$ 平面上 30° 范围内屈服曲线的形状,即可获得整个屈服曲线。这时采用代表应力状态的矢量 $\overrightarrow{OP}$(见图 2.6)位于某一选定幅角中的应力组合就足够了。例如,决定应力矢量 $\overrightarrow{OP}$ 位置的应力 Lode 角取为 $0 \leqslant \theta_\sigma \leqslant 30°$,或相应的 $\mu_\sigma$ 从 0(纯剪切)到 1(单向压缩)的范围。由于薄壁管压缩试验较难实现(易失稳),通常采用拉伸试验以代之,也即试验是在 $-1 \leqslant \mu_\sigma \leqslant 0$ 的范围内进行。由此可得出 $-30° \leqslant \theta_\sigma \leqslant 0$ 范围内的屈服曲线,从而确定了整个屈服面的具体形状。

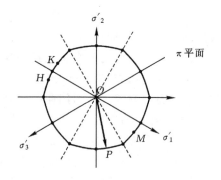

图 2.6　屈服曲线有 6 个对称轴

但是,即使在 30° 范围内,要完全依靠试验得出屈服曲线也是相当困难的。实际上,往往要根据有限的试验结果,对材料进入塑性状态的原因做出假设,借此建立屈服条件,然后再用实验加以验证。

### 3. 屈服曲线的确定

当 $\sigma_1 \geqslant \sigma_2 \geqslant \sigma_3$ 时,有 $-1 \leqslant \mu_\sigma \leqslant 1$,在 $\pi$ 平面上有 $-30° \leqslant \theta_\sigma \leqslant 30°$。

(1) 由单向拉伸试验知

$$\sigma_1=\sigma_s,\quad \sigma_2=\sigma_3=0,\quad \mu_\sigma=-1,$$

$$\theta_\sigma=-30°,\quad r_\sigma=\sqrt{2J_2}=\sqrt{\dfrac{2}{3}}\sigma_s$$

可确定 $A$ 点,如图 2.7 所示。

(2) 由纯剪试验知

$$\sigma_1=\tau_s,\quad \sigma_2=0,\quad \sigma_3=-\tau_s,$$

$$\mu_\sigma=0,\quad \theta_\sigma=0,\quad r_\sigma=\sqrt{2}\tau_s$$

可确定 $B$ 点。

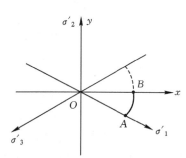

图 2.7　确定屈服曲线的例子

（3）$AB$ 之间的曲线需通过双向应力试验确定

例如，使用两端不封闭的薄壁圆管（平均管径 $r$，壁厚 $t$）进行在内压和轴向拉伸联合作用下的试验，如图 2.8 所示。

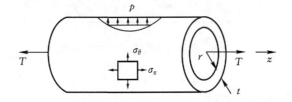

图 2.8　薄壁圆管受轴力和内压的作用

设内压为 $p$，轴向拉力为 $T$，则有

$$\sigma_\theta = \frac{pr}{t}, \quad \sigma_z = \frac{T}{2\pi rt}, \quad \sigma_r \approx 0 \tag{2.4.4}$$

[推导上式的提示]

（1）$pr\displaystyle\int_0^\pi \sin\theta \mathrm{d}\theta = 2\sigma_\theta t$；

（2）$T = 2\pi rt\sigma_z$；

（3）$\sigma_r \approx 0$（即沿壁厚迅速衰减为零）。

为方便读者对比分析，这里也给出厚壁圆筒的解析解。根据弹性力学，内、外半径分别为 $a$、$b$ 的厚壁圆筒在仅受内压 $p_1$ 时的应力分布为（即 Lame 解）

$$\sigma_r = \frac{a^2 p_1}{b^2 - a^2}\left(1 - \frac{b^2}{r^2}\right), \quad \sigma_\theta = \frac{a^2 p_1}{b^2 - a^2}\left(1 + \frac{b^2}{r^2}\right)$$

通过控制内压和轴力的大小可使 $\sigma_\theta \geqslant \sigma_z$，那么可取 $\sigma_1 = \sigma_\theta$，$\sigma_2 = \sigma_z$，$\sigma_3 = \sigma_r = 0$，于是

$$\mu_\sigma = \frac{2\sigma_z - \sigma_\theta}{\sigma_\theta} = \frac{T - \pi r^2 p}{\pi r^2 p}$$

当 $T = 0$ 时，$\mu_\sigma = -1$，$\theta_\sigma = -30°$；当 $T = \pi r^2 p$ 时，$\mu_\sigma = 0$，$\theta_\sigma = 0°$。只要控制 $T$ 和 $p$，使 $\pi r^2 p \geqslant T \geqslant 0$，就可使 $0 \geqslant \mu_\sigma \geqslant -1$，$0° \geqslant \theta_\sigma \geqslant -30°$，求得各 $\mu_\sigma$ 下的 $r_\sigma$，即可得到曲线上的各点。

实际上，薄壁圆管承受内压、轴向拉力以及扭转的试验是宏观研究塑性变形的基本试验方法。自从 1900 年 Guest 采用以来，许多学者用薄壁圆管试样来研究此类在复杂应力状态下的屈服条件、强化条件和应力-应变关系。

上述薄壁圆管在内压和轴力共同作用下的问题是轴对称问题。当改变内压和轴力时，圆管外壁上任一点的主应力方向保持不变，因此，只能测得主应力方向不改变情况下的结果。

如果薄壁管处于轴力 $T$ 和扭矩 $M$ 的共同作用（见图 2.9），则管壁上任一点的应力状态为

$$\sigma_z = \frac{T}{2\pi rt}, \quad \tau_{\theta z} = \tau = \frac{M}{2\pi r^2 t} \tag{2.4.5}$$

当轴力和扭矩改变时，其主应力的大小和方向也在改变，因此可以测得不同主应力情况下的结果。如果保持 $T$ 和 $M$ 的比值不变，则可以测得主应力方向不变情形下的结果。

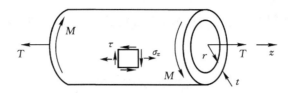

图 2.9　薄壁圆管受轴力和扭矩作用

## 2.5　常用的屈服条件

### 1. Tresca 屈服条件

法国工程师 H. Tresca 在 1864 年做了一系列将韧性金属挤过不同形状模子的试验。他发现,在变形金属的表面有很细的痕纹,它们的方向很接近最大剪应力的方向。根据这一现象,他认为金属的塑性变形是由于剪切应力引起金属中晶体滑移而造成的。从这些金属挤压试验结果,Tresca 提出了如下的屈服条件。

当最大剪应力达到材料所固有的某个定值时,材料开始进入塑性状态,即开始屈服。

这个条件就称为最大剪应力条件,又称 Tresca 条件,其数学表达式为

$$\tau_{\max} = \frac{1}{2}k \tag{2.5.1}$$

这里 $k$ 是和材料有关的一个常数。若已知主应力大小顺序为 $\sigma_1 \geqslant \sigma_2 \geqslant \sigma_3$,上式可写为

$$\tau_{\max} = \frac{\sigma_1 - \sigma_3}{2} = \frac{k}{2} \tag{2.5.2}$$

即

$$\sigma_1 - \sigma_3 = k \quad \text{或} \quad (\sigma_1 - \sigma_3) - k = 0 \tag{2.5.3}$$

一般情况下,往往无法事先判明各点的三个主应力大小的次序,所以通常将该条件写成如下形式

$$\left.\begin{array}{l} |\sigma_1 - \sigma_2| = k \\ |\sigma_2 - \sigma_3| = k \\ |\sigma_3 - \sigma_1| = k \end{array}\right\} \tag{2.5.4}$$

上式中至少有一个等式成立时,材料才开始塑性变形,即达到屈服,否则仍处于弹性阶段。因为 $k > 0$,上述三个式子不可能同时取等号。

如要将该条件表示成完整的式子,可将式(2.5.4)改写成一般形式

$$[(\sigma_1 - \sigma_2)^2 - k^2][(\sigma_2 - \sigma_3)^2 - k^2][(\sigma_3 - \sigma_1)^2 - k^2] = 0 \tag{2.5.5}$$

将其展开,并用不变量 $I_2(S_{ij})$,$I_3(S_{ij})$ 来表示,则为

$$4I_2^3(S_{ij}) - 27I_3^2(S_{ij}) - 9k^2 I_2^2(S_{ij}) + 6k^4 I_2(S_{ij}) - k^6 = 0 \tag{2.5.6}$$

很显然,这个式子太复杂了,不方便使用。因此,当主应力大小次序未知时,一般不采用该条件。

再来观察 Tresca 条件的屈服曲线形状。

由式(2.2.1)的第一式,$x = \dfrac{\sqrt{2}}{2}(\sigma_1 - \sigma_3) = \dfrac{\sqrt{2}}{2}k = \text{const}$ 知,在 $\pi$ 平面上 $-30° \leqslant \theta_\sigma \leqslant 30°$ 的范

围内,屈服曲线是一直线。再据前面讨论的对称性即可得出结论:Tresca 屈服条件在 $\pi$ 平面上是一个正六边形,称为 Tresca 六边形。在三维应力空间中,屈服面是一个以 $L$ 为轴线的正六棱柱面。Tresca 六边形的外接圆的半径为 $r=\sqrt{\dfrac{2}{3}}k$,其内切圆的半径为 $\dfrac{k}{\sqrt{2}}$,如图 2.10 所示。

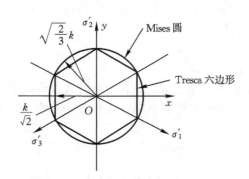

图 2.10  Tresca 和 Mises 屈服曲线

Tresca 屈服条件的特点是:

① 物理观念明确,有清楚的物理解释;

② 当已知三个主应力次序 $\sigma_1 \geqslant \sigma_2 \geqslant \sigma_3$ 时,是主应力的线性函数,表达式形式简单;

③ 未考虑中间主应力 $\sigma_2$ 对屈服的贡献;

④ 当主应力顺序未知时,形式过于复杂;

⑤ 屈服曲线上有角点,为非光滑曲线,这给数学处理上带来了困难。

**2. Mises 屈服条件**

当主应力大小顺序未知时,Tresca 条件的表达式用于空间问题时在数学解答上是有困难的。德国科学家 R. von Mises 于 1913 年提出,可将 Tresca 六边形的外接圆作为屈服曲线,其方程为

$$x^2 + y^2 = \left(\sqrt{\dfrac{2}{3}}k\right)^2$$

将 $x=\dfrac{(\sigma_1-\sigma_3)}{\sqrt{2}}$,$y=\dfrac{(2\sigma_2-\sigma_1-\sigma_3)}{\sqrt{6}}$ 代入,得

$$(\sigma_1-\sigma_2)^2+(\sigma_2-\sigma_3)^2+(\sigma_3-\sigma_1)^2=2k^2 \qquad (2.5.7)$$

据 $\sigma_i=\dfrac{1}{\sqrt{2}}\sqrt{(\sigma_1-\sigma_2)^2+(\sigma_2-\sigma_3)^2+(\sigma_3-\sigma_1)^2}$,有

$$\sigma_i = k \qquad (2.5.7a)$$

上式等同于

$$\sqrt{J_2} = \dfrac{1}{\sqrt{3}}k \qquad (2.5.7b)$$

Mises 在提出这个屈服条件时,认为自己提出的条件只是近似的,并非准确的屈服条件。但以后的实验结果表明,对于韧性金属材料,它更接近于实验情况。该条件表明,当应力强度达到某一确定数值时,材料即进入屈服状态,它就称为**应力强度不变条件**,又称 Mises **屈服条**

件(也有称 Huber-von Mises **屈服条件**)。在应力空间中,Mises 条件表示的屈服面是以 $L$ 为轴线、垂直于 $\pi$ 平面的圆柱面。

Mises 屈服条件考虑了中间应力对屈服的影响,在形式上克服了 Tresca 条件的缺点,而且可以用一个统一的式子来表示。

据 $\sigma_i$ 的表达式,Mises 条件还可以写为

$$(\sigma_x - \sigma_y)^2 + (\sigma_y - \sigma_z)^2 + (\sigma_z - \sigma_x)^2 + 6(\tau_{xy}^2 + \tau_{yz}^2 + \tau_{zx}^2) = 2k^2 \tag{2.5.8}$$

屈服条件(2.5.7b)也可以写为

$$J_2 - \frac{1}{3}k^2 = 0$$

在 Mises 条件提出之后,不少学者试图对其物理意义进行解释。现择要介绍如下。

① 德国 H. Hencky 于 1924 年指出,Mises 条件是用一点的形状改变比能来衡量屈服与否的能量准则。

根据弹性力学,单位体积的变形能为

$$W = \frac{1}{2}(\sigma_1 \varepsilon_1 + \sigma_2 \varepsilon_2 + \sigma_3 \varepsilon_3)$$

$$= \frac{1}{2E}[\sigma_1^2 + \sigma_2^2 + \sigma_3^2 - 2\nu(\sigma_1 \sigma_2 + \sigma_2 \sigma_3 + \sigma_3 \sigma_1)]$$

单位体积的体积变化能为

$$W_{\mathrm{v}} = \frac{1}{2}\left(\frac{\sigma_1 + \sigma_2 + \sigma_3}{3}\right)(\varepsilon_1 + \varepsilon_2 + \varepsilon_3) = \frac{1 - 2\nu}{6E}(\sigma_1 + \sigma_2 + \sigma_3)^2$$

单位体积的形状改变能(又称弹性形变比能、歪形能)定义为 $W_{\mathrm{d}} = W - W_{\mathrm{v}}$,则

$$W_{\mathrm{d}} = \frac{(1+\nu)}{6E}[(\sigma_1 - \sigma_2)^2 + (\sigma_2 - \sigma_3)^2 + (\sigma_3 - \sigma_1)^2] = \frac{(1+\nu)}{3E}k^2$$

② 法国 A. L. Nadai 于 1937 年提出,当八面体剪应力达到某一定值时,材料进入屈服状态。这是由于 $\tau_8 = \sqrt{\frac{2}{3}J_2} = \frac{\sqrt{2}}{3}\sigma_i = \frac{\sqrt{2}}{3}k$。

③ 苏联力学家依留申(A. A. Ilyushin)基于 $J_2 = \frac{1}{3}k^2$ 提出,Mises 条件意味着,只要应力偏张量的第二不变量达到某一定值时,材料就屈服。他于 1952 年将 $J_2$ 与围绕一点的小圆球表面上的统计平均剪应力 $\bar{\tau}$ 联系起来,得出

$$\bar{\tau} = \sqrt{\frac{1}{n}\sum_{i=1}^{n}\tau_i^2} = \frac{1}{\sqrt{15}}\sqrt{(\sigma_1 - \sigma_2)^2 + (\sigma_2 - \sigma_3)^2 + (\sigma_3 - \sigma_1)^2} = \sqrt{\frac{2}{5}J_2}$$

进而认为,材料的屈服是由于一点的统计平均剪应力 $\bar{\tau}$ 达到了某一定值而引起的。

现将 Tresca 屈服条件和 Mises 屈服条件作如下简单比较。

(1) 材料常数 $k$ 的确定

Tresca 和 Mises 屈服条件中的常数 $k$ 是和材料有关的量。它可以通过简单拉伸或纯剪切等简单试验来加以确定,因为它们也应该适用于简单的应力状态。如做单拉试验,此时除 $\sigma_1$ 以外的其余的主应力分量为零,两个屈服条件均为

$$k = \sigma_1 - \sigma_3 = \sigma_1 = \sigma_{\mathrm{s}}$$

即 $k$ 就是材料拉伸屈服极限 $\sigma_{\mathrm{s}}$。

如做剪切试验,此时除 $\tau_{xy}$ 以外的其他应力分量为零。从试验知道,当 $\tau_{xy}$ 达到材料剪切屈服极限 $\tau_s$ 时,即

$$\tau_{xy} = \tau_s$$

时开始屈服。此时,根据 Tresca 屈服条件表达式(2.5.1)有

$$k = 2\tau_{\max} = 2\tau_s$$

而根据 Mises 条件的式(2.5.8)有

$$k = \sqrt{3}\tau_{xy} = \sqrt{3}\tau_s$$

那么,如果 Tresca 条件是正确的,应该有关系式 $\tau_s = 0.5\sigma_s$;如果 Mises 条件成立,则有 $\tau_s = 0.577\sigma_s$。试验表明,对于一般工程材料,大致存在关系式 $\tau_s = (0.56 \sim 0.6)\sigma_s$,因此,Mises 条件更符合实际些。

(2) 屈服条件的差别

设 $\sigma_1 \geqslant \sigma_2 \geqslant \sigma_3$,取 $\sigma_s$ 为 $k$,则 Tresca 条件可写成

$$\frac{\sigma_1 - \sigma_3}{\sigma_s} = 1 \qquad\qquad\qquad (a)$$

对于 Mises 条件,由 $\mu_\sigma = 2\dfrac{\sigma_2 - \sigma_3}{\sigma_1 - \sigma_3} - 1$ 解出 $\sigma_2$,然后代入 $\sigma_i = \sigma_s$,消去其中的 $\sigma_2$,则 Mises 条件可写成

$$\frac{\sigma_1 - \sigma_3}{\sigma_s} = \frac{2}{\sqrt{3 + \mu_\sigma^2}} = \beta \qquad\qquad (b)$$

因为 $0 \leqslant |\mu_\sigma| \leqslant 1$,故 $1 \leqslant \beta \leqslant 1.15$。纯剪状态下,$\mu_\sigma = 0$,$\beta = 1.15$。比较式(a)和式(b)可知,两个条件此时相差 15%。而在单拉或单压时,二者是一致的。所以,实际上两条件的差别并不大。如果取处于外接圆和内切圆中间的圆作为屈服条件,则差别会更小些。

这里需要说明,Tresca 和 Mises 屈服条件主要适用于韧性金属材料,Mises 条件与铜、镍、铝、中碳钢等的实验结果符合较好,但某些金属材料的实验结果更接近于 Tresca 屈服条件。一般来说,这两个条件对土壤、混凝土、某些岩石等非金属材料是不理想的,因为它们都忽略了静水应力对屈服的影响,而试验证实,静水应力对其屈服有着重要的作用。

### 3. 双剪屈服条件 (twin-shear yield criterion)

对于各向同性材料,由于通过单向拉伸试验在 $\pi$ 平面上的投影点的屈服曲线必须外凸,这也就限定了屈服曲线的范围。连接拉伸与压缩试验在 $\pi$ 平面上的投影点的六根直线所组成的六边形是所有可能屈服曲线的最小范围,而通过这六个投影点与矢径垂直的六根直线所组成的六边形,则是所有可能屈服曲线的最大范围。这个六边形后来由中国的俞茂宏于 1961 年提出的**双剪屈服条件**加以解释。

在图 2.10 中,绘出了 Tresca 屈服条件和 Mises 屈服条件的两个屈服曲线。但是,对于外凸的屈服条件,还存在一个外边界,如图 2.11 所示。图中曲线①为 Tresca 条件,它是外凸屈服条件的内边界;曲线②为 Mises 条件,它是外凸屈服条件的中间曲线;曲线③为外凸屈服条件的外边界,1961 年,俞茂宏将其定义为双剪屈服条件。对于屈服条件,有了内边界、居中和外边界三个条件,从塑性力学的理论上来讲才更为完整。

双剪屈服条件的导出非常简单。由式(2.1.2)知,单元体应力状态存在三个主剪应力($\tau_1$, $\tau_2$, $\tau_3$),但是由于三个主剪应力中存在恒等关系($\tau_2 = \tau_1 + \tau_3$),因此三个主剪应力($\tau_1$, $\tau_2$, $\tau_3$)只

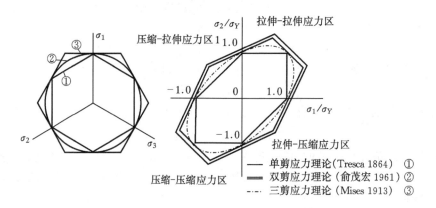

图 2.11　外凸屈服条件的三种典型屈服曲线

有两个独立量。从这个思想出发,可以采用两个较大的剪应力作为屈服条件的变量来建立屈服条件。与 Tresca 屈服条件的一个最大剪应力 $\tau_2$ 相比,这是自然的发展。但是,两个次大主剪应力中有可能为 $\tau_1$,也可能为 $\tau_3$,因此,采用如下两个方程建立屈服条件

$$f = \tau_2 + \tau_3 = C, \quad \text{当 } \tau_3 \geqslant \tau_1 \text{ 时} \qquad (2.5.9\text{a})$$

$$f = \tau_2 + \tau_1 = C, \quad \text{当 } \tau_3 \leqslant \tau_1 \text{ 时} \qquad (2.5.9\text{b})$$

式中:$C$ 为材料强度参数,可以由单向拉伸试验确定。

将式(2.1.2)的主剪应力公式和单向拉伸试验条件代入式(2.5.9a)或式(2.5.9b),即可知道材料参数为

$$C = \sigma_s \qquad (2.5.10)$$

将式(2.1.2)的主剪应力和上式代入式(2.5.9a)和式(2.5.9b)中,即可得出如下的双剪屈服条件表达式

$$f = \sigma_1 - \frac{1}{2}(\sigma_2 + \sigma_3) = \sigma_s, \quad \text{当 } \sigma_2 \leqslant \frac{1}{2}(\sigma_1 + \sigma_3) \text{ 时} \qquad (2.5.11\text{a})$$

$$f' = \frac{1}{2}(\sigma_1 + \sigma_2) - \sigma_3 = \sigma_s, \quad \text{当 } \sigma_2 \geqslant \frac{1}{2}(\sigma_1 + \sigma_3) \text{ 时} \qquad (2.5.11\text{b})$$

由这两个屈服条件,可以作出双剪屈服曲线,如图 2.11 的外边界所示。双剪屈服条件由两个方程和一个应力条件判别式组成,这是双剪屈服条件与其他屈服条件不同之处。也有学者将屈服曲线的外边界定义为最大偏应力条件(Haythornthwaite RM, J. Eng. Mech. ASCE, 1961, 87:117),但是偏应力 $S_1 = \sigma_1 - \sigma_m$ 是一种正应力,与材料剪切屈服的机理不符。因此,采用双剪应力屈服条件的解释较为合理。

从这个角度看,Tresca 屈服条件可以称为单剪屈服条件(single-shear yield criterion),Mises 屈服条件可以称为三剪屈服条件(three-shear yield criterion)。从单剪屈服准则到双剪屈服准则是很自然的发展,它们的思想实际上是一致的。

**4. 统一屈服准则 (unified yield criterion)**

以上三个屈服条件是根据不同的假设得出的,它们之间没有相互的联系。俞茂宏于 1991 年,基于双剪力学模型和两个方程的数学建模方法,根据材料试验数据,推导得出一个新的**统一屈服准则**。它不仅将单剪和双剪屈服条件联系起来,而且可以线性逼近三剪屈服条件,并产

生了一系列新的线性屈服条件。这里简单介绍其推导过程。

统一屈服准则的数学建模为

$$f = \tau_2 + b\tau_3 = C, \quad 当 \tau_3 \geqslant \tau_1 时 \tag{2.5.12a}$$

$$f = \tau_2 + b\tau_1 = C, \quad 当 \tau_3 \leqslant \tau_1 时 \tag{2.5.12b}$$

式中:$C$ 为材料强度参数,同样可以根据材料单向拉伸试验加以确定。

将式(2.1.2)的主剪应力公式和单向拉伸试验条件代入式(2.5.12a)或式(2.5.12b),可得材料参数为

$$C = \frac{1+b}{2}\sigma_s \tag{2.5.13}$$

将式(2.1.2)的主剪应力和式(2.5.13)代入式 (2.5.12a)和式(2.5.12b),即可得出如下的统一屈服准则的数学表达式

$$f = \sigma_1 - \frac{1}{1+b}(b\sigma_2 + \sigma_3) = \sigma_s, \quad 当 \sigma_2 \leqslant \frac{1}{2}(\sigma_1 + \sigma_3) 时 \tag{2.5.14a}$$

$$f' = \frac{1}{1+b}(\sigma_1 + b\sigma_2) - \sigma_3 = \sigma_s, \quad 当 \sigma_2 \geqslant \frac{1}{2}(\sigma_1 + \sigma_3) 时 \tag{2.5.14b}$$

可以看到,统一屈服准则将中间主应力 $\sigma_2$ 对屈服的影响考虑进去,在理论上较为合理,而在功能上它是一系列屈服条件的集合,如图 2.12 所示。统一屈服准则涵盖了前述的三种屈服条件,如图 2.13 所示。图 2.14—图 2.18 示意了在应力空间内统一屈服条件的屈服面,供读者参考。

统一屈服准则可以适用于更多的材料(例如拉伸强度 $\sigma_t$ 与压缩强度 $\sigma_c$ 不同的材料)。它也为更合理选用屈服条件提供了理论基础。此时,可以根据材料的剪切强度求得统一屈服准则的参数 $b$

$$b = \frac{2\tau_s - \sigma_s}{\sigma_s - \tau_s} = \frac{2\bar{\alpha} - 1}{1 - \bar{\alpha}}, \quad \bar{\alpha} = \frac{\tau_s}{\sigma_s} \tag{2.5.15}$$

或

$$\tau_s = \frac{b+1}{b+2}\sigma_s$$

关于统一强度理论,有兴趣的读者请参见俞茂宏教授的专著[17]。

**5. 其他屈服条件**

(1) 依留申屈服条件

实际上,依留申随后还提出他的屈服条件,即当应力强度 $\sigma_i$ 等于材料的单向拉伸的屈服极限 $\sigma_s$ 时,材料开始进入塑性状态

$$\sigma_i = \sigma_s \quad 或 \quad \sigma_i = \sqrt{\frac{2}{3}}\sqrt{S_1^2 + S_2^2 + S_3^2} = \sigma_s \tag{2.5.16}$$

依留申屈服条件的特点是物理概念明确,并将复杂应力状态和单向拉伸屈服极限联系起来,使用更为容易。

(2) 各向异性材料的屈服条件

屈服中的各向异性可以分为两类:初始的各向异性和变形引起的各向异性。前者出现于各种结构各向异性的材料,在任一塑性变形发生之前就已存在;后者出现于应变强化发生之后,即使材料初始是各向同性的。1.2 节提到的 Schmid 定律就是初始各向异性的屈服条件的

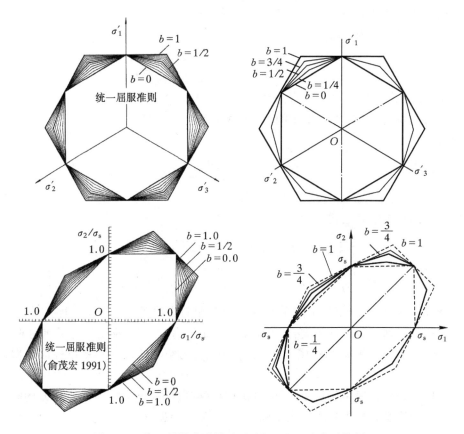

图 2.12 统一屈服准则的系列屈服面和三个典型特例

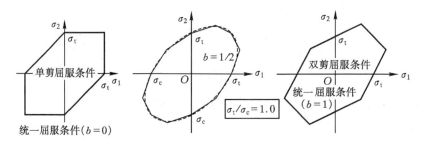

图 2.13 统一屈服准则的三个典型特例

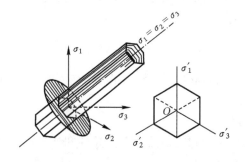

图 2.14 统一屈服准则的特例:内边界-单剪屈服准则

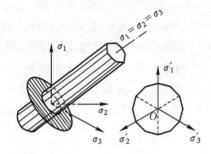

图 2.15　统一屈服准则的特例:$b=1/4$ 的新准则

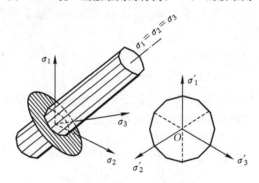

图 2.16　统一屈服准则的特例:中间准则 $b=1/2$ 新准则
（可作为 Mises 准则的线性逼近）

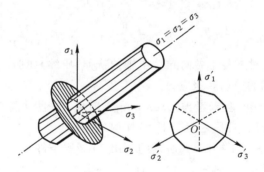

图 2.17　统一屈服准则的特例:$b=3/4$ 的新准则

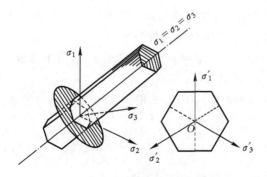

图 2.18　统一屈服准则的特例:外边界-双剪屈服准则

一个例子,即对于单晶体而言,当剪应力在特定平面(滑移面)上达到一个临界值时屈服发生。在每个平面是滑移面的特殊情况时,Schmid 定律退化为 Tresca 屈服条件。

除了晶体学屈服准则,还有一大类唯象各向异性屈服准则,这类准则应用更为方便。目前常用的各向异性屈服条件有,Hill 屈服条件和 Hosford 屈服条件。

① Hill 屈服条件。1948 年,Hill 在 Mises 屈服条件的基础上进行推广,将各向异性引入屈服准则。Hill 用应力张量 $\sigma$ 的二次函数来代替 $J_2$,给出的屈服条件形式如下

$$\frac{1}{2}A_{ijkl}\sigma_{ij}\sigma_{kl} = k^2 \tag{2.5.17}$$

式中:$A$ 为四阶张量,且具有和弹性常数 $C_{ijkl}$ 相同的对称性,即 $A_{ijkl} = A_{ijlk} = A_{jikl} = A_{klij}$,其独立分量有 21 个。如果屈服条件与平均应力无关,则有 $A_{ijkk} = 0$,独立分量减至 15 个。对于正交各向异性的情形,屈服条件变为

$$2f(\sigma_{ij}) = F(\sigma_y - \sigma_z)^2 + G(\sigma_z - \sigma_x)^2 + H(\sigma_x - \sigma_y)^2$$
$$+ 2L\tau_{yz}^2 + 2M\tau_{zx}^2 + 2N\tau_{xy}^2 = 1 \tag{2.5.18}$$

式中:$F, G, H, L, M, N$ 是与材料有关的 6 个独立的参数,它们可根据各向异性主轴方向的拉伸(压缩)屈服应力和剪切屈服应力确定。其表达式如下

$$\left.\begin{array}{l} F = \dfrac{1}{2}\left[\dfrac{1}{(\sigma_y^s)^2} + \dfrac{1}{(\sigma_z^s)^2} - \dfrac{1}{(\sigma_x^s)^2}\right] \\[3mm] G = \dfrac{1}{2}\left[\dfrac{1}{(\sigma_z^s)^2} + \dfrac{1}{(\sigma_x^s)^2} - \dfrac{1}{(\sigma_y^s)^2}\right] \\[3mm] H = \dfrac{1}{2}\left[\dfrac{1}{(\sigma_x^s)^2} + \dfrac{1}{(\sigma_y^s)^2} - \dfrac{1}{(\sigma_z^s)^2}\right] \\[3mm] L = \dfrac{1}{2(\tau_{yz}^s)^2}, \quad M = \dfrac{1}{2(\tau_{zx}^s)^2}, \quad N = \dfrac{1}{2(\tau_{xy}^s)^2} \end{array}\right\} \tag{2.5.18a}$$

式中:$\sigma_x^s$, $\sigma_y^s$, $\sigma_z^s$ 分别为相对于各个各向异性主轴的拉伸(压缩)屈服应力;$\tau_{xy}^s$, $\tau_{yz}^s$, $\tau_{zx}^s$ 分别为相对于各个各向异性主轴的剪切屈服应力。

Hill 屈服条件形式简单,但未考虑 Bauschinger 效应,并假设静水压力不影响屈服。式 (2.5.18)目前仍被广泛应用,且称之为 Hill 48 屈服条件。

1979 年 Hill 对上式进行了推广,即所谓的 Hill 79 屈服条件

$$F\mid\sigma_2-\sigma_3\mid^m + G\mid\sigma_3-\sigma_1\mid^m + H\mid\sigma_1-\sigma_2\mid^m + L\mid2\sigma_1-\sigma_2-\sigma_3\mid^m$$
$$+ M\mid2\sigma_2-\sigma_1-\sigma_3\mid^m + N\mid2\sigma_3-\sigma_1-\sigma_2\mid^m = \sigma_s^m \tag{2.5.19}$$

式中:$\sigma_1, \sigma_2, \sigma_3$ 为 3 个主应力;$\sigma_s$ 为屈服应力;$F, G, H, L, M, N$ 为常数;$m$ 与材料的各向异性程度有关,且必须大于 1,以保证屈服面的外凸性。

Hill 系列屈服准则(1948 年,1979 年,1990 年,1993 年)对于钢板等的成形预测比较准确,目前应用较多的还是 Hill 48 屈服条件。

② Hosford 屈服条件。1972 年,Hosford 提出了不含剪应力的各向同性屈服条件,其形式为

$$\frac{1}{2}\mid\sigma_2-\sigma_3\mid^n + \frac{1}{2}\mid\sigma_3-\sigma_1\mid^n + \frac{1}{2}\mid\sigma_1-\sigma_2\mid^n = \sigma_s^n \tag{2.5.20}$$

推广到各向异性的情形,Hosford 屈服条件可写为

$$F\mid\sigma_2-\sigma_3\mid^n + G\mid\sigma_3-\sigma_1\mid^n + H\mid\sigma_1-\sigma_2\mid^n = 1 \tag{2.5.21}$$

式中：$F$，$G$，$H$ 为常数；$\sigma_1$，$\sigma_2$，$\sigma_3$ 为 3 个主应力；指数 $n$ 与材料晶格类型（fcc，bcc，hcp 等）有关，通常 $n > 2$；对于 bcc 材料，$n = 6$；对于 fcc 材料，$n = 8$。

Hosford 系列屈服条件主要针对铝合金等立方结构金属的变形行为而提出，对该类金属板材的描述比较准确。

**6. 实验验证**

上述屈服条件是对材料进入塑性状态的原因提出的假设，它们正确与否，尚需通过实验来验证。以往所做的大多数实验是利用薄壁圆管的拉伸与内压或者拉伸与扭转的联合作用来实现双向应力状态的。通过调整应力分量间的比值便可得到 $\pi$ 平面上不同的 Lode 参数 $\mu_\sigma$ 或 $\theta_\sigma$ 值。

（1）Lode 拉压实验

1926 年，W. Lode 用钢、铜、镍做成的薄壁圆管施加轴向拉力 $T$ 和内压 $p$ 进行实验（这时主应力方向不变），检验了中间主应力 $\sigma_2$ 对屈服的影响。

按照弹性力学，这个空间轴对称问题可以简化，即假设沿厚度应力均匀分布，且略去次要的应力分量 $\sigma_r$，据平衡条件得两端封闭的薄壁管内应力为

$$\sigma_\theta = \sigma_1 = \frac{pr}{t}, \quad \sigma_z = \sigma_2 = \frac{pr}{2t} + \frac{T}{2\pi rt}, \quad \sigma_3 = \sigma_r = 0$$

对于 Tresca 屈服条件，有

$$\frac{\sigma_1 - \sigma_3}{\sigma_s} = 1 \tag{2.5.22}$$

对于 Mises 屈服条件，有

$$\frac{\sigma_1 - \sigma_3}{\sigma_s} = \frac{2}{\sqrt{3 + \mu_\sigma^2}} \tag{2.5.23}$$

式中

$$\mu_\sigma = 2\frac{\sigma_2 - \sigma_3}{\sigma_1 - \sigma_3} - 1 = \frac{T}{\pi r^2 p}$$

对于双剪屈服条件，因为 $S_1 \geqslant S_2 \geqslant S_3$，所以

$$\mu_\sigma = \frac{2\sigma_2 - \sigma_1 - \sigma_3}{\sigma_1 - \sigma_3} = \frac{3S_2}{S_1 - S_3} = \frac{3(S_1 + S_3)}{S_3 - S_1}$$

它与 $S_2$ 有相同的符号。由上式解得

$$\frac{S_1}{S_3} = \frac{\mu_\sigma - 3}{\mu_\sigma + 3}$$

因此，双剪屈服条件可以等价地写为

当 $-1 \leqslant \mu_\sigma \leqslant 0$ 时，有 $S_1 = \frac{2}{3}\sigma_s$，这样

$$\frac{\sigma_1 - \sigma_3}{\sigma_s} = \frac{S_1 - S_3}{\sigma_s} = \frac{S_1}{\sigma_s}\left(1 - \frac{\mu_\sigma + 3}{\mu_\sigma - 3}\right) = \frac{4}{3 - \mu_\sigma}$$

当 $0 \leqslant \mu_\sigma \leqslant 1$ 时，有 $S_3 = -\frac{2}{3}\sigma_s$，这样

$$\frac{\sigma_1 - \sigma_3}{\sigma_s} = \frac{S_1 - S_3}{\sigma_s} = \frac{S_3}{\sigma_s}\left(\frac{\mu_\sigma - 3}{\mu_\sigma + 3} - 1\right) = \frac{4}{3 + \mu_\sigma}$$

可见对于双剪屈服条件，有

$$\frac{\sigma_1 - \sigma_3}{\sigma_s} = \frac{4}{3 + |\mu_\sigma|} \quad (\text{其中} -1 \leqslant \mu_\sigma \leqslant 1) \tag{2.5.24}$$

如果以 $\mu_\sigma$ 为水平坐标轴，$\dfrac{\sigma_1 - \sigma_3}{\sigma_s}$ 为垂直坐标轴，可将上述三个屈服条件的理论表达式和实验点绘于图 2.19 中。实验中，通过控制 $p$ 和 $T$ 使 $\sigma_\theta > \sigma_z$，然后改变 $p$，$T$ 组合，得到不同应力状态的 $\mu_\sigma$ 和 $\dfrac{\sigma_1 - \sigma_3}{\sigma_s}$（见图 2.19）。不难看出，Mises 条件比较符合实验结果。

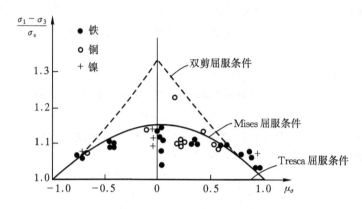

图 2.19 Lode 实验结果

(2) Taylor 和 Quinney 拉扭实验

1931 年 G. I. Taylor 和 H. Quinney 用钢、铝、铜做成的薄壁管在轴向拉力 $T$ 和扭转力矩 $M$ 的联合作用下进行了实验。此时，任一点的主应力方向可以改变。其应力分量可写为

$$\sigma_z = \frac{T}{2\pi r t}, \quad \sigma_r = 0, \quad \tau_{\theta z} = \frac{M}{2\pi r^2 t}$$

这时主应力为

$$\sigma_1 = \frac{\sigma_z}{2} + \sqrt{\frac{\sigma_z^2}{4} + \tau_{\theta z}^2} \geqslant 0$$

$$\sigma_2 = \sigma_r \approx 0$$

$$\sigma_3 = \frac{\sigma_z}{2} - \sqrt{\frac{\sigma_z^2}{4} + \tau_{\theta z}^2} \leqslant 0$$

而主偏应力为

$$S_1 = \frac{1}{6}(\sigma_z + 3\sqrt{\sigma_z^2 + 4\tau_{\theta z}^2})$$

$$S_2 = -\sigma_z/3$$

$$S_3 = \frac{1}{6}(\sigma_z - 3\sqrt{\sigma_z^2 + 4\tau_{\theta z}^2})$$

按 Tresca 屈服条件有

$$\tau_{\max} = \frac{\sigma_1 - \sigma_3}{2} = \frac{1}{2}\sqrt{\sigma_z^2 + 4\tau_{\theta z}^2} = \frac{\sigma_s}{2}$$

即

$$\left(\frac{\sigma_z}{\sigma_s}\right)^2 + 4\left(\frac{\tau_{\theta z}}{\sigma_s}\right)^2 = 1 \qquad (2.5.25)$$

按 Mises 屈服条件有

$$J_2 = \frac{1}{6}(2\sigma_z^2 + 6\tau_{\theta z}^2) = \frac{1}{3}\sigma_s^2$$

即

$$\left(\frac{\sigma_z}{\sigma_s}\right)^2 + 3\left(\frac{\tau_{\theta z}}{\sigma_s}\right)^2 = 1 \qquad (2.5.26)$$

按双剪屈服条件,当 $\sigma_z \geqslant 0$ 时,$S_2 \leqslant 0$,$S_1 \leqslant \frac{2}{3}\sigma_s$,可写为

$$\frac{1}{4}\left(\sigma_z + 3\sqrt{\sigma_z^2 + 4\tau_{\theta z}^2}\right) = \sigma_s$$

故有

$$\frac{1}{4}\left(\frac{\sigma_z}{\sigma_s}\right) + \frac{3}{4}\sqrt{\left(\frac{\sigma_z}{\sigma_s}\right)^2 + 4\left(\frac{\tau_{\theta z}}{\sigma_s}\right)^2} = 1 \qquad (2.5.27)$$

同样,将上述三个屈服条件的表达式(2.5.25)—式(2.5.27)绘于以 $\tau_{\theta z}/\sigma_s$ 为纵坐标、以 $\sigma_z/\sigma_s$ 为横坐标的图上,如图 2.20 所示。从三个椭圆曲线(理论曲线)与用不同拉力和扭矩组合而得到的实验点的对比情况,可以看出,实验结果更接近于 Mises 屈服条件和双剪屈服条件。

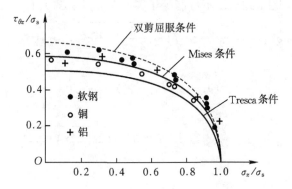

图 2.20　Taylor 和 Quinney 实验结果

虽然多数金属材料符合 Mises 条件,但由于 Tresca 条件可表示成主应力的线性函数,两者各有优缺点,且相差不大。所以,选用哪一个条件,应视具体情况而定。

**例 2.2**　写出平面应力状态($\sigma_x$,$\sigma_y$,$\tau_{xy} \neq 0$)的屈服条件。

**解**　对平面应力状态,$\sigma_3 = 0$,此时,Tresca 条件

$$\left.\begin{array}{r} |\sigma_1 - \sigma_2| \leqslant \sigma_s \\ |\sigma_1| \leqslant \sigma_s \\ |\sigma_2| \leqslant \sigma_s \end{array}\right\} \quad (\text{取 } k = \sigma_s)$$

它表示在 $\sigma_1 - \sigma_2$ 平面上的屈服曲线为一六边形(见图 2.21)。

Mises 条件为

$$(\sigma_x - \sigma_y)^2 + (\sigma_y - \sigma_z)^2 + (\sigma_z - \sigma_x)^2 + 6(\tau_{xy}^2 + \tau_{yz}^2 + \tau_{zx}^2) = 2\sigma_s^2$$

进行化简,有

$$\sigma_x^2 + \sigma_y^2 - \sigma_x\sigma_y + 3\tau_{xy}^2 = \sigma_s^2$$

或者根据式(2.5.7),Mises 条件可写为

$$\sigma_1^2 - \sigma_1\sigma_2 + \sigma_2^2 = \sigma_s^2$$

在 $\sigma_1 - \sigma_2$ 平面上为一外接于上述六边形的椭圆(见图 2.21)。

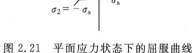

图 2.21　平面应力状态下的屈服曲线

**课后练习1**

请讨论一下用 $\sigma_x, \sigma_y, \tau_{xy}$ 表示的 Tresca 屈服条件。

**提示**　已知一个主应力为零,若记

$$\sigma = \frac{\sigma_x + \sigma_y}{2} \pm \sqrt{\left(\frac{\sigma_x + \sigma_y}{2}\right)^2 - (\sigma_x\sigma_y - \tau_{xy}^2)}$$

可能有三种情况。

① 当 $\sigma_x\sigma_y = \tau_{xy}^2$ 时,$\sigma = \dfrac{\sigma_x + \sigma_y}{2} \pm \left|\dfrac{\sigma_x + \sigma_y}{2}\right|, 0$

即 $\sigma_x, \sigma_y$ 同号！分两种情况讨论

$$\sigma_x > 0, \quad \sigma_y > 0 \text{ 时}, \quad \sigma_1 = \sigma_x + \sigma_y, \quad \sigma_2 = 0, \quad \sigma_3 = 0$$

$$\sigma_x < 0, \quad \sigma_y < 0 \text{ 时}, \quad \sigma_1 = 0, \quad \sigma_2 = 0, \quad \sigma_3 = \sigma_x + \sigma_y$$

即有 $\sigma_x + \sigma_y = \pm\sigma_s$。

② 当 $\sigma_x\sigma_y > \tau_{xy}^2$ 时,此时 $\sigma_x + \sigma_y$ 不可能等于零。若 $\sigma_x + \sigma_y > 0$,有

$$\sigma_{1,2} = \frac{\sigma_x + \sigma_y}{2} \pm \sqrt{\left(\frac{\sigma_x - \sigma_y}{2}\right)^2 + \tau_{xy}^2}, \quad \sigma_3 = 0$$

根据 $\sigma_1 - \sigma_3 = \sigma_s$,得

$$(\sigma_x - \sigma_s)(\sigma_y - \sigma_s) = \tau_{xy}^2$$

若 $\sigma_x + \sigma_y < 0$,有

$$\sigma_1 = 0, \quad \sigma_{2,3} = \frac{\sigma_x + \sigma_y}{2} \pm \sqrt{\left(\frac{\sigma_x - \sigma_y}{2}\right)^2 + \tau_{xy}^2}$$

据 $\sigma_1 - \sigma_3 = \sigma_s$,得

$$(\sigma_x + \sigma_s)(\sigma_y + \sigma_s) = \tau_{xy}^2$$

③ 当 $\sigma_x\sigma_y < \tau_{xy}^2$ 时,有

$$\sigma_{1,3} = \frac{\sigma_x + \sigma_y}{2} \pm \sqrt{\left(\frac{\sigma_x - \sigma_y}{2}\right)^2 + \tau_{xy}^2}, \quad \sigma_2 = 0$$

$$2\sqrt{\left(\frac{\sigma_x - \sigma_y}{2}\right)^2 + \tau_{xy}^2} = \sigma_s$$

$$(\sigma_x - \sigma_y)^2 + 4\tau_{xy}^2 = \sigma_s^2$$

**课后练习2**

对 $z$ 方向受约束的平面应变状态(取 $\nu = 0.5$),写出其屈服条件。

**解答**

Tresca 条件:$\dfrac{1}{4}(\sigma_x - \sigma_y)^2 + \tau_{xy}^2 = \dfrac{1}{4}\sigma_s^2$

Mises 条件:$\dfrac{1}{4}(\sigma_x - \sigma_y)^2 + \tau_{xy}^2 = \dfrac{1}{3}\sigma_s^2$

**请思考**  本题给定的是什么样的应力状态?

**例 2.3**  一薄壁圆管,平均半径为 $R$,壁厚为 $t$,管的两端封闭,内部作用有压力 $p_1$,外部作用有压力 $p_2$($p_2$ 对轴向力无影响),记比值 $p_2/p_1=x$,分别用 Mises 和 Tresca 两种屈服条件,讨论 $p_1$ 多大时圆管开始屈服。

**解**  各应力分量为

$$\left.\begin{array}{l} \sigma_z = \dfrac{p_1 R}{2t} \\[2mm] \sigma_\theta = \dfrac{p_1 R}{t} - \dfrac{p_2 R}{t} = \dfrac{p_1(1-x)R}{t} \\[2mm] \sigma_r = 0 \end{array}\right\}$$

Mises 条件:$\sigma_i = \sigma_s$

$$\frac{1}{\sqrt{2}} \sqrt{(\sigma_r - \sigma_\theta)^2 + (\sigma_\theta - \sigma_z)^2 + (\sigma_z - \sigma_r)^2} = \sigma_s$$

$$\frac{p_1^2 R^2}{4t^2}[6 - 12x + 8x^2] = 2\sigma_s^2$$

$$p_1 = \frac{2\sigma_s t}{R\sqrt{3 - 6x + 4x^2}}$$

Tresca 条件:$\sigma_1 - \sigma_3 = \sigma_s$

(1) 当 $0 \leqslant x \leqslant \dfrac{1}{2}$ 时,有

$$\sigma_1 = \sigma_\theta = \frac{p_1(1-x)R}{t}, \quad \sigma_2 = \sigma_z = \frac{p_1 R}{2t}, \quad \sigma_3 = \sigma_r = 0$$

$$\sigma_1 - \sigma_3 = \frac{p_1(1-x)R}{t} = \sigma_s$$

$$p_1 = \frac{\sigma_s t}{(1-x)R}$$

(2) 当 $\dfrac{1}{2} \leqslant x \leqslant 1$ 时,……(请读者自己完成);

(3) 当 $x > 1$ 时,……(请读者自己完成)。

**例 2.4**  若材料不可压缩,且服从 Mises 屈服条件,设一内外半径之比为 $\beta = b/a$ 的封闭的厚圆筒,受内压 $p_i$ 和扭矩 $M_z$ 作用,求使筒内外表面同时进入屈服时的 $M_z/p_i$ 值。

**解**  内表面上任一点的应力状态,如图 2.22(a)所示。

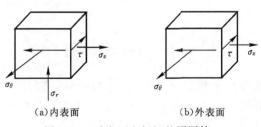

(a)内表面      (b)外表面

图 2.22  受内压和扭矩的厚圆筒

$$\sigma_r = -p_i, \quad \sigma_\theta = \frac{a^2 + b^2}{b^2 - a^2} p_i, \quad \sigma_z = \frac{a^2}{b^2 - a^2} p_i, \quad \tau = \frac{M_z a}{J_\rho}$$

其中 $J_\rho$ 为极惯性矩。

外表面上任一点的应力状态(见图 2.22(b))

$$\sigma_r = 0, \quad \sigma_\theta = \frac{2a^2}{b^2 - a^2} p_i, \quad \sigma_z = \frac{a^2}{b^2 - a^2} p_i, \quad \tau = \frac{M_z b}{J_\rho}$$

分别代入 Mises 屈服条件

$$(\sigma_r - \sigma_\theta)^2 + (\sigma_\theta - \sigma_z)^2 + (\sigma_z - \sigma_r)^2 + 6(\tau_{r\theta}^2 + \tau_{\theta z}^2 + \tau_{zr}^2) = 2\sigma_s^2$$

得

$$\frac{6b^4}{(b^2 - a^2)^2} p_i^2 + \frac{6a^2}{J_\rho^2} M_z^2 = 2\sigma_s^2 \quad (内表面处)$$

和

$$\frac{6a^4}{(b^2 - a^2)^2} p_i^2 + \frac{6b^2}{J_\rho^2} M_z^2 = 2\sigma_s^2 \quad (外表面处)$$

令二者相等,消去 $\sigma_s$,得

$$\frac{b^4 - a^4}{(b^2 - a^2)^2} p_i^2 = \left(\frac{M_z}{J_\rho}\right)^2 (b^2 - a^2)$$

可得

$$\frac{M_z}{p_i} = J_\rho \frac{\sqrt{a^2 + b^2}}{b^2 - a^2} = \frac{\pi}{2} (b^4 - a^4) \frac{\sqrt{a^2 + b^2}}{b^2 - a^2}$$

$$= \frac{\pi}{2} a^3 (1 + \beta^2)^{\frac{3}{2}} = \frac{\pi}{2} \left(\frac{b}{\beta}\right)^3 (1 + \beta^2)^{\frac{3}{2}}$$

**例 2.5**　一内半径为 $a$、外半径为 $b$ 的球形壳(见图 2.23(a)),在其内表面上作用着均匀的压力 $q$,试写出其屈服条件。

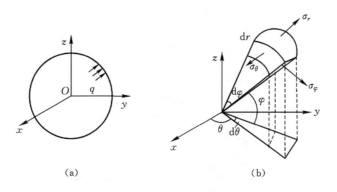

(a)　　　　　　　　　　　　(b)

图 2.23　受内压的球形壳

**解**　根据其几何形状和受力情况,可知这是个球对称问题,因此选取球坐标系 $(\theta, \varphi, r)$。壳体内各点只有正应力分量 $\sigma_\theta, \sigma_\varphi, \sigma_r$,剪应力分量全部为零(见图 2.23(b)),且根据受力特点可以看出 $\sigma_r \leqslant 0$,及 $\sigma_\theta = \sigma_\varphi > 0$。其应力大小排列如下

$$\sigma_1 = \sigma_2 = \sigma_\theta = \sigma_\varphi, \quad \sigma_3 = \sigma_r$$

$$\tau_{max} = \frac{1}{2}(\sigma_\theta - \sigma_r)$$

代入式(2.5.3)和式(2.5.7),可知由 Tresca 条件和 Mises 条件得到的壳体屈服条件是一样的,即为

$$\sigma_\theta - \sigma_r = \sigma_s$$

这里

$$\sigma_\theta = \frac{qa^3(2r^3 + b^3)}{2(b^3 - a^3)r^3}, \quad \sigma_r = -\frac{qa^3(b^3 - r^3)}{(b^3 - a^3)r^3}$$

则

$$\frac{3}{2}\frac{qa^3 b^3}{(b^3 - a^3)r^3} = \sigma_s$$

当 $r=a$ 时,内表面开始屈服

$$\frac{3}{2}\frac{qb^3}{(b^3 - a^3)} = \sigma_s$$

此时施加的内压为

$$q_e = \frac{2}{3}\left(1 - \frac{a^3}{b^3}\right)\sigma_s$$

## 2.6　后继屈服条件

### 1. 后继屈服条件的概念

以前所讨论的是初始屈服条件,它是材料由最初的弹性阶段刚刚进入塑性时应力状态所满足的条件。这里首先考虑单向拉伸应力状态。对理想弹塑性材料(见图 2.24(a)),初始屈服点即为材料能达到的极限状态,进入塑性后屈服应力点不变。但对强化材料(见图 2.24(b)),应力水平超过初始屈服点后,若发生卸载则材料会处在后继弹性状态,若再加载,当应力达到新的水平时才会重新屈服。由于材料的强化特性,它比初始屈服点高。为区别起见,称之为**后继屈服点**或**强化点**。它依赖于塑性变形的过程(大小、历史),在应力应变关系曲线上不是固定的。它是材料在经历一定塑性变形后再次加载时,变形规律是按弹性还是按塑性规律变化的区分点,亦即后继弹性状态的界限点。材料由后继弹性重新进入塑性时,应力状态及有关量满足的条件(方程)即为**后继屈服条件**或强化条件、强化准则(hardening rule)。

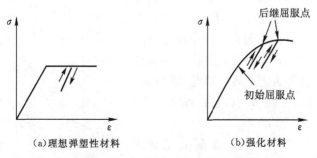

(a)理想弹塑性材料　　　　　　　(b)强化材料

图 2.24　单向拉伸应力状态的初始屈服和后继屈服

和单向应力状态相似,材料在复杂应力状态也有初始屈服和后继屈服的问题。在复杂应力状态下,会有各种应力状态的组合能达到初始屈服或后继屈服,在应力空间中这些应力点的

集合构成的曲面称为**初始屈服面**或**后继屈服面**。下面用几何
图形进行形象地说明,如图 2.25 所示。当代表应力状态的应
力点由原点 $O$ 移至初始屈服面 $\Sigma_0$ 上一点 $A$ 时,材料开始屈服。
载荷变化使应力突破 $\Sigma_0$ 到达邻近的后继屈服面 $\Sigma_1$ 的 $B$ 点,由
于加载,产生了新的塑性变形。如果由 $B$ 点卸载,应力点退回
到 $\Sigma_1$ 内而进入后继弹性状态。如果再重新加载,当应力点重
新达到卸载开始时曾经达到过的后继屈服面 $\Sigma_1$ 的某点 $C$ 时($C$
未必与 $B$ 重合),重新进入塑性状态。继续加载,应力点又会突
破原来的后继屈服面 $\Sigma_1$ 而到达另一个后继屈服面 $\Sigma_2$。

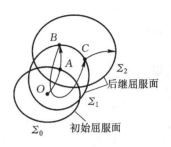

图 2.25　复杂应力状态的初始
屈服面和后继屈服面

　　对于理想弹塑性材料,后继屈服面和初始屈服面是重合
的。对于强化材料,二者不重合,后继屈服面随着塑性变形的大小和历史是不断变化的,它反
映了材料的强化行为,因此后继屈服面又称**强化面**或**加载面**,它是后继弹性阶段的界限面。表
示后继屈服条件的函数关系称为**后继屈服函数**或**加载函数**。由于它不仅和该瞬时的应力状态
有关,而且和塑性变形的大小及其历史(加载路径)有关,因而可表示为

$$f(\sigma_{ij}, \xi_\beta) = 0 \tag{2.6.1}$$

式中:$\xi_\beta(\beta=1,2,\cdots,n)$ 是表征由于塑性变形引起物质微观变化的参量,它们与塑性变形历史
有关,可以是塑性应变分量、塑性功或代表热力学状态的内变量。所谓内变量是指不能通过宏
观实验控制其大小的量,这些内变量可以是标量或张量。这样,后继屈服面就是一族以 $\xi_\beta$ 为
参数的超曲面。当不产生新的塑性变形时,$\xi_\beta$ 不变,强化面不变。随着 $\xi_\beta$ 的变化,强化面的大
小、形状和位置都可能产生相应的改应。现在的任务就是要确定后继屈服面的形状及它随 $\xi_\beta$
的发展的变化规律。

**2. 几种强化模型**

　　后继屈服是个很复杂的问题。由于加载函数与内变量有关,目前还缺乏充分的实验资料
来确定这个函数的具体形式,特别是随着塑性变形的增长,材料的各向异性效应越发显著,问
题变得更为复杂。实践中,还是借助假设提出一些近似的简化模型。

　　(1) 关于强化的假设

　　在单向拉伸下,当材料加载到 $|\sigma|=\sigma_1>\sigma_s$ 后卸
载,然后再反向加载。一般来说,不同材料的反向加
载屈服点的变化规律是不同的。为了简化计算,需
要对强化后的情况做出假设。假设的一个极端情况
是等向强化(各向同性强化),它假定强化后材料的
拉伸和压缩屈服应力在数值上相等。因此,要在 $\sigma=$
$-\sigma_1$ 时发生压缩屈服,如图 2.26 中折线 $ABCFG$
所示。

　　另一个极端情况是 Bauschinger 型强化,它假定
材料强化后的弹性范围的大小与未强化时一样,即
$\sigma=\sigma_1-2\sigma_s$ 时发生压缩屈服,如图 2.26 中折线
$ABCDE$ 所示。

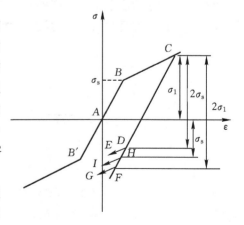

图 2.26　单向拉压下关于强化的假设

　　在这两个极端情况之间,还有压缩屈服应力与拉伸强化无关的假设。根据这个假设,不论拉伸强化的程度如何,压缩屈服应力保持不变,即当 $\sigma = -\sigma_s$ 时发生压缩屈服,如图 2.26 中折线 $ABCHI$ 所示。这一假设和其他介于上述两个极端情况中间的任何假设,都由 Bauschinger 型强化假设和等向强化假设进行线性组合而得到。

　　下面将这些假设推广到复杂应力状态。在此之前,先介绍单一曲线假设。

　　(2) 单一曲线假设

　　单一曲线假设认为,对于塑性变形中保持各向同性的材料,在各应力分量成比例增加的所谓简单加载(其定义见 3.4 节)的情况下,其强化特性可以用应力强度 $\sigma_i$ 和应变强度 $\varepsilon_i$ 之间的确定的函数关系来表示,即

$$\sigma_i = \Phi(\varepsilon_i) \tag{2.6.2}$$

并且该函数形式和应力状态形式无关,而只与材料特性有关。故可根据在简单应力状态下的材料实验来确定。如单向拉伸时,$\sigma_i = \sigma$,$\varepsilon_i = \varepsilon$,该曲线正好和拉伸应力应变曲线是一致的(见图 2.27)。

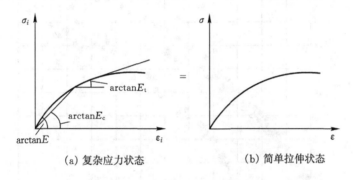

(a) 复杂应力状态　　　　　　　　(b) 简单拉伸状态

图 2.27　金属材料拉伸实验的典型载荷-伸长量曲线

　　此时,材料的强化条件为 $\sigma_i$ -$\varepsilon_i$ 曲线的切线模量为正,即

$$E_t = \frac{\mathrm{d}\sigma_i}{\mathrm{d}\varepsilon_i} > 0 \tag{2.6.3}$$

另外,要求

$$E \geqslant E_c \geqslant E_t > 0 \tag{2.6.4}$$

式中:$E$ 为杨氏弹性模量;$E_c = \sigma_i / \varepsilon_i$ 为割线模量;$E_t$ 为切线模量。对于体积不可压缩材料,泊松比 $\nu = 0.5$,则弹性模量 $E$ 和剪切弹性模量 $G$ 有

$$E = 2(1 + \nu)G = 3G \tag{2.6.5}$$

　　关于单一曲线假设,历史上 E. A. Davis(1943~1945 年)和 A. M. 儒科夫(1955 年)曾进行了实验验证。他们用铜和中碳钢制成的薄壁筒做了拉伸与内压联合作用的实验。每一实验中,拉力和内压的比值保持为常数,但对于不同的试件,该比值是不同的。实验结果如图 2.28 所示。图 2.28(a)中的连续线表示铜的单轴拉伸(没有内压作用)实验曲线;图 2.28(b)为中碳钢的实验结果。实验证实,当材料近似为不可压缩时,由不同的应力组合所得的八面体应力应变曲线($\tau_8$-$\gamma_8$ 曲线)和简单拉伸的 $\sigma$-$\varepsilon$ 曲线十分接近。也就是说,可以认为,在简单加载条件下 $\sigma_i$-$\varepsilon_i$ 曲线是单值的。实际上,只要是简单加载或偏离简单加载不大的条件下,即使应力状态不同,$\sigma_i$-$\varepsilon_i$ 曲线都可近似地用单轴拉伸 $\sigma$-$\varepsilon$ 曲线来表示。

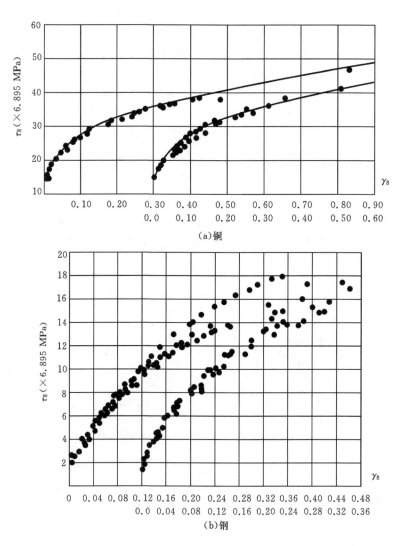

图 2.28 简单加载条件下的八面体应力应变 $\tau_8$ - $\gamma_8$ 曲线和简单拉伸的应力
应变 $\sigma$ - $\varepsilon$ 曲线

单一曲线假设适用于全量型塑性本构理论,后面章节将会讲到。

(3) 等向强化(isotropic hardening)模型

对于复杂加载(非简单加载),寻找合适的描述强化特性的数学关系式是困难的。在等向强化模型中,假定不考虑 Bauschinger 效应,即不计塑性变形引起的材料模量变化(各向异性);而认为材料在某一方向载荷下发生强化后,则在相反方向必有相同程度的强化,即后继屈服面在应力空间中的中心位置及形状保持不变,只是随着塑性变形增加而逐渐等向地扩大。初始屈服条件如采用 Mises 条件,则后继屈服面是 $\pi$ 平面上的一系列同心圆;如采用 Tresca 条件,则是一连串的同心正六边形,如图 2.29 所示。

如果初始屈服条件为 $f^*(\sigma_{ij}) = 0$,则等向强化的后继屈服条件(强化条件)可写为

$$f = f^*(\sigma_{ij}) - \psi(\xi) = 0 \tag{2.6.6}$$

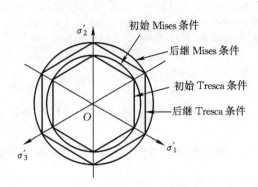

图 2.29　后继屈服曲线

以 Mises 条件为例,内变量取单参数时,该条件可写为

$$f = \sigma_i - \psi(\xi) = 0, \quad \psi(0) = \sigma_s \tag{2.6.7}$$

式中:$\xi$ 是标量内变量。

随着塑性变形的发展和强化程度的增加,$\psi(\xi)$ 从初始值按一定函数关系递增。关于这种函数关系,通常有以下两种假设。

① 强化程度只是总塑性功的函数,与应变路径无关。根据这一假设,强化条件可以写成

$$\sigma_i = F(W_p) \tag{2.6.8}$$

式中:$W_p$ 是在某一有限变形过程中消耗在单位体积上的总塑性功(塑性比功)

$$
\begin{aligned}
W_p &= \int \mathrm{d}W_p \\
&= \int (\sigma_x \mathrm{d}\varepsilon_x^p + \sigma_y \mathrm{d}\varepsilon_y^p + \sigma_z \mathrm{d}\varepsilon_z^p + \tau_{xy} \mathrm{d}\gamma_{xy}^p + \tau_{yz} \mathrm{d}\gamma_{yz}^p + \tau_{zx} \mathrm{d}\gamma_{zx}^p) \\
&= \int \sigma_{ij} \mathrm{d}\varepsilon_{ij}^p
\end{aligned}
\tag{2.6.9}
$$

积分是从初始状态沿着真实的应变路径来进行的。不同的应变路径,只要 $W_p$ 相同,强化程度就相同。

函数 $F(W_p)$ 可由材料实验确定。例如,根据圆棒拉伸实验得到的应力应变曲线来确定。此时 $\sigma_i = \sigma$,全应变增量为 $\mathrm{d}l/l$,弹性应变增量为 $\mathrm{d}\sigma/E$,则塑性应变增量 $\mathrm{d}\varepsilon^p = \dfrac{\mathrm{d}l}{l} - \dfrac{\mathrm{d}\sigma}{E}$,代入式 (2.6.9),得

$$W_p = \int \sigma \left( \frac{\mathrm{d}l}{l} - \frac{\mathrm{d}\sigma}{E} \right) = \left( \int_{l_0}^{l} \frac{\sigma \mathrm{d}l}{l} \right) - \frac{\sigma^2}{2E}$$

式中:$l$ 为杆的瞬时长度;$l_0$ 为杆的初始长度。于是

$$\sigma = F\left[ \left( \int_{l_0}^{l} \frac{\sigma \mathrm{d}l}{l} \right) - \frac{\sigma^2}{2E} \right]$$

如果以应力 $\sigma$ 和塑性应变 $[\ln(l/l_0) - \sigma/E]$ 为坐标画曲线,则 $F$ 中的宗量(注:泛函的自变量)等于直到该应力水平 $\sigma$ 为止的该曲线下的面积。

② 另一个假设:强化程度是总的塑性变形量的函数,于是有

$$\sigma_i = H\left( \int \mathrm{d}\varepsilon_i^p \right) \tag{2.6.10}$$

上式中,类似于前述的应变强度式(2.3.13),定义了塑性应变增量强度

$$\mathrm{d}\varepsilon_i^p = \sqrt{\frac{2}{3}}\sqrt{(\mathrm{d}\varepsilon_x^p)^2 + (\mathrm{d}\varepsilon_y^p)^2 + (\mathrm{d}\varepsilon_z^p)^2 + \frac{1}{2}\left[(\mathrm{d}\gamma_{xy}^p)^2 + (\mathrm{d}\gamma_{yz}^p)^2 + (\mathrm{d}\gamma_{zx}^p)^2\right]}$$

$$= \sqrt{\frac{2}{3}}\sqrt{\mathrm{d}\varepsilon_{ij}^p\,\mathrm{d}\varepsilon_{ij}^p} \tag{2.6.11}$$

$\mathrm{d}\varepsilon_i^p$ 沿应变路径的积分 $\int\mathrm{d}\varepsilon_i^p$ 只是一个度量畸变的量,用它可以反映强化强度,文献中有时称之为等效塑性应变。这一定义同样是考虑到各向同性材料塑性不可压缩性质的,其中系数 $\sqrt{\frac{2}{3}}$ 可以使得在单轴拉伸时 $\mathrm{d}\varepsilon_i^p = \mathrm{d}\varepsilon^p$。

　　$H$ 是依赖于材料的某一函数,同样可以通过简单应力状态的材料实验加以确定。以下用单向拉伸实验加以说明。

　　单向拉伸时,应力 $\sigma_x = \sigma$,其余应力分量为零,则 $\sigma_i = \sigma$。应变 $\varepsilon_x = \varepsilon$,$\varepsilon_y = \varepsilon_z = -\varepsilon/2$,其余应变分量为零。据式(2.6.11),$\mathrm{d}\varepsilon_i^p = \mathrm{d}\varepsilon^p$,同时变形是微小的、且主方向保持不变,则 $\int\mathrm{d}\varepsilon_i^p = \int\mathrm{d}\varepsilon^p = \varepsilon^p$。这样,据式(2.6.10),在单拉时强化条件为

$$\sigma = H(\varepsilon^p)$$

这就证明了曲线 $\sigma_i = H(\int\mathrm{d}\varepsilon_i^p)$ 和单拉的曲线 $\sigma = H(\varepsilon^p)$ 是一致的(当 $\nu = 1/2$)。但是,实验给出的只能是 $\sigma = \Phi(\varepsilon)$ 曲线(见图 2.30(a)),而不是 $\sigma = H(\varepsilon^p)$ 曲线(见图2.30(b)),需要将相应的弹性变形扣除。

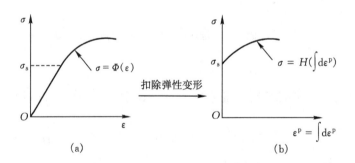

图 2.30　确定强化条件函数关系的例子

　　由 $\sigma = \Phi(\varepsilon)$ 曲线的斜率可以求出 $\sigma = H(\varepsilon^p)$ 曲线的斜率。因为

$$\varepsilon = \varepsilon^e + \varepsilon^p = \frac{\sigma}{E} + \varepsilon^p$$

所以

$$\sigma = \Phi(\varepsilon) = \Phi\left(\frac{\sigma}{E} + \varepsilon^p\right)$$

其全微分

$$\mathrm{d}\sigma = \Phi'\frac{\mathrm{d}\sigma}{E} + \Phi'\mathrm{d}\varepsilon^p$$

所以

$$H' = \frac{\mathrm{d}\sigma}{\mathrm{d}\varepsilon^{\mathrm{p}}} = \frac{E\Phi'}{E - \Phi'} \tag{2.6.12}$$

这里 $\Phi'$ 是曲线 $\sigma = \Phi(\varepsilon)$ 的斜率,可由实验曲线确定,$H'$ 是曲线 $\sigma = H(\int \mathrm{d}\varepsilon_i^{\mathrm{p}})$ 的斜率,可由上式确定。

上述式(2.6.8)和式(2.6.10)即为根据等向强化模型建立的两个强化条件,它们分别用 $W_{\mathrm{p}}$ 和 $\int \mathrm{d}\varepsilon_i^{\mathrm{p}}$ 来度量强化的程度。后面将会看到,它们可用于塑性的增量理论。其中第二种模型(即 $\int \mathrm{d}\varepsilon_i^{\mathrm{p}}$)应用更为广泛,因为它在数学处理上比较容易。

**关于强化模型的一点物理解释**

产生应变强化的原因在于单晶体自身所具有的应变强化性质,以及其集合体(多晶体)随着塑性变形时晶粒间的相互制约。$W_{\mathrm{p}}$ 主要代表由于单晶体应变强化而产生的各向同性性质;$\int \mathrm{d}\varepsilon_i^{\mathrm{p}}$ 则是由于晶粒间的相互制约而产生的各向异性强化。

再讨论一下 $W_{\mathrm{p}}$ 与应变强化的关系。塑性变形时,晶体中所作的塑性功为 $\delta W_{\mathrm{p}}$,产生的热能为 $\delta Q$,内能的增加为 $\delta E$,这时有

$$\delta E = \delta W_{\mathrm{p}} - \delta Q$$

根据 Taylor 和 Quinney 对 $\delta W_{\mathrm{p}}$ 和 $\delta Q$ 的实验测定结果,$\delta E$ 与 $\delta W_{\mathrm{p}}$ 之比约为 0.1,此值在应变强化的明显阶段几乎保持不变。这说明,塑性变形时所作的功绝大部分(90%左右)转化为热而在物体中散失,其余部分以内能形式在晶体中积蓄起来,这就是应变强化的原因。

但是,实际材料的塑性变形过程本身具有各向异性性质,甚至对初始各向同性亦如此。所以,不能认为后继屈服曲线和初始屈服曲线一样具有对称性。另一方面,由于 Bauschinger 效应,屈服曲线形状应当是逐渐改变的,而不会是均匀扩大的。为了考虑这些因素,还提出了其他一些强化模型。

(4) 随动强化(kinematic hardening)模型

将简单应力状态下的 Bauschinger 型强化推广到复杂应力状态,就是随动强化模型。该模型认为在塑性变形过程中,屈服面的大小和形状都不改变,只是在应力空间作刚性移动,即屈服面的中心位置随塑性变形而变(见图2.31)。该模型在一定程度上可以反映 Bauschinger 效应。当初始屈服为 $f^*(\sigma_{ij}) - \psi_0 = 0$ 时,其表达式可写为

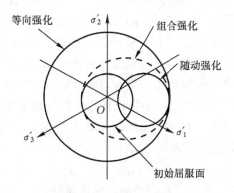

图 2.31　几种强化模型

$$f = f^* (\sigma_{ij} - \alpha_{ij}) - \psi_0 = 0 \tag{2.6.13}$$

式中：$\psi_0$ 为常数；内变量 $\alpha_{ij}$ 是表征屈服面中心移动的二阶对称张量，称为**移动张量**或**背应力**（shift tensor 或 back stress）。移动张量 $\alpha_{ij}$ 依赖于塑性变形量。$\alpha_{ij}$ 的演化规律主要有：线性随动强化模型、Ziegler 模型、Armstrong-Frederick 模型、Eisenberg-Phillips 非线性演化模型、Chaboche 模型等。下面进行概要介绍。

Melan(1938)最早提出一个强化模型，取

$$\alpha = c \cdot \varepsilon^p \quad (c \text{ 为常数}) \tag{2.6.14}$$

Prager(1955)将上式推广到三维情形，得到线性随动强化模型

$$\alpha_{ij} = c \cdot \varepsilon_{ij}^p \tag{2.6.15}$$

式中：$c$ 为一常数，它表征了材料强化的程度，可由实验确定。如果采用 Mises 屈服条件，则有

$$\sigma_i (\sigma_{ij} - c\varepsilon_{ij}^p) - \sigma_s = 0 \tag{2.6.16}$$

即将 $\sigma_{ij}$ 代之以 $\sigma_{ij} - c\varepsilon_{ij}^p$ 代入 $\sigma_i$ 的定义式，可得到相应的后继屈服条件

$$f = \sqrt{\frac{3}{2}(S_{ij} - c\varepsilon_{ij}^p)(S_{ij} - c\varepsilon_{ij}^p)} - \sigma_s = 0$$

在简单拉伸时

$$S_1 = \frac{2}{3}\sigma, \ S_2 = S_3 = -\frac{1}{3}\sigma$$

$$\varepsilon_1^p = \varepsilon^p, \ \varepsilon_2^p = \varepsilon_3^p = -\frac{1}{2}\varepsilon^p$$

于是

$$f = \sigma - \frac{3}{2}c\varepsilon^p - \sigma_s = 0$$

从而可求得

$$\sigma = \sigma_s + \frac{3}{2}c\varepsilon^p$$

如果线性强化材料的单向拉伸实验曲线为

$$\sigma = \sigma_s + E_p \varepsilon^p$$

则可推知 $c = \frac{2}{3}E_p$，这样便确定出了常数 $c$。

式(2.6.15)有时被称为完全随动强化模型。文献中把在六维应力空间中屈服面作平动（或在三维主应力空间中作平动）的模型统称为完全随动强化模型，而把在低维应力空间（例如平面应力空间($\sigma_1, \sigma_2$)）直接将屈服曲线作平动的模型称为简单随动强化模型。后者使用起来比较简单，是前者的一个较好的近似。在完全随动强化模型中，加载面沿外法线方向（即 $d\varepsilon_{ij}^p$）移动，但当从六维应力空间降至低维应力空间时，加载面会发生变形。

更为复杂的随动强化模型中，背应力 $\alpha_{ij}$ 可以作为一种内变量张量，且有其一定形式的独立演化规律，即 $c$ 并非必须是常数。例如，Backhaus(1968)认为，$c$ 依赖于等效塑性应变 $\varepsilon_i^p$；以及 Lehmann(1972)用下面的一般关系式来代替式(2.6.15)

$$\dot{\alpha}_{ij} = c_{ijkl}(\sigma, \alpha) \dot{\varepsilon}_{kl}^p \tag{2.6.17}$$

1959 年，Ziegler 提出了一个不同形式的随动强化模型

$$\dot{\alpha}_{ij} = \dot{\mu}(\sigma_{ij} - \alpha_{ij}) \tag{2.6.18}$$

其中

$$\dot{\mu} = \frac{\partial f}{\partial \sigma_{ij}} \cdot \dot{\sigma}_{ij} \Big/ \left[ \frac{\partial f}{\partial \sigma_{kl}} (\sigma_{kl} - \alpha_{kl}) \right] \tag{2.6.19}$$

上式中 $\mu > 0$，它是利用一致性条件（2.7 节将会讲述）确定得出的。

1966 年，Armstrong 和 Frederick 提出了如下的修正随动强化模型，以尝试更好地描述 Bauschinger 效应

$$\dot{\alpha}_{ij} = c\,\dot{\epsilon}_{ij}^{\mathrm{p}} - \gamma \cdot \alpha_{ij} \cdot \dot{\epsilon}_{i}^{\mathrm{p}} \tag{2.6.20}$$

式中：$c$ 和 $\gamma$ 为材料常数；右端第二项称为动态回复项，表征着所谓的"应变记忆消退"（fading strain memory）效应，等效塑性应变 $\epsilon_{i}^{\mathrm{p}}$ 定义如下

$$\epsilon_{i}^{\mathrm{p}} = \int \sqrt{\frac{2}{3}\,\dot{\epsilon}_{ij}^{\mathrm{p}}\dot{\epsilon}_{ij}^{\mathrm{p}}}\,\mathrm{d}t \tag{2.6.21}$$

Armstrong-Frederick 强化模型后来成为许多随动强化准则的共同基础。值得一提的是，这种 Armstrong-Frederick 模型最初见于英国中央电力研究院内部技术报告，直到 2007 年才被公开发表。

不难看出，上面介绍的非线性强化模型是比较复杂的，使用起来往往不太方便。

（5）组合强化（combined hardening）模型

为了更好地反映材料的 Bauschinger 效应，将随动强化模型和等向强化模型结合起来，即认为后继屈服面的形状、大小和位置随塑性变形的发展而变化。这就是组合强化模型，如图 2.31 所示。它可表示为

$$f^{*}(\sigma_{ij} - \alpha_{ij}) - \psi(\xi) = 0 \tag{2.6.22}$$

或

$$f^{*}(\sigma_{ij} - c\epsilon_{ij}^{\mathrm{p}}) - F(W_{\mathrm{p}}) = 0 \tag{2.6.23}$$

实际材料的强化面是很复杂的。大量实验表明，后继屈服面不仅会膨胀、移动，同时也会发生变形（distortion），例如畸变或旋转等。Naghdi 等（1958）对 24ST-4 型铝合金薄壁管进行拉伸与扭转的比例加载实验，观察到：随着剪应力的增加，初始为圆形的 Mises 屈服轨迹在加载点附近逐渐形成夹角，如图 2.32 所示（图中 1psi≈6894.57Pa）。

Ivey（1961）所作的 19S 铝合金类似实验也表明（见图 2.33），初始屈服面服从 Mises 屈服条件，但随着剪应力的增加，整个强化面都向剪应力增加的方向移动，接近于随动强化模型。

Wu 和 Yeh（1992）对退火 304 不锈钢的拉扭组合比例加载、卸载以及循环不加载下的实验结果显示，材料更趋向于随动强化而不是等向强化，后继屈服面的前端凸出，尾部缩进，呈现"前凸后扁"的特征；当反向加载时，原来的尾部成为前端，而原来的前端变为尾部；同时，后继屈服面的尾部可以观察到明显的 Bauschinger 效应，而垂直于加载方向的横向尺寸基本不变，即所谓的交叉效应（cross-effect，指屈服面垂直于加载方向的横向尺寸的变化）几乎可以忽略。

对于非比例加载下的后继屈服面，Bertsch 和 Findley（1962）用 6061-T6 铝合金薄壁管进行了多种复杂加载路径下的实验，包括 3 种 Z 字形路径下的后继屈服面。Phillips 等（1974～1984）测得了纯铝、铝合金和黄铜先拉伸后扭转等加载方式下的后继屈服面。这些后继屈服面出现了旋转，但其演化特征更为复杂，没有一致的规律。

一般来说，加载历史越复杂，得到的强化面越不规则，也越难描述。图 2.34（a）、（b）为 Khan 研究组 2009 年以来对低加工强化 6061 型铝合金和高加工强化 1100 型铝合金在拉扭组

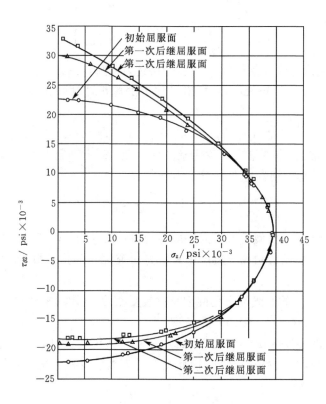

图 2.32  24ST‐4 铝合金的后继屈服面形状

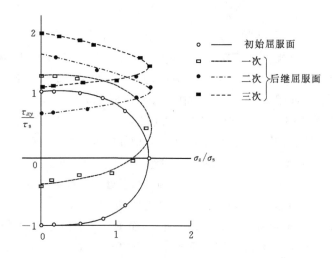

图 2.33  19S 铝合金薄管的拉扭实验结果

合加载下屈服面变化的测试结果。随着塑性变形的增加,除了前述的演化特征,还表现出:6061 型铝合金后继屈服面逐渐收缩,具有负的交叉效应(negative cross-effect);1100 型铝合金后继屈服面逐渐膨胀,具有正的交叉效应(positive cross-effect)。

图 2.35 是我国学者张克实研究组对 45♯合金钢在拉扭组合加载下的实验结果,图中同

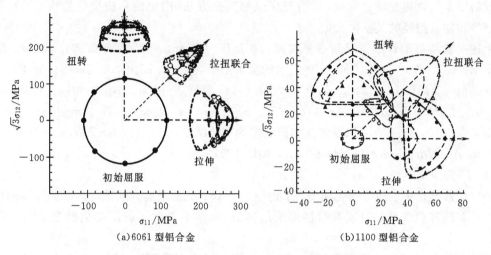

(a)6061 型铝合金　　(b)1100 型铝合金

图 2.34　拉扭组合加载下后继屈服面演化

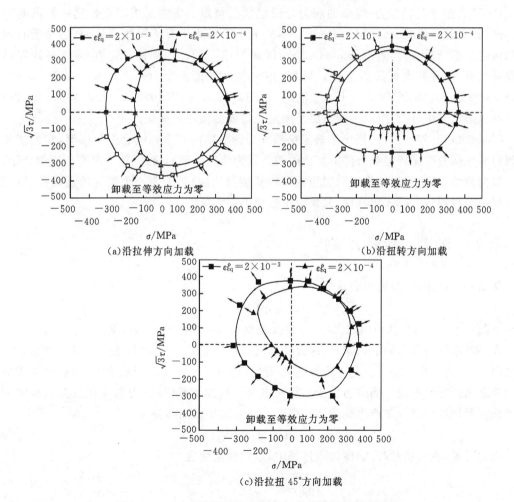

（a)沿拉伸方向加载　　（b)沿扭转方向加载

（c)沿拉扭 45°方向加载

图 2.35　45♯合金钢在拉扭组合加载下后继屈服面演化

时示意给出了塑性应变增量方向,它们与屈服的定义方法(图中偏移应变分别取 $2\times10^{-3}$ 和 $2\times10^{-4}$)和加载路径的关系很大。

上述实验结果的详细情况请参见文献:M. J. Jr. Michno, W. N. Findley, *Int. J. Non-Linear Mech.*, 1976, 11:59;Khan 研究组的实验结果:①A. S. Khan, R. Kazmi, A. Pandey, T. Stoughton, *Int. J. Plasticity*, 2009, 25:1611;②A. S. Khan, A. Pandey, T. Stoughton, *Int. J. Plasticity*, 2010,26:1421;③A. S. Khan, A. Pandey, T. Stoughton, *Int. J. Plasticity*, 2010, 26:1432;以及张克实研究组的实验结果:GJ. Hu, KS Zhang, SH Huang, JWW Ju, *Acta Mechanica Solida Sinica*, 2012, 25:348。

(6) 广义强化准则

经典塑性理论中的组合强化模型,例如式(2.6.16),无法准确描述这些后继屈服面的明显畸变。已有的实验结果是对现有塑性理论的挑战,许多学者对屈服面演化模型进行了理论研究。

Mróz(1967)提出的多曲面模型(multi-surface model)中采用了一组背应力 $\alpha_{(l)}$, ($l=1$, 2, $\cdots$, $n$),适合描述材料应力-应变曲线为分段线性的情形。多曲面模型中使用一族嵌套的曲面,最内侧曲面为屈服面(yield surface),不同的加载历史下有不同的强化面,但是所有强化面的包络曲面(称为边界曲面,bounding surface)是唯一的。如果材料应力-应变曲线在强化阶段是光滑的,且其渐近线为直线,可以采用一类两曲面模型(two surface model)。例如,Dafalias 和 Popov 模型(1976),Krieg 模型(1975),McDowell(1985),Ohno 和 Kachi(1986)等。两曲面模型中,应力空间中的屈服面限定在边界曲面之内移动。

Chaboche(1977~2008)提出了基于粘塑性理论框架的一系列组合强化模型,它们能够对金属材料在低应变循环加载条件下复杂的塑性行为给出合理的描述(第 8 章有相应的介绍)。

显而易见,准确全面地描述后继屈服面的复杂演化规律,需要一个先进的理论模型,它既要能够反映材料的实际强化特性,又要便于数学上的运算。

## 2.7　加载、卸载准则

从上一节已知,加载面由表达式(2.6.1)

$$f(\sigma_{ij}, \xi_\beta) = 0$$

规定。随着 $\xi_\beta$ 的变化,加载面的大小、形状及位置都可能产生相应的改变。

在不考虑应变率效应的假定下,应力状态将始终不能位于加载面之外。当应力位于加载面之内时,应力的变化将不引起内变量 $\xi_\beta$ 的变化,材料不产生新的塑性变形,因此可认为应力与应变之间呈弹性响应。当应力位于加载面之上并继续加载时,应力的变化就会引起内变量 $\xi_\beta$ 的改变而使材料进一步产生新的塑性变形。此时的加载面将变为

$$f(\sigma_{ij} + \mathrm{d}\sigma_{ij}, \xi_\beta + \mathrm{d}\xi_\beta) = 0 \tag{2.7.1}$$

由此可见,在材料的弹-塑性加载过程中,加载面应满足

$$\frac{\partial f}{\partial \sigma_{ij}}\dot{\sigma}_{ij} + \frac{\partial f}{\partial \xi_\beta}\dot{\xi}_\beta = 0 \tag{2.7.2}$$

这就是一致性条件(consistency condition)。其物理意义表示,在加载(非卸载)过程中,材料的应力点始终处于屈服面上。

一致性条件也可以表述为:对于应变强化材料,应该有

$$\mathrm{d}f = 0 \quad 或 \quad \dot{f} = 0 \tag{2.7.3}$$

如果将强化条件写为 $f(\sigma_{ij}, \varepsilon_{ij}^{\mathrm{p}}, \xi)$,其中 $\xi$ 为强化参数,则一致性条件的一般形式为

$$\frac{\partial f}{\partial \sigma_{ij}} \mathrm{d}\sigma_{ij} + \left( \frac{\partial f}{\partial \varepsilon_{ij}^{\mathrm{p}}} + \frac{\partial f}{\partial \xi} \cdot \frac{\partial \xi}{\partial \varepsilon_{ij}^{\mathrm{p}}} \right) \mathrm{d}\varepsilon_{ij}^{\mathrm{p}} = 0 \tag{2.7.4}$$

在塑性力学中认为,只要有新的塑性变形发生就称为**加载**。材料进入塑性后的本质特点是加、卸载时呈现不同的响应规律。对单向应力状态,仅凭应力的变化即可判定材料是否会有新的塑性变形发生,但对复杂应力状态应该如何判定呢? 对于复杂应力状态,6 个独立应力分量中的各分量可增可减,如何判断是加载还是卸载,有必要提出一个准则。

(1) 理想塑性材料的加载和卸载

理想塑性材料不发生强化,它的强化条件就是屈服条件,以屈服函数 $f(\sigma_{ij}) = 0$ 来表示。当载荷变化时,应力点保持在屈服面上,则 $\mathrm{d}f = 0$,此时塑性变形可任意增长,就称为加载。当应力点离开屈服面,由塑性状态退回到弹性状态,$\mathrm{d}f < 0$,称为卸载。

以上内容用数学表达式可表示为

$$
\begin{cases}
f(\sigma_{ij}) < 0 \quad 弹性状态 \\[2mm]
f(\sigma_{ij}) = 0 \quad 且
\begin{cases}
\mathrm{d}f = f(\sigma_{ij} + \mathrm{d}\sigma_{ij}) - f(\sigma_{ij}) = \dfrac{\partial f}{\partial \sigma_{ij}} \mathrm{d}\sigma_{ij} = 0 \quad 加载 \\[3mm]
\mathrm{d}f = \dfrac{\partial f}{\partial \sigma_{ij}} \mathrm{d}\sigma_{ij} < 0 \quad 卸载
\end{cases}
\end{cases}
\tag{2.7.5}
$$

也可以用几何关系加以形象说明,如图 2.36(a)所示。在应力空间以矢量 $\mathrm{d}\boldsymbol{\sigma}$ 表示 $\mathrm{d}\sigma_{ij}$,即 $\mathrm{d}\boldsymbol{\sigma}$ 的各个分量是 $\mathrm{d}\sigma_{ij}$。而以 $\frac{\partial f}{\partial \sigma_{ij}}$ 为分量的矢量就是函数 $f = 0$ 的梯度,此矢量的方向是与屈服面的外法线方向一致的。设 $\boldsymbol{n}$ 为屈服面上一点外法线方向的单位矢量,则上述加、卸载准则可用矢量乘积表示为

$$
\left.
\begin{array}{l}
加载: f(\sigma_{ij}) = 0 \text{ 且 } \boldsymbol{n} \cdot \mathrm{d}\boldsymbol{\sigma} = 0 \\
卸载: f(\sigma_{ij}) = 0 \text{ 且 } \boldsymbol{n} \cdot \mathrm{d}\boldsymbol{\sigma} < 0
\end{array}
\right\}
\tag{2.7.6}
$$

前者表示两个矢量正交,即 $\mathrm{d}\boldsymbol{\sigma}$ 沿屈服面切向变化,而后者表示两矢量的夹角大于 $90°$,即 $\mathrm{d}\boldsymbol{\sigma}$ 和 $\boldsymbol{n}$ 分处于屈服面的两侧,$\mathrm{d}\boldsymbol{\sigma}$ 指向屈服面内。由于屈服面不能扩大,$\mathrm{d}\boldsymbol{\sigma}$ 不可能指向屈服

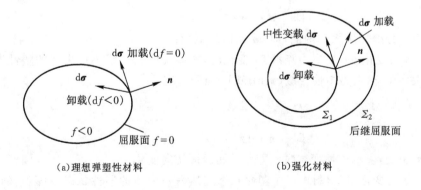

(a)理想弹塑性材料　　　　　　(b)强化材料

图 2.36　加载与卸载准则

面外。

对于非正则屈服面(即 $n$ 沿曲面的变化允许出现不连续性,像 Tresca 屈服条件中在两个屈服条件的"交点"处),如果设该屈服面由 $n$ 个正则曲面 $f_k = 0(k=1,\cdots,n)$ 构成,则有

$$f_k(\sigma_{ij}) < 0 \quad k = 1, 2, \cdots, n \quad \text{应力处在弹性状态} \tag{a}$$

$$\left.\begin{aligned} f_k(\sigma_{ij}) < 0 \quad k = 1, 2, \cdots, n \quad k \neq l \\ f_l(\sigma_{ij}) = 0 \end{aligned}\right\} \text{应力处在 } f_l = 0 \text{ 的曲面上} \tag{b}$$

$$\left.\begin{aligned} f_k(\sigma_{ij}) < 0 \quad k = 1, 2, \cdots, n \quad k \neq l, k \neq m \\ f_l(\sigma_{ij}) = f_m(\sigma_{ij}) = 0 \end{aligned}\right\} \begin{aligned} &\text{应力处在 } f_l = 0 \text{ 及} \\ &f_m = 0 \text{ 两曲面的交线上} \end{aligned} \tag{c}$$

$$\tag{2.7.7}$$

当应力点只处在 $f_l = 0$ 屈服面上时,其加载和卸载准则将和式(2.7.5)一样

$$\left.\begin{aligned} f_l = 0 \quad \text{当} \quad \mathrm{d}f_l = \frac{\partial f_l}{\partial \sigma_{ij}} \mathrm{d}\sigma_{ij} = 0 \quad \text{加载} \\ f_l = 0 \quad \text{当} \quad \mathrm{d}f_l = \frac{\partial f_l}{\partial \sigma_{ij}} \mathrm{d}\sigma_{ij} < 0 \quad \text{卸载} \end{aligned}\right\} \tag{2.7.8}$$

当应力点处在 $f_l = 0$ 及 $f_m = 0$ 两个屈服面的"交线"上时,其加载和卸载准则为

$$\left.\begin{aligned} f_l = f_m = 0 \quad \text{当} \quad \mathrm{d}f_l < 0, \mathrm{d}f_m < 0 \quad \text{卸载} \\ \text{当} \quad \max(\mathrm{d}f_l, \mathrm{d}f_m) = 0 \quad \text{加载} \end{aligned}\right\} \tag{2.7.9}$$

(2) 强化材料的加载和卸载

强化材料的后继屈服面与初始屈服面不同,它随塑性变形的大小和历史的发展不断变化。前已提及后继屈服函数为

$$f(\sigma_{ij}, \xi_\beta) = 0$$

则

$$\mathrm{d}f = \frac{\partial f}{\partial \sigma_{ij}} \mathrm{d}\sigma_{ij} + \frac{\partial f}{\partial \xi_\beta} \mathrm{d}\xi_\beta = 0 \tag{2.7.10}$$

如图 2.36(b)所示,此时有三种情形。

① 卸载时,应力点由 $\Sigma_1$ 上向内部移动,材料由塑性状态退回到弹性状态,没有新的塑性变形产生,参数 $\xi_\beta$ 保持不变,即 $\mathrm{d}\xi_\beta = 0$,故有

$$\left.\begin{aligned} f(\sigma_{ij}, \xi_\beta) = 0, \text{ 且} \frac{\partial f}{\partial \sigma_{ij}} \mathrm{d}\sigma_{ij} < 0 \\ \text{即} \quad \boldsymbol{n} \cdot \mathrm{d}\boldsymbol{\sigma} < 0 \end{aligned}\right\} \tag{2.7.11}$$

这说明 $\mathrm{d}\boldsymbol{\sigma}$ 和 $\boldsymbol{n}$ 分处屈服面的两侧,即 $\mathrm{d}\boldsymbol{\sigma}$ 指向屈服面内。

② 如果应力变化 $\mathrm{d}\sigma_{ij}$ 使应力点沿 $\Sigma_1$ 变化时,实验证明此过程不产生新的塑性变形,所以 $\xi_\beta$ 不变,即 $\mathrm{d}\xi_\beta = 0$,称之为**中性变载**(neutral loading),有

$$\left.\begin{aligned} f(\sigma_{ij}, \xi_\beta) = 0, \text{ 且} \frac{\partial f}{\partial \sigma_{ij}} \mathrm{d}\sigma_{ij} = 0 \\ \text{即} \quad \boldsymbol{n} \cdot \mathrm{d}\boldsymbol{\sigma} = 0 \end{aligned}\right\} \tag{2.7.12}$$

矢量 $\mathrm{d}\boldsymbol{\sigma}$ 和 $\boldsymbol{n}$ 正交,表示中性变载时应力点沿屈服面切向变化。

③ 当应力 $\sigma_{ij}$ 变化,使材料由一个塑性状态到达另一个新的塑性状态,对某一确定的加载历史情况,应力点从原来的后继屈服面 $\Sigma_1$ 外移到相邻的 $\Sigma_2$,从而发生新的塑性变形,此为加载。这时有

$$f(\sigma_{ij}, \xi_\beta) = 0, \quad \text{且} \frac{\partial f}{\partial \sigma_{ij}} \mathrm{d}\sigma_{ij} > 0 \left.\right\}$$

$$\text{即} \quad \boldsymbol{n} \cdot \mathrm{d}\boldsymbol{\sigma} > 0 \tag{2.7.13}$$

两矢量的点积大于零,表示两矢量的夹角小于 90°,即 $\mathrm{d}\boldsymbol{\sigma}$ 也是指向屈服面的外侧。

对于处在 $f_l = 0$ 及 $f_m = 0$ 两个加载面"交线"处的应力,其加载和卸载准则为

$$f_l = 0, \; f_m = 0 \quad \text{当} \quad \max\left(\frac{\partial f_l}{\partial \sigma_{ij}} \mathrm{d}\sigma_{ij}, \; \frac{\partial f_m}{\partial \sigma_{ij}} \mathrm{d}\sigma_{ij}\right) > 0 \quad \text{加载}$$

$$\text{当} \quad \max\left(\frac{\partial f_l}{\partial \sigma_{ij}} \mathrm{d}\sigma_{ij}, \; \frac{\partial f_m}{\partial \sigma_{ij}} \mathrm{d}\sigma_{ij}\right) = 0 \quad \text{中性变载} \left.\right\} \tag{2.7.14}$$

$$\text{当} \quad \max\left(\frac{\partial f_l}{\partial \sigma_{ij}} \mathrm{d}\sigma_{ij}, \; \frac{\partial f_m}{\partial \sigma_{ij}} \mathrm{d}\sigma_{ij}\right) < 0 \quad \text{卸载}$$

例如,对图 2.37 的 $\mathrm{d}\boldsymbol{\sigma}$ 方向,它满足

$$\frac{\partial f_l}{\partial \sigma_{ij}} \mathrm{d}\sigma_{ij} = 0, \quad \frac{\partial f_m}{\partial \sigma_{ij}} \mathrm{d}\sigma_{ij} > 0$$

是属于加载过程。

总之,加、卸载是对塑性状态而言的,即应力点处于屈服面上;所谓加载,本质上是指有新的塑性变形发生。

**例 2.6** 设有理想弹塑性材料,其体积变形是纯弹性的,试分析单向拉伸时,横向变形系数的变化规律。

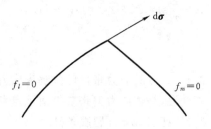

图 2.37 加载过程

**解** 因体积变形是弹性的,有

$$\sigma_{kk} = 3K\varepsilon_{kk} = \frac{E}{1-2\nu}\varepsilon_{kk} \tag{a}$$

$K$ 是弹性范围和塑性范围均适用的弹性模量,且有 $K = E/3(1-2\nu)$。设单拉时拉伸方向与 $x$ 轴方向一致,则有

$$\sigma_y = \sigma_z = 0$$
$$\varepsilon_y = \varepsilon_z = -\nu'\varepsilon_x$$

代入式(a)有

$$\sigma_x = 3K(1-2\nu')\varepsilon_x \tag{b}$$

当 $\varepsilon_x \leqslant \sigma_s/E$ 时为弹性状态,此时

$$\sigma_i = \sigma_x$$
$$\varepsilon_i = \frac{1}{\sqrt{2}(1+\nu)} \sqrt{(\varepsilon_x - \varepsilon_y)^2 + (\varepsilon_y - \varepsilon_z)^2 + (\varepsilon_z - \varepsilon_x)^2}$$
$$= \frac{1+\nu'}{1+\nu}\varepsilon_x$$

根据

$$\sigma_x = E\varepsilon_x$$

再根据单一曲线假设,有

$$\sigma_i = E\varepsilon_i \quad \Rightarrow \quad \sigma_x = E\frac{1+\nu'}{1+\nu}\varepsilon_x$$

可见 $\nu' = \nu$。

当 $\varepsilon_x > \sigma_s / E$ 时,即在塑性范围内

$$\sigma_i = \sigma_s, \quad \sigma_x = \sigma_s$$

由式(b)得

$$\sigma_s = \frac{E}{1-2\nu}(1-2\nu')\varepsilon_x$$

解得

$$\nu' = \frac{1}{2} - \frac{(1-2\nu)\sigma_s}{2E\varepsilon_x}$$

$$= \frac{1}{2} - \frac{1}{2\xi}(1-2\nu)$$

式中:$\xi = \dfrac{E}{\sigma_s}\varepsilon_x$。当 $\xi \to \infty$ 时,$\nu' \to 1/2$。

## 习　题　2

**2.1**　一点的应力张量可分解为应力球张量和应力偏张量,应力球张量仅使该点产生弹性的体积变形,是否应力偏张量仅使该点发生塑性的形状改变?

**2.2**　证明 Mises 屈服条件用

(1) 第一、第二应力不变量可以表示为:$I_1^2 + 3I_2 = \sigma_s^2$;

(2) 主应力偏张量分量 $S_1, S_2, S_3$ 可以表示为:$\dfrac{3}{2}(S_1^2 + S_2^2 + S_3^2) = \sigma_s^2$。

**2.3**　证明下列各式

(1) $\sigma_{ij}\,\mathrm{d}\varepsilon_{ij} = S_{ij}\,\mathrm{d}e_{ij} + \dfrac{1}{3}\sigma_{kk}\,\mathrm{d}\varepsilon_{jj}$;　　　(2) $\sqrt{\dfrac{S_{ij}S_{ij}}{e_{kl}e_{kl}}} = \dfrac{2\sigma_i}{3\varepsilon_i}$;

(3) $\dfrac{\partial J_2}{\partial \sigma_{ij}} = \dfrac{\partial J_2}{\partial S_{ij}} = S_{ij}$;

(4) 应力张量的主方向与应力偏张量的主方向一致。

**2.4**　证明应力分量

$$\begin{cases} \sigma_1 = \dfrac{2}{3}\sigma_s \cos\left(\varphi - \dfrac{\pi}{3}\right) + \sigma_m \\[2mm] \sigma_2 = \dfrac{2}{3}\sigma_s \cos\left(\varphi + \dfrac{\pi}{3}\right) + \sigma_m \\[2mm] \sigma_3 = -\dfrac{2}{3}\sigma_s \cos\varphi + \sigma_m \end{cases}$$

恒满足 Mises 屈服条件,又当 $\sigma_3 \leqslant \sigma_2 \leqslant \sigma_1$ 时,对 $\varphi$ 有什么限制?

**2.5**　物体中某点的应力状态为

$$\begin{bmatrix} 100 & 0 & 0 \\ 0 & 200 & 0 \\ 0 & 0 & 300 \end{bmatrix} \mathrm{M\ N/m^2}$$

该物体在单向拉伸时屈服极限为 $\sigma_s = 190\mathrm{M\ N/m^2}$,试用 Tresca 和 Mises 屈服条件来判断该点处于弹性状态,还是塑性状态。如果其主应力方向均作相反的改变(即同值异号),则对该点所

处状态的判断有无变化?

**2.6**　证明 Mises 圆的半径为 $r=\sqrt{S_1^2+S_2^2+S_3^2}$。

**2.7**　已知两端封闭的薄壁圆管,其半径为 $r$、厚度为 $t$,受内压 $p$ 及轴向拉应力 $\sigma$ 的作用,试求圆管的屈服条件,并画出屈服条件图。

**2.8**　一薄壁圆管同时受到拉力、内压和扭矩的作用,试用三个应力分量 $\sigma_z$, $\sigma_\theta$, $\tau_{\theta z}$ 来表示 Tresca 和 Mises 屈服条件。

**2.9**　给定一平面应力状态 $\sigma_{11}=\sigma$, $\sigma_{12}=\tau$, $\sigma_{22}=0$,请说明此时的 Tresca 和 Mises 屈服条件形式均可表示为

$$\left(\frac{\sigma}{\sigma_s}\right)^2+\left(\frac{\tau}{\tau_s}\right)^2=1$$

式中:$\sigma_s$, $\tau_s$ 分别为单拉和剪切屈服应力。

**2.10**　试写出圆杆在拉伸和扭转联合作用下的屈服条件。

**2.11**　一薄壁圆球,其平均半径为 $r$,厚度为 $t$,受内压 $p$ 的作用。若采用 Tresca 屈服条件,试确定圆球屈服时 $p$ 的大小。

**2.12**　请比较几种屈服条件的异同之处。

**2.13**　单一曲线假设和等向强化假设有何联系和区别。

**2.14**　等向强化材料的强化程度可用后继屈服应力 $\sigma^*$ 来表征,也可用塑性功 $W_p$ 来表征。在线性强化时,试证明 $\sigma^*$ 与 $W_p$ 之间存在着关系 $(\sigma^*)^2=\sigma_s^2+2E_pW_p$,其中 $\dfrac{1}{E_p}=\dfrac{1}{E_t}-\dfrac{1}{E}$, $E_t$ 为弹性切线模量。

**2.15**　对处于平面应力状态 $(\sigma_z=0)$ 的强化材料,先施加 $\sigma_1=\sigma_2=\sigma_s$,正好开始屈服。然后再施加一微小应力增量 $d\sigma_1$ 和 $d\sigma_2$,并使 $d\sigma_1=-d\sigma_2$。试分别按 Tresca 条件和 Mises 条件,考察该过程是加载还是卸载。

**2.16**　一薄壁圆管受拉伸与扭转联合作用,圆管的材料在屈服后满足 Mises 线性随动强化模型,即

$$\frac{3}{2}(S_{ij}-c\varepsilon_{ij}^p)(S_{ij}-c\varepsilon_{ij}^p)=\sigma_s^2\quad\left(\text{其中 } c=\frac{2}{3}E_p\right)$$

(1)试用 $\sigma_z$, $\tau_{\theta z}$, $\varepsilon_z^p$, $\varepsilon_{\theta z}^p$ 来表示该强化条件;

(2)首先将应力分量 $\sigma_z$ 从零加载至 $1.5\sigma_s$,然后卸载至零,试确定此时的 $\varepsilon_z^p$, $\varepsilon_{\theta z}^p$;

(3)接着使应力分量 $\tau_{\theta z}$ 从零开始增加。请问 $\tau_{\theta z}$ 多大时开始进入屈服?

**2.17**　随动强化、组合强化模型能否用到各向异性的情况?

**英文阅读材料 2**

## 1. INTRODUCTION

In the interests of economy, it is necessary to reduce the sections employed in a structure as far as safety considerations will allow. Reduced sections imply higher stresses and, in many structures, e. g. pressure vessels, a certain amount of inelastic strain is tolerated. The current design codes for such structures are based on a combination of service experience, experimental data and approximate theory. Further design advances, that is, a further reduction in sections, can only be achieved without reducing safety margins if stresses and strains are known more accurately. It is true that component testing plays an indispensible part in this process, but the data obtained can only be extrapolated to untested geometries if theoretical analyses are available. For this reason, it is likely that inelastic stress analysis, using computer programs to deal with the complex geometries encountered in practice, will play a vital part in formulating the design codes of the future.

Any such computer program must incorporate some assumptions about the behaviour of the material. At the outset the problem is simplified by treating the material as a continuum although it will, in fact, have a granular structure. The actual behaviour of an element of this continuum depends on the stress system acting on it, the temperature to which it is subjected and its previous strain-temperature history. It is plainly impossible to obtain data appropriate to all the conditions likely to arise in a structure. Furthermore, if such data were available, it would be a gigantic task to feed it into a computer, even supposing the storage capacity were adequate.

The complexity of inelastic behaviour makes the use of approximate mathematical models essential. It is usual to assume that inelastic strains can be separated into time-dependent creep strains and instantaneous plastic strains. In reality, all inelastic strain is time-dependent[1] and could, in theory, be treated as creep. In practice the strain rates are sometimes very high and the computer program would have to re-calculate the stress distribution in the structure at very small intervals of time. It is more convenient to treat inelastic strain occurring at large strain rates as if it were instantaneous. In other words, the separation of creep and plastic strain is justified on practical grounds. This is discussed more fully by Frederick and Armstrong[2].

Most existing computer programs for inelastic stress analysis assume that plastic strain takes place according to elastic-perfectly plastic theory when the stresses satisfy the von Mises yield criterion. For steady-state creep, the corresponding assumption is that there is a power-law dependence of the equivalent creep strain rate on the equivalent stress. It is important to remember that these and all such mathematical models of material behaviour are approximate.

One of the factors ignored by elastic-perfectly plastic theory is the well known fact that tensile plastic strain increases the tensile yield stress of a metal above the compressive yield stress. This is a particular case of the Bauschinger effect. Similar effects exist under multiaxial stress conditions and there are analogous effects in creep. Creep recovery is the best-known instance of the latter.

If material behaviour laws which neglect these factors are used in stress analysis, the results must be in error. The extent of this error is virtually impossible to estimate. Therefore, in order to increase confidence in the results of stress analysis computer programs, more accurate models of inelastic material behaviour must be found. At the same time, these models must remain fairly simple and the data necessary to fit the models to a particular material must be readily obtainable.

The behaviour model presented here is based on the concept of internal microstress. It is concerned mainly with time-independent plasticity though a method of extending it to cover time-dependent creep is also introduced. In particular, it is a more realistic re-presentation of the multiaxial Bauschinger effect than any of the models hitherto proposed. The predictions of the proposed model are compared with experimental data published by Lensky[3], Benham[4] and Wood[5].

## 2. FORMULATION OF THE NEW BEHAVIOUR MODEL

The von Mises yield criterion corresponds to the statement that plastic strain will occur when:

$$J_2 = S_{ij}S_{ij} = 2K_0^2 \tag{1}$$

In the deviatoric plane of principal stress space, see Hill [6], this means that the yield function is a circle of radius $\sqrt{2}K_0$, centred on the stress origin. Equation (1) states that, as plastic strain proceeds, this circle does not change either in size or position.

In fact, for isotropic materials, the initial yield function cannot be very different from equation (1). This is so because the isotropy assumption leads to the fact that the yield locus in the deviatoric plane is symmetrical about six equally inclined axes[6]. Taken together with the fact that the yield locus must be convex if certain assumptions are made about the stability of the material[7 – 9], the influence of $J_3$ on the yield function must be small. This is confirmed by experiment[6,10].

If the material remains isotropic as plastic strain proceeds, equation (1) can only be modified by the substitution of $K$ for $K_o$. In the deviatoric plane of principal stress space, this means that the yield circle changes in size but remains centred on the stress origin.

Experiments have shown however, that materials do not, in general, remain isotropic when plastically strained (see refs[11 – 13] for example). These tests show that the yield locus changes in shape and position as well as size.

In considering the work-hardening properties of isotropic materials, Hill[6] suggested that the size of the yield locus could be assumed to be a function either of the plastic work or of the length of the plastic strain path. There is probably little to choose between the two and it is convenient to make the second assumption here (see equation (8)).

The changes in shape of the yield locus during plastic strain are complex and no clear-cut picture has so far emerged from experimental data. For example, it is still a matter of controversy whether "corners" can be induced on the yield surface or not[14]. For this reason, the behaviour model presented here makes no allowance for possible changes in shape of the yield locus.

It has been known for many years that the yield locus changes its position during plastic strain. In uniaxial tests, it is well known that tensile plastic strain raises the tensile yield stress above the compressive yield stress. This is the Bauschinger effect and it is a particular case of the changes in position of the yield locus reported by the workers referred to above.

(摘自论文 Armstrong, P. J. and Frederick, C. O. A mathematical representation of the multiaxial Bauschinger effect, CEGB Report RD/B/N731 (1966). Reproduced and appeared in: MATERIALS AT HIGH TEMPERATURES, 2007, 24(1):1 - 26. )

### 塑性力学人物 2

#### Henri Édouard Tresca(亨利 · 屈雷斯加)

Henri Édouard Tresca (12 October 1814 - 21 June 1885) was a French mechanical engineer, and a professor at the Conservatoire National des Arts et Métiers in Paris.

He is the father of the field of plasticity, or non-recoverable deformations, which he explored in an extensive series of brilliant experiments begun in 1864. He is the discoverer of the Tresca (or maximal shear stress) criterion of material failure. The criterion specifies that a material would flow plastically if

$$\sigma_{\text{Tresca}} = \sigma_1 - \sigma_3 > \sigma_{\max}$$

Tresca's criterion is one of two main failure criteria used today. The second important criterion is due to von Mises.

Tresca's stature as an engineer was such that Gustave Eiffel put his name on number 3 in his list of 72 people making the Eiffel tower in Paris possible. Tresca was also among the designers of the standard metre etalon. Tresca was made an honorary member of the American Society of Mechmanical Engineers in 1882.

#### Richard Edler von Mises(理查德 · 冯 · 米塞斯)

Richard Edler von Mises (19 April 1883 in Lemberg-14 July 1953 in Boston, Massachusetts) was a scientist and mathematician who worked on solid mechanics, fluid mechanics, aerodynamics, aeronautics, statistics and probability theory. He described his work in his own words shortly before his death as being on

"... practical analysis, integral and differential equations, mechanics, hydrodynamics and aerodynamics, constructive geometry, probability calculus, statistics and philosophy."

Richard von Mises was born in Lemberg, the part of the Austria-Hungary (now Lviv, Ukraine), into a Jewish family. In 1905, still a student, he published an article on "Zur konstruktiven Infinitesimalgeometrie der ebenen Kurven," in the prestigious *Zeitschrift für Mathematik und Physik*.

In 1909, at 26, he was appointed professor of applied mathematics in Straβburg, then part of the German Empire (now Strasbourg, Alsace, France) and received Prussian citizenship. In 1919 he was appointed director (with full professorship) of the new Institute of Applied Mathematics created at the University of Berlin. In 1921 he founded the journal *Zeitschrift für Angewandte Mathematik und Mechanik* and became its editor. In 1939 he accepted a position in the United States, where he was appointed 1944 Gordon-McKay Professor of Aerodynamics and Applied Mathematics at Harvard University.

In aerodynamics, he made notable advances in boundary-layer-flow theory and airfoil design. He developed the Distortion energy theory of stress, which is one of the most important concepts used by engineers in material strength calculations. In solid mechanics, he made an important contribution to the theory of plasticity by formulating what has become known as the von Mises yield criterion. The International Association of Applied Mathematics and Mechanics has awarded a Richard von Mises-Preis (Prize) since 1989.

# 第3章 本构方程

在实现对材料塑性响应行为作定量描述这个目标的过程中,已经有了两方面的结果:①初始屈服条件 $f(\sigma_{ij})=0$;②强化条件或加载函数 $f(\sigma_{ij},\xi_\beta)=0$。它们是建立塑性本构关系的两个基本要素。为了得到 $\sigma_{ij}$ 和 $\varepsilon_{ij}$ 的关系,还需要确定与初始屈服、后继加载面相关联的流动法则,即应力与应变之间的定性关系

$$\sigma_{ij} = \sigma_{ij}(\varepsilon_{kl},\xi_\beta)$$

## 3.1 几个有关的概念

### 1. 应变增量张量与应变速率张量

前面已经讲过,塑性变形的特点是只有搞清变形路径或加载历史才能确定塑性状态的应力和应变的对应关系。为了能够追踪变形路径,需要引用应变率及应变增量的概念。

当介质处在运动状态时,设质点的速度为 $v_i(x,y,z;t)$,若以变形过程中某一时刻 $t$ 为起始点,经过无限小时间间隔 $dt$ 后,质点产生无限小位移 $du_i=v_i dt$,则有

$$d\varepsilon_{ij} = \frac{1}{2}(du_{i,j} + du_{j,i}) = \frac{1}{2}(v_{i,j} + v_{j,i})dt \tag{3.1.1}$$

令

$$\dot{\varepsilon}_{ij} = \frac{1}{2}(v_{i,j} + v_{j,i}) \tag{3.1.2}$$

称之为**应变速率张量**或**应变率张量**。

对于常温、缓慢的变形过程,塑性变形与时间无关。上面提到的时间只是表示变形的先后或加载的先后。为了体现不受时间参数影响的特点,采用**应变增量张量** $d\varepsilon_{ij}$ 来代替 $\dot{\varepsilon}_{ij}$ 更为合适。

以 $du_i$ 表示某一瞬时的位移增量,则在小变形情况下,**应变增量张量**为

$$d\varepsilon_{ij} = \frac{1}{2}(du_{i,j} + du_{j,i}) \tag{3.1.3}$$

类似地,可定义**应变增量强度**

$$d\varepsilon_i = \frac{\sqrt{2}}{3}\sqrt{(d\varepsilon_1 - d\varepsilon_2)^2 + (d\varepsilon_2 - d\varepsilon_3)^2 + (d\varepsilon_3 - d\varepsilon_1)^2} \tag{3.1.4}$$

注意,$\varepsilon_{ij}$ 是从初始位置计算的,而 $\dot{\varepsilon}_{ij}$ 是从瞬时状态计算的,所以一般情况下 $\dot{\varepsilon}_{ij} \neq \dfrac{d}{dt}(\varepsilon_{ij})$,只有在小变形时才有等号成立。另外,$\dot{\varepsilon}_{ij}$ 和 $\varepsilon_{ij}$ 的主轴一般也不重合。

### 2. 塑性应力率与塑性应变率

在塑性力学中,应力不仅与应变有关,而且还与整个变形历史有关。仍以一组内变量 $\xi_\beta(\beta=1,2,\cdots,n)$ 为参数刻划变形历史,则一般情况下应力可写为

$$\sigma_{ij} = \sigma_{ij}(\varepsilon_{kl}, \xi_\beta) \tag{3.1.5}$$

当 $\xi_\beta$ 固定时, $\sigma_{ij}$ 与 $\varepsilon_{ij}$ 之间有单一对应关系, 这时应变也可通过应力表示为

$$\varepsilon_{ij} = \varepsilon_{ij}(\sigma_{kl}, \xi_\beta) \tag{3.1.6}$$

于是, 应力和应变的变化率或增量可表示如下

$$\dot\sigma_{ij} = \frac{\partial\sigma_{ij}(\varepsilon_{kl}, \xi_\beta)}{\partial\varepsilon_{kl}}\dot\varepsilon_{kl} + \frac{\partial\sigma_{ij}(\varepsilon_{kl}, \xi_\beta)}{\partial\xi_\beta}\dot\xi_\beta = \dot\sigma_{ij}^{e} + \dot\sigma_{ij}^{p} \tag{3.1.7}$$

$$\mathrm{d}\sigma_{ij} = \frac{\partial\sigma_{ij}(\varepsilon_{kl}, \xi_\beta)}{\partial\varepsilon_{kl}}\mathrm{d}\varepsilon_{kl} + \frac{\partial\sigma_{ij}(\varepsilon_{kl}, \xi_\beta)}{\partial\xi_\beta}\mathrm{d}\xi_\beta \tag{3.1.8}$$

$$\dot\varepsilon_{ij} = \frac{\partial\varepsilon_{ij}(\sigma_{kl}, \xi_\beta)}{\partial\sigma_{kl}}\dot\sigma_{kl} + \frac{\partial\varepsilon_{ij}(\sigma_{kl}, \xi_\beta)}{\partial\xi_\beta}\dot\xi_\beta = \dot\varepsilon_{ij}^{e} + \dot\varepsilon_{ij}^{p} \tag{3.1.9}$$

$$\mathrm{d}\varepsilon_{ij} = \frac{\partial\varepsilon_{ij}(\sigma_{kl}, \xi_\beta)}{\partial\sigma_{kl}}\mathrm{d}\sigma_{kl} + \frac{\partial\varepsilon_{ij}(\sigma_{kl}, \xi_\beta)}{\partial\xi_\beta}\mathrm{d}\xi_\beta \tag{3.1.10}$$

现令

$$L_{ijkl} = \frac{\partial\sigma_{ij}(\varepsilon_{kl}, \xi_\beta)}{\partial\varepsilon_{kl}}, \quad M_{ijkl} = \frac{\partial\varepsilon_{ij}(\sigma_{kl}, \xi_\beta)}{\partial\sigma_{kl}} \tag{3.1.11}$$

弹性应力率　$\dot\sigma_{ij}^{e} = L_{ijkl}\dot\varepsilon_{kl}$, 　　塑性应力率　$\dot\sigma_{ij}^{p} = \dfrac{\partial\sigma_{ij}}{\partial\xi_\beta}\dot\xi_\beta$　　(3.1.12)

弹性应变率　$\dot\varepsilon_{ij}^{e} = M_{ijkl}\dot\sigma_{kl}$, 　　塑性应变率　$\dot\varepsilon_{ij}^{p} = \dfrac{\partial\varepsilon_{ij}}{\partial\xi_\beta}\dot\xi_\beta$　　(3.1.13)

这里, $L_{ijkl}$ 和 $M_{ijkl}$ 是四阶的弹性张量, 在一般情况下前者不仅与应变有关, 而且和内变量有关; 后者不仅与应力有关, 也和内变量有关。这说明弹性性质是依赖于塑性变形的, 因而弹性变形与塑性变形是耦合的。为了简化问题, 今后只讨论弹性变形与塑性变形无耦合的情况, 这时有

$$\sigma_{ij} = \sigma_{ij}^{e} + \sigma_{ij}^{p}; \quad \varepsilon_{ij} = \varepsilon_{ij}^{e} + \varepsilon_{ij}^{p} \tag{3.1.14}$$

而

$$\sigma_{ij}^{e} = L_{ijkl}\varepsilon_{kl}^{e}; \quad \varepsilon_{ij}^{e} = M_{ijkl}\sigma_{kl}^{e} \tag{3.1.15}$$

式中: $L_{ijkl}$ 和 $M_{ijkl}$ 是仅依赖于材料性质的常数。而塑性应力 $\sigma_{ij}^{p}$ 和塑性应变 $\varepsilon_{ij}^{p}$ 仅是内变量的函数, 只有当内变量改变时, $\sigma_{ij}^{p}$ 和 $\varepsilon_{ij}^{p}$ 才会有相应的改变。

当 $\xi_\beta = 0$ 时, 即为广义胡克定律, 即

$$\dot\sigma_{ij} = C_{ijkl}\dot\varepsilon_{kl} \tag{3.1.16a}$$

对于各向同性材料, 将其写为分量形式为

$$\begin{aligned}
\dot\varepsilon_{11} &= \frac{1}{E}[\dot\sigma_{11} - \nu(\dot\sigma_{22} + \dot\sigma_{33})], \quad \dot\varepsilon_{23} = \left(\frac{1+\nu}{E}\right)\dot\sigma_{23} \\
\dot\varepsilon_{22} &= \frac{1}{E}[\dot\sigma_{22} - \nu(\dot\sigma_{11} + \dot\sigma_{33})], \quad \dot\varepsilon_{31} = \left(\frac{1+\nu}{E}\right)\dot\sigma_{31} \\
\dot\varepsilon_{33} &= \frac{1}{E}[\dot\sigma_{33} - \nu(\dot\sigma_{11} + \dot\sigma_{22})], \quad \dot\varepsilon_{12} = \left(\frac{1+\nu}{E}\right)\dot\sigma_{12}
\end{aligned} \right\} \tag{3.1.16b}$$

上式可以改写为偏应力率与偏应变率之间的关系式

$$\dot e_{ij} = \frac{1+\nu}{E}\dot S_{ij} = \frac{1}{2\mu}\dot S_{ij}; \quad \dot\varepsilon_{kk} = \frac{1-2\nu}{E}\dot\sigma_{kk} = \frac{1}{3K}\dot\sigma_{kk} \tag{3.1.17}$$

式中: $E$ 为杨氏模量; $\nu$ 为泊松比; $\mu$ 为剪切模量; $\dfrac{1}{2\mu} = (1+\nu)/E$; 体积模量 $K = E/3(1-2\nu)$。

上式也可以写成增量形式

$$de_{ij} = \frac{1}{2\mu}dS_{ij}; \quad d\varepsilon_{kk} = \frac{1}{3K}d\sigma_{kk} \tag{3.1.17a}$$

前者是 5 个独立式子(因为 $S_{ii}=0$),后者是一个独立式子,所以仍是 6 个独立方程。

为了便于推广到塑性情况,并与塑性本构方程的写法一致,广义胡克定律关系式(3.1.17)的全量形式也可写成

$$e_{ij} = \frac{3\varepsilon_i}{2\sigma_i}S_{ij}; \quad \sigma_i = 3\mu\varepsilon_i \tag{3.1.18}$$

以上讨论表明,当弹性张量给定时,弹塑性本构方程的建立就归结为正确给出关于塑性应力率和塑性应变率的表达式或者关于塑性应力增量和塑性应变增量的表达式的问题。

**课后练习 1**

请读者自己证明关系式(3.1.18)和下面的关系式

$$\frac{e_{11}}{S_{11}} = \frac{e_{22}}{S_{22}} = \frac{e_{33}}{S_{33}} = \frac{\gamma_{12}}{2\tau_{12}} = \frac{\gamma_{23}}{2\tau_{23}} = \frac{\gamma_{31}}{2\tau_{31}} = \frac{1}{2\mu}$$

## 3.2　Drucker 公设

前面初步介绍了材料塑性变形过程中的强化条件以及加载、卸载和中性变载的准则。在大量宏观实验的基础上,美国力学家德鲁克(D. Drucker)针对一般应力状态的加载过程,提出了一个关于材料强化的重要假设,即 Drucker 强化公设。根据这个公设,不但可以导出加载曲面(包括屈服曲面)的一个重要且普遍的几何性质——加载面的外凸性,以及加载、卸载准则,而且可以建立塑性变形规律即塑性本构关系。

**1. 稳定材料和不稳定材料**

材料的拉伸应力应变曲线有可能呈如图 3.1 所示的几种形式。

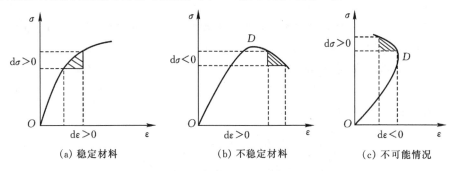

图 3.1　拉伸应力应变曲线

对于图 3.1(a)所示的材料,随着加载,应力有增量 $d\sigma>0$ 时,产生相应的应变增量 $d\varepsilon>0$,应力应变曲线呈单调递增,材料是强化的。在这一变形过程中,$d\sigma \cdot d\varepsilon>0$,表明附加应力 $d\sigma$ 在应变增量 $d\varepsilon$ 上做正功,具有这种特性的材料称为**稳定材料**或**强化材料**。无强化效应的材料也属于稳定材料,这时 $d\sigma=0$,故 $d\sigma \cdot d\varepsilon=0$。对于稳定材料,一般应写成

$$d\sigma \cdot d\varepsilon \geqslant 0$$

对于图 3.1(b)所示的材料,应力应变曲线在 $D$ 点之后有一段是下降的,随着应变的增加($d\varepsilon>0$),应力减小($d\sigma<0$)。此时,虽然总的应力仍做正功,但应力增量做负功,即 $d\sigma \cdot d\varepsilon<0$。

这样的材料称为**不稳定材料**或**软化材料**,该曲线下降部分称为软化阶段。

对于图 3.1(c)所示的材料,应力应变曲线在 $D$ 点以后的区段内,应变会随应力的增加而减小,这相当于一悬挂重物的吊杆,当增加悬挂物的重量时,重物反而上升,这违背了能量守恒定律,所以是不可能的。

**2. Drucker 公设(Drucker's Stability Postulate)**

这里将只讨论稳定材料,包括强化材料和理想弹塑性材料。

如图 3.2 所示,由拉伸曲线可知,该材料在某一确定的加载历史下的应力水平 $\sigma^0$ 开始缓慢地加载到屈服之后的某一应力 $\sigma$ 时,此时再增加一个附加应力(增量)$\mathrm{d}\sigma$,将引起一个相应的塑性变形增量 $\mathrm{d}\varepsilon^\mathrm{p}$。然后,将应力重新缓慢地降回到原来的应力水平 $\sigma^0$。其加载路径如图 3.2 中的 $ABCDE$。在这一应力循环 $\sigma^0 \to \sigma \to \sigma + \mathrm{d}\sigma \to \sigma^0$ 中,加载阶段产生的弹性应变在卸载阶段可以恢复,相应的弹性应变能也可完全释放出来,剩下的是消耗于不可恢复的塑性变形的塑性功(图中阴影部分),它是不可逆的,将恒大于零。这部分塑性功可以分为图中所示的两块阴影面积 $M_1$、$M_2$ 两部分,由此可写出如下两个不等式

$$(\sigma - \sigma^0) \cdot \mathrm{d}\varepsilon^\mathrm{p} > 0 \tag{3.2.1}$$

$$\mathrm{d}\sigma \cdot \mathrm{d}\varepsilon^\mathrm{p} \geqslant 0 \tag{3.2.2}$$

即应力在塑性应变上做功非负,其中第二式的等号适用于理想塑性材料。

1952 年,Drucker 结合热力学第一定律,将上两式推广到复杂应力状态的加载过程,提出一个关于稳定材料塑性功不可逆公设,现称为 Drucker 公设。其形式为

$$(\sigma_{ij} - \sigma_{ij}^0) \cdot \mathrm{d}\varepsilon_{ij}^\mathrm{p} \geqslant 0, \quad \mathrm{d}\sigma_{ij} \cdot \mathrm{d}\varepsilon_{ij}^\mathrm{p} \geqslant 0 \tag{3.2.3}$$

今将该公设叙述如下。

如图 3.3 所示,设物体内任一点经历一定加载历史后在加载面 $f_1 = 0$ 内某一应力水平 $\sigma_{ij}^0$(图中 $A$ 点)下处于平衡状态。现经加载路径①使应力状态正好进入与 $f_1 = 0$ 面对应的屈服应力状态(图中 $B$ 点),其应力水平为 $\sigma_{ij}$,此为弹性变形过程。再继续施加一微小载荷(路径②),使该点应力状态达到某一相邻的加载面 $f_2 = 0$ 上($C$ 点),相应的应力增量为 $\mathrm{d}\sigma_{ij}$,这时将有新的塑性应变增量发生,设其为 $\mathrm{d}\varepsilon_{ij}^\mathrm{p}$。然后沿某一路径③卸载,使应力水平返回到 $\sigma_{ij}^0$,此亦为弹性变形过程。

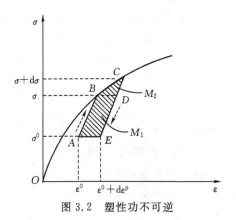

图 3.2　塑性功不可逆

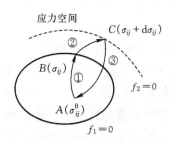

图 3.3　Drucker 公设的说明

Drucker 公设要求,在上述应力循环内,附加应力所做的功是非负的,即要求

$$\oint_{\sigma_{ij}^0} (\sigma_{ij} - \sigma_{ij}^0) \, d\varepsilon_{ij} \geqslant 0 \qquad (3.2.4)$$

式中：积分符号 $\oint_{\sigma_{ij}^0}$ 表示从 $\sigma_{ij}^0$ 开始又回到 $\sigma_{ij}^0$ 的循环积分。这与大量实验观察相符。由于在每个应力循环之后，物体内必会留下残余变形，从而使得在应力循环中应变不能回到原值，因此这个循环不是在热力学意义下的封闭循环。Drucker 公设通常称作**准热力学公设**[请参见朱兆祥《材料本构关系理论讲义》，科学出版社，2015 年，第 98 页]。

由于弹性应变是可逆的，在上述应力循环内，应力在弹性应变上所做的功之和为零，这样就是要求

$$\oint_{\sigma_{ij}^0} (\sigma_{ij} - \sigma_{ij}^0) \, d\varepsilon_{ij}^p \geqslant 0 \qquad (3.2.5)$$

在上述应力循环内，塑性变形只在加载过程（即路径②）才产生。因此，当 $d\sigma_{ij}$ 为小量时，Drucker 公设就是要求

$$\left(\sigma_{ij} + \frac{1}{2} d\sigma_{ij} - \sigma_{ij}^0\right) \cdot d\varepsilon_{ij}^p \geqslant 0 \qquad (3.2.6)$$

在一维情形下这部分功等同于一个梯形面积，如图 3.2 中阴影部分所示。

这里可区分两种情况：

① 若起始状态处于加载面的内部时，即 $\sigma_{ij} \neq \sigma_{ij}^0$，则由于 $d\sigma_{ij}$ 是任意的无穷小量，与 $\sigma_{ij}$ 相比属高阶小量可略去不计，则可得出

$$(\sigma_{ij} - \sigma_{ij}^0) \cdot d\varepsilon_{ij}^p \geqslant 0 \qquad (3.2.7)$$

注意，式(3.2.7)有等号，与单向拉伸时稍有不同，这是考虑到在复杂应力状态下允许存在中性变载，此时 $d\varepsilon_{ij}^p = 0$。

② 若 $\sigma_{ij} = \sigma_{ij}^0$，即起始状态位于加载面之上时，有

$$d\sigma_{ij} \cdot d\varepsilon_{ij}^p \geqslant 0 \qquad (3.2.8)$$

式中等号在两种情形下成立，即中性变载时（此时 $d\varepsilon_{ij}^p = 0$）以及对于理想塑性材料（此时 $d\sigma_{ij} = 0$）。式(3.2.8)称为 Drucker **稳定性条件**。根据该条件可以推知材料一定是稳定的，如果能构造出应力闭循环的话。它也被认为是强化的数学定义，而被称为**强化的唯一性条件**。

式(3.2.7)意味着，当确定塑性应变增量时，在塑性固体对应的可能应力(不违反屈服条件)中，以在屈服面上的应力对其产生的塑性应变增量所做的塑性功为最大。所以上述不等式又称为**最大塑性功原理**(principle of maximum plastic work)。它与 Drucker 公设是等价的，凡是满足这些不等式的材料就是稳定材料。弹性材料、理想弹塑性材料和强化材料都是稳定性材料。

### 3. Drucker 公设的重要推论

**推论 1**：屈服面(包括初始屈服面和后继屈服面)的外凸性。

设 $\sigma_{ij}^0$ 表示屈服面内一点，$\sigma_{ij}$ 是屈服面上的点。如使应力空间与塑性应变空间重合，并使 $d\varepsilon_{ij}^p$ 的原点置于屈服面的应力点处，如图 3.4(a)所示，以矢量 $\overrightarrow{OA}$ 表示 $\sigma_{ij}^0$，$\overrightarrow{OB}$ 表示 $\sigma_{ij}$，$\overrightarrow{BC}$ 表示 $d\varepsilon_{ij}^p$，$\overrightarrow{BD}$ 表示 $d\sigma_{ij}$，则 Drucker 公设的第一个不等式(3.2.7)要求

$$\overrightarrow{AB} \cdot \overrightarrow{BC} \geqslant 0$$

即

$$|\overrightarrow{AB}| \cdot |\overrightarrow{BC}| \cdot \cos\psi \geqslant 0 \qquad (3.2.9)$$

这表示两个矢量的夹角 $\psi$ 为锐角($-\pi/2 \leqslant \psi \leqslant \pi/2$)。过 $B$ 点做垂直于 $\mathrm{d}\varepsilon_{ij}^{\mathrm{p}}$ 的切平面 $Q$，即要求 $\sigma_{ij}^0$ 必须位于与 $\mathrm{d}\varepsilon_{ij}^{\mathrm{p}}$ 方向相反的一侧。而 $\sigma_{ij}^0$ 是屈服面内的任意点，可见整个屈服面都位于该切平面与 $\mathrm{d}\varepsilon_{ij}^{\mathrm{p}}$ 方向相反的一侧。因为 $\sigma_{ij}$ 是屈服面上的任意点，可知屈服面处处外凸。

反之，若屈服面不是外凸的，则 $\overrightarrow{AB}$ 不一定总在 $Q$ 的同一侧，如图 3.4(b)所示，即使 $\overrightarrow{BC} \perp Q$，但总可以选择一点 $A$，使 $\overrightarrow{AB}$ 和 $\overrightarrow{BC}$ 成钝角。

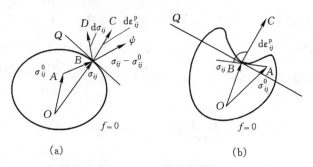

图 3.4　屈服面的外凸性

**推论 2**：塑性应变增量矢量沿屈服面的法向性(即正交流动法则)。

当屈服面在应力点 $\sigma_{ij}$ 处光滑时，经过 $\sigma_{ij}$ 且与屈服面相切的平面将是唯一的。若 $\mathrm{d}\varepsilon_{ij}^{\mathrm{p}}$ 与屈服面在 $\sigma_{ij}$ 处不正交，如图 3.5 所示，则过 $\sigma_{ij}$ 做一与 $\mathrm{d}\varepsilon_{ij}^{\mathrm{p}}$ 相垂直的平面将会与屈服面相割。这样，在切平面 $Q$ 的两侧都会有屈服面的内点，因而在屈服面内必然存在某一点 $\sigma_{ij}^0$，使得不等式(3.2.7)或式(3.2.9)不成立。按照 Drucker 公设，这是不可能的。因此，$Q$ 必须是经过屈服面在 $\sigma_{ij}$ 处的切平面，$\mathrm{d}\varepsilon_{ij}^{\mathrm{p}}$ 必须沿着屈服面的外法线方向。而屈服面上任一点的外法线方向和它的梯度方向一致，所以

$$\mathrm{d}\varepsilon_{ij}^{\mathrm{p}} = \mathrm{d}\lambda \cdot \frac{\partial f}{\partial \sigma_{ij}}, \text{且 } \mathrm{d}\lambda \geqslant 0 \qquad (3.2.10)$$

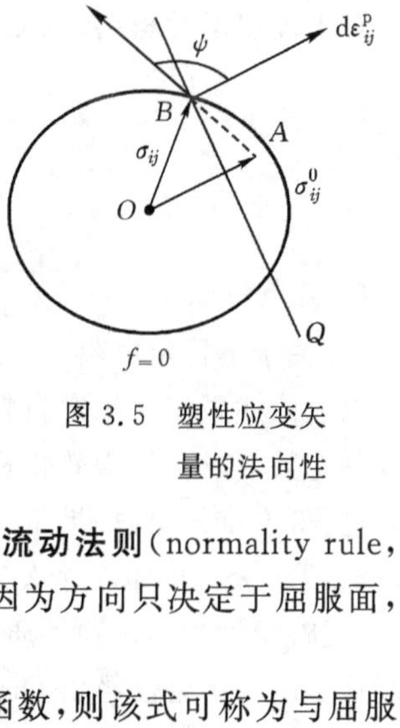

图 3.5　塑性应变矢量的法向性

式中：$\mathrm{d}\lambda$ 为非负的比例系数，是一个标量。式(3.2.10)称为**正交流动法则**(normality rule，正交性)。由此证明了，$\mathrm{d}\varepsilon_{ij}^{\mathrm{p}}$ 的大小和 $\mathrm{d}\sigma_{ij}$ 有关，但方向和 $\mathrm{d}\sigma_{ij}$ 无关，因为方向只决定于屈服面，而屈服面是由 $\sigma_{ij}$ 决定的，与 $\mathrm{d}\sigma_{ij}$ 无关。

式(3.2.10)表明，若将 $f$ 作为塑性势函数并令它等于屈服函数，则该式可称为与屈服条件相关联的**塑性流动法则**。它将塑性应变增量与屈服条件联系起来，一旦屈服条件确定后，塑性应变增量便可按此关系式确定。因此，它对研究塑性力学中的物理关系具有重要意义。实际上，下一节将会看到，流动法则是推导增量型塑性本构关系的重要依据，是塑性应变分析的理论基础。流动法则是建立塑性本构关系的第 3 个基本要素。

综上，已经证明了只有同时使屈服面为凸曲面且塑性应变增量矢量沿屈服面的法向时，才能使不等式(3.2.7)成立。这就是 Drucker 公设的几何意义。

**课后练习 2**

推证 Drucker 公设的第二个不等式 $\mathrm{d}\sigma_{ij} \cdot \mathrm{d}\varepsilon_{ij}^{\mathrm{p}} \geqslant 0$ 的几何意义。

**提示**

Drucker 公设的第二个不等式(3.2.8)是加载准则,其几何意义是当 $d\varepsilon_{ij}^p$ 不为零时,$d\sigma_{ij}$ 的方向必须指向屈服面的外法线一侧,即

$$d\lambda \cdot \frac{\partial f}{\partial \sigma_{ij}} \cdot d\sigma_{ij} \geqslant 0 \qquad (3.2.11)$$

由于 $d\lambda > 0$,故 $\dfrac{\partial f}{\partial \sigma_{ij}} \cdot d\sigma_{ij} \geqslant 0$。对于强化材料,当应力增量沿屈服面的切线方向变化而屈服面不扩大时,不产生新的 $\varepsilon^p$,这种情况称为中性变载。当 $\dfrac{\partial f}{\partial \sigma_{ij}} \cdot d\sigma_{ij} < 0$ 时,$d\sigma_{ij}$ 的方向必须指向屈服面的内侧,此时为卸载情况。因此,强化材料的加、卸载准则可写成(见图 3.6)如下形式

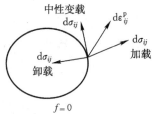

图 3.6　Drucker 第二个不等式的几何意义

$$\left. \begin{aligned} f = 0, &\quad \text{且} \frac{\partial f}{\partial \sigma_{ij}} \cdot d\sigma_{ij} > 0 \quad \text{加载} \\ f = 0, &\quad \text{且} \frac{\partial f}{\partial \sigma_{ij}} \cdot d\sigma_{ij} = 0 \quad \text{中性变载} \\ f = 0, &\quad \text{且} \frac{\partial f}{\partial \sigma_{ij}} \cdot d\sigma_{ij} < 0 \quad \text{卸载} \end{aligned} \right\} \qquad (3.2.12)$$

对于理想塑性材料,则无中性变载情况,有

$$\left. \begin{aligned} f = 0, &\quad \text{且} \frac{\partial f}{\partial \sigma_{ij}} \cdot d\sigma_{ij} = 0 \quad \text{加载} \\ f = 0, &\quad \text{且} \frac{\partial f}{\partial \sigma_{ij}} \cdot d\sigma_{ij} < 0 \quad \text{卸载} \end{aligned} \right\} \qquad (3.2.13)$$

**4. 两点讨论**

(1)关于不稳定材料

以上论述限定于稳定材料。对于不稳定材料(或软化材料),如图 3.1(b)所示,当其应变超过一定数值时会呈现软化现象,即当 $d\varepsilon > 0$ 时,$d\sigma < 0$。这时,重新考察前述 Drucker 公设的推理过程,不难知道,如果 $\sigma_0$ 位于加载面上,就无法作出从 $\sigma_0$ 出发又回到 $\sigma_0$ 的应力循环,自然地,Drucker 公设的第二个关系式就不再成立。因此,可以认为,无论材料是稳定的还是不稳定的,反映塑性功不可逆性质的 Drucker 公设本身总是成立的,只不过当材料有软化现象时,不能从 Drucker 公设导出 Drucker 稳定性条件。

(2) 关于依留申公设

Drucker 公设是在应力空间中进行讨论的。1961 年依留申在应变空间中也建立了相应的公设。当材料存在应变软化时,在应变空间中进行讨论更为方便。依留申公设可以表述为:弹塑性材料在应变空间中任意的应变闭循环内,外力所做的功是非负的。若所做的功是正的,表示材料有塑性变形;若所做的功为零,则只有弹性变形。

如图 3.7 所示,材料在点 $A$ 初始应力和应变分别为 $\sigma_{ij}^0$、$\varepsilon_{ij}^0$,处在某一加载面内。由此出发进行缓慢加载,到达加载面上 $B$ 点时应变为 $\varepsilon_{ij}$,继续加载达到新的加载面上 $C$ 点,应变为($\varepsilon_{ij} + d\varepsilon_{ij}$),然后卸载到 $F$ 点,使应变回到初始应变值 $\varepsilon_{ij}^0$。

由图可见,$AB$ 段只有弹性应变,$BC$ 段则含有弹性和塑性应变。设从 $\varepsilon_{ij}$ 到($\varepsilon_{ij} + d\varepsilon_{ij}$)的加

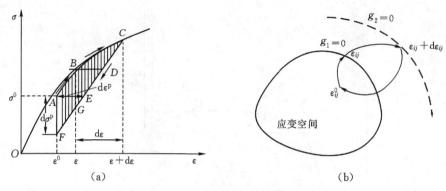

图 3.7　应变循环路径示意图

载段 $BC$ 产生的塑性应变增量为 $d\varepsilon_{ij}^p$，则相应定义塑性应力增量为 $d\sigma_{ij}^p = C_{ijkl}d\varepsilon_{kl}^p$，这里 $C_{ijkl}$ 为弹性常数四阶张量。

根据依留申公设，完成 $\varepsilon_{ij}^0 \to \varepsilon_{ij} \to \varepsilon_{ij} + d\varepsilon_{ij} \to \varepsilon_{ij}^0$ 的应变循环中，外部功 $W_{\mathrm{I}}$ 为非负，即

$$W_{\mathrm{I}} = \oint_{\varepsilon_{ij}^0} \sigma_{ij}\,d\varepsilon_{ij} \geqslant 0 \tag{3.2.14}$$

式中：$W_{\mathrm{I}}$ 值即为图 3.7(a)中所示阴影部分面积（$ABCDEFA$），它与图 3.2(a)中阴影面积 $AB$-$CDE$（即 Drucker 公设中的外部功 $W_{\mathrm{D}} = \oint_{\sigma_{ij}^0} \sigma_{ij}\,d\varepsilon_{ij}$）的数值相比，多了一块直角三角形 $AEF$ 的面积，其数值为 $\dfrac{1}{2}d\sigma_{ij}^p\,d\varepsilon_{ij}^p$，则有

$$W_{\mathrm{I}} = W_{\mathrm{D}} + \frac{1}{2}d\sigma_{ij}^p\,d\varepsilon_{ij}^p \geqslant 0 \tag{3.2.15}$$

鉴于 $\dfrac{1}{2}d\sigma_{ij}^p\,d\varepsilon_{ij}^p$ 为正定二次式，则当 $W_{\mathrm{D}} \geqslant 0$ 时，必有 $W_{\mathrm{I}} \geqslant 0$，这就表明 Drucker 公设是依留申公设的充分条件，但并不是必要条件，即当 Drucker 公设不成立时（如软化段），依留申公设仍然成立。

若用图 3.7(a)阴影块 $ABCDEFA$ 面积表示 $W_{\mathrm{I}}$ 值，并视其为 $ABGF$ 和 $BCG$ 两块面积之和，则有

$$W_{\mathrm{I}} = (\varepsilon_{ij} - \varepsilon_{ij}^0)d\sigma_{ij}^p + \frac{1}{2}d\varepsilon_{ij}\,d\sigma_{ij}^p = (\varepsilon_{ij} - \varepsilon_{ij}^0 + \frac{1}{2}d\varepsilon_{ij})d\sigma_{ij}^p \geqslant 0 \tag{3.2.16}$$

当 $(\varepsilon_{ij} - \varepsilon_{ij}^0) \neq 0$，$d\varepsilon_{ij}$ 与其相比很小时，上式可简化为

$$(\varepsilon_{ij} - \varepsilon_{ij}^0)d\sigma_{ij}^p \geqslant 0 \tag{3.2.17}$$

而当 $\varepsilon_{ij}^0$ 落在加载面上时，式(3.2.16)可简化为

$$d\varepsilon_{ij}\,d\sigma_{ij}^p \geqslant 0 \tag{3.2.18}$$

式(3.2.17)和式(3.2.18)取不等式时，表明材料有新的塑性变形发生；而取等式时，则只有弹性变形。

依留申公设比 Drucker 公设适用范围更广。两个公设对于 $d\sigma d\varepsilon \geqslant 0$ 的情形（即稳定材料）都是适用的，但对于 $d\sigma d\varepsilon < 0$ 的情形（不稳定材料），前者适用而后者不适用。这可从图 3.8 强化和软化行为的示意图得到解释。

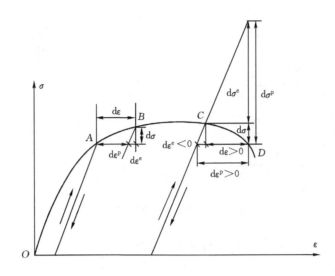

图 3.8　强化与软化行为示意图

　　图中 AB 段为强化段的应力增量和应变增量示意图,其特点是:$d\sigma>0$, $d\varepsilon>0$, $d\sigma d\varepsilon>0$,且 $d\varepsilon^e>0$, $d\varepsilon^p>0$,故有两个不等式 $d\sigma d\varepsilon^p>0$ 和 $d\varepsilon d\sigma^p>0$,分别满足 Drucker 公设和依留申公设,这就表明,对于稳定材料而言,两个公设均是适用的。

　　图中 CD 段为软化段的应力增量和应变增量示意图,其特点是:$d\sigma<0$, $d\varepsilon>0$, $d\sigma d\varepsilon<0$,且 $d\varepsilon^e<0$, $d\varepsilon^p>0$,故有两个不等式 $d\sigma d\varepsilon^p<0$ 和 $d\varepsilon d\sigma^p>0$,前者不满足 Drucker 公设,而后者满足依留申公设。这表明对于不稳定材料,Drucker 公设不成立,而依留申公设仍然成立。

## 3.3　增量型本构关系(塑性流动理论)

　　从本节开始,将讨论变形固体在塑性状态的本构关系。由于塑性变形规律的复杂性,虽然百年以来力学工作者提出了各种理论、假设来描述塑性本构关系,但是,这个问题仍然没有得到很好的解决,仍是需要继续加以研究的课题。目前广为采用的描述塑性变形规律的理论可分为两大类。

　　(1) 全量理论

　　全量理论(total theory of plasticity),又称塑性形变理论(deformation theory of plasticity),它认为在塑性状态下仍是应力和应变全量之间的关系。属于这一理论的主要有:①1924年 H. Hencky 提出的理论,它不计弹性变形,不计强化;②1938 年 A. Nadai 提出的理论,考虑了有限变形和强化,但在总变形中仍不计弹性变形;③1943 年 A. A. Ilyushin 提出的理论,它是对 Hencky 理论的系统化,考虑了弹性变形和强化。

　　(2) 增量理论

　　增量理论(incremental theory),又称流动理论(flow theory),它是描述材料处于塑性状态时,应力与应变增量或应变速率之间关系的理论,它针对加载过程中每一瞬时的应力状态来确定该瞬时的应变增量。换言之,增量理论认为,在塑性状态下是塑性应变增量(或应变率)和应力及应力增量(或应力率)之间的关系。主要有:① Lévy-Mises 理论,分别由 M. Lévy(1871)

和 R. von Mises(1913)提出和完善,它适用于刚塑性材料;② Prandtl-Reuss 理论,分别由 L. Prandtl(1924)和 A. Ruess(1930)提出,考虑了弹性变形,适用于弹塑性材料。

本书中将主要介绍 Hencky 全量理论、Ilyushin 全量理论、Lévy-Mises 增量理论和 Prandtl-Reuss 增量理论。

前面已经知道,在塑性变形过程中,应力和应变没有一一对应关系,但是,在某一给定状态下,有一个应力增量,相应地必有唯一的应变增量。因此,在一般塑性变形条件下,只能建立应力与应变增量之间的关系。这种用增量形式表示的本构关系,称为增量理论或流动理论。其出发点就是只有按增量形式建立起来的理论,才能追踪整个的加载路径并求解塑性力学问题。

Shield 和 Ziegler 指出,构成塑性本构关系的基本要素包括如下三方面:

① 初始屈服条件,它可以判定塑性变形何时开始、划分塑性区和弹性区的范围,以便分别采用不同的本构关系来分析;

② 加载函数,即描述材料强化特性的强化条件;

③ 与初始屈服以及后继屈服面相关联的某一流动法则,即应力和应变(或它们的增量)之间的定性关系,这一关系包括方向关系(即两者主轴之间的关系)和分配关系(即两者之间的比例关系)。实际上就是研究它们的偏量之间的关系。

上述三要素中,要素①和②前面章节已经作了详细的介绍,这里将在讨论要素③即流动法则的基础上建立塑性本构关系。

**1. 理想弹塑性材料的本构关系**

(1) 与 Mises 屈服条件相关联的流动法则

对理想弹塑性材料(见图 1.11(a)),后继屈服面和初始屈服面重合。若采用 Mises 屈服条件

$$\sigma_i = \sigma_s \tag{3.3.1}$$

则

$$f(\sigma_{ij}) = \sigma_i^2 - \sigma_s^2 \quad 或 \quad J_2 - \frac{1}{3}\sigma_s^2 = 0 \tag{3.3.2}$$

现取

$$f(\sigma_{ij}) = J_2 - \frac{1}{3}\sigma_s^2 \tag{3.3.3}$$

由 $J_2 = \frac{1}{2}S_{ij}S_{ij} = -(S_1S_2 + S_2S_3 + S_3S_1)$ 知

$$\frac{\partial J_2}{\partial \sigma_{ij}} = \frac{\partial J_2}{\partial S_{ij}} = S_{ij}$$

代入式(3.2.10),得

$$d\varepsilon_{ij}^p = d\lambda \cdot S_{ij} \tag{3.3.4}$$

上式称为 **Mises 流动法则**。

注意到 $d\varepsilon_{ij}^p = d\varepsilon_m^p \delta_{ij} + de_{ij}^p$ 以及塑性不可压缩性(即 $d\varepsilon_{ii}^p = 0$),有

$$d\varepsilon_{ij}^p = de_{ij}^p$$

故有

$$de_{ij}^p = d\lambda \cdot S_{ij} \tag{3.3.5}$$

这意味着,$de_{ij}^p$ 的方向与 $S_{ij}$ 方向一致,且两个张量对应分量之间的比值是一样的,即

$$\frac{de_x^p}{S_x} = \frac{de_y^p}{S_y} = \frac{de_z^p}{S_z} = \frac{de_{xy}^p}{\tau_{xy}} = \frac{de_{yz}^p}{\tau_{yz}} = \frac{de_{zx}^p}{\tau_{zx}} = d\lambda \quad (3.3.5a)$$

上式表明,塑性应变偏量增量是与应力偏量成比例的。

① 理想弹塑性材料的本构关系——Prandtl-Reuss 关系。

对理想弹塑性材料,总的应变偏量增量为

$$de_{ij} = de_{ij}^e + de_{ij}^p$$
$$= \frac{1}{2\mu}dS_{ij} + d\lambda \cdot S_{ij}$$

因有 $de_{ii}=0$,上面6个式子中只有5个是独立的,因而还必须补充关于 $d\varepsilon_{ii}$ 的关系式。这样,理想弹塑性材料的增量本构关系式可归纳为

$$\left. \begin{array}{l} de_{ij} = \dfrac{1}{2\mu}dS_{ij} + d\lambda \cdot S_{ij} \\[3mm] d\varepsilon_{ii} = \dfrac{1}{3K}d\sigma_{ii} \end{array} \right\} \quad (3.3.6)$$

上式称为 **Prandtl-Reuss 本构关系**。比例系数 $d\lambda$ 需要结合屈服条件加以确定。根据应变比能函数的增量

$$dW = \sigma_{ij}d\varepsilon_{ij}$$
$$= (\sigma_m\delta_{ij} + S_{ij})(d\varepsilon_m\delta_{ij} + de_{ij})$$
$$= \sigma_m d\varepsilon_m\delta_{ij}\delta_{ij} + d\varepsilon_m S_{ij}\delta_{ij} + \sigma_m de_{ij}\delta_{ij} + S_{ij}de_{ij} \quad (3.3.7)$$

而

$$\delta_{ij}\delta_{ij} = 3; \quad S_{ij}\delta_{ij} = S_{ii} = 0; \quad \delta_{ij}de_{ij} = de_{ii} = 0$$

所以

$$dW = 3\sigma_m d\varepsilon_m + S_{ij}de_{ij} \quad (3.3.8)$$

式(3.3.8)右边第一项是体积应变能增量,第二项即形状应变能增量为

$$dW_d = S_{ij} \cdot de_{ij} \quad (3.3.9)$$

代入 Prandtl-Reuss 关系式,得

$$dW_d = S_{ij}\left(\frac{1}{2\mu}dS_{ij} + d\lambda S_{ij}\right)$$
$$= \frac{1}{2\mu}S_{ij}dS_{ij} + d\lambda S_{ij}S_{ij} \quad (3.3.10)$$

根据屈服条件 $J_2 = \frac{1}{3}\sigma_s^2$,并利用 $\frac{\partial J_2}{\partial S_{ij}} = S_{ij}$ 和 $dJ_2 = S_{ij}dS_{ij}$,对屈服条件式求微分有

$$dJ_2 = S_{ij}dS_{ij} = d\left(\frac{1}{3}\sigma_s^2\right) = 0$$

加上 $S_{ij}S_{ij} = \frac{2}{3}\sigma_i^2$ $\left(注:\sigma_i = \sqrt{\frac{3}{2}}\sqrt{S_x^2 + S_y^2 + S_z^2 + 2(S_{xy}^2 + S_{yz}^2 + S_{zx}^2)} = \sqrt{\frac{3}{2}}\sqrt{S_{ij}S_{ij}}\right)$

则有

$$d\lambda = \frac{3dW_d}{2\sigma_i^2} = \frac{3dW_d}{2\sigma_s^2} \quad (3.3.11)$$

再代入本构方程,有

$$de_{ij} = \frac{1}{2\mu}dS_{ij} + \frac{3dW_d}{2\sigma_s^2}S_{ij} \left.\begin{array}{c}\\\\\\\\\end{array}\right\}$$
$$d\varepsilon_{ii} = \frac{1}{3K}d\sigma_{ii} \tag{3.3.12}$$

由于 $d\varepsilon_{ij} = d\varepsilon_m\delta_{ij} + de_{ij}$,上式也可写成

$$d\varepsilon_{ij} = \frac{1-2\nu}{E}d\sigma_m\delta_{ij} + \frac{1}{2\mu}dS_{ij} + \frac{3dW_d}{2\sigma_s^2}S_{ij} \tag{3.3.13}$$

$d\lambda$ 还有另一种表示方法,下面推导之。

根据

$$J_2 = \frac{1}{2}[S_x^2 + S_y^2 + S_z^2 + 2(\tau_{xy}^2 + \tau_{yz}^2 + \tau_{zx}^2)] = \frac{1}{2}S_{ij}S_{ij}$$

将 $d\varepsilon_{ij}^p = d\lambda S_{ij}$ 代入上式,得

$$\frac{1}{2}\frac{d\varepsilon_{ij}^p d\varepsilon_{ij}^p}{(d\lambda)^2} = J_2 = \frac{1}{3}\sigma_s^2 \tag{3.3.14}$$

在塑性状态下有

$$d\lambda = \frac{\sqrt{\frac{3}{2}}\sqrt{d\varepsilon_{ij}^p d\varepsilon_{ij}^p}}{\sigma_s} = \frac{3d\varepsilon_i^p}{2\sigma_s} \tag{3.3.15}$$

即

$$d\lambda = \frac{3}{2}\frac{d\varepsilon_i^p}{\sigma_s} \tag{3.3.16}$$

上式和式(3.3.11)均说明,在塑性变形的过程中,比例系数 $d\lambda$ 不仅与材料的屈服极限有关,而且还和变形程度有关,是变化的。但是,在变形某一瞬间,应变偏量增量的每一分量与相对应的应力偏量分量的比值都是相同的 $d\lambda$。

下面对 Prandtl-Reuss 本构关系进行一些讨论。

a. 如果给定应力和应变增量,能确定应力增量吗? 如果给定应力(即 $\sigma_{ij}$ 或 $S_{ij}$)和应变增量(即 $d\varepsilon_{ii}$ 和 $de_{ij}$),则可从 Prandtl-Reuss 关系求得应力增量 $dS_{ij}$ 和 $d\sigma_{ii}$,因为这时 $dW_d$ 可以确定,即 $dW_d = S_{ij}de_{ij}$,将它们叠加于 $\sigma_{ij}$ 上,就得到新的应力水平,即产生新的塑性应变以后的应力分量。

b. 如果给定应力和应力增量,能确定应变增量吗? 若给定应力和应力增量,即给定 $S_{ij}$,$d\sigma_{ii}$ 及 $dS_{ij}$,但是因 $dW_d$ 不能求得,故从上述本构关系无法求得应变增量 $de_{ij}$。这时,只能确定出应变增量各分量之间的比值。(塑性应变可任意增长,这是理想弹塑性体的特点)。

c. 实验验证。W. Lode 用铜、铁、镍薄壁管在轴向拉伸和内压联合作用下进行实验,验证了 Prandtl-Reuss 理论的正确性。在整理实验结果时,他引入了如下两个参数

$$\mu_\sigma = \frac{2(\sigma_2 - \sigma_3)}{\sigma_1 - \sigma_3} - 1$$

$$\mu_{d\varepsilon^p} = 2\frac{d\varepsilon_2^p - d\varepsilon_3^p}{d\varepsilon_1^p - d\varepsilon_3^p} - 1$$

Lode 通过实验得到 $d\varepsilon_1^p$、$d\varepsilon_2^p$、$d\varepsilon_3^p$ 的值,从而求出 $\mu_{d\varepsilon^p}$ 的值;由应力算出 $\mu_\sigma$ 值,于是画出了 $\mu_{d\varepsilon^p}$ 和 $\mu_\sigma$ 之间的关系曲线,如图 3.9 所示。如果 Prandtl-Reuss 理论是正确的,将 $d\varepsilon_{ij}^p = d\lambda S_{ij}$ 代

入上式,则应存在

$$\mu_{\mathrm{d}\varepsilon^{\mathrm{p}}} = \mu_{\sigma}$$

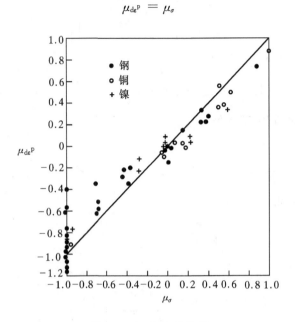

图 3.9　Lode 实验结果

从实验结果可以看出,上式大体上是成立的。后来,Taylor 和 Quinney(1931)、Schmidt(1932)、Davis(1943)、Frankel(1948)、Hundy 和 Green(1954)、Ohashi(1976)等,都进行了实验研究。考虑到塑性变形中产生的各向异性的影响后,完全可以认为,应力 Lode 参数和应变Lode 参数是相等的。

② 理想刚塑性材料的本构关系——Lévy-Mises 本构关系。

对于刚塑性材料,弹性变形可以略去,故有

$$\mathrm{d}\varepsilon_{ij} = \mathrm{d}\varepsilon_{ij}^{\mathrm{p}} = \mathrm{d}\lambda \cdot S_{ij} \tag{3.3.17}$$

上式即为 **Lévy-Mises 流动法则**(也称 Lévy-Mises 方程),写成分量形式为

$$\frac{\mathrm{d}\varepsilon_x}{S_x} = \frac{\mathrm{d}\varepsilon_y}{S_y} = \frac{\mathrm{d}\varepsilon_z}{S_z} = \frac{\mathrm{d}\varepsilon_{xy}}{\tau_{xy}} = \frac{\mathrm{d}\varepsilon_{yz}}{\tau_{yz}} = \frac{\mathrm{d}\varepsilon_{zx}}{\tau_{zx}} = \mathrm{d}\lambda \tag{3.3.17a}$$

Lévy-Mises 方程表示,对于理想刚塑性材料,应变增量和应力偏量成比例。在历史上是先得到式(3.3.17),以后才建立式(3.3.5)的。将上式两边自乘,有

$$\mathrm{d}\varepsilon_{ij}\,\mathrm{d}\varepsilon_{ij} = (\mathrm{d}\lambda)^2 S_{ij} S_{ij}$$

根据 Mises 屈服条件

$$\sigma_i = \sqrt{\frac{3}{2}}\,\sqrt{S_{ij} S_{ij}} = \sigma_{\mathrm{s}}$$

以及应变增量强度

$$\mathrm{d}\varepsilon_i = \sqrt{\frac{2}{3}}\,\sqrt{\mathrm{d}\varepsilon_{ij}\,\mathrm{d}\varepsilon_{ij}} \quad (\text{注意,它不同于应变强度 } \varepsilon_i \text{ 的全微分})$$

可得

$$\mathrm{d}\lambda = \frac{3\mathrm{d}\varepsilon_i}{2\sigma_{\mathrm{s}}} \tag{3.3.18}$$

请与理想弹塑性材料的式(3.3.16)进行比较。于是有

$$d\varepsilon_{ij} = \frac{3d\varepsilon_i}{2\sigma_s}S_{ij} \tag{3.3.19}$$

式(3.3.19)称为 **Lévy-Mises 本构关系**。这里也可对 Lévy-Mises 本构关系作一简单讨论。

① 给定应变增量能确定应力吗？对于理想刚塑性材料，因体积不可压缩，当已知应变增量 $d\varepsilon_{ij}$ 时，由本构关系只能确定 $S_{ij}$，而不能求解 $\sigma_m$，故不能确定应力。

② 给定应力能确定应变增量吗？若给定应力 $\sigma_{ij}$，即已知 $S_{ij}$，因为 $d\lambda$ 无法确定，只能求得应变增量各分量的比值，而不能确定其实际大小。

总结一下，Lévy-Mises 塑性增量理论中的假设如下：

① 材料是理想刚塑性的，即 $\varepsilon_{ij} = \varepsilon_{ij}^p$；

② 材料是不可压缩的，即 $e_{ij} = \varepsilon_{ij}$；

③ 材料满足 Mises 屈服条件，即 $\sigma_i = \sigma_s$。

④ 应变增量与应力偏量成比例，即 $d\varepsilon_{ij} \propto S_{ij}$。

**塑性增量理论发展的历史回顾**

历史上对塑性变形规律的探索始于 1870 年法国科学家 Saint-Venant 对平面应变的处理。他从对物理现象的深刻理解中提出，在一般加载条件下的塑性变形过程中，应变增量（而不是应变全量）的主轴和应力偏量的主轴重合的假设。Saint-Venant 提出了形式如下的应力应变速率关系方程

$$\dot{\varepsilon}_{ij} = \dot{\lambda} \cdot S_{ij} \tag{‡}$$

上式中，应变速率张量 $\dot{\varepsilon}_{ij} = \dfrac{d\varepsilon_{ij}}{dt}$；$\dot{\lambda} = \dfrac{d\lambda}{dt}$，卸载时，$\dot{\lambda} = 0$。

由于式(‡)与粘性流体的牛顿公式相似，故称为 **塑性流动方程**。Lévy-Mises 方程实际上是塑性流动方程的增量形式。若不考虑应变速率对材料性能的影响，二者是一致的。

1871 年法国工程师 M. Lévy 引用了这一关于方向的假设，并进一步提出了分配关系，即应变增量各分量与相应的应力偏量各分量成比例

$$d\varepsilon_{ij} = d\lambda \cdot S_{ij} \quad (d\lambda \geqslant 0, 取决于质点的位置及载荷水平)$$

这一假设在塑性力学的发展过程中具有重要意义。但在当时并没有引起重视，这一成果在他们本国以外很少为人们所知。直到 1913 年，R. von Mises 独立提出了与 Lévy 相同的关系式，这才作为塑性力学的基本关系式得到广泛使用。后来实验证明，这个关系式不包括弹性变形部分，因此 Lévy-Mises 流动法则只适用于刚塑性体。

1924 年 L. Prandtl 将 Lévy-Mises 关系式推广应用于塑性平面应变问题。他考虑了塑性状态的变形中的弹性变形部分，并认为弹性变形服从广义胡克定律；而塑性变形部分，假定塑性应变张量和应力偏张量相似且同轴线。1930 年 A. Reuss 又把这一假设推广到一般三维问题。根据这个假设建立起来的关系称为 **Prandtl-Reuss 流动法则**。这个关系式可表示为

$$d\varepsilon_{ij}^p = d\lambda \cdot S_{ij} \quad (d\lambda \geqslant 0, 取决于质点的位置及载荷水平) \tag{†}$$

考虑到塑性的不可压缩性，即 $d\varepsilon_{ii}^p = 0$，则

$$de_{ij}^p = d\varepsilon_{ij}^p$$

所以，Prandtl-Reuss 流动法则又可表示为

$$de_{ij}^{p} = d\lambda \cdot S_{ij} \qquad (\dagger\dagger)$$

即应变增量偏量张量与应力偏量张量成比例。

(2) 与 Tresca 屈服条件相关联的流动法则

Tresca 屈服面存在非正则的尖角部位,在光滑处塑性应变仍可用和上述相同的方法解出,但在尖角处屈服面的外法线方向不唯一。此时应如何确定塑性应变增量,这是应用 Tresca 条件时必须解决的问题。德国人 Koiter 在 1953 年提出了广义塑性势概念来尝试解决此问题。

**塑性势的概念**

在弹性力学中,应变与弹性应变余能有下列关系式,即 Castigliano 公式

$$\varepsilon_{ij} = \frac{\partial W_c(\sigma_{ij})}{\partial \sigma_{ij}} \qquad (*)$$

式中:$W_c$ 是单位体积弹性应变余能,对理想弹性体,它是正定的势函数,称为弹性势。若把 $W_c(\sigma_{ij}) = C(C$ 为常数)看作应力空间中的一个等势面,则式($*$)表示应变矢量的方向与弹性势的梯度方向(即等势面的外法线方向)一致。

类似地,von Mises 于 1928 年提出了塑性势理论。塑性势函数不仅和应力状态有关,还和加载历史有关,如用强化参数 $K$ 表示加载历史,则塑性势函数可表示为

$$g = g(\sigma_{ij}, K)$$

类似于式($*$),有

$$d\varepsilon_{ij}^{p} = d\lambda \frac{\partial g(\sigma_{ij}, K)}{\partial \sigma_{ij}} \qquad (**)$$

若令 $g = C$,则它在应力空间中即表示一等势面,上式表示塑性应变增量矢量的法向与塑性势的梯度方向,即等势面外法线方向一致。

可以看出,Drucker 公设推论式(3.2.10)是将屈服函数 $f$ 作为了塑性势函数 $g$。这样就把屈服条件、强化条件和塑性应变增量联系起来了。将屈服条件与本构关系联合起来考虑所得的流动法则称为**联合流动法则**或**与屈服条件相关联的流动法则**(associated flow rule),它适用于符合 Drucker 公设的稳定性材料。$g \neq f$ 的流动法则称为**非联合流动法则**或**非关联的流动法则**(nonassociated flow rule),多应用于岩土材料和某些复合材料。

当屈服面由 $n$ 个正则函数 $f_s = 0$ 构成时,广义塑性势理论认为

$$d\varepsilon_{ij}^{p} = \sum_{s=1}^{n} d\lambda_s \frac{\partial f_s}{\partial \sigma_{ij}}$$

$$d\lambda_s \begin{cases} = 0, & \text{当 } f_s < 0; \text{ 或 } f_s = 0, \ df_s < 0 \\ > 0, & \text{当 } f_s = 0, \ df_s = 0 \end{cases} (s = 1, 2, \cdots, n) \qquad (3.3.20)$$

取广义塑性势函数为 Tresca 屈服函数,如图 3.10 所示,以在图中的 $AB$、$BC$ 面为例,它们的方程分别为

$$AB: \sigma_1 - \sigma_2 = \sigma_s$$

$$BC: \sigma_1 - \sigma_3 = \sigma_s$$

相应的塑性势函数为

$$AB: f_1 = \sigma_1 - \sigma_2 - \sigma_s = 0$$

$$BC：f_2 = \sigma_1 - \sigma_3 - \sigma_s = 0$$

对于 $AB$ 面,有

$$d\varepsilon_1^p = d\lambda_1 \frac{\partial f_1}{\partial \sigma_1} = d\lambda_1$$

$$d\varepsilon_2^p = d\lambda_1 \frac{\partial f_1}{\partial \sigma_2} = -d\lambda_1$$

$$d\varepsilon_3^p = d\lambda_1 \frac{\partial f_1}{\partial \sigma_3} = 0$$

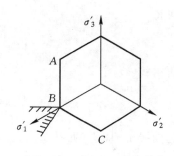

图 3.10　与 Tresca 条件相
关联的流动法则

故 $AB$ 面上的流动法则为

$$d\varepsilon_1^p : d\varepsilon_2^p : d\varepsilon_3^p = 1 : (-1) : 0 \tag{3.3.21a}$$

同样可得 $BC$ 面上的流动法则为

$$d\varepsilon_1^p : d\varepsilon_2^p : d\varepsilon_3^p = 1 : 0 : (-1) \tag{3.3.21b}$$

此处只能得到上述 $d\varepsilon_{ij}^p$ 之间的比例关系,而无法确定应力偏量 $S_{ij}$,因为同一屈服面上的任一点均具有相同的外法向。

在角点 $B$ 处,因其外法线方向不是唯一的,所以塑性应变增量的方向不定。但从 Drucker 不等式(3.2.8)可以证明,两侧法线方向夹角范围内(图 3.10 中的阴影区,也称为角点应变锥)的任意方向的塑性应变增量均满足 Drucker 公设。角点处的塑性应变增量可用有关面上塑性应变增量的线性组合来得到。将式(3.3.21a)乘以任意系数 $\mu$（$0 \leqslant \mu \leqslant 1$）,式(3.3.21b)乘以 $1-\mu$,然后将二者相加即可得到 $B$ 点的流动法则

$$d\varepsilon_1^p : d\varepsilon_2^p : d\varepsilon_3^p = 1 : (-\mu) : -(1-\mu) \tag{3.3.22}$$

当 $\mu=1$ 时上式成为式(3.3.21a),即 $AB$ 面的状态;当 $\mu=0$ 时上式成为式(3.3.21b),即 $BC$ 面的状态。在角点处取 $0 < \mu < 1$,实际计算时需考虑角点与相邻部位的应变协调条件,即考虑周围物体的约束情况,由此确定 $\mu$ 的具体数值。

尽管存在上述情况,但是可以证明,一旦当塑性应变增量 $d\varepsilon_{ij}^p$ 给定,塑性功增量 $dW_p = \sigma_{ij}\,d\varepsilon_{ij}^p$ 是单值的(参见本章例题 3.2)。

思考:为什么采用 Tresca 条件时存在上述难题?

**2. 强化材料的增量型本构关系**

对于强化材料,若采用等向强化模型,并选取 Mises 屈服条件,式(3.3.4)中的比例系数 $d\lambda$ 可由式(2.6.10)所示的强化条件

$$\sigma_i = H\left(\int d\varepsilon_i^p\right) \tag{a}$$

来确定。

根据 Prandtl-Reuss 流动法则,即前面的关系式(†)

$$d\varepsilon_{ij}^p = d\lambda \cdot S_{ij} \tag{b}$$

将式(b)代入塑性应变增量强度的定义式

$$d\varepsilon_i^p = \sqrt{\frac{2}{3} d\varepsilon_{ij}^p \, d\varepsilon_{ij}^p}$$

有

$$d\varepsilon_i^p = \frac{2}{3} d\lambda \cdot \sqrt{\frac{3}{2} S_{ij} S_{ij}} = \frac{2}{3} d\lambda \cdot \sigma_i$$

可得

$$d\lambda = \frac{3}{2}\frac{d\varepsilon_i^p}{\sigma_i} \tag{3.3.23}$$

再由式(a),定义

$$H' = \frac{d\sigma_i}{d\varepsilon_i^p} \tag{c}$$

为曲线 $\sigma_i - \int d\varepsilon_i^p$ (见图 3.11)的斜率,可得

$$d\lambda = \frac{3}{2}\frac{d\varepsilon_i^p}{\sigma_i} = \frac{3d\sigma_i}{2H'\sigma_i} \tag{3.3.24}$$

将上式代回 Prandtl-Reuss 流动法则,即式(††)

$$de_{ij}^p = d\lambda \cdot S_{ij} \tag{d}$$

有

$$de_{ij}^p = \frac{3d\sigma_i}{2H'\sigma_i}S_{ij} \tag{3.3.25}$$

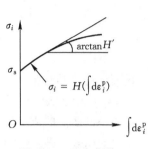

图 3.11 强化曲线

再加上弹性应变偏量,可得总应变偏量增量

$$de_{ij} = de_{ij}^e + de_{ij}^p = \frac{1}{2\mu}dS_{ij} + \frac{3}{2H'}\frac{d\sigma_i}{\sigma_i}S_{ij} \tag{3.3.26}$$

进一步考虑弹性的体积变化部分,就可以得到

$$d\varepsilon_{ij} = \frac{1-2\nu}{E}d\sigma_m\delta_{ij} + \frac{1}{2\mu}dS_{ij} + \frac{3}{2H'}\frac{d\sigma_i}{\sigma_i}S_{ij} \tag{3.3.27}$$

上式等同于以下关系式

$$\left.\begin{array}{l} d\varepsilon_{ii} = \dfrac{1-2\nu}{E}d\sigma_{ii} \\[2mm] de_{ij} = \dfrac{1}{2\mu}dS_{ij} + \dfrac{3}{2H'}\dfrac{d\sigma_i}{\sigma_i}S_{ij} \end{array}\right\} \tag{3.3.28}$$

这就是**强化材料的增量型本构方程**。如果给定某一瞬时的应力及应力增量,则可由式(3.3.28)唯一地确定应变增量,沿应变路径依次叠加这些应变增量,就可确定总的应变。下面用一个例题来说明这个计算过程。

**例 3.1**　如图 3.12 所示,一薄壁圆管(见图(a)),其材料的拉伸强化曲线如图(b)所示。

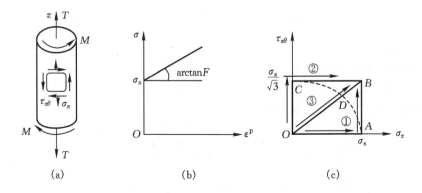

(a)　　　　　　　(b)　　　　　　　(c)

图 3.12　薄壁圆管

试根据增量理论分别对以下三种加载路径(见图(c)),求管的总的轴向应变 $\varepsilon_z$ 和切向应变 $\gamma_{z\theta}$。

(1) 先施加轴向拉伸应力至 $\sigma_s$,然后在保持 $\sigma_z = \sigma_s$ 的情况下再施加扭矩至剪应力达到 $\tau_{z\theta} = \sigma_s/\sqrt{3}$;

(2) 先施加剪应力 $\tau_{z\theta}$ 达 $\sigma_s/\sqrt{3}$,然后在保持其不变的情况下,再施加轴向应力至 $\sigma_s$;

(3) 以保持轴向应力 $\sigma_z$ 和剪应力 $\tau_{z\theta}$ 之比为 $\sqrt{3}:1$ 的方式加载至 $\sigma_z = \sigma_s$,$\tau_{z\theta} = \sigma_s/\sqrt{3}$。

**解** 采用圆柱坐标,薄壁圆管的应力分量为

$$\sigma_z \neq 0, \quad \tau_{z\theta} \neq 0, \quad \sigma_r = \sigma_\theta = \tau_{r\theta} = \tau_{zr} = 0$$

据应力强度的定义

$$\sigma_i = \frac{1}{\sqrt{2}} \sqrt{(\sigma_x - \sigma_y)^2 + (\sigma_y - \sigma_z)^2 + (\sigma_z - \sigma_x)^2 + 6(\tau_{xy}^2 + \tau_{yz}^2 + \tau_{zx}^2)}$$

$$= \frac{1}{\sqrt{2}} \sqrt{(\sigma_r - \sigma_\theta)^2 + (\sigma_\theta - \sigma_z)^2 + (\sigma_z - \sigma_r)^2 + 6(\tau_{zr}^2 + \tau_{z\theta}^2 + \tau_{r\theta}^2)}$$

得本问题的 $\sigma_i$ 为

$$\sigma_i = \sqrt{\sigma_z^2 + 3\tau_{z\theta}^2}$$

则 Mises 初始屈服条件为

$$\sigma_z^2 + 3\tau_{z\theta}^2 = \sigma_s^2$$

其对应的屈服曲线为一椭圆(图(c)中的虚线)。上述三种加载方式均可分为弹性阶段和塑性阶段。对弹性阶段,有

$$\varepsilon_z = \frac{1}{E}\sigma_z, \quad \gamma_{z\theta} = \frac{1}{\mu}\tau_{z\theta} \tag{a}$$

对塑性阶段,按增量本构关系式(3.3.28),考虑到图(b)的强化曲线,应有 $H' = F$,则有

$$\left. \begin{aligned} d\varepsilon_z &= \frac{1-2\nu}{E}d\sigma_m + \frac{1}{2\mu}dS_z + \frac{3}{2F}\frac{d\sigma_i}{\sigma_i}S_z \\ d\gamma_{z\theta} &= \frac{1}{\mu}d\tau_{z\theta} + \frac{3}{F}\frac{d\sigma_i}{\sigma_i}\tau_{z\theta} \end{aligned} \right\} \tag{b}$$

注意:$d\gamma_{z\theta} = 2d\varepsilon_{z\theta}$。

下面就三种加载路径分别进行计算。

(1) $OAB$ 路径(先拉后扭),分为 $OA$ 和 $AB$ 两段。

$OA$ 段是弹性阶段,$A$ 点为初始屈服点,此时 $\sigma_z = \sigma_s$,$\tau_{z\theta} = 0$,由式(a)得

$$(\varepsilon_z)_{OA} = \frac{1}{E}\sigma_s, \quad (\gamma_{z\theta})_{OA} = 0 \tag{c}$$

$AB$ 段为弹塑性变形阶段,其应力状态的特点是保持 $\sigma_z \equiv \sigma_s$ 情况下逐渐增加 $\tau_{z\theta}$ 至 $\sigma_s/\sqrt{3}$,这样,在加载过程中

$$\sigma_z \equiv \sigma_s, \quad \tau_{z\theta} \neq 0, \quad \sigma_r = \sigma_\theta = \tau_{r\theta} = \tau_{zr} = 0$$

则

$$\sigma_m \equiv \sigma_s/3, \quad S_z \equiv 2\sigma_s/3, \quad S_r = S_\theta \equiv -\sigma_s/3$$

$$d\sigma_z = d\sigma_m = dS_z = dS_r = dS_\theta \equiv 0$$

可以得到

$$\frac{\mathrm{d}\sigma_i}{\sigma_i} = \frac{3\tau_{z\theta}}{\sigma_{\mathrm{s}}^2 + 3\tau_{z\theta}^2}\mathrm{d}\tau_{z\theta}$$

将这些量代入增量本构方程(b),并沿路径积分,则得

$$\left.\begin{aligned}
(\varepsilon_z)_{AB} &= \int_{AB}\mathrm{d}\varepsilon_z = \frac{3\sigma_{\mathrm{s}}}{F}\int_0^{\sigma_{\mathrm{s}}/\sqrt{3}}\frac{\tau_{z\theta}}{\sigma_{\mathrm{s}}^2 + 3\tau_{z\theta}^2}\mathrm{d}\tau_{z\theta} = \frac{\sigma_{\mathrm{s}}}{F}\ln\sqrt{2} \\
(\gamma_{z\theta})_{AB} &= \int_{AB}\mathrm{d}\gamma_{z\theta} = \int_0^{\sigma_{\mathrm{s}}/\sqrt{3}}\left(\frac{1}{\mu}\mathrm{d}\tau_{z\theta} + \frac{3}{F}\frac{3\tau_{z\theta}^2}{\sigma_{\mathrm{s}}^2 + 3\tau_{z\theta}^2}\mathrm{d}\tau_{z\theta}\right) \\
&= \frac{\sigma_{\mathrm{s}}}{\sqrt{3}}\left[\frac{1}{\mu} + \frac{3}{F}\left(1 - \frac{\pi}{4}\right)\right]
\end{aligned}\right\} \tag{d}$$

将式(c)、式(d)所示的两个阶段的变形叠加起来,即得 $OAB$ 加载过程中的总应变

$$\left.\begin{aligned}
\varepsilon_z^{(1)} &= (\varepsilon_z)_{OA} + (\varepsilon_z)_{AB} = \sigma_{\mathrm{s}}\left(\frac{1}{E} + \frac{1}{F}\ln\sqrt{2}\right) \\
\gamma_{z\theta}^{(1)} &= (\gamma_{z\theta})_{OA} + (\gamma_{z\theta})_{AB} = \frac{\sigma_{\mathrm{s}}}{\sqrt{3}}\left[\frac{1}{\mu} + \frac{3}{F}\left(1 - \frac{\pi}{4}\right)\right]
\end{aligned}\right\} \tag{e}$$

(2) $OCB$ 路径(先扭后拉),类似上述步骤,依次积分得

$$\left.\begin{aligned}
\varepsilon_z &= \frac{\sigma_{\mathrm{s}}}{E} + \frac{1}{F}\int_0^{\sigma_{\mathrm{s}}}\frac{\sigma_z^2}{\sigma_z^2 + \sigma_{\mathrm{s}}^2}\mathrm{d}\sigma_z = \frac{\sigma_{\mathrm{s}}}{E} + \frac{\sigma_{\mathrm{s}}}{F}\left(1 - \frac{\pi}{4}\right) \\
\gamma_{z\theta} &= \frac{\sigma_{\mathrm{s}}}{\sqrt{3}\mu} + \frac{3}{F}\int_0^{\sigma_{\mathrm{s}}}\frac{\sigma_z\mathrm{d}\sigma_z}{\sigma_z^2 + 3\tau_{z\theta}^2}\cdot\frac{\sigma_{\mathrm{s}}}{\sqrt{3}} = \frac{\sigma_{\mathrm{s}}}{\sqrt{3}}\left(\frac{1}{\mu} + \frac{3}{F}\ln\sqrt{2}\right)
\end{aligned}\right\} \tag{f}$$

(3) $ODB$ 路径(按比例拉扭)

这里 $OB$ 与 Mises 屈服条件的交点为 $D$,$OD$ 段处于弹性阶段,$D$ 点为刚开始屈服的点,$DB$ 段为塑性强化阶段。$D$ 点的坐标可由下列方程组确定

$$\sigma_z^2 + 3\tau_{z\theta}^2 = \sigma_{\mathrm{s}}^2$$
$$\sigma_z = \sqrt{3}\tau_{z\theta}$$

联立求解可得 $D$ 点的坐标为

$$\sigma_z = \frac{\sigma_{\mathrm{s}}}{\sqrt{2}}, \quad \tau_{z\theta} = \frac{\sigma_{\mathrm{s}}}{\sqrt{6}}$$

这样,当沿 $ODB$ 路径比例加载时,对于弹性的 $OD$ 阶段,有

$$\left.\begin{aligned}
\mathrm{d}\varepsilon_z &= \frac{1}{E}\mathrm{d}\sigma_z \\
\mathrm{d}\gamma_{z\theta} &= \frac{1}{\mu}\mathrm{d}\tau_{z\theta}
\end{aligned}\right\} \tag{g}$$

对于塑性强化的 $DB$ 阶段,有

$$\left.\begin{aligned}
\mathrm{d}\varepsilon_z &= \frac{1}{E}\mathrm{d}\sigma_z + \frac{3}{2F}\cdot\frac{\sigma_z\mathrm{d}\sigma_z + 3\tau_{z\theta}\mathrm{d}\tau_{z\theta}}{\sigma_z^2 + 3\tau_{z\theta}^2}\cdot\frac{2}{3}\sigma_z \\
\mathrm{d}\gamma_{z\theta} &= \frac{1}{\mu}\mathrm{d}\tau_{z\theta} + \frac{3}{F}\cdot\frac{\sigma_z\mathrm{d}\sigma_z + 3\tau_{z\theta}\mathrm{d}\tau_{z\theta}}{\sigma_z^2 + 3\tau_{z\theta}^2}\cdot\tau_{z\theta}
\end{aligned}\right\} \tag{h}$$

代入比例关系式 $\sigma_z = \sqrt{3}\tau_{z\theta}$,有

$$
\left.
\begin{aligned}
\mathrm{d}\varepsilon_z &= \frac{1}{E}\mathrm{d}\sigma_z + \frac{1}{F}\mathrm{d}\sigma_z \\[2mm]
\mathrm{d}\gamma_{z\theta} &= \frac{1}{\mu}\mathrm{d}\tau_{z\theta} + \frac{3}{F}\mathrm{d}\tau_{z\theta}
\end{aligned}
\right\}
\tag{i}
$$

分别对式(g)和式(i)进行积分并相加,最终可得

$$
\left.
\begin{aligned}
\varepsilon_z &= \int_0^{\sigma_s}\frac{\mathrm{d}\sigma_z}{E} + \int_{\sigma_s/\sqrt{2}}^{\sigma_s}\frac{\mathrm{d}\sigma_z}{F} = \frac{\sigma_s}{E} + \frac{\sigma_s}{F}\left(1-\frac{1}{\sqrt{2}}\right) \\[2mm]
\gamma_{z\theta} &= \int_0^{\sigma_s/\sqrt{3}}\frac{\mathrm{d}\tau_{z\theta}}{\mu} + \int_{\sigma_s/\sqrt{6}}^{\sigma_s/\sqrt{3}}\frac{3\mathrm{d}\tau_{z\theta}}{F} = \frac{\sigma_s}{\sqrt{3}}\left[\frac{1}{\mu}+\frac{3}{F}\left(1-\frac{1}{\sqrt{2}}\right)\right]
\end{aligned}
\right\}
\tag{j}
$$

比较三者,即式(e)、(f)和(j),虽然最终应力状态是相同的,但是最终的应变值却不相同,这就反映出了塑性变形对加载路径的依赖关系。

**例 3.2**　塑性功增量 $\mathrm{d}W_\mathrm{p} = \sigma_{ij}\mathrm{d}\varepsilon_{ij}^\mathrm{p}$,试证明:对理想刚塑性体,在 Mises 屈服条件下,$\mathrm{d}W_\mathrm{p} = \sigma_s\mathrm{d}\varepsilon_i$;对 Tresca 屈服条件,$\mathrm{d}W_\mathrm{p} = \sigma_s\,|\,\mathrm{d}\varepsilon_k\,|_\mathrm{max}$,($k=1,2,3$)。

**证明**　(1) 对理想刚塑性体,Mises 流动法则 $\mathrm{d}\varepsilon_{ij} = \mathrm{d}\lambda S_{ij}$。

$$
\begin{aligned}
\mathrm{d}W_\mathrm{p} &= \sigma_{ij}\mathrm{d}\varepsilon_{ij}^\mathrm{p} = \sigma_{ij}\mathrm{d}\varepsilon_{ij} = (\sigma_\mathrm{m}\delta_{ij} + S_{ij})\mathrm{d}\varepsilon_{ij} \\
&= \sigma_\mathrm{m}\mathrm{d}\varepsilon_{ii} + S_{ij}\mathrm{d}\varepsilon_{ij} = S_{ij}\mathrm{d}\varepsilon_{ij}
\end{aligned}
$$

代入流动法则到上式,有

$$
\begin{aligned}
\mathrm{d}W_\mathrm{p} &= \mathrm{d}\lambda S_{ij}S_{ij} \\
&= \frac{3\mathrm{d}\varepsilon_i}{2\sigma_s}\frac{2}{3}\sigma_i^2 = \frac{\mathrm{d}\varepsilon_i}{\sigma_s}\sigma_s^2 = \sigma_s\mathrm{d}\varepsilon_i
\end{aligned}
$$

(2) 对 Tresca 屈服条件,当应力点在屈服面的光滑部位时,例如图 3.10 中 $BC$ 面

$$
\sigma_1 - \sigma_3 = \sigma_s
$$

时,塑性应变增量的比值为

$$
\mathrm{d}\varepsilon_1 : \mathrm{d}\varepsilon_2 : \mathrm{d}\varepsilon_3 = 1 : 0 : (-1)
$$

因此有

$$
\mathrm{d}W_\mathrm{p} = \sigma_{ij}\mathrm{d}\varepsilon_{ij} = \sigma_1\mathrm{d}\varepsilon_1 + \sigma_2\mathrm{d}\varepsilon_2 + \sigma_3\mathrm{d}\varepsilon_3 = (\sigma_1 - \sigma_3)\mathrm{d}\varepsilon_1 = \sigma_s\mathrm{d}\varepsilon_1
\tag{a}
$$

当应力点在角点(如 $C$ 点)上时,例如

$$
\sigma_1 - \sigma_3 = \sigma_s, \quad \sigma_2 - \sigma_3 = \sigma_s \quad \Rightarrow \quad \sigma_1 = \sigma_2 = \sigma_s + \sigma_3
$$

有

$$
\mathrm{d}\varepsilon_1 \geqslant 0, \quad \mathrm{d}\varepsilon_2 \geqslant 0
$$

以及体积不可压缩条件

$$
\mathrm{d}\varepsilon_1 + \mathrm{d}\varepsilon_2 + \mathrm{d}\varepsilon_3 = 0 \quad \Rightarrow \quad \mathrm{d}\varepsilon_3 = -(\mathrm{d}\varepsilon_1 + \mathrm{d}\varepsilon_2)
$$

因此有

$$
\begin{aligned}
\mathrm{d}W_\mathrm{p} &= \sigma_{ij}\mathrm{d}\varepsilon_{ij} = \sigma_1\mathrm{d}\varepsilon_1 + \sigma_2\mathrm{d}\varepsilon_2 + \sigma_3\mathrm{d}\varepsilon_3 \\
&= \sigma_1(\mathrm{d}\varepsilon_1 + \mathrm{d}\varepsilon_2) - \sigma_3(\mathrm{d}\varepsilon_1 + \mathrm{d}\varepsilon_2) \\
&= (\sigma_1 - \sigma_3)(\mathrm{d}\varepsilon_1 + \mathrm{d}\varepsilon_2) \\
&= \sigma_s\,|\,\mathrm{d}\varepsilon_3\,| = \sigma_s\,|\,\mathrm{d}\varepsilon_k\,|_\mathrm{max} \quad (k=1,2,3)
\end{aligned}
\tag{b}
$$

对于其他棱边,亦可得到同样结果。

实际上,式(a)中的 $\mathrm{d}\varepsilon_1$ 也是 $\mathrm{d}\varepsilon_k\,|_\mathrm{max}$,所以,对 Tresca 条件,均可写成(b)的形式。即不论

在屈服平面还是角点上,$\mathrm{d}W_\mathrm{p}$ 都是 $\mathrm{d}\varepsilon_k^\mathrm{p}$ 的一次齐次函数,其值由塑性应变增量唯一确定。也就是说,一旦给出 $\mathrm{d}\varepsilon_{ij}^\mathrm{p}$,塑性功增量 $\mathrm{d}W_\mathrm{p}$ 是单值的。

**课后练习 3**

试从 Prandtl-Reuss 法则,证明:

(1) 单位体积的塑性功增量 $\mathrm{d}W_\mathrm{p} = \sigma_{ij}\,\mathrm{d}\varepsilon_{ij}^\mathrm{p} = \sigma_i\,\mathrm{d}\varepsilon_i^\mathrm{p}$。

(2) 塑性应变增量 $\mathrm{d}\varepsilon_{ij}^\mathrm{p} = \dfrac{3}{2}\dfrac{\mathrm{d}W_\mathrm{p}}{\sigma_i^2}S_{ij}$。

**例 3.3** 如有二向应力状态 $\sigma_1 = \dfrac{\sigma_\mathrm{s}}{\sqrt{3}}$,$\sigma_2 = -\dfrac{\sigma_\mathrm{s}}{\sqrt{3}}$,$\mathrm{d}\varepsilon_1^\mathrm{p} = C$,求相应的应变增量及塑性功增量的表达式(假设为理想刚塑性材料)。

**解** 根据

$$\sigma_\mathrm{m} = \frac{1}{3}(\sigma_1 + \sigma_2 + \sigma_3) = 0$$

$$S_1 = \sigma_1 - \sigma_\mathrm{m} = \frac{\sigma_\mathrm{s}}{\sqrt{3}}, \quad S_2 = \sigma_2 - \sigma_\mathrm{m} = -\frac{\sigma_\mathrm{s}}{\sqrt{3}}$$

$$\mathrm{d}\varepsilon_1^\mathrm{p} = \frac{3\mathrm{d}\varepsilon_i}{2\sigma_\mathrm{s}}S_1, \quad \mathrm{d}\varepsilon_2^\mathrm{p} = \frac{3\mathrm{d}\varepsilon_i}{2\sigma_\mathrm{s}}S_2$$

$$\frac{\mathrm{d}\varepsilon_1^\mathrm{p}}{S_1} = \frac{\mathrm{d}\varepsilon_2^\mathrm{p}}{S_2} \Rightarrow \frac{\sqrt{3}\,\mathrm{d}\varepsilon_1^\mathrm{p}}{\sigma_\mathrm{s}} = -\frac{\sqrt{3}\,\mathrm{d}\varepsilon_2^\mathrm{p}}{\sigma_\mathrm{s}} = \frac{\sqrt{3}C}{\sigma_\mathrm{s}}$$

$$\mathrm{d}\varepsilon_2^\mathrm{p} = -C$$

$$\mathrm{d}\varepsilon_i^\mathrm{p} = \sqrt{\frac{2}{3}}\,\sqrt{C^2 + C^2} = \frac{2}{\sqrt{3}}C$$

可以证明(即上面的课后练习 3),塑性功增量 $\mathrm{d}W_\mathrm{p} = S_{ij}\,\mathrm{d}\varepsilon_{ij}^\mathrm{p} = S_{ij}\,\mathrm{d}\varepsilon_{ij} = \sigma_i\,\mathrm{d}\varepsilon_i^\mathrm{p}$,加上 $\sigma_i = \sigma_\mathrm{s}$,有

$$\mathrm{d}W_\mathrm{p} = S_1\mathrm{d}\varepsilon_1^\mathrm{p} + S_2\mathrm{d}\varepsilon_2^\mathrm{p} = \sigma_\mathrm{s}\mathrm{d}\varepsilon_i^\mathrm{p} = \frac{2\sigma_\mathrm{s}C}{\sqrt{3}}$$

**例 3.4** 请证明:复杂应力状态与简单拉伸状态的塑性功相等。

**证明:** 根据 Mises 屈服条件

$$\sigma_i = \sigma_\mathrm{s} \tag{a}$$

这里 $\sigma_\mathrm{s}$ 可以理解为初始屈服极限或后继屈服极限,也即表示材料抵抗塑性变形的抗力。

由等效应力定义式(2.1.14)

$$\sigma_i = \frac{\sqrt{2}}{2}\,\sqrt{(\sigma_1 - \sigma_2)^2 + (\sigma_2 - \sigma_3)^2 + (\sigma_3 - \sigma_1)^2} = \sigma_\mathrm{s} \tag{b}$$

由等效应变定义式(2.3.12)

$$\varepsilon_i = \frac{\sqrt{2}}{3}\,\sqrt{(\varepsilon_1 - \varepsilon_2)^2 + (\varepsilon_2 - \varepsilon_3)^2 + (\varepsilon_3 - \varepsilon_1)^2} \tag{c}$$

假定所取的坐标轴为主轴,单位体积内的塑性功为

$$\mathrm{d}W_\mathrm{p} = S_1\mathrm{d}\varepsilon_1 + S_2\mathrm{d}\varepsilon_2 + S_3\mathrm{d}\varepsilon_3 \tag{d}$$

如果用矢量表示,上式即为

$$\mathrm{d}W_\mathrm{p} = \boldsymbol{S} \cdot \mathrm{d}\boldsymbol{\varepsilon} = |\,\boldsymbol{S}\,| \cdot |\,\mathrm{d}\boldsymbol{\varepsilon}\,|\cos\theta \tag{e}$$

式中:$\theta$ 为两矢量之间的夹角。

根据前述 Lévy-Mises 增量理论

$$\frac{\mathrm{d}\varepsilon_x}{S_x} = \frac{\mathrm{d}\varepsilon_y}{S_y} = \frac{\mathrm{d}\varepsilon_z}{S_z} = \frac{\mathrm{d}\varepsilon_{xy}}{\tau_{xy}} = \frac{\mathrm{d}\varepsilon_{yz}}{\tau_{yz}} = \frac{\mathrm{d}\varepsilon_{zx}}{\tau_{zx}} = \mathrm{d}\lambda$$

可认为塑性应变增量的主轴与偏应力主轴重合,并且二者相应的分量成比例,则两个矢量方向一致,即 $\theta = 0$,所以

$$\mathrm{d}W_p = |\ \boldsymbol{S}\ | \cdot |\ \mathrm{d}\boldsymbol{\varepsilon}\ | \tag{f}$$

矢量 $\boldsymbol{S}$ 的模(见式(2.2.2))

$$|\ \boldsymbol{S}\ | = \frac{\sqrt{3}}{3}\sqrt{(\sigma_1 - \sigma_2)^2 + (\sigma_2 - \sigma_3)^2 + (\sigma_3 - \sigma_1)^2} = \sqrt{\frac{2}{3}}\sigma_i \tag{g}$$

矢量 $\mathrm{d}\boldsymbol{\varepsilon}$ 的模

$$|\ \mathrm{d}\boldsymbol{\varepsilon}\ | = \sqrt{(\mathrm{d}\varepsilon_1)^2 + (\mathrm{d}\varepsilon_2)^2 + (\mathrm{d}\varepsilon_3)^2} \tag{h}$$

将式(g)和式(h)代入式(f),可得

$$\mathrm{d}W_p = \sqrt{\frac{2}{3}}\sigma_i \cdot \sqrt{(\mathrm{d}\varepsilon_1)^2 + (\mathrm{d}\varepsilon_2)^2 + (\mathrm{d}\varepsilon_3)^2} \tag{i}$$

现令

$$\mathrm{d}W_p = \sigma_i \cdot \mathrm{d}\varepsilon_i \tag{j}$$

由式(i)等于式(j),得到

$$\begin{aligned}
\mathrm{d}\varepsilon_i &= \sqrt{\frac{2}{3}}\sqrt{(\mathrm{d}\varepsilon_1)^2 + (\mathrm{d}\varepsilon_2)^2 + (\mathrm{d}\varepsilon_3)^2} \\
&= \sqrt{\frac{2}{9}\big[(\mathrm{d}\varepsilon_1 - \mathrm{d}\varepsilon_2)^2 + (\mathrm{d}\varepsilon_2 - \mathrm{d}\varepsilon_3)^2 + (\mathrm{d}\varepsilon_3 - \mathrm{d}\varepsilon_1)^2\big]}
\end{aligned} \tag{k}$$

式中应变增量 $\mathrm{d}\varepsilon_i$ 就是坐标轴取主轴时的等效应变增量。经过不太复杂的变换可求得非主轴时的等效应变增量为

$$\mathrm{d}\varepsilon_i = \sqrt{\frac{2}{9}\big[(\mathrm{d}\varepsilon_x - \mathrm{d}\varepsilon_y)^2 + (\mathrm{d}\varepsilon_y - \mathrm{d}\varepsilon_z)^2 + (\mathrm{d}\varepsilon_z - \mathrm{d}\varepsilon_x)^2 + 6(\mathrm{d}\varepsilon_{xy}^2 + \mathrm{d}\varepsilon_{yz}^2 + \mathrm{d}\varepsilon_{zx}^2)\big]} \tag{l}$$

在比例加载或比例变形条件下,即

$$\frac{\mathrm{d}\varepsilon_1}{\varepsilon_1} = \frac{\mathrm{d}\varepsilon_2}{\varepsilon_2} = \frac{\mathrm{d}\varepsilon_3}{\varepsilon_3} = \frac{\mathrm{d}\varepsilon_i}{\varepsilon_i}$$

式(k)可写成

$$\begin{aligned}
\varepsilon_i &= \sqrt{\frac{2}{9}(\varepsilon_1 - \varepsilon_2)^2 + (\varepsilon_2 - \varepsilon_3)^2 + (\varepsilon_3 - \varepsilon_1)^2} \\
&= \sqrt{\frac{2}{3}(\varepsilon_1^2 + \varepsilon_2^2 + \varepsilon_3^2)}
\end{aligned} \tag{m}$$

式中:$\varepsilon_i$ 即为等效应变。

更为本质些说,采用前面定义的等效应力和等效应变,正是为了保证复杂应力状态和简单应力状态下的塑性功等效,也能够使等效应力和等效应变的关系曲线与简单应力状态下的应力-应变关系曲线等效。

**例 3.5**　已知某单元体满足 $\sigma_x = \sigma, \sigma_y = 0, \varepsilon_z = 0$,且其余剪应力和剪应变为零,求当材料为不可压缩、Mises 理想弹塑性材料时 $\sigma$ 的最大值是否为 $\sigma_s$? 当达到屈服状态时 $\sigma$ 的值是否可继续增加?

**解**　因有 $\varepsilon_z = 0$,在弹性状态下有

$$\varepsilon_z = \frac{1}{E}\left[\sigma_z - \nu(\sigma_x + \sigma_y)\right] = 0, \quad \sigma_z = \nu\sigma_x = \frac{1}{2}\sigma$$

令 $\sigma_1 = \sigma_x = \sigma, \sigma_2 = \sigma_z = \frac{1}{2}\sigma, \sigma_3 = \sigma_y = 0$,据 Mises 条件 $\sigma_i = \sigma_s$ 有

$$\frac{1}{\sqrt{2}}\sqrt{(\sigma_1 - \sigma_2)^2 + (\sigma_2 - \sigma_3)^2 + (\sigma_3 - \sigma_1)^2} = \sigma_s$$

得到

$$\sigma = \frac{2}{\sqrt{3}}\sigma_s > \sigma_s$$

这说明在复杂应力状态下,材料达到屈服后,某一个应力分量大于 $\sigma_s$。为了考察屈服后 $\sigma$ 的值是否可继续增加,应用增量型本构关系

$$\mathrm{d}\varepsilon_{ij}^{\mathrm{p}} = \mathrm{d}\lambda \cdot S_{ij}$$

$$\sigma_{\mathrm{m}} = \frac{1}{3}(\sigma_x + \sigma_y + \sigma_z) = \frac{1}{2}\sigma, \quad S_z = \sigma_z - \frac{1}{2}\sigma = 0$$

$$\mathrm{d}\varepsilon_z^{\mathrm{p}} = \mathrm{d}\lambda \cdot S_z = 0$$

因为 $\varepsilon_z = 0$,即 $\mathrm{d}\varepsilon_z = \mathrm{d}\varepsilon_z^{\mathrm{e}} + \mathrm{d}\varepsilon_z^{\mathrm{p}} = \mathrm{d}\varepsilon_z^{\mathrm{e}} = 0$,所以

$$\mathrm{d}\varepsilon_z^{\mathrm{e}} = \frac{1}{E}\left[\mathrm{d}\sigma_z - \frac{1}{2}(\mathrm{d}\sigma_x + \mathrm{d}\sigma_y)\right] = 0$$

故 $\mathrm{d}\sigma_z = \frac{1}{2}\mathrm{d}\sigma_x$,这说明当 $\sigma_x$ 有增量 $\mathrm{d}\sigma$ 时,$\sigma_z$ 有增量 $\frac{1}{2}\mathrm{d}\sigma$。由 $\sigma_i(\sigma + \mathrm{d}\sigma) = \sigma_s$ 得

$$\frac{3}{2}(\sigma + \mathrm{d}\sigma)^2 = 2\sigma_s^2$$

将其与前述的屈服条件 $\frac{3}{2}\sigma^2 = 2\sigma_s^2$ 相比较,可见有 $\mathrm{d}\sigma = 0$。所以 $\sigma_{\max} = \frac{2}{\sqrt{3}}\sigma_s$。

**总结**

① 塑性力学本构关系具有三个要素:屈服条件、强化条件、流动法则。

② 塑性本构关系在本质上应是增量型的。

**3. $J_2$ 塑性流动理论**

与前述的塑性理论相类似,$J_2$ 流动理论是建立在如下基本假设基础上的:

① 存在一个屈服面,该屈服面光滑且无角点;

② 材料是稳定的;

③ 塑性应变增量与应力偏量之间的关系式是线性的,即 $\mathrm{d}\varepsilon_{ij}^{\mathrm{p}} = H_{ijkl}S_{kl}$,且 $H_{ijkl}$ 与应力偏量无关。

与前述塑性理论相区别的是,$J_2$ 流动理论假设:**塑性变形行为仅为第二应力不变量 $J_2$ 的函数**。下面将概括性地给出 $J_2$ 理论的关系式。

(1) 初始屈服条件

当 Mises 准则满足时初始屈服发生

$$F(J_2) = J_2 = \frac{1}{3}(\sigma_s^0)^2 = (\tau_s^0)^2 \tag{3.3.29}$$

式中：$\sigma_s^0, \tau_s^0$ 分别为单轴拉伸和纯剪时的屈服应力。

（2）后继屈服条件

后继屈服遵从如下方程

$$J_2 = J_2^{\max} \tag{3.3.30}$$

这里 $J_2^{\max}$ 为全部以前应力历史中 $J_2$ 的最大值。$J_2$ 理论隐含了材料遵从"各向同性应变强化"行为。

下面来确定 $J_2$ 流动理论的关系式。

屈服面的法向矢量为

$$\mu_{ij} = \frac{\partial F}{\partial \sigma_{ij}} = S_{ij} \tag{3.3.31}$$

这样就可以写出

$$\text{加载条件}：J_2 = C, \text{且 } \mathrm{d}J_2 = \mu_{ij}\,\mathrm{d}\sigma_{ij} > 0$$

类似地，可得出

$$\text{中性变载条件}：J_2 = C, \text{且 } \mathrm{d}J_2 = \mu_{ij}\,\mathrm{d}\sigma_{ij} = 0$$
$$\text{卸载条件}：J_2 = C, \text{且 } \mathrm{d}J_2 = \mu_{ij}\,\mathrm{d}\sigma_{ij} < 0$$

根据 Drucker 公设，塑性应变增量必须垂直于屈服面，即随着 $\mu_{ij} = S_{ij}$ 按比例变化。欲满足这一关系，要求下式成立

$$\mathrm{d}\varepsilon_{ij}^p = \begin{cases} \dfrac{1}{h(J_2)} S_{ij}\,\mathrm{d}J_2, & \mathrm{d}J_2 \geqslant 0 \text{ 和 } J_2 = J_2^{\max} \\ 0, & \mathrm{d}J_2 < 0 \end{cases} \tag{3.3.32}$$

式中：$h$ 仅为 $J_2$ 的函数。上式中包含 $\mathrm{d}J_2$ 是为了确保 Drucker 公设不等式成立，即只要 $h > 0$ 就会有

$$\mathrm{d}\varepsilon_{ij}^p\,\mathrm{d}\sigma_{ij} = \frac{1}{h(J_2)}\mathrm{d}J_2 S_{ij}\,\mathrm{d}\sigma_{ij} = \frac{1}{h(J_2)}(\mathrm{d}J_2)^2 > 0 \tag{3.3.33}$$

考虑各向同性材料的胡克定律，可得全应变增量的表达式

$$\mathrm{d}\varepsilon_{ij} = \frac{1+\nu}{E}\mathrm{d}\sigma_{ij} - \frac{\nu}{E}\mathrm{d}\sigma_{pp}\delta_{ij} + \alpha h^{-1}S_{ij}\,\mathrm{d}J_2 \tag{3.3.34}$$

式中 $\alpha$ 满足

$$\begin{cases} \alpha = 1, & \mathrm{d}J_2 \geqslant 0 \\ \alpha = 0, & \mathrm{d}J_2 < 0 \end{cases} \tag{3.3.35}$$

由上式可得应力表达式

$$\mathrm{d}\sigma_{ij} = \frac{E}{1+\nu}\left( \mathrm{d}\varepsilon_{ij} + \frac{\nu}{1-2\nu}\mathrm{d}\varepsilon_{pp}\delta_{ij} - \frac{\alpha S_{ij}S_{kl}\,\mathrm{d}\varepsilon_{kl}}{\dfrac{1+\nu}{E}h + 2\alpha J_2} \right) \tag{3.3.36}$$

式中

$$\begin{cases} \alpha = 1, & S_{mn}\,\mathrm{d}\varepsilon_{mn} \geqslant 0 \\ \alpha = 0, & S_{mn}\,\mathrm{d}\varepsilon_{mn} < 0 \end{cases} \tag{3.3.37}$$

系数 $h(J_2)$ 可以由任一单调比例加载历史进行确定。例如，在单拉情况下，有 $J_2 = \dfrac{1}{3}\sigma^2$，$S_{11} = \dfrac{2}{3}\sigma$，$\mathrm{d}J_2 = \dfrac{2}{3}\sigma\mathrm{d}\sigma$，所以

$$d\varepsilon^p = \frac{4}{9}\frac{1}{h(J_2)}\sigma^2 d\sigma \tag{3.3.38}$$

根据实验得到的应力-应变曲线,可确定塑性应变

$$d\varepsilon^p = d\varepsilon - d\varepsilon^e = \left(\frac{1}{E_t(\sigma)} - \frac{1}{E}\right)d\sigma \tag{3.3.39}$$

比较以上二式,得到

$$h^{-1}(J_2) = \frac{9}{4}\frac{1}{\sigma^2}\left[\frac{1}{E_t(\sigma)} - \frac{1}{E}\right] = \frac{3}{4J_2}\left[\frac{1}{E_t(J_2)} - \frac{1}{E}\right] \tag{3.3.40}$$

注意到单拉时 $\sigma_i = \sigma$,上式可以采用等效应力 $\sigma_i$ 更为清晰地表示为

$$h^{-1}(J_2) = \frac{9}{4}\frac{1}{\sigma_i^2}\left[\frac{1}{E_t(\sigma_i)} - \frac{1}{E}\right] \tag{3.3.41}$$

**课后练习 4**

请使用 $J_2$ 流动理论研究受扭转和拉伸联合作用下薄壁圆管的塑性变形规律。

**解答提示**　假设材料各向同性且不可压缩,非零应力分量为 $\sigma_{11}, \sigma_{13}$（$x_1$ 轴平行于圆管轴向,$x_3$ 轴平行于圆管环向）;主要的应变分量为 $\varepsilon_{13}$,次要分量 $\varepsilon_{12}, \varepsilon_{23}$ 忽略不计。Mises 屈服条件为

$$\left(\frac{\sigma_{11}}{\sigma_s}\right)^2 + \left(\frac{\sigma_{13}}{\tau_s}\right)^2 = 1 \tag{a}$$

引入如下无量纲变量来讨论

$$q = \frac{\sigma_{11}}{\sigma_s}, \quad \tau = \frac{\sigma_{13}}{\tau_s}, \quad \eta = \frac{\varepsilon_{11}}{\varepsilon_s}, \quad \gamma = \frac{\varepsilon_{13}}{\gamma_s} \tag{b}$$

式中 $\sigma_s = E\varepsilon_s, \tau_s = 2\mu\gamma_s$。此时屈服条件变为

$$\tau = \sqrt{1 - q^2} \tag{c}$$

采用 $J_2$ 流动理论

$$d\varepsilon_{ij} = \frac{1+\nu}{E}d\sigma_{ij} - \frac{\nu}{E}d\sigma_{pp}\delta_{ij} + \alpha h^{-1}S_{ij}dJ_2 \tag{d}$$

得到

$$d\varepsilon_{11} = \frac{1}{E}d\sigma_{11} + \alpha h^{-1}\frac{2}{3}\sigma_{11}dJ_2$$

$$d\varepsilon_{13} = \frac{1+\nu}{E}d\sigma_{13} + \alpha h^{-1}\sigma_{13}dJ_2 = \frac{3}{2E}d\sigma_{13} + \alpha h^{-1}\sigma_{13}dJ_2 \tag{e}$$

代入无量纲变量,有

$$d\eta = dq + \alpha h^{-1}dJ_2\frac{2}{3}Eq$$

$$d\gamma = d\tau + \alpha h^{-1}dJ_2\frac{2}{3}E\tau \tag{f}$$

从上二式消去 $\alpha h^{-1}dJ_2$,得到

$$\frac{d\eta - dq}{d\gamma - d\tau} = \frac{q}{\tau} \tag{g}$$

从式(f)和式(g)中消去 $\tau$,得到如下关于 $q$ 的非线性偏微分方程

$$\frac{dq}{d\eta} = 1 - q^2 - q\sqrt{1 - q^2}\frac{d\gamma}{d\eta} \tag{h}$$

要从上式确定 $q$，需要给定变形路径 $\gamma = \gamma(\eta)$。图 3.13 给出了不同应变路径的解答。

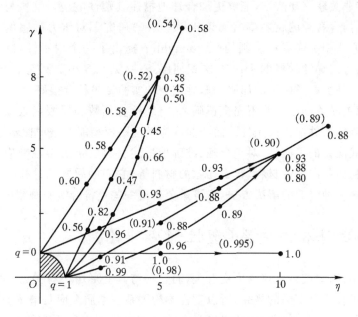

图 3.13 各种应力历史下薄壁圆管的解答

读者可以自己练习计算下面两种变形路径下的 $q$：

① 线性变形路径 $\gamma(\eta) = A + B\eta$；

② 由两段 $\eta =$ 常数，$\gamma =$ 常数组成的阶梯型变形路径。

**4. 关于相关联流动法则与非关联流动法则的一点讨论**

Hill(1950)指出，塑性势函数 $g$ 和屈服函数 $f$ 之间存在何种具体关系，没有理论依据，但是通常认为二者是相同的，这就是相关联流动法则或正交流动法则的假设。

正交流动法则是根据 Drucker 稳定材料的最大塑性功原理推导得出的。目前还无法通过实验证实相关联流动法则的正确性。已有的研究结果说明，相关联流动法则成立的最重要理论依据是来自于 Schmid 定律。如第 1 章 1.2 节所述，Schmid 定律是指，当分切应力达到一临界值时，单晶体中塑性变形发生。从基于 Schmid 定律的 Taylor 多晶体模型出发，Bishop 和 Hill(1915)通过塑性功为最大功这一事实证明了塑性势函数和屈服函数的等效性。

以下几方面的理论结果也是表明相关联流动法则正确性的依据。

①Melan(1938)和 Hill(1950)证明，采用相关联流动法则可以证明塑性变形状态下变形固体中应力分布的唯一性。

②根据 Drucker 公设，采用相关联流动法则可以保证塑性流动是稳定的。

③采用相关联流动法则，可以证明，在中性变载情形下，当沿着任意封闭路径返回到屈服面时，其应变状态是唯一的。

但是，Stoughton(2002)研究指出，上述条件是证明在已有塑性变形理论中相关联流动法则成立的充分条件，而不是必要条件。也就是说，相关联流动法则成立与否并不是上述结果的必要性条件，因为采用一些非关联流动法则的模型同样可以满足上面 3 方面的结果。

事实上，越来越多的实验结果表明，静水压力对许多材料塑性变形的影响不能忽略，并且采用仅依赖于应力偏量第二不变量 $J_2$ 的屈服条件不足以描述其初始屈服和强化行为。相反地,如果采用一些非关联流动法则,能够更加合理地描述其塑性响应。这些材料包括铝合金、马氏体时效钢板、内含孔隙的材料等。Richmond(1980)研究了对压力敏感的材料变形行为,也发现它们是不遵从相关联流动法则的。Stoughton 提出了一个用于板材成形的非关联流动法则,其中采用各向异性材料的 Hill 二次式屈服条件(见 2.5 小节),它们与单轴、等双轴、平面应变拉伸等多种加载条件下的屈服和塑性应变的实验结果符合很好。

概括来说,相关联流动法则并不完全正确,它将塑性势函数和屈服函数取为相等的假设,实际上是一种限制性条件或约束条件。而非关联流动法则模型能够增加使塑性势函数和屈服函数以不同的方式演化的可能性,对于合理、准确地描述材料复杂的塑性响应是十分有益的。特别是对于一些初始各向异性材料、包含孔隙的材料等,它们的屈服条件往往比较复杂,采用非关联流动法则是一种有效的解决方法,也可避免得出一些不符合实验观察的预测结果。

## 3.4　全量型本构关系(塑性形变理论)

在塑性力学中,因为应力不仅与应变有关,而且还与其变形历史有关,尤其是因为弹塑性加载过程和卸载过程具有不同的规律,所以塑性本构关系在本质上应是增量型的。然而,由于跟踪变形历史在数学上存在复杂性,使得增量理论在实际应用中很不方便。人们在发展增量型本构关系的同时,也没有放弃在特殊的加载历史下建立全量型本构关系的努力。以一个受简单拉伸的杆件为例,若始终没有卸载,应力和应变之间就存在一一对应关系,这相当于一个非线性弹性问题,而不必像增量理论那样来逐步进行求解。

现在考虑在变形过程中,应力的主轴方向不变、应力分量按比例增加的情形,即所谓**比例加载**(proportional loading,又称**简单加载**)。它是指在加载过程中物体内每一点的各应力分量成比例增加。假定某一时刻非零的参考应力状态为 $\sigma_{ij}^0$,其后的应力状态可表示为

$$\sigma_{ij} = \alpha(t)\sigma_{ij}^0 \tag{3.4.1}$$

式中:$\alpha(t)$ 是时间的单调增加函数。

在简单加载情况下,物体内每一点的应力和应变的主方向保持不变,应力主值之比也不变,即 $\mu_\sigma$ 等于常数,或 $\theta_\sigma$ 等于常数,在应力空间中应力点的轨迹是从原点开始的射线,如图 3.14 所示。在复杂加载时,一点的应力张量各分量不按比例增加,应力路径矢量就不再是从原点开始的射线。

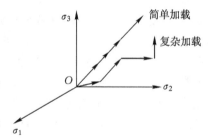

图 3.14　简单加载与复杂加载

### 1. Hencky 全量理论

在简单加载情况下,各应力分量都按比例增长,即

$$S_{ij} = \alpha(t)S_{ij}^0, \quad \sigma_i = \alpha(t)\sigma_i^0, \quad dS_{ij} = S_{ij}^0 \, d\alpha(t) \tag{3.4.2}$$

根据 Prandtl-Reuss 本构关系式(3.3.6),有应变偏量增量

$$de_{ij} = \frac{1}{2\mu}dS_{ij} + d\lambda \cdot S_{ij} = \frac{1}{2\mu}S_{ij}^0 \, d\alpha(t) + d\lambda \cdot S_{ij}^0 \alpha(t)$$

将上式积分后,可得应变偏量

$$e_{ij} = S_{ij}^0 \left[ \frac{1}{2\mu}\alpha(t) + \int \alpha(t)\,\mathrm{d}\lambda \right]$$

由于 $\mathrm{d}\lambda = \dfrac{3\mathrm{d}\varepsilon_i^p}{2\sigma_i}$，故上式可写为

$$\begin{aligned}
e_{ij} &= S_{ij}^0 \left[ \frac{1}{2\mu}\alpha(t) + \int \alpha(t)\frac{3\mathrm{d}\varepsilon_i^p}{2\sigma_i} \right] \\
&= S_{ij}^0 \alpha(t) \left[ \frac{1}{2\mu} + \frac{1}{\alpha(t)}\int \alpha(t)\frac{3\mathrm{d}\varepsilon_i^p}{2\alpha(t)\sigma_i^0} \right] \\
&= S_{ij}^0 \alpha(t) \left[ \frac{1}{2\mu} + \frac{3}{2\alpha(t)\sigma_i^0}\int \mathrm{d}\varepsilon_i^p \right] \\
&= \frac{S_{ij}}{2\mu} + \frac{3\varepsilon_i^p}{2\sigma_i}S_{ij}
\end{aligned} \tag{3.4.3}$$

若令 $\lambda = \dfrac{3\varepsilon_i^p}{2\sigma_i}$，则上式又可写为

$$e_{ij} = e_{ij}^e + e_{ij}^p = \frac{1}{2\mu}S_{ij} + \lambda S_{ij} \tag{3.4.4a}$$

或

$$e_{ij} = e_{ij}^e + e_{ij}^p = \frac{1+\varphi}{2\mu}S_{ij} \tag{3.4.4b}$$

这里 $\varphi = \dfrac{3\mu\varepsilon_i^p}{\sigma_i}$。进而有如下的应变表达式

$$\varepsilon_{ij} = \frac{1-2\nu}{E}\sigma_m\delta_{ij} + \frac{1}{2\mu}S_{ij} + \lambda S_{ij} \tag{3.4.5}$$

这里假定 $\lambda$ 在加载时为正，其他情形下皆为零。这时应变的塑性部分可表示为

$$\varepsilon_{ij}^p = e_{ij}^p = \lambda S_{ij} \tag{3.4.6}$$

这种形式的应力-应变关系首先是由 Hencky 给出的，因此式（3.4.5）或式（3.4.6）称为 **Hencky 公式**。在此基础上，Hencky 于 1924 年建立了理想弹塑性材料的全量理论。随后 Nadai 于 1937 年提出了刚塑性材料大变形条件下的全量理论。1934 年，依留申将 Hencky 理论的适用条件作了明确规定，并证明了简单加载定理，更为系统地提出了弹塑性材料小变形条件下的全量理论。

### 2. 依留申弹塑性全量理论

针对强化材料的微小弹塑性变形情形，依留申（Ilyushin）比照广义胡克定律，于 1943 年提出如下关于基本要素的假设。

① 材料发生变形时，体积变化是弹性的，即

$$\varepsilon_{ii} = \frac{1-2\nu}{E}\sigma_{ii} \quad \text{或} \quad \sigma_m = \frac{E}{1-2\nu}\cdot\varepsilon_m \tag{3.4.7}$$

② 应变偏张量和应力偏张量成比例，即

$$e_{ij} = \lambda\cdot S_{ij} \tag{3.4.8}$$

上式给出了应变和应力的定性关系，即方向关系是应变偏量主轴与应力偏量主轴重合，也就是应变主轴和应力主轴一致；而分配关系是应变偏量分量与应力偏量分量成比例。但应注意，上式只是在形式上与广义胡克定律是相似的，不同之处是这里的比例系数 $\lambda$ 并非一个常

数,它和载荷水平及坐标位置有关。对物体中的不同点,$\lambda$ 互不相同;在同一点的不同载荷水平,$\lambda$ 亦不同。因此,这样的关系实际上是非线性的,相应地,塑性力学问题就会比弹性力学复杂得多。

进一步由

$$\sigma_i = \sqrt{\frac{3}{2}} \, \sqrt{S_{ij} S_{ij}}, \quad \varepsilon_i = \sqrt{\frac{2}{3}} \, \sqrt{e_{ij} e_{ij}}$$

将式(3.4.8)两边自乘

$$e_{ij} e_{ij} = \lambda^2 S_{ij} S_{ij}$$

即

$$\frac{3}{2} \varepsilon_i^2 = \lambda^2 \cdot \frac{2}{3} \sigma_i^2$$

可得

$$\lambda = \frac{3\varepsilon_i}{2\sigma_i}$$

代回式(3.4.8),得

$$e_{ij} = \frac{3\varepsilon_i}{2\sigma_i} S_{ij} \tag{3.4.9}$$

或写为

$$S_{ij} = \frac{2\sigma_i}{3\varepsilon_i} e_{ij}$$

③ 应力强度是应变强度的确定函数,即

$$\sigma_i = \Phi(\varepsilon_i) \tag{3.4.10}$$

这就是按照单一曲线假设确立的强化条件。

综上所述,全量型塑性本构方程为

$$\left.\begin{array}{l} \varepsilon_{ii} = \dfrac{1-2\nu}{E} \sigma_{ii} \\[2mm] e_{ij} = \dfrac{3\varepsilon_i}{2\sigma_i} S_{ij} \\[2mm] \sigma_i = \Phi(\varepsilon_i) \end{array}\right\} \tag{3.4.11}$$

必须注意,上式只是描述了加载过程中的弹塑性变形规律。加载的标志是 $\sigma_i$ 呈单调增长,即 $\mathrm{d}\sigma_i > 0$。$\mathrm{d}\sigma_i < 0$ 时属于卸载,它服从式(3.1.17a)所示的弹性规律,即

$$\left.\begin{array}{l} \mathrm{d}\varepsilon_{ii} = \dfrac{1-2\nu}{E} \mathrm{d}\sigma_{ii} \\[2mm] \mathrm{d}e_{ij} = \dfrac{1}{2\mu} \mathrm{d}S_{ij} \end{array}\right\} \tag{3.4.12}$$

注意,它们是增量形式的。由式(3.4.11)可见,当给定应变 $\varepsilon_{ij}$ 时,可依次求得 $\varepsilon_i$,$\sigma_i$ 及 $\sigma_{\mathrm{m}}$,然后可求得应力 $\sigma_{ij}$;反之,若给定应力 $\sigma_{ij}$,可依次求得 $\sigma_i$,$\varepsilon_i$ 及 $\varepsilon_{\mathrm{m}}$,然后可求得应变 $\varepsilon_{ij}$。

还需要注意的是,依留申是假设了总应变偏量与应力偏量成比例。

另外,请读者将式(3.4.11)和前面得到的式(3.1.18)进行对比,并分析其异同之处。

**3. 简单加载定理**

目前已经证明,首先由 Hencky 提出、并经依留申完善的全量理论在小变形并且在简单加

载条件下与实验结果接近，可以认为是近似正确的。

对于实际问题，通常知道的是外载荷的变化情况，而物体内的应力状态是不能事先知道的。那么，如何判断加载过程是否属于简单加载？依留申证明，当符合以下条件时，就可以认为处于简单加载过程。

① 载荷（包括体力）按比例增长。这样，$\sigma_i$ 不断增加，在变形过程中不出现中性变载和卸载情况。如有位移边界条件，只能是零位移边界条件。

② 材料是不可压缩的，即平均应变 $\varepsilon_m = 0$，因 $\varepsilon_m = \dfrac{1-2\nu}{E}\sigma_m$，所以相当于取 $\nu = 1/2$。

③ 应力强度 $\sigma_i$ 与应变强度 $\varepsilon_i$ 之间有幂函数的关系，即

$$\sigma_i = A\varepsilon_i^m \tag{3.4.13}$$

式中：$A$ 和 $m$ 均为常数。

④ 满足微小弹塑性变形的各项条件，塑性变形与弹性变形属同一量级。

以上就是**依留申简单加载定理**。其中条件①是满足简单加载的必要条件。如果载荷不按比例增加，则保证不了物体内部的简单加载条件，而且在物体表面也无法满足简单加载条件；条件②可以简化具体计算，而且基本与实验结果相符，它使全量理论的物理关系主要表示为应力偏量和应变偏量之间的关系，并满足 $\sigma_i = A\varepsilon_i^m$ 的规律；条件③可以避免区分弹性区和塑性区，由于可以选择 $A$ 和 $m$ 常数来拟合各种材料的拉伸曲线，故对材料的限制并不大；条件④是因为平衡方程、几何关系均是在小变形条件下导出的，而且物理关系也是小变形条件下的关系式，它也是简单加载定理成立的必要条件。进一步的分析表明，条件②和③是充分而非必要条件。

**简单加载定理的证明**

在符合上述条件时，若 $\sigma_{ij}^0$ 是问题的解，如能证明 $\sigma_{ij} = \alpha(t)\sigma_{ij}^0$ 亦为问题的解即可。为证明这个事实，现列出弹塑性问题全量理论边值问题的提法如下。

控制微分方程

$$\sigma_{ij,j} + F_i = 0$$

$$\varepsilon_{ij} = \frac{1}{2}(u_{i,j} + u_{j,i})$$

$$\left.\begin{array}{l} \varepsilon_{ii} = \dfrac{1-2\nu}{E}\sigma_{ii} \\[2mm] e_{ij} = \dfrac{3\varepsilon_i}{2\sigma_i}S_{ij} \\[2mm] \sigma_i = \Phi(\varepsilon_i) \end{array}\right\}$$

边界条件

$$\sigma_{ij}n_j = \overline{p}_i \quad （在 S_\sigma 上）$$
$$u_i = \overline{u_i} \quad （在 S_u 上）$$

按前述条件，其材料不可压缩，有 $\nu = 1/2$，$\varepsilon_{ij} = \varepsilon_m\delta_{ij} + e_{ij} = e_{ij}$。对幂强化材料，$\sigma_i = A\varepsilon_i^m$，有

$$S_{ij} = \frac{2\sigma_i}{3\varepsilon_i}e_{ij} = \frac{2}{3}A\varepsilon_i^{m-1}\varepsilon_{ij}$$

同时注意到零位移边界条件，则有

控制微分方程

$$\sigma_{ij,j} + F_i = 0$$

$$\varepsilon_{ij} = \frac{1}{2}(u_{i,j} + u_{j,i}) \tag{a}$$

$$S_{ij} = \frac{2}{3}A\varepsilon_i^{m-1}\varepsilon_{ij}$$

边界条件

$$\sigma_{ij}n_j = \overline{p}_i \quad (在 S_\sigma 上)$$
$$u_i = 0 \quad (在 S_u 上) \tag{b}$$

设某参考时刻的载荷为 $\overline{p}_i^0, F_i^0$,与之相应的解答为 $\sigma_{ij}^0, \varepsilon_{ij}^0, u_i^0$,则有

$$\sigma_{ij,j}^0 + F_i^0 = 0$$

$$\varepsilon_{ij}^0 = \frac{1}{2}(u_{i,j}^0 + u_{j,i}^0)$$

$$S_{ij}^0 = \frac{2}{3}A(\varepsilon_i^0)^{m-1}\varepsilon_{ij}^0$$

$$\sigma_{ij}^0 n_j = \overline{p}_i^0$$

$$u_i^0 = 0$$

现假定载荷按如下方式变化

$$p_i = \overline{p}_i^0\alpha(t), \quad F_i = F_i^0\alpha(t)$$

若能证明 $\sigma_{ij} = \sigma_{ij}^0\alpha(t), S_{ij} = S_{ij}^0\alpha(t), \sigma_i = \sigma_i^0\alpha(t)$ 及相应的应变和位移满足方程(a)和边界条件(b),简单加载定理即被证明。

设应力分量按 $\sigma_{ij}^0\alpha(t)$ 变化时,应变分量按 $\varepsilon_{ij}^0 x$ 变化,据

$$\sigma_i = A\varepsilon_i^m$$

$$\sigma_i^0\alpha(t) = A(\varepsilon_i^0 x)^m = A(\varepsilon_i^0)^m(x)^m$$

但是 $\sigma_i^0 = A(\varepsilon_i^0)^m$,因此 $x = \sqrt[m]{\alpha(t)}$,这样就有

$$\varepsilon_{ij} = \varepsilon_{ij}^0\sqrt[m]{\alpha(t)}, \quad \varepsilon_i = \varepsilon_i^0\sqrt[m]{\alpha(t)}, \quad u_i = u_i^0\sqrt[m]{\alpha(t)}$$

显然,平衡方程、几何方程及边界条件均可满足,现考虑物理方程

$$S_{ij} = \frac{2}{3}A\varepsilon_i^{m-1}\varepsilon_{ij}$$

$$= \frac{2}{3}A[\varepsilon_{ij}^0\sqrt[m]{\alpha(t)}]^{m-1} \cdot \varepsilon_{ij}^0\sqrt[m]{\alpha(t)}$$

$$= \frac{2}{3}A(\varepsilon_i^0)^{m-1}\varepsilon_{ij}^0\alpha(t) = S_{ij}^0\alpha(t)$$

式中:$S_{ij}^0 = \frac{2}{3}A(\varepsilon_i^0)^{m-1}\varepsilon_{ij}^0$。

另外,若 $\nu \neq 1/2$,由 $\varepsilon_{ii}^0 = \frac{1-2\nu}{E}\sigma_{ii}^0, \varepsilon_{ii} = \varepsilon_{ii}^0\sqrt[m]{\alpha(t)}, \sigma_{ii} = \sigma_{ii}^0\alpha(t)$,则 $\varepsilon_{ii}^0\sqrt[m]{\alpha(t)} \neq \frac{1-2\nu}{E}\sigma_{ii}^0\alpha(t)$。但是条件②并不必要,因为只需令应力偏量 $S_{ij}$ 与应变偏量 $e_{ij}$ 按比例变化即可,这时 $S_{ij} = \frac{2}{3}\frac{\sigma_i}{\varepsilon_i}e_{ij}$ 仍然成立。至于静水应力部分与体积应变,可以在求解的最后叠加上去。要求小变形的理由是明显的;采用幂次强化模型关系可以不区分弹性区和塑性区,但不一定必要,即使不是幂次强化也可能导致简单加载成立。

**例 3.6**　一受内压 $p$ 作用的薄壁圆筒,内半径 $r$,壁厚为 $t$,如图 3.15 所示。假设其材料不可压缩,试求圆筒完全进入塑性状态后,主应变之间的比值。

**解**　薄壁圆筒的周向、轴向应力分别为

$$\sigma_\theta = \frac{pr}{t}, \quad \sigma_z = \frac{pr}{2t}, \quad \sigma_r \approx 0$$

即有

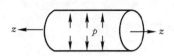

图 3.15　薄壁圆筒

$$\sigma_\theta = 2\sigma_z$$

而

$$\sigma_m = \frac{1}{3}(\sigma_\theta + \sigma_z + \sigma_r) = \frac{pr}{2t}$$

因此应力偏量分量分别为

$$S_\theta = \frac{pr}{2t}, \quad S_z = 0, \quad S_r = -\frac{pr}{2t}$$

据式(3.4.8)可得

$$e_\theta = \lambda \frac{pr}{2t}, \quad e_z = 0, \quad e_r = -\lambda \frac{pr}{2t}$$

使用体积不可压缩条件 $\varepsilon_m = 0$,可得

$$\varepsilon_\theta = -\varepsilon_r, \quad \varepsilon_z = 0$$

所以,主应变的比值为

$$\varepsilon_\theta : \varepsilon_r : \varepsilon_z = 1 : (-1) : 0$$

可见在塑性变形过程中,薄壁筒的长度($z$ 方向)没有变化,只是由于壁厚的减小而引起直径的变化。从这个问题的求解可以看出,如果已知应力状态,可以唯一确定变形的形式。

**例 3.7**　上例题中的薄壁圆筒还受轴向力 $T$ 作用(注:指同时施加拉伸载荷和内压载荷,且二者保持一定比例)。若要圆筒保持直径不变,只产生轴向伸长,并假设材料不可压缩,试求达到塑性状态时需要多大的内压 $p$。

**解**　如在塑性变形过程中,筒的直径保持不变,则周向应变 $\varepsilon_\theta = 0$,因而筒的伸长只能由筒壁变薄产生,这时各应变分量为

$$\varepsilon_\theta = 0, \quad \varepsilon_z = -\varepsilon_r$$

加上不可压缩条件 $\varepsilon_m = 0$ 有

$$e_\theta = 0, \quad e_z = -e_r$$

由加载条件知为简单加载情况,可以使用全量理论,因此,根据式(3.4.8)得

$$S_\theta = 0, \quad S_z = -S_r$$

利用 Mises 屈服条件

$$\sigma_i = \sqrt{\frac{3}{2}(S_\theta^2 + S_r^2 + S_z^2)} = \sigma_s$$

可得

$$S_\theta = 0, \quad S_z = \frac{\sigma_s}{\sqrt{3}}, \quad S_r = -\frac{\sigma_s}{\sqrt{3}}$$

为了将应力偏量分量表示成应力分量,引进 $\sigma_m$,此时有

$$\sigma_\theta = \sigma_m, \quad \sigma_z = \frac{\sigma_s}{\sqrt{3}} + \sigma_m, \quad \sigma_r = -\frac{\sigma_s}{\sqrt{3}} + \sigma_m$$

由于 $\sigma_r$ 比 $\sigma_\theta$, $\sigma_z$ 小得多, 这里可取 $\sigma_r = 0$。于是

$$\sigma_r = \sigma_m - \frac{\sigma_s}{\sqrt{3}} = 0$$

由此得

$$\sigma_m = \frac{\sigma_s}{\sqrt{3}}$$

所以

$$\sigma_\theta = \frac{\sigma_s}{\sqrt{3}}, \quad \sigma_z = \frac{2\sigma_s}{\sqrt{3}}$$

由力平衡条件知

$$\sigma_\theta = \frac{pr}{t}$$

因此当薄壁圆筒进入塑性状态时, 内压 $p$ 的比值为

$$p = \sigma_\theta \frac{t}{r} = \frac{\sigma_s}{\sqrt{3}} \frac{t}{r}$$

**例 3.8** 一厚壁球壳, 内、外半径分别为 $a$、$b$, 受内压 $p$ 作用, 其材料应力-应变关系可用幂函数 $\sigma = A\varepsilon^m$ 表示, 试求球壳内应力分量 $\sigma_r$, $\sigma_\theta$ 和 $\sigma_\varphi$ 的表达式。

**解** 此为球对称问题, 有

$$\varepsilon_r = \frac{du}{dr}, \quad \varepsilon_\theta = \varepsilon_\varphi = \frac{u}{r}$$

由体积不可压缩条件 $\varepsilon_m = 0$, 可得

$$\varepsilon_r + \varepsilon_\theta + \varepsilon_\varphi = \frac{du}{dr} + 2\frac{u}{r} = 0$$

解该微分方程, 得

$$u = \frac{B}{r^2}$$

因此应变分量为

$$\varepsilon_r = -\frac{2B}{r^3}, \quad \varepsilon_\theta = \varepsilon_\varphi = \frac{B}{r^3}$$

此时的应力强度为

$$\sigma_i = \frac{1}{\sqrt{2}}\sqrt{(\sigma_r - \sigma_\theta)^2 + (\sigma_\theta - \sigma_\varphi)^2 + (\sigma_\varphi - \sigma_r)^2} = \sigma_\varphi - \sigma_r$$

应变强度为

$$\varepsilon_i = \frac{2}{3}(\varepsilon_\varphi - \varepsilon_r) = \frac{2}{3}\left(\frac{B}{r^3} + \frac{2B}{r^3}\right) = \frac{2B}{r^3}$$

根据已知条件和单一曲线假设, 有

$$\sigma_\varphi - \sigma_r = A\left(\frac{2B}{r^3}\right)^m$$

该问题的平衡方程为

$$\frac{d\sigma_r}{dr} + 2\frac{\sigma_r - \sigma_\varphi}{r} = 0$$

由以上二式得

$$\frac{\mathrm{d}\sigma_r}{\mathrm{d}r} = 2A\left(\frac{2B}{r^3}\right)^m \cdot \frac{1}{r}$$

积分后,得

$$\sigma_r = 2^{m+1}AB^m\left(-\frac{1}{3m}\right) \cdot \frac{1}{r^{3m}} + C$$

利用边界条件 $\sigma_r|_{r=b}=0$,可得

$$C = \frac{2^{m+1}}{3m}AB^m\frac{1}{b^{3m}}$$

因此得

$$\sigma_r = \frac{2^{m+1}}{3m}AB^m\left(\frac{1}{b^{3m}} - \frac{1}{r^{3m}}\right)$$

$$\sigma_\theta = \sigma_\varphi = \sigma_r + A\left(\frac{2B}{r^3}\right)^m = \frac{2^{m+1}}{3m}AB^m\left[\frac{1}{b^{3m}} + \left(\frac{3m}{2}-1\right)\frac{1}{r^{3m}}\right]$$

再根据边界条件 $\sigma_r|_{r=a}=-p$,可得

$$p = \frac{2^{m+1}}{3m}AB^m\left(\frac{1}{a^{3m}} - \frac{1}{b^{3m}}\right)$$

式中:$0<m<1$,$A$ 为材料常数。对于任意给定压力 $p$,即可利用上式求得 $B$,进而求得各应力分量的值。

**课后练习 5**

例 3.7 中,如果薄壁圆筒两端封闭,欲保持圆筒直径 $d$ 不变,试求需要轴向力 $T$ 多大?

**解答** $\sigma_z = \dfrac{pd}{4t} + \dfrac{T}{\pi dt} = \dfrac{2\sigma_s}{\sqrt{3}}$ $\Rightarrow$ $T = \pi td\left(\dfrac{2\sigma_s}{\sqrt{3}} - \dfrac{pd}{4t}\right)$

**课后练习 6**

在如下两种情况下,试求 $\mathrm{d}\varepsilon_1^p : \mathrm{d}\varepsilon_2^p : \mathrm{d}\varepsilon_3^p$。

(1) 单向拉伸应力状态 $\sigma_1=\sigma_s$;[解答:$2:-1:-1$]

(2) 纯剪应力状态 $\tau_{xy}=\sigma_s/\sqrt{3}$。[解答:$1:0:-1$]

**课后练习 7**

3.3 节的例 3.1:对加载路径③,试按全量理论求应变分量 $\varepsilon_z$ 和 $\gamma_{z\theta}$,并将所得结果与按增量理论求得的结果进行比较。

**解答提示** 根据全量理论有

$$\varepsilon_{ij} = \varepsilon_{ij}^e + \varepsilon_{ij}^p = \varepsilon_{ij}^e + e_{ij}^p + \varepsilon_m^p$$

$$\varepsilon_{ij}^p = e_{ij}^p = \lambda S_{ij} \quad (\text{Hencky 关系式})$$

$$\varepsilon_m^p = 0 \quad (\text{体积不可压缩条件})$$

则

$$\varepsilon_z = \frac{\sigma_z}{E} + \frac{3\varepsilon_i^p}{2\sigma_i}S_z = \frac{\sigma_s}{E} + \frac{3\varepsilon_i^p}{2\sigma_i}\frac{2}{3}\sigma_z$$

$$\gamma_{z\theta} = \frac{\tau_{z\theta}}{\mu} + \frac{3\varepsilon_i^p}{2\sigma_i}2\tau_{z\theta} = \frac{\tau_{z\theta}}{\mu} + \frac{3\varepsilon_i^p}{\sigma_i}\tau_{z\theta}$$

由题给出以及单一曲线假设

$$\varepsilon_i^p = \frac{\sigma_i - \sigma_s}{F} \quad (\text{当 } \sigma_i > \sigma_s \text{ 时})$$

以最终状态 $\sigma_z = \sigma_s, \tau_{z\theta} = \sigma_s/\sqrt{3}, \sigma_i = \sqrt{2}\sigma_s$ 代入,可得

$$\left.\begin{array}{l} \varepsilon_z = \dfrac{\sigma_s}{E} + \dfrac{\sigma_i - \sigma_s}{F\sigma_i}\sigma_z = \dfrac{\sigma_s}{E} + \dfrac{\sigma_z}{F}\left(1 - \dfrac{\sigma_s}{\sqrt{\sigma_z^2 + 3\tau_{z\theta}^2}}\right) = \sigma_s\left[\dfrac{1}{E} + \dfrac{1}{F}\left(1 - \dfrac{1}{\sqrt{2}}\right)\right] \\[4mm] \gamma_{z\theta} = \dfrac{\sigma_z}{\sqrt{3}\mu} + \dfrac{3}{F}\dfrac{1}{\sqrt{3}}\left(1 - \dfrac{\sigma_s}{\sqrt{\sigma_z^2 + 3\tau_{z\theta}^2}}\right) = \dfrac{\sigma_s}{\sqrt{3}}\left[\dfrac{1}{\mu} + \dfrac{3}{F}\left(1 - \dfrac{1}{\sqrt{2}}\right)\right] \end{array}\right\}$$

它们与增量理论的结果相同。

**课后练习 8**

如果采用依留申全量理论,来求解上述例 3.1 的加载路径③,所得结果又如何?

**4. 全量理论的适用范围**

在上述简单加载条件不成立的情况下,式(3.4.11)的全量理论一般是不能使用的。但是由于全量理论比增量理论在数学处理上更为方便,它相当于求解一个非线性弹性力学问题,因此在非简单加载条件的情形下,也经常使用全量理论求解,并且与大部分的实验结果尚能符合。Hodge 和 White 对于承受内压的厚壁圆筒的分析、Greenberg 等人对于正方形截面杆扭转的分析、Miller 和 Malvern 对于正方形截面杆弯曲-扭转的分析都曾表明,只要不发生卸载,即使与简单加载偏离较大的情形,全量理论也可以得到和 Prandtl-Reuss 增量本构关系式的结果相当一致的解答。再例如,薄板的塑性失稳问题,在失稳时刻,应力分量之间的比例变化很激烈,而实验结果竟然与用全量理论计算的结果符合得比用增量理论计算的结果更好。看来在实际应用中,全量理论不限于简单加载。经过 Martin 等人的研究,提出了极值路径的概念,扩展了该理论的合理使用范围。现已证明,在与简单加载路径有一定偏离的情况下,全量理论仍然是可用的。目前,人们仍在探索应力路径可以偏离简单加载路径多远而能够使用全量理论的问题。以下简单介绍一些结果。

(1)非正则加载面的正则加载路径

对于由几个平面组成的加载面,在一定的条件下(比简单加载条件要宽),可以进行局部积分得出不依赖于加载路径的全量关系。这里以 Tresca 线性完全随动强化情形为例,如图 3.16 所示,考虑两条加载路径(假定 $\sigma_3 = 0$ 的平面应力状态)。

路径①,直接从弹性区到达 $A$ 点,然后维持在 $A$ 点。

路径②,先从弹性区域到达 $f_2 = 0$ 面,然后达到 $A$ 点,并维持在 $A$ 点。

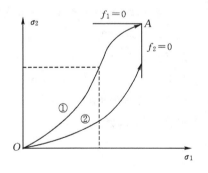

图 3.16　两条加载路径

在角点 $A$ 点时完全随动强化模型的流动法则为

$$\left.\begin{array}{l} H' \mathrm{d}\varepsilon_1^p = \mathrm{d}\sigma_1 - \dfrac{1}{2}\mathrm{d}\sigma_2 \\[4mm] H' \mathrm{d}\varepsilon_2^p = \mathrm{d}\sigma_2 - \dfrac{1}{2}\mathrm{d}\sigma_1 \end{array}\right\} \tag{a}$$

对路径①，初条件是：$\sigma=\sigma_2=\sigma_s$ 时 $\varepsilon_1^p=\varepsilon_2^p=0$，积分上式得

$$
\left.
\begin{aligned}
H'd\varepsilon_1^p &= \sigma_1 - \frac{1}{2}\sigma_2 - \frac{1}{2}\sigma_s \\
H'd\varepsilon_2^p &= \sigma_2 - \frac{1}{2}\sigma_1 - \frac{1}{2}\sigma_s
\end{aligned}
\right\}
\tag{3.4.14}
$$

对路径②，达到 $f_2=0$ 面上时完全随动强化模型的流动法则为

$$
\left.
\begin{aligned}
H'd\varepsilon_1^p &= \frac{3}{4}d\sigma_1 \\
H'd\varepsilon_2^p &= 0
\end{aligned}
\right\}
\tag{b}
$$

由初条件 $\sigma_1=\sigma_s$，$\varepsilon_1^p=\varepsilon_2^p=0$，积分上式得

$$
\left.
\begin{aligned}
H'\varepsilon_1^p &= \frac{3}{4}(\sigma_1 - \sigma_s) \\
\varepsilon_2^p &= 0
\end{aligned}
\right\}
\tag{3.4.15}
$$

应力从 $f_2=0$ 转到 $A$ 点时的应力用 $\sigma_1^*$，$\sigma_2^*$ 表示，塑性应变用 $\varepsilon_1^{p*}$，$\varepsilon_2^{p*}$ 表示。对于完全随动强化模型，其屈服面是移动的，移动前后角点的移动量为

$$
\left.
\begin{aligned}
du_1 &= \frac{2}{3}H'(2d\varepsilon_1^p + d\varepsilon_2^p) \\
du_2 &= \frac{2}{3}H'(d\varepsilon_1^p + 2d\varepsilon_2^p)
\end{aligned}
\right\}
\tag{c}
$$

这样，当应力点处在 $f_2=0$ 面上，由于 $d\varepsilon_2^p=0$，有

$$
\left.
\begin{aligned}
\sigma_1^* - \sigma_s &= u_1 = \frac{4}{3}H'\varepsilon_1^{p*} \\
\sigma_2^* - \sigma_s &= u_2 = \frac{2}{3}H'\varepsilon_1^{p*}
\end{aligned}
\right\}
\tag{3.4.16}
$$

将式(3.4.15)代入式(3.4.16)第二式得

$$
\sigma_2^* - \sigma_s = \frac{1}{2}(\sigma_1^* - \sigma_s)
$$

即

$$
\sigma_2^* = \frac{1}{2}(\sigma_1^* + \sigma_s)
\tag{3.4.17}
$$

到达 $A$ 点后积分 $A$ 点处的流动法则式(a)，得

$$
H'\varepsilon_1^p = \sigma_1 - \frac{1}{2}\sigma_2 + c_1
$$

$$
H'\varepsilon_2^p = \sigma_2 - \frac{1}{2}\sigma_1 + c_2
$$

将初条件式(3.4.16)和式(3.4.17)代入得 $c_1=-\frac{1}{2}\sigma_s$，$c_2=-\frac{1}{2}\sigma_s$，同样得到式(3.4.14)。

这里将应变只依赖于最终的应力状态而与简单加载路径结果相同的那些路径称为正则加载路径。通常在有角点的情况，只要应力点在到达角点后不再离开角点，或者经过加载面后再维持在角点上，均为正则加载路径。显然正则加载路径比简单加载路径条件要宽得多。

（2）Budiansky(布丹斯基)的完全加载路径

Budiansky 是从加载面要出现尖点的假定来讨论偏离简单加载的条件的。假定在偏离简单

加载的条件下全量理论的结果正确，将式(3.4.11)改写成 $\varepsilon_{ij}^p = \dfrac{3}{2}\dfrac{\varepsilon_i^p}{\sigma_i}S_{ij}$。在单一曲线假设下有 $\varepsilon_i^p = \varepsilon_i - \varepsilon_i^e$，并记

$$\frac{\sigma_i}{\varepsilon_i^e} = E, \qquad \frac{\sigma_i}{\varepsilon_i} = E_s$$

如图 3.17 所示，则上式成为

$$\varepsilon_{ij}^p = \frac{2}{3}\left(\frac{1}{E_s} - \frac{1}{E}\right)S_{ij} \tag{3.4.18}$$

对上式微分，并注意到

$$\mathrm{d}\left(\frac{1}{E_s} - \frac{1}{E}\right) = \mathrm{d}\left(\frac{\varepsilon_i}{\sigma_i}\right) = \frac{\sigma_i \mathrm{d}\varepsilon_i - \varepsilon_i \mathrm{d}\sigma_i}{\sigma_i^2} = \frac{\mathrm{d}\sigma_i}{\sigma_i}\left(\frac{\mathrm{d}\varepsilon_i}{\mathrm{d}\sigma_i} - \frac{\varepsilon_i}{\sigma_i}\right) = \frac{\mathrm{d}\sigma_i}{\sigma_i}\left(\frac{1}{E_t} - \frac{1}{E_s}\right)$$

得

$$\mathrm{d}\varepsilon_{ij}^p = \frac{3}{2}\left(\frac{1}{E_s} - \frac{1}{E}\right)\mathrm{d}S_{ij} + \frac{3}{2}\frac{\mathrm{d}\sigma_i}{\sigma_i}\left(\frac{1}{E_t} - \frac{1}{E_s}\right)S_{ij} \tag{3.4.19}$$

Budiansky 从式(3.4.19)关系出发，要求 $\mathrm{d}\varepsilon_{ij}^p$，$\mathrm{d}\sigma_{ij}$ 满足下列三个条件。

① Drucker 公设给出的不等式(3.2.8)

$$\mathrm{d}\sigma_{ij}\,\mathrm{d}\varepsilon_{ij}^p \geqslant 0 \tag{A}$$

对稳定强化材料在 $E \geqslant E_s \geqslant E_t$ 时成立。

② Drucker 公设的不等式(3.2.7)

$$(\sigma_{ij} - \sigma_{ij}^0)\mathrm{d}\varepsilon_{ij}^p \geqslant 0$$

当加载面尖点处有夹角为 $2\beta$ 时(见图 3.18)，要上式成立，则 $\mathrm{d}\varepsilon_{ij}^p$ 必须在图示的变形锥内，以 $\delta$ 表示 $\mathrm{d}\varepsilon_{ij}^p$ 与 $S_{ij}$ 的夹角，则要求 $\delta + \beta \leqslant \dfrac{\pi}{2}$，即

$$\cos^2\delta \geqslant \sin^2\beta \tag{B}$$

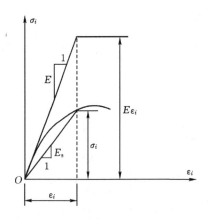

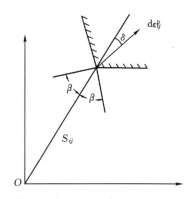

图 3.17　$E$ 和 $E_s$ 的确定　　　　　图 3.18　加载面有尖点的情况

这里的角度是用多维向量空间的点乘来定义的，例如

$$\cos\delta = \frac{\mathrm{d}\varepsilon_{ij}^p S_{ij}}{\sqrt{\mathrm{d}\varepsilon_{pq}^p \mathrm{d}\varepsilon_{pq}^p}\,\sqrt{S_{kl}S_{kl}}}$$

③ 对应力增量 $\mathrm{d}S_{ij}$ 的限制是使得只出现图 3.19(a)的情形，而图 3.19(b)的情形不出现。

后一种情形相当于从加载面的外侧趋于角点。因此当 $dS_{ij}$ 与 $S_{ij}$ 之间的夹角为 $\alpha$ 时,必须使

$$\alpha \leqslant \beta \tag{C}$$

时才出现图 3.19(b)的不合理加载路径(见图 3.20)。

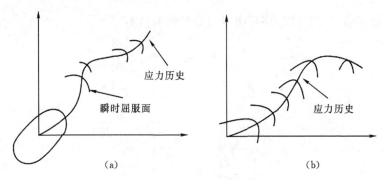

图 3.19 应力增量的限制

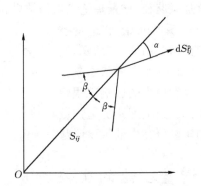

图 3.20 不合理加载路径

满足(A)、(B)、(C)三个条件的加载路径称为完全加载路径(total loading path)。

我国学者王仁利用式(3.4.19)代入关系式(A)、(B)、(C)得到下列结果

① 当 $\beta$ 已知时,允许的 $\alpha$ 为

$$\left. \begin{array}{l} \alpha \leqslant \min\left(\beta,\ \arctan\dfrac{N}{\tan\beta}\right) \\[2mm] N = \left(\dfrac{1}{E_t} - \dfrac{1}{E}\right)\left(\dfrac{1}{E_s} - \dfrac{1}{E}\right)^{-1} \end{array} \right\} \tag{3.4.20}$$

② 可找到最佳的 $\beta=\bar{\beta}$,使 $\alpha$ 有最大的允许偏离

$$\tan^2\bar{\beta} = N \qquad \alpha \leqslant \bar{\beta} \tag{3.4.21}$$

下面给出两个拉伸曲线的例子,从而给出 $\bar{\beta}$ 的具体表达式。

**例 3.9** 如果材料满足

$$\varepsilon = \frac{\sigma}{E} + k\sigma^n \tag{3.4.22}$$

$$\frac{1}{E_s} - \frac{1}{E} = k\sigma_i^{n-1}$$

$$\frac{1}{E_t} - \frac{1}{E} = nk\sigma_i^{n-1}$$

可以求得

$$\tan\bar{\beta} = \sqrt{n} \tag{3.4.23}$$

**例 3.10**　将式(3.4.22)推广到有明显屈服阶段的情形

$$\left.\begin{array}{ll} \varepsilon = \dfrac{\sigma}{E} & \sigma \leqslant \sigma_s \\[3mm] \varepsilon = \dfrac{\sigma}{E} + k(\sigma - \sigma_s)^n & \sigma > \sigma_s \end{array}\right\} \tag{3.4.24}$$

可求得当 $\sigma > \sigma_s$ 时

$$\tan\bar{\beta} = \left(\frac{n}{1 - \dfrac{\sigma_s}{\sigma_i}}\right)^{\frac{1}{2}} \tag{3.4.25}$$

　　上述分析只解决了在全量理论成立的条件下,它的加载路径必须是完全加载路径。但反过来并没有证明,只要满足完全加载路径,增量理论求出的结果和全量理论的一定相同。

　　已有的研究还表明,若从某一瞬时开始,在应变空间中的变形路径逐渐趋近于某直线,如图 3.21 所示,则按全量理论和增量理论计算得到的两种应力状态就接近相同。在这种情况下,变形的复杂历史的影响就很快减弱,因而可以直接应用全量理论。全量理论的适用范围问题,至今仍然是塑性理论和实验研究中的重要课题。

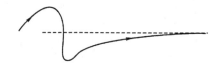

图 3.21　应变空间中的某一变形路线

## 3.5　全量理论与增量理论的比较

　　将弹塑性强化材料的增量型本构关系与全量理论的本构关系做一比较

$$\left\{\begin{array}{l} \mathrm{d}\varepsilon_{ij} = \dfrac{1-2\nu}{E}\mathrm{d}\sigma_m\delta_{ij} + \dfrac{1}{2\mu}\mathrm{d}S_{ij} + \dfrac{3}{2H'}\dfrac{\mathrm{d}\sigma_i}{\sigma_i}S_{ij} \\[3mm] \sigma_i = H\left(\displaystyle\int \mathrm{d}\varepsilon_i^p\right) \end{array}\right.$$

$$\left\{\begin{array}{l} \varepsilon_{ii} = \dfrac{1-2\nu}{E}\sigma_{ii} \\[3mm] e_{ij} = \dfrac{3\varepsilon_i}{2\sigma_i}S_{ij} \\[3mm] \sigma_i = \Phi(\varepsilon_i) \end{array}\right.$$

　　(1) 与应变路径的关系

　　可以看出,按增量理论,变形时任一瞬时的应变增量是由该瞬时的应力和应力增量所确定的,若沿应变路径积分即得总的应变。因此最终应变不仅取决于应力水平,而且和应变路径有关。按全量理论,最终应变只与最终应力有关,而不依赖于应变路径。因此,在一般情况下两者的结果将是不一致的。

　　(2) 中性变载的情况

　　特别是中性变载情况,二者的差异最明显。按照定义,中性变载时将不发生新的塑性变形,增量理论可反映这一特点。而按全量理论,只要应力分量改变,塑性应变也要发生改变。

根据加载、卸载准则,若采用等向强化模型,按 Mises 屈服条件,中性变载时有 $d\sigma_i = 0$(注:$\sigma_i = H\left(\int d\varepsilon_i^p\right)$,此时 $H\left(\int d\varepsilon_i^p\right)$ 保持恒值,故 $d\sigma_i = 0$)。

则由增量理论有

$$de_{ij} = \frac{1}{2\mu}dS_{ij} + \frac{3}{2H'}\frac{d\sigma_i}{\sigma_i}S_{ij} = de_{ij}^e + de_{ij}^p \tag{3.5.1}$$

其中

$$de_{ij}^p = \frac{3}{2H'}\frac{d\sigma_i}{\sigma_i}S_{ij} = 0$$

即中性加载时不产生新的塑性变形,与加、卸载准则是一致的。但按全量理论

$$e_{ij} = \frac{3\varepsilon_i}{2\sigma_i}S_{ij} \tag{3.5.2}$$

在 $d\sigma_i = 0$ 时,虽然 $\sigma_i$ 不变化,但由于 $S_{ij}$ 改变了,所以 $e_{ij}$ 改变了,即各分量有了增减,则塑性应变增量未必为零。

然而,对于严格的简单加载是不允许有卸载和中性变载的,因而上述分析就表明,在不是简单加载的情况下,全量理论的结果是不正确的。

(3) 弹塑性分界面

物体变形时内部可能同时存在弹性区和塑性区的分界面以及加载区和卸载区的分界面。在弹塑性区分界面上,材料的响应性质既服从弹性规律,又服从塑性规律,将其称为**中性区**。为了保证中性区的变形和应力的连续性,塑性关系在中性区应自动退化为弹性关系。

由 $d\sigma_i = 0, d\lambda = \frac{3}{2H'}\frac{d\sigma_i}{\sigma_i} = 0$,从式(3.5.1)可见,增量关系可满足此要求。再考虑全量理论是否满足。现将其关系式

$$\left.\begin{aligned}\varepsilon_{ii} &= \frac{1-2\nu}{E}\sigma_{ii}\\ e_{ij} &= \frac{3\varepsilon_i}{2\sigma_i}S_{ij}\\ \sigma_i &= \Phi(\varepsilon_i)\end{aligned}\right\}$$

进行改写,可以证明,存在下列表达式

$$\left.\begin{aligned}\varepsilon_x &= \frac{1}{E}[\sigma_x - \nu(\sigma_y + \sigma_z)] + \frac{1}{E_c^p}[\sigma_x - \frac{1}{2}(\sigma_y + \sigma_z)]\\ \varepsilon_y &= \frac{1}{E}[\sigma_y - \nu(\sigma_x + \sigma_z)] + \frac{1}{E_c^p}[\sigma_y - \frac{1}{2}(\sigma_x + \sigma_z)]\\ \varepsilon_z &= \frac{1}{E}[\sigma_z - \nu(\sigma_y + \sigma_x)] + \frac{1}{E_c^p}[\sigma_z - \frac{1}{2}(\sigma_y + \sigma_x)]\\ \varepsilon_{xy} &= \frac{1}{2\mu}\tau_{xy} + \frac{3}{2E_c^p}\tau_{xy}\\ \varepsilon_{yz} &= \frac{1}{2\mu}\tau_{yz} + \frac{3}{2E_c^p}\tau_{yz}\\ \varepsilon_{zx} &= \frac{1}{2\mu}\tau_{zx} + \frac{3}{2E_c^p}\tau_{zx}\end{aligned}\right\} \tag{3.5.3}$$

式中

$$E_c = \frac{\sigma_i}{\varepsilon_i}, \quad \frac{1}{E_c^p} = \frac{1}{E_c} - \frac{1}{3\mu} \tag{3.5.3a}$$

**证明**    根据

$$e_x = \frac{3\varepsilon_i}{2\sigma_i}S_x \quad \Rightarrow \quad \varepsilon_x - \varepsilon_m = \frac{3\varepsilon_i}{2\sigma_i}(\sigma_x - \sigma_m)$$

则

$$\varepsilon_x = \varepsilon_m + \frac{3}{2E_c}(\sigma_x - \sigma_m)$$

代入 $\varepsilon_m = \frac{1-2\nu}{E}\sigma_m$ 有

$$\varepsilon_x = \frac{1-2\nu}{3E}(\sigma_x + \sigma_y + \sigma_z) + \frac{1}{2E_c}[2\sigma_x - (\sigma_y + \sigma_z)]$$

进而有

$$\varepsilon_x = \frac{1}{E}[\sigma_x - \nu(\sigma_y + \sigma_z)] + \frac{1}{E_c^p}[\sigma_x - \frac{1}{2}(\sigma_y + \sigma_z)]$$

微分之

$$d\varepsilon_x = \frac{1}{E}[d\sigma_x - \nu(d\sigma_y + d\sigma_z)] + \frac{1}{E_c^p}[d\sigma_x - \frac{1}{2}(d\sigma_y + d\sigma_z)]$$

$$- \frac{dE_c^p}{(E_c^p)^2}[\sigma_x - \frac{1}{2}(\sigma_y + \sigma_z)] \tag{3.5.4}$$

从 $E_c^p$ 的形式知道,可设将其表示为 $E_c^p = f(\sigma_i)$。

那么有

$$dE_c^p = f'(\sigma_i)d\sigma_i$$

当 $d\sigma_i = 0$ 时,$dE_c^p = 0$,但是,式(3.5.4)中的第二项不等于零。

这说明,在中性区面上全量理论不能退化为弹性关系,所以不能保证中性面上应力和应变的连续性。

但是可以证明,在小变形且简单加载条件下二者是等价的,即由增量理论的 Prandtl-Reuss关系可以导出全量理论。请读者自己证明之。

**证明提示**    根据增量理论

$$\left.\begin{array}{l} de_{ij} = \dfrac{1}{2\mu}dS_{ij} + d\lambda S_{ij} \\[2mm] d\varepsilon_{ii} = \dfrac{1-2\nu}{E}d\sigma_{ii} \end{array}\right\} \tag{3.5.5}$$

简单加载时,按定义有

$$\sigma_{ij} = \alpha(t)\sigma_{ij}^0, \quad S_{ij} = \alpha(t)S_{ij}, \quad d\sigma_{ii} = \sigma_{ii}^0 d[\alpha(t)], \quad dS_{ij} = S_{ij}^0 d[\alpha(t)]$$

代入式(3.5.5),此时在加载过程中主方向保持不变,加上小变形条件,并将式(3.5.5)积分,有

$$\varepsilon_{ii} = \int_0^t d\varepsilon_{ii} = \frac{1-2\nu}{E}\sigma_{ii}^0 \int_0^t d\alpha(t) = \frac{1-2\nu}{E}\sigma_{ii} \tag{3.5.6}$$

$$e_{ij} = \int_0^t de_{ij} = \frac{1}{2\mu}S_{ij}^0 \int_0^t d[\alpha(t)] + S_{ij}^0 \int_0^t \alpha(t)d\lambda$$

$$= \frac{1}{2\mu}S_{ij}^0 \alpha(t) + S_{ij}^0 \alpha(t) \cdot \frac{1}{\alpha(t)} \int_0^t \alpha(t)\,\mathrm{d}\lambda$$

$$= \left[\frac{1}{2\mu} + \frac{1}{\alpha(t)} \int_0^t \alpha(t)\,\mathrm{d}\lambda\right] S_{ij} \qquad (3.5.7)$$

令

$$\psi = \frac{1}{2\mu} + \frac{1}{\alpha(t)} \int_0^t \alpha(t)\,\mathrm{d}\lambda$$

则有

$$e_{ij} = \psi S_{ij}$$

将该式自乘，得

$$e_{ij} e_{ij} = \psi^2 S_{ij} S_{ij}$$

则

$$\psi = \frac{\sqrt{e_{ij}e_{ij}}}{\sqrt{S_{ij}S_{ij}}} = \frac{3}{2} \frac{\sqrt{\frac{2}{3}e_{ij}e_{ij}}}{\sqrt{\frac{3}{2}S_{ij}S_{ij}}} = \frac{3\varepsilon_i}{2\sigma_i}$$

即得

$$e_{ij} = \frac{3\varepsilon_i}{2\sigma_i} S_{ij} \qquad (3.5.8)$$

可见式(3.5.6)、式(3.5.8)就是全量理论的本构关系式。

实验已经证明，塑性变形是与加载路径有密切关系的，增量理论是考虑了这种相关性的，所以，在一般加载的情况下，增量理论的方法是比较合理的。增量理论比全量理论复杂，数学上遇到的困难很大。特别是 Prandtl-Reuss 理论，只对少数问题有解，一般需要借助于数值方法求解。随着有限元方法的不断成熟，增量理论在工程实际中有着广泛的应用。

另一方面，如上节所述，在与简单加载路径有一定偏离的情况下，全量理论也是可用的。虽然有其局限性，但因为它无需按照加载路径逐步积分，在数学上更为方便，所以全量理论目前也被广泛应用于解决工程实际问题。

为了便于读者对塑性理论以及各种塑性本构关系有更加清晰、全面的认识，表 3.1 对塑性力学中各物理关系的内在联系进行了梳理性总结，表 3.2 对本书介绍的几种重要的塑性理论进行了比较。

在上述几种常用的本构关系之中，Lévy-Mises 本构关系是塑性力学最为基本的物理关系。这一理论反映塑性变形的本质，同时数学表达式最简单。后面的滑移线场理论(第 5 章)、结构极限分析理论(第 6、7 章)都是以这一本构关系为基础的。

如果实际问题中，弹性应变与塑性应变相比不能忽略，此时在 Lévy-Mises 本构关系中加上弹性应变项，就可推广得到 Prandtl-Reuss 本构关系。这一关系在考虑加载历史或回弹分析、残余应力分析时常会用到。在简单加载的情况下，将 Prandtl-Reuss 本构关系沿简单加载路径积分，就得到 Hencky 本构关系。依留申本构关系可以看作是广义胡克定律的一种非线性弹性推广。

表 3.1　塑性力学中各物理关系的内在联系

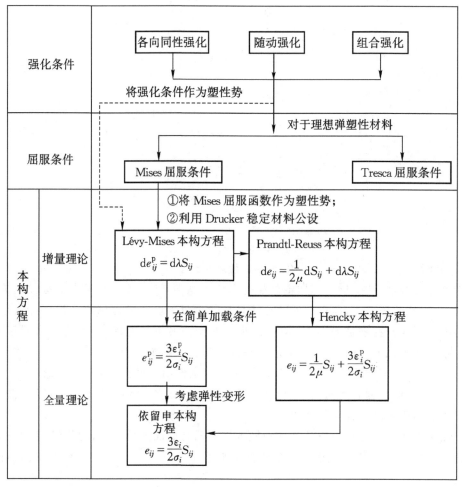

简要说明

① 以屈服函数为基础的塑性本构关系是以实验作为理论依据的。

② 对于理想弹塑性和理想刚塑性材料,屈服面不随塑性变形的增加而变化。虽然该模型是近似的,但对于相当一部分韧性材料,与实验结果符合得很好。由于该模型在数学处理上较简单,因而在工程实际中被大量采用,并获得了塑性力学中许多边值问题的解析解。只要材料性质基本上与模型假设一致,所得到的问题的解便大体上与实验结果相符。在处理工程实际问题时,可以借鉴此求解问题的思路和方法。

**表 3.2 几种重要的塑性理论之比较**

| 理论名称 | | 增量(流动)理论 | | 全量(形变)理论 | |
|---|---|---|---|---|---|
| | | Lévy(1871)-Mises(1913) | Prandtl(1924)-Reuss(1930) | Hencky(1924) | Ilyushin(1943) |
| 本构关系的三要素 | 屈服条件 | Mises 屈服条件 | | Mises 屈服条件 | |
| | 强化条件 | — | — | | $\sigma_i=\Phi(\varepsilon_i)$ 等向强化 $\begin{cases}\sigma_i=F(W_p)\\ \sigma_i=H(\int d\varepsilon_i^p)\end{cases}$ |
| | 流动法则 | $d\varepsilon_{ij}=d\lambda S_{ij}$ $d\lambda=\dfrac{3d\varepsilon_i}{2\sigma_s}$ | $de_{ij}=\dfrac{dS_{ij}}{2\mu}+d\lambda S_{ij}$ $d\lambda=\dfrac{3d\varepsilon_i^p}{2\sigma_s}$ | $e_{ij}=\dfrac{1+\varphi}{2\mu}S_{ij}$ $\varphi=\dfrac{3\mu\varepsilon_i^p}{\sigma_i}$ | $e_{ij}=\dfrac{3\varepsilon_i}{2\sigma_i}S_{ij}$ |
| 适用的材料 | | 理想刚塑性 | 理想弹塑性 | 理想弹塑性 | 幂强化材料 |
| 理论所限制的加载条件 | | 无 | 无 | 简单加载 | |
| 塑性区考虑的应变 | | 忽略了弹性应变 | 总应变中计入弹性应变 | 总应变中计入弹性应变 | 总应变中计入弹性应变 |
| 附注 | | 1.推广到强化材料:当强化条件为 $\sigma_i=H(\int d\varepsilon_i^p)$ 时,$d\lambda=\dfrac{3d\sigma_i}{2\sigma_iH'}$ 2.等向强化、随动强化、组合强化 | | 在偏离简单加载时亦适用 | |

# 3.6 基于应变空间的塑性本构关系

前面的塑性本构关系是在应力空间中表述的,它们已经成为弹塑性本构理论的主体。但是,基于应力表述的这些关系存在一些不足:它们不能有效地处理不稳定材料问题,无法给出不稳定材料的加、卸载条件。考虑到目前主流的数值分析方法,多以位移求解为主,即在获得位移之后,直接求出应变。如果采用基于应力描述的本构关系,则需要进一步由应变求出应力。因此,有必要基于应变空间来描述材料的屈服、强化、软化等弹塑性本构行为。

应变空间描述的塑性本构关系建立在依留申公设的基础上。

**1. 应变表述的屈服条件和强化条件**

前面介绍的按应力表述的各种屈服条件是通过大量试验结果的分析和归纳而建立的,并已得到工程实践的验证。建立按应变表述的屈服条件,最简单的途径是利用应力-应变的转换方法来实现。

(1)初始屈服条件

① 在屈服之前材料处于弹性状态,因此应力-应变之间的转换式应满足广义胡克定律

$$\sigma_{ij} = 3K\varepsilon_m\delta_{ij} + 2\mu e_{ij} \tag{3.6.1}$$

② 应力不变量-应变不变量之间的转换式为

$$I_1 = I_1(\sigma_{ij}) = \sigma_{ii} = 3Ke_{ii} = 3KI'_1(\varepsilon_{ij}) = 3KI'_1$$

$$\left.\begin{array}{l} J_2 = J_2(S_{ij}) = \dfrac{1}{2}S_{ij}S_{ij} = (2\mu)^2 \cdot \dfrac{1}{2}e_{ij}e_{ij} = (2\mu)^2 J'_2(e_{ij}) = (2\mu)^2 J'_2 \\[2mm] J_3 = J_3(S_{ij}) = S_1 S_2 S_3 = (2\mu)^3 \cdot e_1 e_2 e_3 = (2\mu)^3 J'_3(e_{ij}) = (2\mu)^3 J'_3 \end{array}\right\} \tag{3.6.2}$$

此外,还有两类空间中的 Lode 参数的互等关系,即 $\theta_\sigma = \theta_\varepsilon$,$\mu_\sigma = \mu_\varepsilon$。

③ 将上述转换式代入以应力表达的屈服条件中,便可得到相应的以应变表述的屈服条件 $\phi(e_{ij}, K) = 0$。例如,Mises 屈服条件的应变表述可如下导出。

由应力表述的屈服条件 $\sqrt{J_2(\sigma_{ij})} - \dfrac{1}{\sqrt{3}} = 0$ 出发,将式(3.6.2)中 $J_2 = (2\mu)^2 J'_2$ 以及 $\sigma_s = E\varepsilon_s$

(单轴拉伸曲线)代入,得到 $2\mu\sqrt{J'_2} - \dfrac{E}{\sqrt{3}}\varepsilon_s = 0$,进而有 $\sqrt{J'_2} - \dfrac{E\varepsilon_s}{2\sqrt{3}\mu} = 0$,最后得到

$$\sqrt{J'_2} - \frac{1+\mu}{\sqrt{3}}\varepsilon_s = 0 \tag{3.6.3}$$

此即应变表述的 Mises 屈服条件。

(2) 强化条件

后继屈服条件的应变表述同样可由应力表达式出发,利用应力-应变关系(此时为弹塑性状态)转换得到。对于不同类型强化的模型,具有不同的强化条件。

① 等向强化条件。如果等向强化模型应力表述的强化条件为 $f(\sigma_{ij}, \xi) = f^*(\sigma_{ij}) - \psi(\xi) = 0$,例如可取式(2.6.10),即 $\psi(\xi) = H(\int d\varepsilon_i^p)$。通过应力-应变转换,可得到应变表述的等向强化条件为

$$\phi(e_{ij}, \xi) = \phi^*(C_{ijkl}(\varepsilon_{kl} - \varepsilon_{kl}^p)) - H = 0 \tag{3.6.4}$$

② 随动强化条件。由应力表述的强化条件 $f^*(\sigma_{ij} - \alpha_{ij}) - k = 0$ 出发,例如取式(2.6.16)中 $\alpha_{ij} = c\varepsilon_{ij}^p$,将其改写为 $f^*(\sigma_{ij} - c\varepsilon_{ij}^p) - k = 0$。由应力-应变转换,整理为 $\phi(C_{ijkl}(\varepsilon_{kl} - \varepsilon_{kl}^p) - c\varepsilon_{ij}^p) - k = 0$,进而得到

$$\phi(C_{ijkl}\varepsilon_{kl} - C_{ijkl}\varepsilon_{kl}^p - c\varepsilon_{ij}^p) - k = 0 \tag{3.6.5}$$

③ 组合强化条件。类似地,由应力表述的强化条件 $f(\sigma_{ij}, \alpha_{ij}, \xi) = f^*(\sigma_{ij} - \alpha_{ij}) - \psi(\xi)$ 出发,可转换为

$$\phi(C_{ijkl}\varepsilon_{kl} - C_{ijkl}\varepsilon_{kl}^p - c\varepsilon_{ij}^p) - H = 0 \tag{3.6.6}$$

综合上面三式,可以写出以应变表述的强化条件的一般形式,记为

$$\phi(\varepsilon_{ij}, \varepsilon_{ij}^p, H) = 0 \tag{3.6.7}$$

或者

$$\phi(\varepsilon_{ij}, \varepsilon_{ij}^p, \psi(\xi)) = 0 \tag{3.6.7a}$$

**2. 应变表述的流动法则与加、卸载条件**

(1) 应变空间中的流动法则

基于应变空间中的依留申公设的表达式(3.2.19),类似于 Drucker 推证应力屈服面外凸的方法,可以证明应变屈服面 $\phi$(包括后继屈服面)也是外凸的。

利用应力空间中的流动法则 $d\varepsilon_{ij}^{p} = d\lambda \cdot \dfrac{\partial f}{\partial \sigma_{ij}}$，可以导出应变空间中的流动法则为

$$d\sigma_{ij}^{p} = d\lambda \cdot \frac{\partial \phi}{\partial \varepsilon_{ij}} \qquad (3.6.8)$$

（2）应变空间中的加、卸载条件

由于依留申公设可以适用于稳定和不稳定材料，因此可以利用 $d\varepsilon_{ij}\,d\sigma_{ij}^{p} \geqslant 0$ 和 $d\sigma_{ij}^{p} = d\lambda \cdot \dfrac{\partial \phi}{\partial \varepsilon_{ij}}$ 建立应变空间统一的加、卸载条件，用下面的式（3.6.9）表示

$$\begin{cases} \text{若 } \phi < 0,\ \text{弹性加载} \\[2mm] \text{若 } \phi = 0, \dfrac{\partial \phi}{\partial \varepsilon_{ij}} d\varepsilon_{ij} < 0,\ \text{弹性卸载，不产生塑性变形} \\[2mm] \text{若 } \phi = 0, \dfrac{\partial \phi}{\partial \varepsilon_{ij}} d\varepsilon_{ij} = 0,\ \text{中性变载（对理想弹塑性体产生塑性变形，是加载）} \\[2mm] \text{若 } \phi = 0, \dfrac{\partial \phi}{\partial \varepsilon_{ij}} d\varepsilon_{ij} > 0,\ \text{塑性加载（强化段是强化加载，软化段是软化加载，} \\[2mm] \qquad\qquad\qquad \text{在这两种加载条件下，塑性变形均是增加的）} \end{cases} \quad (3.6.9)$$

式（3.6.9）的几何表示如图 3.22 所示。图中 $AB$ 和 $CD$ 表示 $d\varepsilon_{ij}$ 的方向指向加载面 $\phi(\varepsilon_{ij}$, $\varepsilon_{ij}^{p}$, $\psi)$ 的外侧，分别表示强化段和软化段处于强化加载和软化加载状态。$EF$ 表示 $d\varepsilon_{ij}$ 的方向与加载面相切，表示中性变载。对于强化或软化弹塑性固体，中性变载作用下无新的塑性变形产生，而对于理想弹塑体，由于塑性流动增长，则意味着加载。$GH$ 表示 $d\varepsilon_{ij}$ 的方向指向加载面的内侧，处于弹性卸载状态。

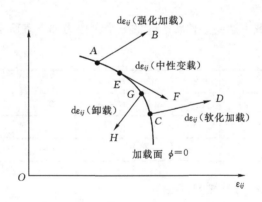

图 3.22　应变空间中的加、卸载条件

### 3. 应变空间中的应力-应变关系

根据定义和流动法则，增量型应力-应变关系可表述如下

$$\left.\begin{aligned} d\sigma_{ij} &= C_{ijkl}(d\varepsilon_{kl} - d\varepsilon_{kl}^{p}) = d\sigma_{ij}^{e} - d\sigma_{ij}^{p} \\ d\sigma_{ij}^{e} &= C_{ijkl}\,d\varepsilon_{kl} \\ d\sigma_{ij}^{p} &= C_{ijkl}\,d\varepsilon_{kl}^{p} = d\lambda \cdot \frac{\partial \phi}{\partial \varepsilon_{ij}} \end{aligned}\right\} \qquad (3.6.10)$$

式中：$d\lambda$ 可由一致性条件确定。

根据 $\phi(\varepsilon_{ij}$, $\varepsilon_{ij}^{p}$, $H) = 0$ 和 $d\phi = 0$，可展开为

$$d\phi = \frac{\partial\phi}{\partial\varepsilon_{ij}}d\varepsilon_{ij} + \frac{\partial\phi}{\partial\varepsilon_{ij}^p}d\varepsilon_{ij}^p + \frac{\partial\phi}{\partial H} \cdot \frac{\partial H}{\partial\varepsilon_{ij}^p}d\varepsilon_{ij}^p = 0$$

由 $d\sigma_{ij}^p = C_{ijkl}d\varepsilon_{kl}^p$ 求逆,得到 $d\varepsilon_{ij}^p = C_{ijkl}^{-1}d\sigma_{kl}^p$,将其代入上式,得

$$\frac{\partial\phi}{\partial\varepsilon_{ij}}d\varepsilon_{ij} + \left(\frac{\partial\phi}{\partial\varepsilon_{ij}^p} + \frac{\partial\phi}{\partial H} \cdot \frac{\partial H}{\partial\varepsilon_{ij}^p}\right) \cdot C_{ijkl}^{-1}d\sigma_{kl}^p = 0$$

将流动法则 $d\sigma_{ij}^p = d\lambda\dfrac{\partial\phi}{\partial\varepsilon_{ij}}$ 代入上式并整理,便可求得 $d\lambda$ 为

$$\left.\begin{aligned} d\lambda &= \frac{1}{h}\frac{\partial\phi}{\partial\varepsilon_{ij}}d\varepsilon_{ij} \\ h &= -\frac{\partial\phi}{\partial\varepsilon_{mn}^p}C_{mnpq}^{-1}\frac{\partial\phi}{\partial\varepsilon_{pq}} - \frac{\partial\phi}{\partial H} \cdot \frac{\partial H}{\partial\varepsilon_{mn}^p}C_{mnpq}^{-1}\frac{\partial\phi}{\partial\varepsilon_{pq}} \end{aligned}\right\} \tag{3.6.11}$$

将式(3.6.11)代入式(3.6.10),便可得到以应变表述的本构关系式

$$\begin{aligned} d\sigma_{ij} &= \left(C_{ijkl} - \frac{1}{h}\frac{\partial\phi}{\partial\varepsilon_{ij}}\frac{\partial\phi}{\partial\varepsilon_{kl}}\right)d\varepsilon_{kl} \\ &= (C_{ijkl} - C_{ijkl}^p)d\varepsilon_{kl} \\ &= C_{ijkl}^{ep}d\varepsilon_{kl} \end{aligned} \tag{3.6.12}$$

其中

$$C_{ijkl}^p = \frac{1}{h}\frac{\partial\phi}{\partial\varepsilon_{ij}}\frac{\partial\phi}{\partial\varepsilon_{kl}} \tag{3.6.13a}$$

$$C_{ijkl}^{ep} = C_{ijkl} - C_{ijkl}^p \tag{3.6.13b}$$

## 习　题　3

**3.1**　已知在简单加载下达到塑性状态时的三个主应力如下表所示情况时,试求塑性应变 $\varepsilon_1^p, \varepsilon_2^p, \varepsilon_3^p$ 的表达式。

| 主应力 | 1 | 2 | 3 | 4 | 5 | 6 | 7 |
|---|---|---|---|---|---|---|---|
| $\sigma_1$ | $2\sigma$ | $\sigma$ | $0$ | $\sigma$ | $0$ | $0$ | $\sigma$ |
| $\sigma_2$ | $\sigma$ | $0$ | $-\sigma$ | $0$ | $-\sigma$ | $0$ | $\sigma$ |
| $\sigma_3$ | $0$ | $-\sigma$ | $-2\sigma$ | $0$ | $-\sigma$ | $-\sigma$ | $0$ |

**3.2**　试从 Prandtl-Reuss 法则,证明:

(1) 单位体积的塑性功增量 $dW_p = \sigma_i d\varepsilon_i^p$;

(2) 塑性应变增量 $d\varepsilon_{ij}^p = \dfrac{3}{2}\dfrac{dW_p}{\sigma_i^2}S_{ij}$。

**3.3**　如果材料服从 Prandtl-Reuss 法则,且是等向强化的,强化条件如式(2.6.8)和式(2.6.12)所示,请证明:此时有 $\sigma_i = H'/F'$,式中 $F'$ 和 $H'$ 分别为强化函数对各自自变量的导数。

**3.4**　一理想弹塑性材料,其单轴屈服应力为 300 MPa,服从 Tresca 屈服条件及与其相关联的流动法则,单位体积塑性功率 $dW_p/dt = 1.2$ MW/m³,试确定在下面三种情况下的塑性应变率 $d\varepsilon_1^p/dt, d\varepsilon_2^p/dt, d\varepsilon_3^p/dt$ 的值。

(1) $\sigma_1 = 300$ MPa, $\sigma_2 = 100$ MPa, $\sigma_3 = 0$;

(2) $\sigma_1 = 200$ MPa，$\sigma_2 = -100$ MPa，$\sigma_3 = 0$；

(3) $\sigma_1 = 200$ MPa，$\sigma_2 = -100$ MPa，$\sigma_3 = -100$ MPa。

**3.5**　如果材料服从下面的一般各向同性屈服条件

$f = F(J_2, J_3) - \tau_s^2 = 0$，$\tau_s$ 为剪切屈服极限，$J_2$ 和 $J_3$ 分别为应力偏量第二、三不变量，$F(J_2, J_3)$ 的具体表达式有两种情况：

(1) $f = \left(1 - c\dfrac{J_3^2}{J_2^3}\right)^{\frac{1}{3}} J_2 - \tau_s^2 = 0$，$c$ 为常数；

(2) $f = 4J_2^3 - 27J_3^2 - 36\tau_s^2 J_2^2 + 96\tau_s^4 J_2 - 64\tau_s^6 = 0$

请分别推导出与之相关联的流动法则的表达式。

**3.6**　一强化材料服从 Mises 屈服条件及与其相关联的流动法则，且等向强化，其中 Mises 屈服条件 $f = J_2 - k^2$ 中的 $k$ 可以分别假定为：(1) $k$ 依赖于等效塑性应变 $\varepsilon_i^p$；(2) 依赖于 $W_p$。

如果其单轴拉伸原始曲线的小变形阶段可以用 $\sigma = F(\varepsilon^p)$ 表示，试推导出流动法则 $\mathrm{d}\varepsilon_{ij}^p = \mathrm{d}\lambda \cdot \dfrac{\partial f}{\partial \sigma_{ij}}$ 的显式表达式。

**3.7**　一厚壁球形壳在均匀内压力作用下发生弹塑性变形，该问题能否用全量理论求解？为什么？

**3.8**　薄壁圆筒由不可压缩理想弹塑性材料制成，满足 Mises 屈服条件。通过施加轴向拉伸和扭矩的方式来实现控制变形的加载，如图所示，有三种不同的变形加载路径从原点 $O$ 到达 $C$ 点（$\varepsilon = \varepsilon_z = \dfrac{\sigma_s}{E}$，$\gamma = \gamma_{\theta z} = \dfrac{\sigma_s}{\sqrt{3}\mu}$），请确定对应的应力终值。

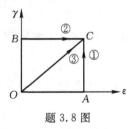

题 3.8 图

**提示**　路径①，$\sigma_z = 0.648\sigma_s$，$\tau_{\theta z} = 0.439\sigma_s$

　　　　路径②，$\sigma_z = 0.762\sigma_s$，$\tau_{\theta z} = 0.374\sigma_s$

　　　　路径③，$\sigma_z = 0.707\sigma_s$，$\tau_{\theta z} = 0.408\sigma_s$

**3.9**　由不可压缩材料制成的圆杆，服从 Mises 屈服条件。若首先将杆拉伸至屈服，然后在保持拉伸应变不变的情况下，再将杆扭转至扭转角 $\theta = \dfrac{\tau_s}{\mu R}$，式中 $R$ 为圆杆的半径，$\tau_s$ 为材料的剪切屈服极限。试求此时圆杆中的应力。

**3.10**　一薄壁圆管，平均直径 50 mm，壁厚 5 mm，长度 100 mm。受拉伸、扭转联合作用，且拉应力 $\sigma$ 和扭转剪应力 $\tau$ 之比为 1。在 $\sigma$ 为 147 MPa 时，圆管的伸长和扭转角各为多少？假设材料是不可压缩的，其 $\sigma_i - \varepsilon_i$ 关系为 $\sigma_i = 490\varepsilon_i^{0.5}$ MPa。

**3.11**　已知某材料在纯拉伸时是线性强化的，即 $\mathrm{d}\sigma/\mathrm{d}\varepsilon_p = H' =$ 常数，如采用 Mises 等向强化模型，求该材料在纯剪切时 $\dfrac{\mathrm{d}\tau}{\mathrm{d}\gamma}$ 的表达式。

**提示** 对 Mises 等向强化模型,有

$$d\varepsilon_{ij}^{p} = \frac{3}{2H'}\frac{d\sigma_i}{\sigma_i}S_{ij}$$

纯剪切时,非零应变分量为 $\gamma$,非零应力分量为 $\tau$,有

$$\sigma_i = \sqrt{3J_2} = \sqrt{3}\tau \quad\Rightarrow\quad d\sigma_i = \sqrt{3}d\tau$$

当 $i \neq j$ 时有

$$d\varepsilon_{ij}^{p} = \frac{1}{2}d\gamma_{ij}^{p}, \quad S_{ij} = \sigma_{ij} - \sigma_m\delta_{ij}$$

因此

$$\frac{1}{2}d\gamma^{p} = \frac{3}{2H'}\frac{\sqrt{3}d\tau}{\sqrt{3}\tau}\tau \quad\Rightarrow\quad d\gamma^{p} = \frac{3}{H'}d\tau$$

$$d\gamma = d\gamma^{e} + d\gamma^{p} = \frac{d\tau}{\mu} + \frac{3}{H'}d\tau = \left(\frac{1}{\mu} + \frac{3}{H'}\right)d\tau$$

**3.12** 在主应力 $\sigma_1$,$\sigma_2$ 的平面内,屈服曲线由条件 $|\sigma_1| = \sigma_s$,$|\sigma_2| = \sigma_s$ 给出,请写出与该屈服条件相关联的流动法则。

**3.13** 如果强化材料服从 Mises 法则,且等向强化,强化条件为 $f(\sigma,\xi) = \sqrt{J_2} - k(\int d\varepsilon_i^p)$,流动法则为 $d\varepsilon_{ij}^{p} = d\lambda \cdot S_{ij}$,请证明:

$$d\varepsilon_{ij}^{p} = \frac{\sqrt{3}S_{ij}\langle S_{kl}\,dS_{kl}\rangle}{4k^2k'(\int d\varepsilon_i^p)}$$

上式中 $\langle\cdot\rangle$ 为麦考利符号,即 $\langle x\rangle = \begin{cases} 0, & \text{当 } x \leq 0 \\ x, & \text{当 } x > 0 \end{cases}$。

**3.14** 参考图 3.3,材料与习题 3.13 中相同,如果两点应力状态 $\sigma_{ij}^0$ 和 $\sigma_{ij}$ 分别满足条件 $J_2 \leq k^2$ 和 $J_2 = k^2$,请证明:

(1) $(S_{ij} - S_{ij}^0)S_{ij} \geq 0$;(2) 无论 $k(\int \varepsilon_i^p)$ 取值为何种情况,即无论是强化还是软化,该材料均满足 Drucker 公设,即式(3.2.3)。

**3.15** 证明:习题 3.13 中的材料当且仅当 $k'(\int d\varepsilon_i^p) > 0$ 时满足 Drucker 不等式(3.2.8)。

**3.16** 习题 3.13 中的材料,满足 Mises 屈服条件和等向强化,但是服从非关联流动法则 $d\varepsilon_{ij}^{p} = d\lambda \cdot (S_{ij} + t_{ij})$,其中 $S_{ij}t_{ij} = 0$,请证明:对于某些 $d\sigma_{ij}$,Drucker 不等式(3.2.8)是不成立的。

**3.17** 已知两端封闭的薄圆管容器,由内压 $p$ 引起塑性变形,如果轴向塑性应变为 $\varepsilon_z^p$,周向塑性应变为 $\varepsilon_\theta^p$,径向塑性应变为 $\varepsilon_r^p$,试求 $\varepsilon_z^p$,$\varepsilon_\theta^p$ 和 $\varepsilon_r^p$ 的比值,并求出 $\varepsilon_\theta^p$ 和压力 $p$ 之间的关系,设材料的塑性应力应变关系为

$$\varepsilon_i^{p} = \left\{\frac{(\sigma_i - \sigma_s)}{E_1}\right\}^{\frac{1}{n}}$$

**提示** 应力偏量的分量为

$$S_\theta = \frac{pr}{2t}, \quad S_z = 0, \quad S_r = -\frac{pr}{2t}$$

塑性应变的比值为

$$\varepsilon_r^p : \varepsilon_\theta^p : \varepsilon_z^p = S_r : S_\theta : S_z = (-1) : 1 : 0$$

根据全量理论的应力-应变关系,有

$$\varepsilon_\theta^p = \frac{\varepsilon_i^p}{\sigma_i}\Big[\sigma_\theta - \frac{1}{2}(\sigma_r + \sigma_z)\Big] = \frac{3\varepsilon_i^p}{4\sigma_i}\sigma_\theta$$

应力强度 $\sigma_i$ 为

$$\sigma_i = \frac{1}{\sqrt{2}}\sqrt{(\sigma_\theta - \sigma_z)^2 + (\sigma_r - \sigma_z)^2 + (\sigma_\theta - \sigma_r)^2} = \frac{\sqrt{3}}{2}\sigma_\theta$$

则有

$$\varepsilon_\theta^p = \frac{3}{4}\sigma_\theta \frac{\varepsilon_i^p}{\frac{\sqrt{3}}{2}\sigma_\theta} = \frac{\sqrt{3}}{2}\varepsilon_i^p$$

$$\varepsilon_i^p = \Big[\frac{(\sigma_i - \sigma_s)}{E_1}\Big]^{\frac{1}{n}} = \Big[\Big(\frac{\sqrt{3}}{2}\sigma_\theta - \sigma_s\Big)\Big]^{\frac{1}{n}} E_1^{-\frac{1}{n}} = \Big(\frac{\sqrt{3}}{2}\frac{pr}{t} - \sigma_s\Big)^{\frac{1}{n}} E_1^{-\frac{1}{n}}$$

最后得

$$\varepsilon_\theta^p = \frac{\sqrt{3}}{2}E_1^{-\frac{1}{n}}\Big(\frac{\sqrt{3}pr}{2t} - \sigma_s\Big)^{\frac{1}{n}}$$

或者

$$p = \frac{2t}{\sqrt{3}r}\Big[E_1\Big(\frac{2}{\sqrt{3}}\varepsilon_\theta^p\Big)^n + \sigma_s\Big]$$

**3.18**　如果强化条件 $f = f^*(\sigma_{ij} - \alpha_{ij}) - k(\xi)$ 中 $f^* = \sqrt{\bar{J}_2}$,$\bar{J}_2 = \frac{1}{2}(S_{ij} - \alpha'_{ij})(S_{ij} - \alpha'_{ij})$,$\alpha'_{ij}$ 是背应力张量 $\alpha_{ij}$ 的偏量分量;$k$ 为常数;当 $\alpha_{ij}$ 服从的演化规律为 $\dot{\alpha}_{ij} = c\dot{\varepsilon}_{ij}^p$ 时,请证明 $\alpha_{ij}$ 的率方程为

$$\dot{\alpha}_{ij} = (S_{ij} - \alpha_{ij})\frac{(S_{kl} - \alpha_{kl})\dot{S}_{kl}}{2k^2}$$

**3.19**　习题 3.18 中,当 $k$ 不再是常数、而依赖于 $\varepsilon_i^p$ 时,请将该习题得到的结果进行推广,给出 $\alpha_{ij}$ 和 $\varepsilon_{ij}^p$ 的率方程表达式。

**英文阅读材料 3**

## 1. Introduction

In order to describe the behaviour of a rigid-work-hardening material, one needs

(a) an initial yield condition, specifying the states of stress for which plastic flow first sets in;

(b) a flow rule, connecting the plastic strain increment with the stress and the stress increment;

(c) a hardening rule, specifying the modification of the yield condition in the course of plastic flow.

It is customary to represent the yield condition as a surface in stress space, convex[1] and initially containing the origin. The current yield conditions for a metal are those of

v. Mises[2] and of Tresca [3]. The flow rule generally accepted is also due to v. Mises[4]. It is justified to a certain extent by physical reasons [5,1], and it states that the strain increment vector lies in the exterior normal of the yield surface at the stress point. As to the hardening rule, there are various versions in use. The rule of isotropic work-hardening[6,7] assumes that the yield surface expands during plastic flow, retaining its shape and situation with respect to the origin. Another rule, developed by PRAGER[8], assumes that the yield surface is rigid but undergoes a translation in the direction of the strain increment. This rule accounts for the Bauschinger effect observed in the materials in question. The main advantage of the rule is that for piecewise linear yield conditions, such as that of Tresca, the law exhibits a limited path independence of the final plastic strain with a resulting simplification in the mathematical analysis.

The following sections contain a discussion of Prager's hardening rule and its implications for special states of stress prevalent in practical applications.

Mention should be made of the work of HODGE (see [10], for example), which uses a strain-hardening rule which is a combination of the PRAGER rule and isotropic hardening.

## 2. Treatment in 9-Space

Let us consider an element of a rigid-work-hardening solid, referred to an orthogonal coordinate system $x_i$. The state of stress of this element can be represented by a stress point $P$ in a 9-space $\sigma_{ik}$. In this space, the initial yield surface is represented by an equation

$$F(\sigma_{ik}) = k^2 = \text{const} \qquad (2.1)$$

In the following, for simplicity attention will be confined to initially isotropic materials for which the form of the function $F$ is invariant with respect to a rotation of the stress state. An initially anisotropic material can be treated in an analogous manner.

The hardening rule suggested by Prager assumes that during plastic deformation the yield surface moves in translation. After a certain amount of plastic flow, it is given by

$$F(\sigma_{ik} - \alpha_{ik}) = k^2 \qquad (2.2)$$

where the tensor $\alpha_{ik}$ represents the total translation. Because $\alpha_{ik}$ is not necessarily the isotopic tensor $\delta_{ik}$, where $\delta_{ik}$ is the Kronecker delta, *the material becomes anisotropic as a result of the hardening process*. Accordingly, direction is important and we shall fix the coordinate system $x_i$ with respect to the element, small deformations being assumed.

Due to the flow rule of v. Mises, the plastic strain increment $d\varepsilon_{ik}$, considered as a vector in the space $\sigma_{ik}$, lies in the exterior normal of the surface (2.2) at $P$. Thus, it is represented by

$$d\varepsilon_{ik} = \frac{\partial F}{\partial \sigma_{ik}} d\lambda, \ d\lambda > 0 \qquad (2.3)$$

The definition of a Prager-hardening material is completed by assuming that the surface (2.2) moves in the direction of $d\varepsilon_{ik}$; more explicitly

$$d\alpha_{ik} = c d\varepsilon_{ik} \qquad (2.4)$$

Where $c$ is a constant characterizing the material. This work-hardening law is a generalization to complex states of stress of a linear work-hardening law in simple tension (Fig. 1), which exhibits a Bauschinger effect. [The workhardening modulus $c_1$ in simple tension (Fig. 1) is related to the workhardening modulus $c$ by $c_1 = (3/2)c$.]

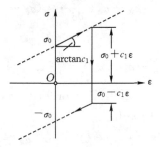

Fig. 1　Response of the material considered in simple tension or compression

The hardening rule described is physically acceptable because the components

$$\alpha_{ik} = c\varepsilon_{ik} \tag{2.5}$$

form a tensor of the second order, and the law is therefore independent of the particular coordinate system $x_i$ chosen.

The scalar $\mathrm{d}\lambda$ in (2.3) is determined by the condition that $P$ remains on the yield surface in plastic flow. From this condition

$$(\mathrm{d}\sigma_{ik} - \mathrm{d}\alpha_{ik})\frac{\partial F}{\partial \sigma_{ik}} = 0 \tag{2.6}$$

and from (2.4) and (2.3) follows at once

$$\mathrm{d}\lambda = \frac{1}{c} \cdot \frac{(\partial F/\partial \sigma_{ij})\mathrm{d}\sigma_{ij}}{(\mathrm{d}F/\partial \sigma_{kl})(\partial F/\partial \sigma_{kl})} \tag{2.7}$$

if the summation convention is adopted in 9-space.

In an initially isotropic solid the yield function takes the form

$$F(\sigma_{ik}) = G[I_1(\sigma_{ik}), I_2(\sigma_{ik}), I_3(\sigma_{ik})] \tag{2.8}$$

where

$$I_1 = \sigma_{ii}, \quad I_2 = \frac{1}{2}\sigma_{ij}\sigma_{ji}, \quad I_3 = \frac{1}{3}\sigma_{ij}\sigma_{jk}\sigma_{ki} \tag{2.9}$$

are the invariants of the stress tensor. Moreover, if the initial yield is independent of the mean normal stress

$$F(\sigma_{ik} + \beta\delta_{ik}) = F(\sigma_{ik}) \tag{2.10}$$

where $\beta$ is an arbitrary scalar. When plastic flow has set in the yield function becomes, on account of (2.2) and (2.8),

$$F(\sigma_{ik} - \alpha_{ik}) = G[I_1(\sigma_{ik} - \alpha_{ik}), I_2(\sigma_{ik} - \alpha_{ik}), I_3(\sigma_{ik} - \alpha_{ik})] \tag{2.11}$$

From (2.10) it follows that the values of (2.11) remain unchanged when $\sigma_{ik}$ is replaced by $\sigma_{ik} + \beta\delta_{ik}$: Prager's hardening rule implies that *during the whole hardening process yield is independent of the mean normal stress*.

With (2.11), the flow rule (2.3) reads

$$d\varepsilon_{ik} = \frac{\partial G}{\partial \sigma_{ik}} d\lambda = \left( \frac{\lambda G}{\partial I_1} \cdot \frac{\partial I_1}{\partial \sigma_{ik}} + \cdots \right) d\lambda \tag{2.12}$$

Since

$$\frac{\partial I_1}{\partial \sigma_{ik}} = \delta_{ik}, \quad \frac{\partial I_2}{\partial \sigma_{ik}} = \sigma_{ik} - \alpha_{ik}, \quad \frac{\partial I_3}{\partial \sigma_{ik}} = (\sigma_{ij} - \alpha_{ij})(\sigma_{jk} - \alpha_{jk}), \tag{2.13}$$

we obtain from (2.12)

$$d\varepsilon_{ik} = \left[ \frac{\partial G}{\partial I_1} \delta_{ik} + \frac{\partial G}{\partial I_2} (\sigma_{ik} - \alpha_{ik}) + \frac{\partial G}{\partial I_3} (\sigma_{ij} - \alpha_{ij})(\sigma_{jk} - \alpha_{jk}) \right] d\lambda \tag{2.14}$$

Let us assume now that the physical coordinate axes originally coincide with the principal axes of stress. Then we have first

$$\sigma_{ik} = 0 \quad (i \neq k) \quad \text{and} \quad \alpha_{ik} = 0 \tag{2.15}$$

From (2.14) follows

$$d\varepsilon_{ik} = 0 \ (i \neq k) \tag{2.16}$$

I. e. , since the material is isotropic at the beginning, the strain increment tensor is coaxial with the stress tensor. By (2.4) and (2.16), also

$$d\alpha_{ik} = 0 \quad (i \neq k) \tag{2.17}$$

The last result remains valid if the second assumption (2.15) is replaced by the weaker assumption

$$\alpha_{ik} = 0 \quad (i \neq k) \tag{2.18}$$

It follows that, *if the principal axes of stress remain fixed in the element from the start*, *the strain increment tensor and thus the strain tensor remain coaxial with the stress tensor.*

If the principal axes of stress rotate, (2.16) holds only in a first step, provided the principal system of stess is used as the physical coordinate system. If (2.16) shall hold in a second step, the coordinate system must be rotated between the first step and the second one. This rotation, however, violates (2.18): *Due to the anisotropy caused by strain hardening*, *the strain increment tensor is in general not coaxial with the stress tensor.*

Many problems of practical importance can be treated in a space of less than 9 dimensions. In certain cases, e. g. , a 3-space defined by the principal stresses is useful. From our last result follows, however, that this 3-space is inadequate where the principal axes of stress are not fixed in the element. In addition, we shall see in the next sections that the reduction in dimensions is not without influence on the form of the hardening rule.

### 3. Treatment in 6-Space

On account of the symmentry of the stress and strain tensors, the problem may as well be treated in 6-space. It is convenient here and particularly for the subsequent specializations to denote the physical coordinates by $x$, $y$, $z$, the stresses by $\sigma_x$, $\cdots$, $\tau_{yz}$, $\cdots$, and the strains by $\varepsilon_x$, $\cdots$, $\varepsilon_{yz}$, $\cdots$, where the dots indicate cyclic permutations.

In the new notations the yield condition (2.2) reads

$$F(\sigma_x - \alpha_x, \cdots, \tau_{yz} - \alpha_{yz}, \cdots, \tau_{zy} - \alpha_{zy}, \cdots) = k^2 \tag{3.1}$$

where $\tau_{yz}$, $\tau_{zy}$, $\cdots$ have to be considered as independent variables. The flow rule (2.3) becomes

$$d\varepsilon_x = \frac{\partial F}{\partial \sigma_x}d\lambda, \cdots, \quad d\varepsilon_{yz} = \frac{\partial F}{\partial \tau_{yz}}d\lambda, \cdots, \quad d\varepsilon_{zy} = \frac{\partial F}{\partial \tau_{zy}}d\lambda, \cdots, \quad (3.2)$$

and the hardening rule (2.4) takes the form

$$d\alpha_x = cd\varepsilon_x, \cdots, \quad d\alpha_{yz} = cd\varepsilon_{yz}, \cdots, \quad d\alpha_{zy} = cd\varepsilon_{zy}, \cdots \quad (3.3)$$

Treatment in 6-space, however, requires the elimination of the stress components $\tau_{zy}, \ldots$, of the strain components $\varepsilon_{zy}, \ldots$, and of the displacements $\alpha_{zy}, \ldots$

Because of the symmetry of the stress tensor

$$F(\sigma_x, \cdots, \tau_{yz}, \cdots, \tau_{zy}, \cdots) = f(\sigma_x, \cdots, \tau_{yz}, \cdots) \quad (3.4)$$

Thus, the yield surface in 6-space is given by

$$f(\sigma_x - \alpha_x, \cdots, \tau_{yz} - \alpha_{yz}, \cdots) = F[\sigma_x - \alpha_x, \cdots, \tau_{yz} - \alpha_{yz}, \cdots, \tau_{zy} - \alpha_{zy}, \cdots] = k^2 \quad (3.5)$$

From (3.2) and (3.5) we obtain

$$d\varepsilon_x = \frac{\partial f}{\partial \sigma_x}d\lambda, \cdots, \quad d\gamma_{yz} = 2d\varepsilon_{yz} = \frac{\partial f}{\partial \tau_{yz}}d\lambda, \cdots \quad (3.6)$$

This is the well-known result that *the flow rule of* v. Mises *remains valid in 6-space, if the state of strain is represented by the engineering components $\varepsilon_x, \ldots, \gamma_{yz}, \ldots$.*

If Prager's hardening rule holds in 9-space, the yield surface (3.5) in 6-space also moves in a translation. On account of (3.3), this translation is given by

$$d\alpha_x = cd\varepsilon_x, \cdots, \quad d\alpha_{yz} = \frac{1}{2}cd\gamma_{yz}, \cdots \quad (3.7)$$

*in general it is not in the direction of the exterior normal at the point P.* (3.7) is the form that Prager's hardening rule takes in the new strain components in 6-space.

It might seem that, dropping the factors 1/2 in (3.7), one might postulate the validity of Prager's rule in its original form in 6-space, there by renouncing its validity in this form in 9-space. Since both sides of (3.7) represent tensors, such a procedure would involve the sacrifice of the invariance of the rule with respect to rotations of the physical coordinate system. It is clear that this is inacceptable, and that we have to accept, conversely, the fact that the form of Prager's rule is apt to deteriorate in a subspace. The next sections will show different stages of this process.

（摘自论文：R. T. Shield, H. Ziegler. On Prager's Hardening Rule, ZAMP, 1958, Vol. IXa, pp. 260~276）

（论文全文可在作者教师主页下载：http://gr.xjtu.edu.cn/web/shangfl/13）

**塑性力学人物 3**

### Daniel Charles Drucker(丹尼尔·德鲁克)

Daniel Charles Drucker（3 June 1918—1 September 2001）was an authority on the theory of plasticity in the field of applied mechanics. Daniel Charles Drucker was born in New York City. He attended Columbia University where he majored in Civil Engineering, and obtained three degrees there, the last being the PhD received at the very early age of 22. He taught at Brown University from 1946 until 1968 when he joined the University of Illinois as Dean of Engineering. He was awarded the Timoshenko Medal in 1983. In 1984 he left

Illinois to become a graduate research professor at the University of Florida until his retirement in 1994. In 1988, he was awarded the National Medal of Science. He was a member of the National Academy of Engineering and of the American Academy of Arts and Sciences. The Drucker Medal is named in his honor.

Professor Drucker is world renowned for his research in photoelasticity, plasticity, and material behavior. His intellectual and leadership qualities are awe-inspiring, but in addition he is an outstanding human being, and those who know Dan Drucker well are keenly aware of his personal thoughtfulness and unstinting kindness.

# 第4章 简单的弹塑性问题

建立了弹塑性本构关系之后,就可以完整地写出弹塑性力学的基本方程及边界条件,并用这些基本理论求解弹塑性力学问题。本章将分别介绍几个简单的问题,目的在于说明塑性力学解题的方法及其特点。这些问题需要求解的未知量较少、边界条件较简单,可用较简单的数学方法求解得到其解析解或近似解。

## 4.1 弹塑性力学边值问题的提法

**1. 弹塑性增量型理论的边值问题**

一般情况下,若只给定载荷或位移的终值(在边界上),将无法确定物体内的应力场、应变场。只有在给定从自然状态下开始的全部边界条件的变化过程的情况下,才能跟踪加载历史,确定物体内的应力、应变和位移场。

设在加载过程中的某一瞬时,已根据加载历史求得 $\sigma_{ij}$、$\varepsilon_{ij}$、$u_i$,在此基础上使外载荷有一个增量,即在物体内给定 $\mathrm{d}F_i$(体力增量),在物体表面边界 $S_\sigma$ 上给定面力增量 $\mathrm{d}\overline{P}_i$,在边界 $S_u$ 上给定位移增量 $\mathrm{d}\overline{u}_i$,现在需要求解 $\mathrm{d}\sigma_{ij}$,$\mathrm{d}\varepsilon_{ij}$ 和 $\mathrm{d}u_i$。

按增量理论,它们必须满足的基本方程有

(1) 平衡方程

$$\mathrm{d}\sigma_{ij,j} + \mathrm{d}F_i = 0 \tag{4.1.1}$$

(2) 几何方程

$$\mathrm{d}\varepsilon_{ij} = \frac{1}{2}(\mathrm{d}u_{j,i} + \mathrm{d}u_{i,j}) \tag{4.1.2}$$

(3) 本构方程

① 对弹性区(即该步加载的起始状态位于初始屈服面内),取增量形式的广义胡克定律

$$\mathrm{d}\varepsilon_{ij} = \frac{1}{2\mu}\mathrm{d}S_{ij} + \frac{1-2\nu}{3E}\mathrm{d}\sigma_{kk}\delta_{ij} \tag{4.1.3}$$

② 对塑性区(即起始状态位于后继屈服面上),按照 Prandtl-Reuss 本构关系

$$\mathrm{d}\varepsilon_{ij} = \frac{1-2\nu}{E}\mathrm{d}\sigma_m\delta_{ij} + \frac{1}{2\mu}\mathrm{d}S_{ij} + \mathrm{d}\lambda S_{ij} \tag{4.1.4}$$

式中

$$\mathrm{d}\lambda = \begin{cases} \dfrac{3\mathrm{d}\varepsilon_i^p}{2\sigma_s} & \text{(理想弹塑性材料)} \\[3mm] \dfrac{3\mathrm{d}\sigma_i}{2H'\sigma_i} & \text{(等向强化材料)} \end{cases} \tag{4.1.4a}$$

需要注意,对卸载或中性加载,$\mathrm{d}\lambda = 0$;对加载,$\mathrm{d}\lambda > 0$。

对于理想弹塑性材料,要考虑屈服条件。如果采用 Mises 屈服条件,则有

$$f = J_2 - \frac{1}{3}\sigma_s^2 = 0$$

判断理想弹塑性材料是否处于加载或卸载过程的关系式为

$$\begin{cases} f = 0, \ \mathrm{d}f = \dfrac{\partial f}{\partial \sigma_{ij}}\mathrm{d}\sigma_{ij} < 0, \ \text{卸载} \\[3mm] f = 0, \ \mathrm{d}f = \dfrac{\partial f}{\partial \sigma_{ij}}\mathrm{d}\sigma_{ij} = 0, \ \text{加载} \end{cases}$$

对于强化材料,则不仅要考虑初始屈服条件,还要考虑后继屈服条件,即强化条件。如果采用 Mises 初始屈服条件,以及等向强化模型,则强化条件可写为

$$f = \sigma_i - H(\int \mathrm{d}\varepsilon_i^{\mathrm{p}}) = 0$$

对于强化材料,判断其处于加载还是卸载的准则为

$$\begin{cases} f = 0, \quad \dfrac{\partial f}{\partial \sigma_{ij}}\mathrm{d}\sigma_{ij} < 0, \quad \text{卸载} \\[3mm] f = 0, \quad \dfrac{\partial f}{\partial \sigma_{ij}}\mathrm{d}\sigma_{ij} = 0, \quad \text{中性变载} \\[3mm] f = 0, \quad \dfrac{\partial f}{\partial \sigma_{ij}}\mathrm{d}\sigma_{ij} > 0, \quad \text{加载} \end{cases}$$

上述方程共有 15 个。此外,还要满足边界条件,包括力边界条件和位移边界条件,即

$$\begin{cases} \mathrm{d}\sigma_{ij}n_j = \mathrm{d}\,\overline{p_i} \quad (S_\sigma \text{ 上}) \\[2mm] \mathrm{d}u_i = \mathrm{d}\,\overline{u_i} \quad\quad (S_u \text{ 上}) \end{cases} \tag{4.1.5}$$

在弹塑性区交界面上还应满足一定的连续条件。由上述边值问题可求得 $\mathrm{d}\sigma_{ij}$,$\mathrm{d}\varepsilon_{ij}$,$\mathrm{d}u_i$ 共 15 个量,叠加到原来的 $\sigma_{ij}$,$\varepsilon_{ij}$,$u_i$ 上,即 $\sigma_{ij}+\mathrm{d}\sigma_{ij}$,$\varepsilon_{ij}+\mathrm{d}\varepsilon_{ij}$,$u_i+\mathrm{d}u_i$,就可以得到本增量步的终值解答(即新的应力、应变和位移水平),然后确定新的屈服面。在此基础上,又可以求下一步增量。

**例 4.1** 试证明增量理论边值问题解的唯一性,即已知物体内的初始状态,沿着加载路径将各个瞬间求得的增量解进行积分,则可确定物体整体在最终载荷下的状态。

**证明** 设在某一时刻,已知加载历史及应力、应变状态。若在边界条件

$$\begin{cases} \mathrm{d}\sigma_{ij}n_j = \mathrm{d}\,\overline{p_i} \quad (S_\sigma \text{ 上}) \\[2mm] \mathrm{d}u_i = \mathrm{d}\,\overline{u_i} \quad\quad (S_u \text{ 上}) \end{cases}$$

下问题的解不是唯一的,而有两组不同的解存在,分别为 $(\mathrm{d}\sigma_{ij}^{(1)}, \mathrm{d}\varepsilon_{ij}^{(1)}, \mathrm{d}u_i^{(1)})$ 和 $(\mathrm{d}\sigma_{ij}^{(2)}, \mathrm{d}\varepsilon_{ij}^{(2)}, \mathrm{d}u_i^{(2)})$,它们分别在物体内满足

$$\mathrm{d}\sigma_{ij,j} + \mathrm{d}F_i = 0$$

$$\mathrm{d}\varepsilon_{ij} = \frac{1}{2}(\mathrm{d}u_{j,i} + \mathrm{d}u_{i,j})$$

现考虑两组解之差,即

$$\mathrm{d}\sigma_{ij} = \mathrm{d}\sigma_{ij}^{(1)} - \mathrm{d}\sigma_{ij}^{(2)}, \quad \mathrm{d}\varepsilon_{ij} = \mathrm{d}\varepsilon_{ij}^{(1)} - \mathrm{d}\varepsilon_{ij}^{(2)}, \quad \mathrm{d}u_i = \mathrm{d}u_i^{(1)} - \mathrm{d}u_i^{(2)}$$

由于上述基本方程是线性的,因而 $\mathrm{d}\sigma_{ij}$ 满足

$$\begin{cases} \mathrm{d}\sigma_{ij,j} = 0 \quad\quad (\text{体内}) \\[2mm] \mathrm{d}\sigma_{ij}n_j = 0 \quad (S_\sigma \text{ 上}) \end{cases}$$

同时 $\mathrm{d}\varepsilon_{ij}$,$\mathrm{d}u_i$ 满足

$$\begin{cases} \mathrm{d}\varepsilon_{ij} = \dfrac{1}{2}(\mathrm{d}u_{j,i} + \mathrm{d}u_{i,j}) & \text{（体内）} \\ \mathrm{d}u_i = 0 & (S_u \text{ 上}) \end{cases}$$

将虚功率原理（注：有关虚功率原理的讨论将在第 6 章中给出）应用于这两组解之差，并注意到这时体力和边界上的外力所做的虚功为零，即

$$\int_V \mathrm{d}\sigma_{ij}\,\mathrm{d}\varepsilon_{ij}\,\mathrm{d}V = \int_V (\mathrm{d}\sigma_{ij}^{(1)} - \mathrm{d}\sigma_{ij}^{(2)})(\mathrm{d}\varepsilon_{ij}^{(1)} - \mathrm{d}\varepsilon_{ij}^{(2)})\,\mathrm{d}V = 0$$

要使上式在任何情况下均成立，必须有

$$(\mathrm{d}\sigma_{ij}^{(1)} - \mathrm{d}\sigma_{ij}^{(2)})(\mathrm{d}\varepsilon_{ij}^{(1)} - \mathrm{d}\varepsilon_{ij}^{(2)}) = 0 \qquad\qquad (*)$$

因为应变增量可以分解为弹性部分和塑性部分，即 $\mathrm{d}\varepsilon_{ij}^{(1)} = \mathrm{d}\varepsilon_{ij}^{\mathrm{e}(1)} + \mathrm{d}\varepsilon_{ij}^{\mathrm{p}(1)}$，$\mathrm{d}\varepsilon_{ij}^{(2)} = \mathrm{d}\varepsilon_{ij}^{\mathrm{e}(2)} + \mathrm{d}\varepsilon_{ij}^{\mathrm{p}(2)}$，则上式左端也可以分为两部分，其中与弹性应变增量有关的部分为

$$(\mathrm{d}\sigma_{ij}^{(1)} - \mathrm{d}\sigma_{ij}^{(2)})(\mathrm{d}\varepsilon_{ij}^{\mathrm{e}(1)} - \mathrm{d}\varepsilon_{ij}^{\mathrm{e}(2)}) = (\mathrm{d}\sigma_{ij}^{(1)} - \mathrm{d}\sigma_{ij}^{(2)})(\mathrm{d}\sigma_{kl}^{(1)} - \mathrm{d}\sigma_{kl}^{(2)})/C_{ijkl}$$

上式除 $\mathrm{d}\sigma_{ij}^{(1)} = \mathrm{d}\sigma_{ij}^{(2)}$ 外总取正值。而与塑性有关的部分为

$$(\mathrm{d}\sigma_{ij}^{(1)} - \mathrm{d}\sigma_{ij}^{(2)})(\mathrm{d}\varepsilon_{ij}^{\mathrm{p}(1)} - \mathrm{d}\varepsilon_{ij}^{\mathrm{p}(2)}) = \mathrm{d}\sigma_{ij}\,\mathrm{d}\varepsilon_{ij}^{\mathrm{p}} \geqslant 0$$

上式运用了 Drucker 公设不等式。这样，为使式（*）成立，必须有

$$\mathrm{d}\sigma_{ij}^{(1)} = \mathrm{d}\sigma_{ij}^{(2)}$$

这个结果表示，应力增量可唯一地确定。对于强化材料，只要给定应力及加载历史，塑性应变增量和应力增量是一一对应的，这时可得

$$\mathrm{d}\varepsilon_{ij}^{(1)} = \mathrm{d}\varepsilon_{ij}^{(2)}$$

但对理想弹塑性材料则不然。

　　上面证明了应力增量的唯一性。对于给定的加载历史，只要知道物体内各点的塑性应变，就能证明最终状态的载荷条件下所产生的应力是唯一确定的。下面来证明之。

　　假定有两组不同的应力解，分别表示为 $\sigma_{ij}^{(1)}$ 和 $\sigma_{ij}^{(2)}$。取这两组解的差为 $\sigma_{ij} = \sigma_{ij}^{(1)} - \sigma_{ij}^{(2)}$，那么 $\sigma_{ij}$ 是满足没有体力作用下的平衡方程式（4.1.1），并在边界 $S_\sigma$ 上有 $\sigma_{ij}n_j = 0$ 的应力场。另一方面，因为塑性应变已知，因此可将对应的应变表示为 $\varepsilon_{ij}^{(1)} = e_{ij}^{\mathrm{e}(1)} + \varepsilon_{ij}^{\mathrm{p}}$，$\varepsilon_{ij}^{(2)} = \varepsilon_{ij}^{\mathrm{e}(2)} + \varepsilon_{ij}^{\mathrm{p}}$。在满足 $S_u$ 上相同的边界条件的两个位移场间，应有式（4.1.2）的关系。它们的差 $\varepsilon_{ij} = \varepsilon_{ij}^{(1)} - \varepsilon_{ij}^{(2)}$ 由满足 $S_u$ 上为零的位移场利用式（4.1.2）求得。对 $\sigma_{ij}$ 和 $\varepsilon_{ij}$ 虚功率原理适用，同时因为体力及表面力所做的虚功为零，因而有

$$\int_V \sigma_{ij}\varepsilon_{ij}\,\mathrm{d}V = \int_V (\sigma_{ij}^{(1)} - \sigma_{ij}^{(2)})(\varepsilon_{ij}^{\mathrm{e}(1)} - \varepsilon_{ij}^{\mathrm{e}(2)})\,\mathrm{d}V = 0 \qquad (**)$$

　　考虑到弹性应力与应变关系式，即广义胡克定律 $\varepsilon_{ij}^{\mathrm{e}} = C_{ijkl}^{-1}\sigma_{kl}$，上式中只要被积函数中 $\sigma_{ij}^{(1)} \neq \sigma_{ij}^{(2)}$ 就取正值，欲使式（**）成立，在物体 $V$ 内必有 $\sigma_{ij}^{(1)} = \sigma_{ij}^{(2)}$，这就证明了应力的唯一性。

　　应力的唯一性是证明残余应力唯一性的重要基础。另外，对于理想弹塑性材料，不能证明应变增量的唯一性，但是其应力分布具有唯一性。有兴趣的读者请参见文献[5]。

　　关于弹塑性状态应力解的唯一性，Hill（1950）给出了更为严格的证明。他系统地证明了在给定边界条件下，经历弹塑性变形时强化材料、非强化材料以及刚塑性材料体内一点应力分布的唯一性。而且，Hill 还建立了弹塑性固体的极值原理和变分原理，阐明了最大塑性功原理，并由此导出了应力增量的唯一性，即当给定边界条件时，弹塑性本构关系确定的应力增量解答必定是唯一的。1958 年，Hill 最终建立了有限变形情况下弹塑性固体边值问题解的唯一

性的一般理论,证明该唯一解的充分条件可表示为一个极值原理,而且唯一性条件的形式与稳定性条件十分相似。事实上,Hill 的这些工作成为了经典塑性力学的重要基石。详细请参见参考文献[7]。

**2. 全量理论边值问题的提法**

设在物体 $V$ 内给定体力 $F_i$,在应力边界 $S_\sigma$ 上给定面力 $\overline{p}_i$,在位移边界 $S_u$ 上给定位移 $\overline{u}_i$,要求确定物体内处于塑性变形状态的各点的应力 $\sigma_{ij}$、应变 $\varepsilon_{ij}$ 和位移 $u_i$。按照全量理论,确定这些未知量的基本方程有

(1) 平衡方程

$$\sigma_{ij,j} + F_i = 0 \tag{4.1.6}$$

(2) 几何方程

$$\varepsilon_{ij} = \frac{1}{2}(u_{i,j} + u_{j,i}) \tag{4.1.7}$$

(3)本构方程

按照依留申小变形全量理论,有

$$\left.\begin{array}{l} \varepsilon_{ii} = \dfrac{1-2\nu}{E}\sigma_{ii} \\[2mm] e_{ij} = \dfrac{3\varepsilon_i}{2\sigma_i}S_{ij} \\[2mm] \sigma_i = \Phi(\varepsilon_i) \end{array}\right\} \tag{4.1.8}$$

其中

$$\begin{array}{l} \varepsilon_i = \sqrt{\dfrac{2}{3}}\sqrt{e_{ij}e_{ij}} \\[3mm] \sigma_i = \sqrt{\dfrac{3}{2}}\sqrt{S_{ij}S_{ij}} \end{array} \tag{4.1.9}$$

式(4.1.8)适用于弹塑性加载过程,其加载判断条件为 $\mathrm{d}\sigma_i > 0$。$\mathrm{d}\sigma_i < 0$ 时属于卸载过程,此时应选用增量形式的广义胡克定律式(3.4.12)。

在求解时还要用到边界条件

$$\sigma_{ij}n_j = \overline{p}_i \quad (在 S_\sigma 上) \tag{4.1.10}$$
$$u_i = \overline{u}_i \quad (在 S_u 上) \tag{4.1.11}$$

这就是弹塑性问题全量理论的基本方程和边值问题的提法。因此,对塑性力学的全量理论而言,边值问题归结为在上述边界条件下求解 15 个基本方程,以确定 15 个基本物理量,即物体内处于塑性状态各点的 $\sigma_{ij}, \varepsilon_{ij}, u_i$。当然,可以看出,它比弹性力学求解要困难得多,因为方程(4.1.8)是非线性的。

## 4.2　梁的弯曲

在工程实际中,有很多结构可以归结为梁的弯曲问题,例如房屋大梁、桥式起重机大梁、火车轮轴、受气流冲击的汽轮机叶片等。下面先来研究梁的弹塑性弯曲问题。

**1. 梁的纯弯曲**

如图 4.1 所示,设横截面具有两个对称面的等截面梁,在 $Oxz$ 平面内受到纯弯矩 $M$ 的作

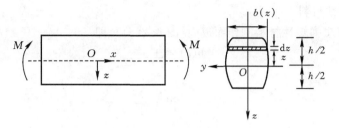

图 4.1　纯弯曲梁

用。在弹塑性变形时,仍采用平截面假设(即弯曲变形时,梁的横截面始终保持为平面、且与变形后的梁的轴相互垂直,即 Euler-Bernoulli 假设)、变形后截面形状不变、小变形假设,同时假定 $\nu=1/2$(此即包括弹性变形在内的不可压缩假定)。

根据材料力学知识,纯弯曲梁的应变分量为

$$
\left.
\begin{aligned}
\varepsilon_x = \varepsilon = \frac{z}{\rho} = -z\,\frac{\mathrm{d}^2 w}{\mathrm{d}x^2} \\
\varepsilon_y = \varepsilon_z = -\frac{1}{2}\varepsilon \\
\gamma_{xy} = \gamma_{yz} = \gamma_{zx} = 0
\end{aligned}
\right\}
\tag{4.2.1}
$$

式中:$\rho$ 为梁的曲率半径;$w(x)$ 为梁的轴线的挠度。容易验证,上述变形状态是满足变形协调条件的。

对于弹性区,上述变形状态表明,梁的纵向纤维受简单拉伸或压缩作用,梁内唯一的非零应力是横截面上的正应力 $\sigma_x = E\varepsilon = Ez/\rho$。这样,在弯矩 $M$ 增加时,每一单元体的加载显然均属简单加载,因而可用全量理论求解。

在塑性变形时,与式(4.2.1)变形相应的梁的应力为

$$
\sigma_x = \sigma = \Phi(\varepsilon), \quad \sigma_y = \sigma_z = \tau_{xy} = \tau_{yz} = \tau_{zx} = 0
\tag{4.2.2}
$$

可以验证,这样的应力状态是满足平衡方程及全量型本构关系的。

由于材料是各向同性的,截面又对称,所以随着 $M$ 的增加,塑性变形将由横截面边缘对称地向内部发展。因是纯弯曲变形,各个截面上应力分布完全相同,且弹性区和塑性区是共存的,弹塑性交界面是平行中性面的。在弹性区应力按线性分布,在塑性区按式(4.2.2)分布,而在二者的交界处,正应力 $\sigma = \sigma_s$。这样,每一截面上有

$$
\sigma(z) =
\begin{cases}
\sigma_s\,\dfrac{z}{z_s}, & \text{当} \mid z \mid \leqslant z_s \\
\Phi(\varepsilon), & \text{当} \mid z \mid > z_s
\end{cases}
\tag{4.2.3}
$$

式中:$z_s$ 是横截面上梁的中性面到弹塑性交界面的距离。

式(4.2.2)所给应力除了满足所有基本方程外,还应满足边界条件。梁的侧面上的边界条件是自动满足的,端面上边界条件为(参见图 4.1)

力的平衡　　　　　　　　　$\displaystyle\int_{-\frac{h}{2}}^{\frac{h}{2}} \sigma(z) b(z)\,\mathrm{d}z = 0$　　　　　　　　(4.2.4)

力矩的平衡　　　　　　　　$\displaystyle\int_{-\frac{h}{2}}^{\frac{h}{2}} \sigma(z) b(z) z\,\mathrm{d}z = M$　　　　　　　(4.2.5)

根据上二式即可求得 $z_s$ 和中性层位置。下面对不同材料的梁进行具体分析。

(1) 理想弹塑性材料

如果梁是用理想弹塑性材料制作而成(见图4.2(a)),即

$$\Phi(\varepsilon) = \pm\sigma_s$$

代入式(4.2.3)有

$$\sigma(z) = \begin{cases} -\sigma_s, & \text{当} -\dfrac{h}{2} \leqslant z \leqslant -z_s \\[2mm] \sigma_s\dfrac{z}{z_s}, & \text{当} -z_s \leqslant z \leqslant z_s \\[2mm] \sigma_s, & \text{当} z_s \leqslant z \leqslant \dfrac{h}{2} \end{cases} \tag{4.2.6}$$

它在截面上的分布情况如图4.2(b)所示。

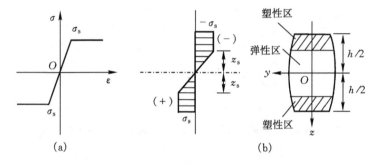

图4.2　理想弹塑性梁截面上应力分布情况($M_e < M < M_p$)

将上式代入端面边界条件,因 $y$ 轴为对称轴,式(4.2.4)自动满足(如 $y$ 轴不是对称轴,将由此条件确定中性轴位置)。由式(4.2.5)得

$$M = \frac{\sigma_s}{z_s}I_e + \sigma_s S_p \tag{4.2.7}$$

式中

$$I_e = 2\int_0^{z_s} z^2 b(z)\,\mathrm{d}z$$
$$S_p = 2\int_{z_s}^{\frac{h}{2}} z b(z)\,\mathrm{d}z \tag{4.2.8}$$

式中:$I_e$ 为弹性区对中性轴的惯性矩;$S_p$ 为塑性区对中性轴的静矩。上式确定了弯矩 $M$ 和弹性区高度 $z_s$ 之间的关系,即 $z_s = z_s(M)$。

关于梁的挠度 $w(x)$,对弹性区而言

$$\sigma = E\varepsilon = -Ez\frac{\mathrm{d}^2 w}{\mathrm{d}x^2}$$

在弹性区的边界上 $z = z_s$ 处,$\sigma = \sigma_s$,所以

$$\frac{\mathrm{d}^2 w}{\mathrm{d}x^2} = -\frac{\sigma_s}{Ez_s} \tag{4.2.9a}$$

考虑到

$$\rho = -1 \Big/ \frac{\mathrm{d}^2 w}{\mathrm{d}x^2}$$

由上式可得

$$\rho = \frac{E z_s}{\sigma_s} \qquad\qquad (4.2.9b)$$

例如,对于高为 $h$、宽为 $b$ 的矩形截面梁,由式(4.2.8)得

$$I_e = \frac{2}{3} b z_s^3, \quad S_p = b\left(\frac{h^2}{4} - z_s^2\right)$$

代入式(4.2.7)得

$$M = \frac{bh^2 \sigma_s}{4}\left[1 - \frac{4}{3}\left(\frac{z_s}{h}\right)^2\right] \qquad\qquad (a)$$

在上式中令 $z_s = h/2$,即得梁刚开始产生塑性变形时的所谓**弹性极限弯矩**

$$M_e = \frac{bh^2}{6}\sigma_s \qquad\qquad (b)$$

如令 $z_s = 0$,则表示梁的整个截面全部进入塑性状态,这时的弯矩称为**塑性极限弯矩**

$$M_p = \frac{bh^2}{4}\sigma_s \qquad\qquad (c)$$

可见 $M_p/M_e = 1.5$,这说明由开始屈服到截面全部屈服,还可继续增加 50% 的承载能力。由此能够看出,按塑性设计可以充分发挥材料的作用。

**截面形状系数**

比值 $M_p/M_e$ 称为截面的形状系数,它表征了在弹性范围之外截面还有多大的抗弯潜力,它对于结构的塑性分析十分重要。

仿照上面的分析方法,可以得到其他常见截面的形状系数,请参见第 6 章表 6.1。

同时还应看到,当所施加的弯矩 $M > M_e$ 时,梁截面的上下外层虽然已经屈服,但由于梁的中间部分还处于弹性变形状态,限制了塑性区塑性变形的增长。因而,它是处于约束塑性变形阶段,不能发生任意的塑性流动,尽管材料是理想弹塑性的。此时,仍然利用平截面假设,梁的曲率完全由中间的弹性区域控制,如式(4.2.9b)所示。当某截面全部进入塑性状态时,梁的曲率无限增大,如同形成了一个铰,称为塑性铰(plastic hinge)。

利用式(b),可将式(a)改写为

$$\frac{M}{M_e} = \frac{3}{2}\left[1 - \frac{1}{3}\left(\frac{z_s}{h/2}\right)^2\right] \qquad\qquad (d)$$

令与 $M_e$ 相对应的梁的曲率半径为 $\rho_e$,此时 $z_s = h/2$,则由式(4.2.9b)可得

$$\frac{\rho_e}{\rho} = \left(\frac{Eh}{2\sigma_s}\right)\Big/\left(\frac{E z_s}{\sigma_s}\right) = \frac{h/2}{z_s} \qquad\qquad (e)$$

将式(d)代入式(e),得

$$\frac{\rho_e}{\rho} = \frac{1}{\sqrt{3 - \dfrac{2M}{M_e}}} \qquad\qquad (f)$$

这就是梁屈服之后曲率半径与弯矩的关系。而在屈服之前,它们服从线弹性关系

$$\frac{\rho_e}{\rho} = \frac{M}{M_e} \qquad\qquad (g)$$

(注:根据材料力学知识,有 $\dfrac{1}{\rho} = \dfrac{M}{EI}$)。

由式(f)和式(g)即可绘出梁的曲率变化曲线,如图 4.3 所示。由图可见,该曲线以 $M/M_e=M_p/M_e=1.5$ 为渐近线,虽然所采用的是由两段直线构成的理想弹塑性模型,但是该变形曲线并非直线。为了工程计算的方便,有时用折线 $OAC$(弹塑性)或 $OBC$(刚塑性)来代替之。

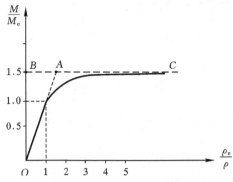

图 4.3　梁的曲率与所受弯矩之间的关系

当梁达到塑性极限状态($M_p$)时完全卸载,在梁截面内会存在残余应力。卸载相当于施加一反向弯矩

$$M' = -\frac{bh^2}{4}\sigma_s$$

据弹性解

$$\sigma' = \frac{M'}{I}z = -\frac{bh^2}{4}\sigma_s z \Big/ \frac{1}{12}bh^3 = -3\sigma_s\frac{z}{h}$$

卸载前的应力为 $\sigma = \pm\sigma_s$,所以残余应力

$$\sigma^* = \sigma' + \sigma = \pm\sigma_s - 3\sigma_s\frac{z}{h} \tag{h}$$

式(d)当 $z>0$ 时取正号,$z<0$ 时取负号,其沿截面分布情况如图 4.4 所示。请注意,采用上述弹性解有一个前提,即在卸载过程中,物体内处处不发生反向屈服。这里不难看出,由于 $M_p=1.5M_e<2M_e$,上述求得的残余应力满足屈服条件,不会引起反向屈服。

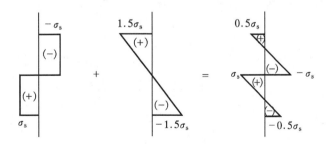

图 4.4　理想弹塑性梁的残余应力

**课后练习 1**

如果施加弯矩 $M(M_e<M<M_p)$ 后再卸载,请图形示意卸载最终状态时的残余应力分布情况,并说明是否会发生卸载时反向屈服?

**思考:**如何理解上面残余应力分布图 4.4 中的应力间断面?

如果对梁先施加弯矩 $M(M_e \leqslant M \leqslant M_p)$ 后再卸载,因为卸载时弯矩与曲率之间服从弹性规律,故在卸载最终状态时有

$$\left(\frac{\rho_e}{\rho}\right)^{Final} = \left(\frac{\rho_e}{\rho}\right)_M - \left(\frac{M}{M_e}\right) \tag{i}$$

如果记 $m = M/M_e$, $\phi = \rho_e/\rho$, $\phi^{Final} = \rho_e/\rho^{Final}$, 再利用式(f),有

$$\phi^{Final} = \phi - m = \frac{1}{\sqrt{3-2m}} - m, \quad (1 \leqslant m \leqslant 1.5) \tag{j}$$

上两式中上标 Final 代表卸载后最终状态,$\phi^{Final}$ 为卸载后最终状态的曲率。于是,梁在弯曲后再卸载的变形回弹(springback)为

$$\frac{\phi^{Final}}{\phi} = 1 - \frac{m}{\phi} = 1 - \frac{3}{2\phi} + \frac{1}{2\phi^3} \tag{k}$$

式(k)为回弹后与回弹前的曲率的比值,称为回弹比。如果使用梁在回弹前和回弹后的曲率半径 $\rho$ 和 $\rho^{Final}$,则由 $\phi = \rho_e/\rho = Eh/2\rho\sigma_s$ 代入式(k),可得

$$\begin{aligned}
\frac{\rho}{\rho^{Final}} &= 1 - 3\left(\frac{\sigma_s\rho}{Eh}\right) + 4\left(\frac{\sigma_s\rho}{Eh}\right)^3 \\
&= \left(\frac{\sigma_s\rho}{Eh} + 1\right)\left(\frac{2\sigma_s\rho}{Eh} - 1\right)^2
\end{aligned} \tag{l}$$

上式是 Gardiner(1957)推导得到的关系式,可用于计算梁弯曲之后的回弹。所谓的回弹分析是塑性力学应用的重要方面,对塑性成形加工有直接的影响。

根据式(1),回弹比仅依赖于无量纲量 $\sigma_s\rho/Eh$,二者的依赖关系如图 4.5 所示。

上图中的两个极端情形为

① 当 $\frac{\rho}{\rho^{Final}} = 0$ 时,相对于 $M \leqslant M_e$ 的弹性弯曲,是完全回弹的情形;

② 当 $\frac{\rho}{\rho^{Final}} = 1$ 时,相当于 $M \to M_p$ 的塑性极限弯曲,因此完全没有回弹。

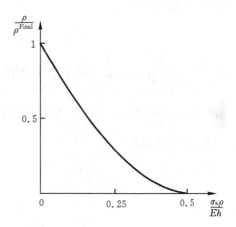

图 4.5　平面应力下回弹比与 $\frac{\sigma_s\rho}{Eh}$ 的关系

(2)线性强化材料

若梁是线性强化材料制成的(见图 4.6(a)),则有

$$\sigma = \Phi(\varepsilon) = \sigma_s\left[1 + \frac{F}{E}\left(\left|\frac{\varepsilon}{\varepsilon_s}\right| - 1\right)\right] \quad \text{当 } |\varepsilon| \geqslant \varepsilon_s \tag{4.2.10}$$

据式(4.2.1)的 $\varepsilon = z/\rho$(平截面假设),应有

$$\left|\frac{\varepsilon}{\varepsilon_s}\right| = \left|\frac{z}{z_s}\right|$$

则梁的应力为

$$\sigma = \begin{cases} -\sigma_{\mathrm{s}}\Big[1+\dfrac{F}{E}\Big(\Big|\dfrac{z}{z_{\mathrm{s}}}\Big|-1\Big)\Big], & \text{当} -\dfrac{h}{2} \leqslant z \leqslant -z_{\mathrm{s}} \\[3mm] \sigma_{\mathrm{s}}\dfrac{z}{z_{\mathrm{s}}}, & \text{当} -z_{\mathrm{s}} \leqslant z \leqslant z_{\mathrm{s}} \\[3mm] \sigma_{\mathrm{s}}\Big[1+\dfrac{F}{E}\Big(\Big|\dfrac{z}{z_{\mathrm{s}}}\Big|-1\Big)\Big], & \text{当} z_{\mathrm{s}} \leqslant z \leqslant \dfrac{h}{2} \end{cases} \tag{4.2.11}$$

其沿截面分布如图 4.6(b)所示。

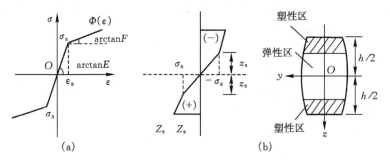

图 4.6　线性强化梁

再由端面边界条件得

$$M = \sigma_{\mathrm{s}}\Big[\frac{1}{z_{\mathrm{s}}}I_{\mathrm{e}} + \Big(1-\frac{F}{E}\Big)S_{\mathrm{p}} + \frac{F}{Ez_{\mathrm{s}}}I_{\mathrm{p}}\Big] \tag{4.2.12}$$

式中：$I_{\mathrm{e}} = 2\displaystyle\int_{0}^{z_{\mathrm{s}}} z^2 b(z)\mathrm{d}z$ 为弹性区对中性轴的惯性矩；$S_{\mathrm{p}} = 2\displaystyle\int_{z_{\mathrm{s}}}^{\frac{h}{2}} zb(z)\mathrm{d}z$ 为整个塑性区对中性

轴的静矩；$I_{\mathrm{p}} = 2\displaystyle\int_{z_{\mathrm{s}}}^{\frac{h}{2}} z^2 b(z)\mathrm{d}z$ 为整个塑性区对中性轴的惯性矩。

对于 $h \times b$ 矩阵截面梁，有

$$I_{\mathrm{e}} = \frac{2}{3}bz_{\mathrm{s}}^3, \quad S_{\mathrm{p}} = b\Big(\frac{h^2}{4} - z_{\mathrm{s}}^2\Big), \quad I_{\mathrm{p}} = \frac{2}{3}b\Big(\frac{h^3}{8} - z_{\mathrm{s}}^3\Big)$$

则

$$M = \sigma_{\mathrm{s}}b\Big[\Big(1-\frac{F}{E}\Big)\Big(\frac{h^2}{4} - \frac{1}{3}z_{\mathrm{s}}^2\Big) + \frac{F}{12E}\frac{h^3}{z_{\mathrm{s}}}\Big]$$

由以上求解过程可以看出，对于线性强化材料，不存在所谓的塑性极限。

### 2. 梁的横向弯曲

梁在作用横向载荷时的弯曲问题比较复杂。这时因有纵向纤维的挤压应力 $\sigma_z$ 和剪应力 $\tau_{zx}$ 的存在，要进行弹塑性分析是比较困难的。对于较为细长的梁，在通常工程应用的范围内可以不计 $\sigma_z$ 及 $\tau_{zx}$ 对屈服的影响。理论上已经证明，在塑性区内 $\tau_{zx} = 0$（详细请参见文献[8]）。这时，前面对纯弯曲所导出的一些结果仍然可以应用。但是，在横向弯曲时梁的弯矩不再是常量，而是沿梁的轴向在变化着，即 $M = M(x)$，如图 4.7 所示。因而，截面上的应力分

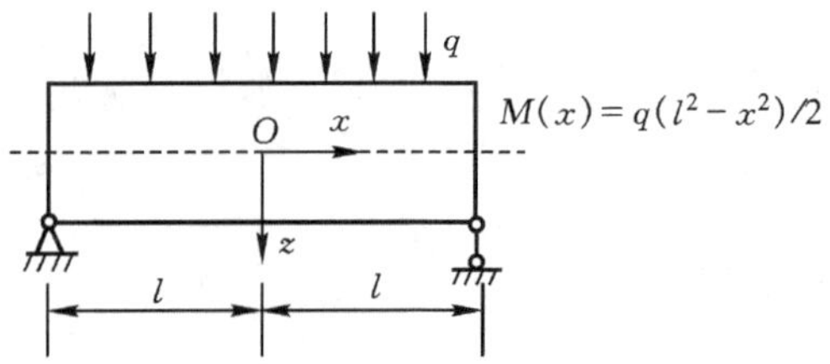

图 4.7　受均布载荷作用的简支梁

布不仅沿截面高度而变化,还沿梁的轴线变化,即 $\sigma=\sigma(x,z)$。若有塑性区,则弹塑性交界面距中性层的距离 $z_s$ 亦沿轴线变化,即 $z_s=z_s(x)$。

　　梁截面上的应力为

$$\sigma(x,z)=\begin{cases}\sigma_s\dfrac{z}{z_s(x)}, & \text{当 } |z|\leqslant z_s(x)\\[2mm]\Phi(\varepsilon), & \text{当 } |z|>z_s(x)\end{cases}\tag{4.2.13}$$

同时,在各个截面上还满足如下平衡条件

$$\int_{-\frac{h}{2}}^{\frac{h}{2}}\sigma(x,z)b(z)\mathrm{d}z=0\quad\text{(截面上合力为零)}\tag{4.2.14a}$$

$$\int_{-\frac{h}{2}}^{\frac{h}{2}}\sigma(x,z)b(z)z\mathrm{d}z=M(x)\quad\text{(合力矩条件)}\tag{4.2.14b}$$

现仍以矩形截面的理想弹塑性材料的梁为例,截面上的应力为

$$\sigma=\begin{cases}-\sigma_s, & \text{当}-\dfrac{h}{2}\leqslant z\leqslant-z_s\\[2mm]\sigma_s\dfrac{z}{z_s(x)}, & \text{当}-z_s\leqslant z\leqslant z_s\\[2mm]\sigma_s, & \text{当 } z_s\leqslant z\leqslant\dfrac{h}{2}\end{cases}$$

条件(4.2.14a)自动满足,合力矩的表达式为

$$\int_{-\frac{h}{2}}^{\frac{h}{2}}\sigma(x,z)b(z)z\mathrm{d}z=\frac{bh^2\sigma_s}{4}\left[1-\frac{4}{3}\left(\frac{z_s}{h}\right)^2\right]$$

对梁的上表面受线均布载荷的情形,有

$$M(x)=\frac{q}{2}(l^2-x^2)$$

因而有

$$\frac{bh^2\sigma_s}{4}\left[1-\frac{4}{3}\left(\frac{z_s}{h}\right)^2\right]=\frac{q}{2}(l^2-x^2)\tag{4.2.15}$$

先令 $x=0, z_s=h/2$,得到梁的中截面开始屈服时的载荷,即梁的**弹性极限载荷**

$$q_e=\frac{bh^2\sigma_s}{3l^2}\tag{4.2.16}$$

则式(4.2.15)变为

$$\frac{bh^2\sigma_s}{3h^2}z_s^2-\frac{q}{2}x^2=\frac{bh^2\sigma_s}{4}-\frac{ql^2}{2}$$

即

$$\frac{z_s^2}{\left(\dfrac{3}{4}h^2-\dfrac{h^2}{2}\dfrac{q}{q_e}\right)}-\frac{x^2}{\left(\dfrac{3l^2}{2}\dfrac{q_e}{q}-l^2\right)}=1$$

整理后,可写为

$$\frac{z_s^2}{A^2}-\frac{x^2}{B^2}=1\tag{4.2.17}$$

式中

$$A = \frac{h}{2}\sqrt{3 - \frac{2q}{q_e}}, \quad B = l\sqrt{\frac{3q_e}{2q} - 1} \tag{4.2.17a}$$

式(4.2.17)表明,弹塑性交界线是一双曲线,如图 4.8 所示。当 $q$ 超过 $q_e$ 时,梁处于弹塑性状态,这时整个梁的变形受弹性部分的限制,因此塑性部分处于约束塑性变形阶段。当梁的中截面全部进入塑性状态时,将产生无限制的塑性流动。这时该截面的曲率可以"无限"增大,如同形成一个铰,亦即**塑性铰**。因而梁丧失承载能力,所对应的载荷为**塑性极限载荷**(此时弹塑性分界线即为双曲线的渐近线)。在式(4.2.15)中令 $x=0$,$z_s=0$,得

$$q_p = \frac{bh^2\sigma_s}{2l^2} \tag{4.2.18}$$

可见 $\dfrac{q_p}{q_e} = 1.5$。

如果所施加的载荷 $q$ 处于 $q_e < q < q_p$,则梁中有一部分进入塑性状态。这时整个梁的变形受到中间弹性区的限制,塑性区域处于约束塑性变形阶段,梁的挠度不会过分增大。虽然梁所受载荷还可以增加,但应考虑梁是否因变形太大而影响正常使用。下面来分析梁在弹塑性阶段的挠度。

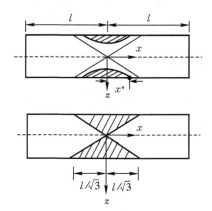

图 4.8　受均布载荷作用的简支梁的弹塑性区及塑性铰

由于对称性,可以只研究 $x \geqslant 0$ 的部分。首先来确定与所施加 $q$ 相对应的弹塑性分界线和梁上、下表面的交点(参见图 4.8),将该点的 $x$ 坐标记为 $x^*$。根据式(4.2.17),加上 $z_s = h/2$,可以推知

$$x^* = l\sqrt{1 - \frac{q_e}{q}} \tag{4.2.19}$$

对于梁中的弹塑性区段,$0 < x \leqslant x^*$,因为有弹性区限制着变形,可据弹性解,即

$$\sigma = -Ez\frac{\mathrm{d}^2 w}{\mathrm{d}x^2}$$

令 $z = z_s$,$\sigma = \sigma_s$,得到

$$\frac{\mathrm{d}^2 w_1}{\mathrm{d}x^2} = -\frac{\sigma_s}{Ez_s} \tag{4.2.20}$$

将式(4.2.17)代入上式,有

$$\frac{\mathrm{d}^2 w_1}{\mathrm{d}x^2} = -\frac{\sigma_\mathrm{s}}{EA\sqrt{1+\dfrac{x^2}{B^2}}} \tag{4.2.21}$$

对于梁中的弹性区段,即 $x^* < x \leqslant l$,弯矩不大于 $M_\mathrm{e}$,有

$$\frac{\mathrm{d}^2 w_2}{\mathrm{d}x^2} = -\frac{6q(l^2 - x^2)}{Ebh^3} \tag{4.2.22}$$

分别积分上式(4.2.21)和式(4.2.22),会引入四个积分常数,它们可以利用如下的边界条件

$$x = 0 \text{ 处}, \quad \frac{\mathrm{d}w_1}{\mathrm{d}x} = 0 \tag{4.2.23}$$

$$x = l \text{ 处}, \quad w_2 = 0 \tag{4.2.24}$$

和弹塑性交界处的连续性条件

$$x = x^* \text{ 的截面上}(z_\mathrm{s} = h/2), \quad \begin{cases} w_1 = w_2 \\ \dfrac{\mathrm{d}w_1}{\mathrm{d}x} = \dfrac{\mathrm{d}w_2}{\mathrm{d}x} \end{cases} \tag{4.2.25}$$

加以确定。最终可以得到关于挠度的表达式,其结果如下。

在弹塑性区段($0 < x \leqslant x^*$)

$$w = w_0 - \frac{2\alpha^2 \sigma_\mathrm{s}}{\sqrt{3}Eh\sqrt{1-\beta}}\left[\frac{x}{\alpha}\sinh^{-1}\left(\frac{x}{a}\right) - \sqrt{1+\frac{x^2}{\alpha^2}} + 1\right] \tag{4.2.26}$$

在弹性区段($x^* < x \leqslant l$)

$$w = w_0 - \frac{3q}{Ebh^3}\left(\frac{\alpha^2 \beta}{1-\beta}x^2 - \frac{x^4}{6}\right)$$

$$- \frac{2\alpha x}{Eh\sqrt{1-\beta}}\left[\frac{\sigma_\mathrm{s}}{\sqrt{3}}\sinh^{-1}\sqrt{\frac{3\beta-2}{3(1-\beta)}} - \frac{2q\alpha^2}{3bh^2}\frac{3\beta+1}{1-\beta}\sqrt{\frac{3\beta-2}{3}}\right]$$

$$+ \frac{2\alpha^2 \sigma_\mathrm{s}}{\sqrt{3}Eh}\frac{1}{\sqrt{1-\beta}}\left[\frac{1}{\sqrt{3(1-\beta)}} - 1\right] - \frac{q\alpha^4}{6Ebh^3}\frac{9\beta^2-4}{(1-\beta)^2} \tag{4.2.27}$$

式中:$\alpha = l\sqrt{1-\beta}/\sqrt{\beta}$,$\beta = q/q_\mathrm{p}$,$w_0$ 为 $x = 0$ 处的挠度,其表达式如下

$$w_0 = \frac{24q_\mathrm{e}l^4}{Ebh^3}\left[\frac{1}{4\sqrt{3}\beta}\sinh^{-1}\sqrt{\frac{3\beta-2}{3(1-\beta)}} + \frac{\sqrt{1-\beta}}{4\sqrt{3}\beta}\right.$$

$$\left. + \frac{2\beta^2-1}{8\beta} - \frac{3\beta+1}{12\beta}\sqrt{\frac{\beta(3\beta-2)}{3}}\right] \tag{4.2.28}$$

该挠度为梁的最大挠度。

以弹性极限载荷时 $\beta = 2/3$ 代入上式,可得全弹性的最大挠度 $w_0^*$ 为

$$w_0^* = \frac{5q_\mathrm{e}l^4}{2Ebh^3} \tag{4.2.29}$$

它与材料力学中的结果相同。

将式(4.2.28)除以 $w_0^*$,可得出如图 4.9 所示的曲线。可以看出,当 $q$ 是塑性极限载荷的 95% 以下时,$w_0/w_0^*$ 小于 2,也就是说,在约束塑性变形阶段,梁的挠度仍然是与梁的弹性挠度同一量级的。

如同前述,同样可以求得卸载以后的残余应力分布,而残余挠度也可从式(4.2.26)和式(4.2.27)叠加相应的弹性挠度而求得。请读者自己求解这一情形下的残余应力和残余变形。

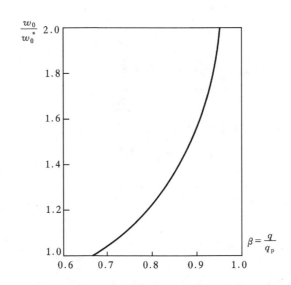

图 4.9 受均布载荷作用的简支梁在弹塑性阶段的最大挠度

最后需要指出的是,本节所述的梁的弹塑性弯曲理论是在对梁的变形和应力作了某些假定的基础上建立的,并非严格意义上的解析解。这种处理方法在一般工程应用上已足够准确,一般也能够与实验结果很好地符合。

**例 4.2** 半径为 $R$ 的实心圆截面梁,受弯矩 $M$ 的作用,材料是理想弹塑性的,梁截面尺寸如图 4.10 所示。当弹性核的半径为 $\zeta R$ 时,分别求弯矩 $M/M_e$、曲率半径 $\rho/\rho_e$。

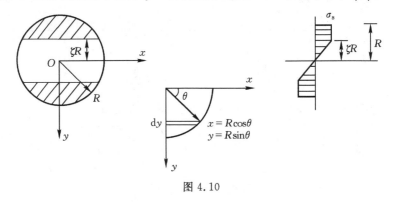

图 4.10

**解** 弹性区的解为

$$\sigma = \frac{Ey}{\rho}$$

弹塑性交界线上有

$$\sigma_s = \frac{E}{\rho}\zeta R \tag{a}$$

故有

$$\sigma = \frac{\sigma_s}{\zeta R}y$$

又

$$\sigma = \sigma_s = \frac{ER}{\rho_e} \tag{b}$$

$\rho_e$ 为最外侧开始屈服时的曲率半径(对应于弹性极限状态)。令式(a)等于式(b),得

$$\frac{\rho}{\rho_e} = \zeta$$

当 $M \leqslant M_e$ 时

$$M = \frac{EJ}{\rho}$$

则

$$\frac{M}{M_e} = \frac{\rho_e}{\rho}$$

当 $M_e < M \leqslant M_p$ 时

$$
\begin{aligned}
M(\zeta) &= 4\Big[\int_0^{\zeta R} \frac{\sigma_s}{\zeta R} y^2 \sqrt{R^2 - y^2}\,\mathrm{d}y + \int_{\zeta R}^{R} \sigma_s y \sqrt{R^2 - y^2}\,\mathrm{d}y\Big] \\
&= 4\Big[\int_0^{\arcsin\zeta} \frac{\sigma_s}{\zeta R} R^4 \sin^2\theta \cos^2\theta\,\mathrm{d}\theta + \frac{1}{2}\int_{\zeta^2 R^2}^{R^2} \sigma_s \sqrt{R^2 - u}\,\mathrm{d}u\Big]_{u=y^2} \\
&= \int_0^{\arcsin\zeta} \frac{\sigma_s R^3 \sin^2 2\theta}{2\zeta}\,\mathrm{d}(2\theta) - \frac{4}{3}\sigma_s (R^2 - u)^{\frac{3}{2}}\Big|_{\zeta^2 R^2}^{R^2} \\
&= \frac{\sigma_s R^3}{2\zeta}\Big[\frac{1}{2}(2\theta) - \frac{1}{4}\sin 4\theta\Big]_0^{\arcsin\zeta} + \frac{4}{3}\sigma_s R^3 (1 - \zeta^2)^{\frac{3}{2}} \\
&= \frac{\sigma_s R^3}{2\zeta}\Big[\arcsin\zeta + \zeta\sqrt{1 - \zeta^2}(2\zeta^2 - 1)\Big] + \frac{4}{3}\sigma_s R^3 (1 - \zeta^2)^{\frac{3}{2}}
\end{aligned}
$$

$$M_e = \frac{EJ}{\rho_e} = \frac{\pi R^3}{4}\sigma_s$$

可见

$$\frac{M}{M_e} = \frac{2}{\pi}\Big[\frac{1}{\zeta}\arcsin\zeta + \sqrt{1 - \zeta^2}(2\zeta^2 - 1)\Big] + \frac{16}{3\pi}(1 - \zeta^2)^{\frac{3}{2}}$$

## 4.3　柱体扭转

### 1. 圆柱体的扭转

轴、杆等圆柱体是机械传动机构中的一类主要部件。设等截面圆柱体的两端受大小相等、方向相反的扭矩 $M$ 作用,如图 4.11 所示。对弹塑性变形仍采用如下假设:

① 平面刚性假设:即截面直径无弯曲、无伸缩;

② 平截面假设:即平截面变形后仍为平面,无翘曲;

③ 任意两个截面变形后距离不变,只发生相对转动,扭角与它们之间的距离成正比。

采用柱坐标,根据以上假设,位移分量为

$$u_r = 0, \quad u_\theta = \alpha z r, \quad u_z = 0 \tag{4.3.1}$$

式中:$\alpha$ 为单位长度扭角,是一个取决于扭矩 $M$ 和材料性质的常数。

利用几何方程,可得应变分量

$$\gamma_{\theta z} = \alpha r, \quad \varepsilon_r = \varepsilon_\theta = \varepsilon_z = \gamma_{r\theta} = \gamma_{rz} = 0 \tag{4.3.2}$$

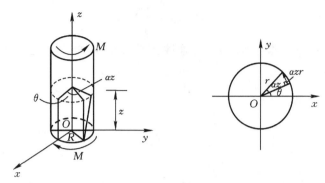

图 4.11 受扭转的圆柱体

仅有一个应变分量非零,因此在加载中,应变分量按比例增长(横截面上无正应力),属于简单加载。

(1) 理想弹塑性材料圆柱体的扭转

将全量本构方程按柱坐标写出,即方程(3.4.11)中的下标取为 $r$,$\theta$,$z$,则与式(4.3.2)的应变分量相应的应力分量除 $\tau_{\theta z}$ 以外,其余的均为零。而 $\tau_{\theta z}$ 的大小与 $\gamma_{\theta z}$ 有关,所以它也只是 $r$ 的函数,而与 $\theta$ 无关。不难证明,这样的应力场满足平衡方程以及圆柱侧面的边界条件。

对于端部边界条件,根据圣维南原理,柱体两端的边界条件可以只在合力方面得到满足,而不必考虑外力分布情况(即此解答只在柱体的长度远大于其直径时是精确的,最后解答满足全部基本方程及侧面的边界条件)。这样,圆柱体两端的边界条件可写成

$$M = \int_0^R 2\pi \tau r^2 \, \mathrm{d}r = 2\pi \int_0^{r_s} \mu \alpha r^3 \, \mathrm{d}r + 2\pi \int_{r_s}^R \tau_s r^2 \, \mathrm{d}r \tag{4.3.3}$$

因为只有 $\tau_{\theta z}$ 和 $\gamma_{\theta z}$,其余分量均为零,相应的应力强度和应变强度为

$$\sigma_i = \frac{\sqrt{2}}{2} \sqrt{6\tau_{\theta z}^2} = \sqrt{3}\tau_{\theta z} \tag{4.3.4}$$

$$\varepsilon_i = \frac{\sqrt{2}}{3} \sqrt{\frac{3}{2}\gamma_{\theta z}^2} = \frac{1}{\sqrt{3}}\gamma_{\theta z} = \frac{\alpha r}{\sqrt{3}} \tag{4.3.5}$$

由式(4.3.4)得

$$\tau_{\theta z} = \sigma_i / \sqrt{3}$$

由式(4.3.5)得

$$r = \sqrt{3}\,\varepsilon_i / \alpha; \quad \mathrm{d}r = \sqrt{3}\mathrm{d}\varepsilon_i / \alpha$$

将以上两式代入式(4.3.3),可得

$$M = \frac{6\pi}{\alpha^3} \int_0^{\alpha R/\sqrt{3}} \sigma_i \varepsilon_i^2 \, \mathrm{d}\varepsilon_i$$

使用全量本构方程式(3.4.11),上式可写成

$$M = \frac{6\pi}{\alpha^3} \int_0^{\alpha R/\sqrt{3}} \Phi(\varepsilon_i) \varepsilon_i^2 \, \mathrm{d}\varepsilon_i \tag{4.3.6}$$

考虑理想弹塑性材料制成的圆柱体,函数 $\Phi(\varepsilon_i)$ 的形式如图 4.12 所示。在靠近圆截面中心处 $\varepsilon_i$ 较小,属于弹性区,而外围是塑性区。

在弹性区内

$$\sigma_i = 3\mu\varepsilon_i$$

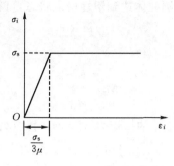

图 4.12　理想弹塑性材料模型

在塑性区内

$$\sigma_i = \sigma_s$$

弹性区与塑性区交界处的应变强度为

$$\varepsilon_i = \sigma_s/3\mu$$

将这些关系式代入式(4.3.6),可得圆柱中扭矩 $M$ 与单位长度扭角 $\alpha$ 之间的关系式

$$M = \frac{6\pi}{\alpha^3}\left(\int_0^{\sigma_s/3\mu} 3\mu\varepsilon_i^3\,\mathrm{d}\varepsilon_i + \int_{\sigma_s/3\mu}^{\alpha R/\sqrt{3}} \sigma_s\varepsilon_i^2\,\mathrm{d}\varepsilon_i\right)$$

$$= \frac{2\pi R^3\sigma_s}{3\sqrt{3}} - \frac{\pi\sigma_s^4}{54\mu^3\alpha^3} \tag{4.3.7}$$

应力 $\tau_{\theta z}$ 在圆截面上的分布情况如图 4.13 所示,其中虚线圆是弹性区、塑性区交界线,其半径为

$$r_s = \frac{\sigma_s}{\sqrt{3}\alpha\mu} \tag{4.3.8}$$

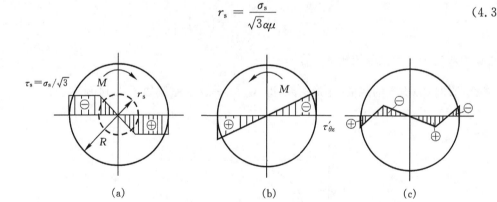

图 4.13　圆柱体的应力分布情况

下面分情况进行讨论。

① 当 $r_s = R$ 时,表示圆柱体截面外缘刚开始屈服,即圆柱体达到弹性极限阶段,可得**弹性极限扭矩**

$$M_e = \frac{\pi R^3\sigma_s}{2\sqrt{3}} \tag{4.3.9}$$

② 当 $r_s = 0$ 时,表示弹性区趋于一点,扭角 $\alpha$ 趋于无限大,圆柱体全部截面达到塑性状态,

整个圆柱体的潜力已经用完。即圆柱体达到塑性极限状态,可得**塑性极限扭矩**

$$M_p = \frac{2\pi R^3 \sigma_s}{3\sqrt{3}}$$　　　　　　　　(4.3.10)

由此可见

$$\frac{M_p}{M_e} = \frac{4}{3}$$

　　③ 残余应力。若加载后,截面上的扭矩为 $M > M_e$,其应力分布如图 4.13(a)所示。为方便起见,将其表示为 $M = k\pi R^3 \sigma_s / 2\sqrt{3}$,由上可知,$1 \leqslant k \leqslant 4/3$。当载荷全部卸去时,截面上的扭矩也随之消失。因此可将卸载设想为在截面上叠加一个扭矩 $-M$。由于卸载是遵守弹性规律的,所以卸载时产生的应力变化如图 4.13(b)所示。圆柱体上距轴心 $r$ 处一点的应力为

$$\tau'_{\theta z} = \frac{-M'r}{\frac{1}{2}\pi R^4} = -k\frac{\sigma_s}{\sqrt{3}}\frac{r}{R}$$　　　　　　　　(4.3.11)

可得卸载后的残余应力为

$$\tau^*_{\theta z} = \tau_{\theta z} + \tau'_{\theta z}$$　　　　　　　　(4.3.12)

具体为

$$\tau^*_{\theta z} = \begin{cases} \dfrac{\sigma_s}{\sqrt{3}}\left[\dfrac{r}{r_s} - \dfrac{4r}{3R}\left(1 - \dfrac{r_s^3}{4R^3}\right)\right], & 0 \leqslant r \leqslant r_s \\[3mm] \dfrac{\sigma_s}{\sqrt{3}}\left[1 - \dfrac{4r}{3R}\left(1 - \dfrac{r_s^3}{4R^3}\right)\right], & r_s \leqslant r \leqslant R \end{cases}$$　　　(4.3.12a)

其分布情况如图 4.13(c)所示。由于 $M < M_p < 2M_e$,卸载时不会发生反向屈服。

　　④ 回弹分析。式(4.3.7)可以改写为

$$M = \frac{4}{3}M_e\left[1 - \frac{1}{4}\left(\frac{\alpha_e}{\alpha}\right)^3\right]$$　　　　　　　　(4.3.13)

式中:$\alpha_e$ 为对应于弹性极限扭矩 $M_e$ 的 $\alpha$;$\alpha_e = \dfrac{\sigma_s}{\sqrt{3}\mu R}$。

　　按式(4.3.13)确定的载荷-变形关系,即 $M/M_e - \alpha/\alpha_e$ 曲线如图 4.14 所示。

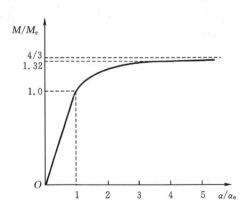

图 4.14　$M/M_e - \alpha/\alpha_e$ 的关系曲线

根据式(4.3.8)可知,加载时的扭角 $\alpha$ 为

$$\alpha = \frac{\sigma_\mathrm{s}}{\sqrt{3}\mu r_\mathrm{s}}$$

而卸载时的回弹角为(按照弹性规律)

$$\alpha' = \frac{M}{\mu J_z} = \frac{2}{3}\pi R^3 \frac{\sigma_\mathrm{s}}{\sqrt{3}} \cdot \left(1 - \frac{r_\mathrm{s}^3}{4R^3}\right)\Big/\left(\mu \cdot \frac{1}{2}\pi R^4\right)$$

$$= \frac{4}{3}\frac{r_\mathrm{s}}{R}\alpha\left(1 - \frac{r_\mathrm{s}^3}{4R^3}\right)$$

因此,单位长度上的残余扭角为

$$\alpha^{\mathrm{Final}} = \alpha - \alpha' = \alpha\left[1 - \frac{4}{3}\frac{r_\mathrm{s}}{R}\left(1 - \frac{r_\mathrm{s}^3}{4R^3}\right)\right] \tag{4.3.14}$$

如果写成回弹比与所加扭矩的关系,则为

$$\frac{\alpha^{\mathrm{Final}}}{\alpha} = 1 - m \cdot \sqrt[3]{4 - 3m} \tag{4.3.15}$$

式中:$m = M/M_\mathrm{e} = 4M/3M_\mathrm{p}$。

(2) 强化材料圆柱体的扭转

由于是简单加载,故可用全量理论求解。设以上变形假设仍然适用,则应变仅有 $\gamma_{\theta z} = \alpha r$,应力分量仅有 $\tau_{\theta z}$。类似地,式(4.3.6)同样存在,即

$$M = \int_0^{\varepsilon_{iR}} \frac{\sigma_i}{\sqrt{3}} \cdot 2\pi\left(\frac{\sqrt{3}\varepsilon_i}{\alpha}\right)^2 \frac{\sqrt{3}}{\alpha}\mathrm{d}\varepsilon_i = \frac{6\pi}{\alpha^3}\int_0^{\varepsilon_{iR}} \sigma_i\varepsilon_i^2 \mathrm{d}\varepsilon_i \tag{4.3.16}$$

这里

$$\varepsilon_{iR} = \frac{\alpha r}{\sqrt{3}}\bigg|_{r=R} = \frac{\alpha R}{\sqrt{3}} \tag{4.3.17}$$

若给定 $\sigma_i = \Phi(\varepsilon_i)$,代入上式即可求得 $\alpha$ 和 $M$ 之间的关系。例如,对于幂强化材料

$$\sigma_i = \sigma_\mathrm{s}\left(\frac{\varepsilon_i}{\varepsilon_\mathrm{s}}\right)^m, \quad 0 \leqslant m \leqslant 1$$

可得

$$M = \frac{6\pi\sigma_\mathrm{s}\varepsilon_{iR}^{m+3}}{\alpha^3\varepsilon_\mathrm{s}^m(m+3)}$$

代入 $\varepsilon_{iR}$,有

$$M = \frac{6\pi\sigma_\mathrm{s}R^{m+3}\alpha^{m+3}}{(\sqrt{3})^{m+3}(m+3)\varepsilon_\mathrm{s}^m} \quad \Rightarrow \quad \alpha = f(M)$$

然后将 $\alpha$ 代回,依次求得 $\gamma_{\theta z} = \alpha r$,$\varepsilon_i = \dfrac{1}{\sqrt{3}}\alpha r$,$\sigma_i = \sigma_\mathrm{s}\left(\dfrac{\varepsilon_i}{\varepsilon_\mathrm{s}}\right)^m$ 以及 $\tau_{\theta z} = \dfrac{1}{\sqrt{3}}\sigma_i$。

**2. 非圆截面柱体的扭转**

(1) 弹性分析

现讨论任意等截面形状的柱体,在扭转力矩 $M$ 作用下的自由扭转问题(见图 4.15)。为讨论方便起见,假定截面是单连通的。采用直角坐标系 $Oxyz$,$z$ 轴与柱体轴线平行,$x$ 轴和 $y$ 轴位于柱体截面内。

根据实验观察发现,在塑性状态仍可采取材料力学和弹性力学中的相同假设,即柱体截面

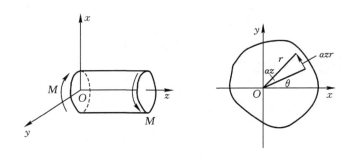

图 4.15　受扭转的非圆截面柱体

在自身平面内转动,并有轴向自由翘曲。根据弹性力学,在小变形时,位移分量为

$$
\left.\begin{aligned}
u_x &= -\alpha z y \\
u_y &= \alpha z x \\
u_z &= \alpha w(x,y)
\end{aligned}\right\}
\tag{4.3.18}
$$

$w(x,y)$ 称为翘曲函数,表征了柱体截面的翘曲程度。

与这组位移相应的应变分量为

$$
\left.\begin{aligned}
\varepsilon_x &= \varepsilon_y = \varepsilon_z = \gamma_{xy} = 0 \\
\gamma_{zx} &= \alpha\left(\frac{\partial w}{\partial x} - y\right) \\
\gamma_{yz} &= \alpha\left(\frac{\partial w}{\partial y} + x\right)
\end{aligned}\right\}
\tag{4.3.19}
$$

既然在扭转的各个阶段(小变形)都有

$$
\varepsilon_x = \varepsilon_y = \varepsilon_z = \gamma_{xy} = 0
$$

所以

$$
\mathrm{d}e_x = \mathrm{d}e_y = \mathrm{d}e_z = \mathrm{d}e_{xy} = 0
\tag{4.3.20}
$$

在弹性阶段按照胡克定律,应力分量为

$$
\left.\begin{aligned}
\sigma_x &= \sigma_y = \sigma_z = \tau_{xy} = 0 \\
\tau_{zx} &= \mu\alpha\left(\frac{\partial w}{\partial x} - y\right) \\
\tau_{yz} &= \mu\alpha\left(\frac{\partial w}{\partial y} + x\right)
\end{aligned}\right\}
\tag{4.3.21}
$$

按照增量理论和上式,即得

$$
\mathrm{d}S_x = \mathrm{d}S_y = \mathrm{d}S_z = \mathrm{d}S_{xy} = 0
$$

从而可推得

$$
\mathrm{d}\sigma_x = \mathrm{d}\sigma_y = \mathrm{d}\sigma_z = \mathrm{d}\tau_{xy} = 0
$$

因此在变形的各个阶段都有

$$
\sigma_x = \sigma_y = \sigma_z = \tau_{xy} = 0
$$
$$
\tau_{yz} \neq 0, \quad \tau_{zx} \neq 0
$$

在现在的情况下,平衡方程为

$$
\frac{\partial \tau_{zx}}{\partial x} + \frac{\partial \tau_{yz}}{\partial y} = 0
\tag{4.3.22}
$$

将式(4.3.19)代入,得出函数 $w(x,y)$ 必须满足下列方程

$$\frac{\partial^2 w}{\partial x^2} + \frac{\partial^2 w}{\partial y^2} = 0 \qquad (4.3.23)$$

即 $w(x,y)$ 是调和函数。由于在柱体的侧面上没有外力,根据边界条件,$w(x,y)$ 在柱体截面的边界上应该满足下列条件

$$\frac{\partial w}{\partial x}\mathrm{d}y - \frac{\partial w}{\partial y}\mathrm{d}x = x\mathrm{d}x + y\mathrm{d}y \qquad (4.3.24)$$

于是弹性扭转问题归结为求满足调和方程(4.3.23)和边界条件(4.3.24)的翘曲函数 $w$。

另外,根据柱体两端的边界条件,可得扭矩 $M$ 和单位长度扭角 $\alpha$ 的关系式

$$M = \mu\alpha\iint (x^2 + y^2 + x\frac{\partial w}{\partial y} - y\frac{\partial w}{\partial x})\mathrm{d}x\mathrm{d}y \qquad (4.3.25)$$

现引入应力函数 $\varphi(x,y)$,使得

$$\left.\begin{array}{l} \tau_{zx} = \dfrac{\partial\varphi}{\partial y} \\[2mm] \tau_{yz} = -\dfrac{\partial\varphi}{\partial x} \end{array}\right\} \qquad (4.3.26)$$

则平衡方程(4.3.22)可自动得到满足。根据式(4.3.21)和式(4.3.26)有

$$\frac{\partial\varphi}{\partial x} = -\mu\alpha(\frac{\partial w}{\partial y} + x)$$

$$\frac{\partial\varphi}{\partial y} = \mu\alpha(\frac{\partial w}{\partial x} - y) \qquad (4.3.27)$$

将它们分别对 $x,y$ 求一次偏导数,然后相加可得

$$\nabla^2\varphi = \frac{\partial^2\varphi}{\partial x^2} + \frac{\partial^2\varphi}{\partial y^2} = -2\mu\alpha \qquad (4.3.28)$$

即应力函数 $\varphi$ 应满足 Poisson 方程。

将式(4.3.26)代入柱体周边边界条件,有

$$\tau_{zx}l_x + \tau_{yz}l_y = \frac{\partial\varphi}{\partial y}\frac{\mathrm{d}y}{\mathrm{d}s} + \frac{\partial\varphi}{\partial x}\frac{\mathrm{d}x}{\mathrm{d}s} = \frac{\mathrm{d}\varphi}{\mathrm{d}s} = 0$$

所以

$$\varphi = 常数 = C \quad (在周边上)$$

对单连域(实心柱体),常数 $C$ 可以任意选择,因为由式(4.3.26)可知,$\varphi$ 加上或减去一个常数对应力没有影响。所以,可以取 $C=0$,则

$$\varphi = 0 \quad (在周边上) \qquad (4.3.29)$$

根据柱体端部边界条件,有

$$M = \iint (x\tau_{zx} + y\tau_{yz})\mathrm{d}x\mathrm{d}y$$

$$= -\iint \frac{\partial\varphi}{\partial x}x\,\mathrm{d}x\mathrm{d}y - \iint \frac{\partial\varphi}{\partial y}y\,\mathrm{d}x\mathrm{d}y$$

采用分部积分法,并注意在周边上 $\varphi=0$(见图 4.16),有

$$M = -\int [x\varphi - \int\varphi\mathrm{d}x]_{x_1}^{x_2}\,\mathrm{d}y - \int [y\varphi - \int\varphi\mathrm{d}y]_{y_3}^{y_4}\,\mathrm{d}x$$

$$= -\int [x_2\varphi_2 - x_1\varphi_1 - \int_{x_1}^{x_2}\varphi\mathrm{d}x]\,\mathrm{d}y - \int [y_2\varphi_2 - y_1\varphi_1 - \int_{y_3}^{y_4}\varphi\mathrm{d}y]\,\mathrm{d}x$$

$$= 2\iint \varphi \mathrm{d}x\mathrm{d}y \qquad (4.3.30)$$

综上所述,若能找到应力函数 $\varphi$,它在柱体截面周边上的值为零,在截面内满足方程(4.3.28),则截面上的应力可根据式(4.3.26)确定,而任一点的总剪应力为

$$\tau = \sqrt{\tau_{zx}^2 + \tau_{yz}^2} = \sqrt{(\frac{\partial \varphi}{\partial x})^2 + (\frac{\partial \varphi}{\partial y})^2}$$

$$= |\ \mathrm{grad}\varphi\ | = \left| \frac{\partial \varphi}{\partial n} \right| \qquad (4.3.31)$$

即总剪应力等于应力函数 $\varphi$ 的梯度的绝对值,亦即等于 $\varphi(x,y)$ 的等值线的法向导数。

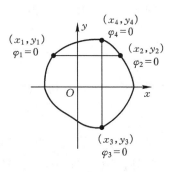

图 4.16　柱体边界示意图

(2) 塑性分析

当柱体受到的扭矩 $M$ 单调增加至弹性极限扭矩 $M_e$ 时,在柱体截面上一点或若干点处开始屈服。当超过 $M_e$ 以后,截面上的塑性区进一步扩大,最后使得整个截面都处于塑性状态。对于理想塑性材料的柱体,则其承载能力已经达到极限,这时的扭矩称为塑性极限扭矩 $M_p$。在塑性阶段,应满足屈服条件

$$\tau = \sqrt{\tau_{zx}^2 + \tau_{yz}^2} = \tau_s \qquad (4.3.32)$$

这里

$$\tau_s = \begin{cases} \dfrac{\sigma_s}{\sqrt{3}} & (按\ \text{Mises}\ 条件) \\[3mm] \dfrac{\sigma_s}{2} & (按\ \text{Tresca}\ 条件) \end{cases} \qquad (4.3.33)$$

显然,此时根据平衡条件(4.3.22)和屈服条件(4.3.32)就可以确定应力。如果仍引用应力函数 $\varphi(x,y)$,则因为平衡条件已经自动满足,只需使 $\varphi(x,y)$ 满足侧边的边界条件(4.3.29)和柱体端部边界条件(4.3.30)。而根据式(4.3.31)和式(4.3.32),在截面上任意一点处应有

$$\tau = \sqrt{(\frac{\partial \varphi}{\partial x})^2 + (\frac{\partial \varphi}{\partial y})^2} = |\ \mathrm{grad}\varphi\ | = \tau_s \qquad (4.3.34)$$

如果把应力函数 $\varphi(x,y)$ 看作是某一个曲面的方程,设 $z$ 是曲面的标高,则

$$z = \varphi(x,y) \qquad (4.3.35)$$

对实心柱体,根据式(4.3.29)可知,这个曲面应和柱体截面周边相连。又根据式(4.3.34)曲面的斜率为常数 $\tau_s$,所以,该曲面应为等倾曲面,即曲面任一点的切平面和底面(柱体截面)的夹角都相等。这样的曲面称为**应力曲面**。由式(4.3.30)和式(4.3.35),**塑性极限扭矩**为

$$M_p = 2\iint \varphi \mathrm{d}x\mathrm{d}y = 2\iint z(x,y)\mathrm{d}x\mathrm{d}y$$

式中的积分就是柱体截面和应力曲面所包围的空间的体积 $V$,所以,塑性极限扭矩 $M_p$ 应为体积的 2 倍,即

$$M_p = 2V \qquad (4.3.36)$$

如果能根据应力曲面的特性,对不同截面的柱体作出它们的对应应力曲面,则很容易根据式(4.3.36)求得它们的塑性极限扭矩 $M_p$。下面举例说明。

**例 4.3**　求圆形截面柱体的 $M_p$。

**解**　圆形截面上的等倾曲面显然是一个圆锥面，所以应力曲面如图 4.17 所示。

斜率　$\dfrac{H}{R}=\tau_s$，所以 $H=R\tau_s$

体积　$V=\dfrac{1}{3}\pi R^2 H=\dfrac{1}{3}\pi R^3 \tau_s$

扭矩　$M_p=2V=\dfrac{2}{3}\pi R^3 \tau_s$

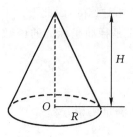

图 4.17　圆形截面柱体

则

$$M_p=\frac{2}{3}\pi R^3 \tau_s$$

这与前面得到的结果是一致的。

**例 4.4**　求矩形 $(a\times b)$ 截面柱体的 $M_p$。

**解**　矩形截面柱体的应力曲面如图 4.18 所示。

斜率　$\dfrac{H}{b/2}=\tau_s$，所以 $H=\dfrac{1}{2}b\tau_s$

体积　$V=\dfrac{1}{2}(a-b)bH$

$\qquad\qquad +2\left(\dfrac{1}{3}b\cdot\dfrac{b}{2}H\right)$

$\qquad =\dfrac{1}{12}(3a-b)b^2\tau_s$

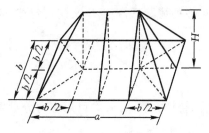

图 4.18　矩形截面柱体

扭矩　$M_p=2V=\dfrac{1}{6}(3a-b)b^2\tau_s$

**例 4.5**　求正六角形截面柱体的 $M_p$。

**解**　应力曲面如图 4.19 所示。

斜率　$\dfrac{H}{\sqrt{3}a/2}=\tau_s$，所以 $H=\dfrac{\sqrt{3}}{2}a\tau_s$

体积　$V=\dfrac{1}{3}\left(6\times\dfrac{1}{2}a\times\dfrac{\sqrt{3}a}{2}\right)\times H$

$\qquad =\dfrac{3}{4}a^3\tau_s$

扭矩　$M_p=2V=\dfrac{3}{2}a^3\tau_s$

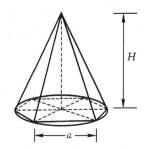

图 4.19　正六角形截面柱体

## 4.4　厚壁球壳的弹塑性变形

本节介绍作为高压容器的厚壁球壳的弹塑性变形分析，这类问题在理论上属于球对称问题。

**1. 受内、外压作用的厚壁球壳的弹性分析**

现在研究一内、外半径分别为 $a$、$b$ 的球形壳体，壳体由各向同性的材料制成，其内、外表面受到压力作用，内压为 $p_i$，外压为 $p_e$。由壳体的几何形状和受力情况，可知它的应力场和位移场必须是球对称的,因此下面采用球对称坐标系$(r,\theta,\varphi)$进行分析。非零的位移分量为径向位移 $u$,它仅是径向坐标 $r$ 的函数。非零的应变是径向应变 $\varepsilon_r$ 和环向应变 $\varepsilon_\theta = \varepsilon_\varphi$,根据几何关系有

$$\varepsilon_r = \frac{\mathrm{d}u}{\mathrm{d}r}, \quad \varepsilon_\theta = \varepsilon_\varphi = \frac{u}{r} \tag{4.4.1}$$

应变显然满足协调方程

$$\frac{\mathrm{d}\varepsilon_\theta}{\mathrm{d}r} + \frac{\varepsilon_\theta - \varepsilon_r}{r} = 0 \tag{4.4.2}$$

非零的应力分量为径向应力 $\sigma_r$、环向应力 $\sigma_\theta = \sigma_\varphi$,它们应该满足平衡方程

$$\frac{\mathrm{d}\sigma_r}{\mathrm{d}r} + 2\frac{\sigma_r - \sigma_\theta}{r} = 0 \tag{4.4.3}$$

在现在的情况下,根据广义胡克定律,有如下的应力应变关系

$$\varepsilon_r = \frac{1}{E}(\sigma_r - 2\nu\sigma_\theta)$$

$$\varepsilon_\theta = \varepsilon_\varphi = \frac{1}{E}[\sigma_\theta - \nu(\sigma_r + \sigma_\theta)] \tag{4.4.4}$$

这样,协调方程(4.4.2)可用应力分量表示为

$$\frac{\mathrm{d}}{\mathrm{d}r}[(1-\nu)\sigma_\theta - \nu\sigma_r] + \frac{1+\nu}{r}(\sigma_\theta - \sigma_r) = 0$$

再代入平衡方程(4.4.3),得到

$$\frac{\mathrm{d}}{\mathrm{d}r}(\sigma_r + 2\sigma_\theta) = 0$$

即 $\sigma_r + 2\sigma_\theta$ 等于一个常数,不失一般性,将其记为 $3A$。进一步可以发现有

$$\frac{\mathrm{d}\sigma_\theta}{\mathrm{d}r} = -\frac{1}{2}\frac{\mathrm{d}\sigma_r}{\mathrm{d}r}$$

所以

$$\frac{2}{3}\frac{\mathrm{d}(\sigma_\theta - \sigma_r)}{\mathrm{d}r} = -\frac{\mathrm{d}\sigma_r}{\mathrm{d}r}$$

这样,方程(4.4.3)可改写为

$$\frac{\mathrm{d}(\sigma_\theta - \sigma_r)}{\mathrm{d}r} + \frac{3}{r}(\sigma_\theta - \sigma_r) = 0$$

因此,可以得到

$$\sigma_\theta - \sigma_r = \frac{3B}{r^3}$$

式中:$B$ 为另一个常数。这样,应力场可以写为

$$\sigma_r = A - \frac{2B}{r^3}, \quad \sigma_\theta = A + \frac{B}{r^3}$$

根据如下的边界条件可以解得常数 $A$ 和 $B$

$$\sigma_r|_{r=a} = -p_\mathrm{i}, \quad \sigma_r|_{r=b} = -p_\mathrm{e}$$

进而确定出应力分量为

$$\sigma_r = -\frac{1}{2}(p_i + p_e) + \frac{p_i - p_e}{2[1-(a/b)^3]}\left[1 + (\frac{a}{b})^3 - 2(\frac{a}{r})^3\right]$$

$$\sigma_\theta = -\frac{1}{2}(p_i + p_e) + \frac{p_i - p_e}{2[1-(a/b)^3]}\left[1 + (\frac{a}{b})^3 + (\frac{a}{r})^3\right]$$

$$(4.4.5)$$

可以看出,应力场为两个应力场的叠加,一个为内外压平均值的负值的均匀应力场,另一个为正比于压差的变应力场。该解最早由 Lamé 得到。

当球壳仅受内压时,即 $p_i = p, p_e = 0$,应力场简化为

$$\sigma_r = -\frac{p}{(b/a)^3 - 1}(\frac{b^3}{r^3} - 1)$$

$$\sigma_\theta = \frac{p}{(b/a)^3 - 1}(\frac{b^3}{2r^3} + 1)$$

$$(4.4.6)$$

如果球壳材料是弹塑性的,则将上述弹性解再加上屈服条件可确定出**弹性极限压力** $p_E$。由于有两个主应力始终相等,属于两轴相等应力状态,Tresca 屈服条件和 Mises 屈服条件均为(各处均存在 $\sigma_\theta > \sigma_r$)

$$\sigma_\theta - \sigma_r = \sigma_s \tag{4.4.7}$$

$\sigma_\theta - \sigma_r$ 在 $r=a$ 时达到最大值,最大值等于 $3p/2[1-(a/b)^3]$。因此,球壳处于完全弹性的最大压力为

$$p_E = \frac{2}{3}\sigma_s(1 - \frac{a^3}{b^3}) \tag{4.4.8}$$

从上式可以看出,当 $b$ 趋于无穷大时,$p_E$ 趋于 $2\sigma_s/3$。也就是说,对这类压力容器,如果只允许它们处于弹性状态,单纯增加壁厚是无法有效提高其承载能力的。

**2. 受内压作用的厚壁球壳的弹塑性分析**

当内压超过 $p_E$ 时,球壳中靠近内壁的区域开始变为塑性,该球形区域的内径为 $a$,外径记为 $c$。此时,弹性区域 $c \leqslant r \leqslant b$ 如同一个弹性壳,其内壁 $r=c$ 处刚刚屈服。这样,应力场可写为

$$\sigma_r = -\frac{p_c}{(b/c)^3 - 1}(\frac{b^3}{r^3} - 1)$$

$$\sigma_\theta = \frac{p_c}{(b/c)^3 - 1}(\frac{b^3}{2r^3} + 1)$$

式中:$p_c = -\sigma_r|_{r=c}$ 为 $r=c$ 处刚达到屈服的压力,即将式(4.4.8)中 $a$ 用 $c$ 替换即得

$$p_c = \frac{2}{3}\sigma_s(1 - \frac{c^3}{b^3})$$

这样就得到

$$\sigma_r = -\frac{2}{3}\sigma_s(\frac{c^3}{r^3} - \frac{c^3}{b^3}),$$

$$\sigma_\theta = \frac{2}{3}\sigma_s(\frac{c^3}{2r^3} + \frac{c^3}{b^3}), \qquad c \leqslant r \leqslant b \tag{4.4.9}$$

从上式可得,$\sigma_\theta|_{r=b} = \sigma_s(c/b)^3$。

对于塑性区,应力既要满足屈服条件(4.4.7),又要满足平衡方程(4.4.3)。将屈服条件代入平衡方程,得到

$$\frac{\mathrm{d}\sigma_r}{\mathrm{d}r} - \frac{2\sigma_s}{r} = 0$$

积分上式,可得

$$\sigma_r = 2\sigma_s \ln r + c$$

利用边界条件

$$\sigma_r \mid_{r=a} = -p$$

可以确定积分常数

$$C = -(p + 2\sigma_s \ln a)$$

然后,可以得到塑性区($a \leqslant r \leqslant c$)的应力分布为

$$\sigma_r = 2\sigma_s \ln \frac{r}{a} - p$$

$$\tag{4.4.10}$$

$$\sigma_\theta = \sigma_\varphi = \sigma_s + \sigma_r = \sigma_s(1 + 2\ln \frac{r}{a}) - p$$

再利用弹性、塑性交界面($r=c$)处径向应力连续条件

$$\sigma_r \mid_{r=c^-} = \sigma_r \mid_{r=c^+}$$

即分别对式(4.4.9)和式(4.4.10)中的第一式中取 $r=c$,并使两者相等,可得

$$p = \frac{2}{3}\sigma_s(1 - \frac{c^3}{b^3} + \ln \frac{c^3}{r^3})$$

$$\tag{4.4.11}$$

该式确定了外加压力 $p$ 与塑性区的外径 $c$ 之间的关系。

利用此关系式,还可以将塑性区的的应力分布写为如下形式

$$\sigma_r = -\frac{2}{3}\sigma_s(1 - \frac{c^3}{b^3} + \ln \frac{c^3}{r^3})$$

$$\tag{4.4.10a}$$

$$\sigma_\theta = \frac{1}{3}\sigma_s(1 + 2\frac{c^3}{b^3} - 2\ln \frac{c^3}{r^3})$$

$$\tag{4.4.10b}$$

当 $c=b$ 时,球壳全部达到塑性状态,相应的压力即为**塑性极限压力**,它等于

$$p_P = 2\sigma_s \ln \frac{b}{a}$$

$$\tag{4.4.12}$$

将其代入式(4.4.10),可得塑性极限状态时的应力为

$$\sigma_r = 2\sigma_s \ln \frac{r}{b}$$

$$\sigma_\theta = \sigma_\varphi = \sigma_s(1 + 2\ln \frac{r}{b})$$

$$\tag{4.4.13}$$

## 4.5  厚壁圆筒的弹塑性变形

承受内压的厚壁圆筒是许多工程结构中的重要部件,如枪炮筒、化工高压储罐、高温高压动力管道、压力容器以及土木水利中的涵道等。因此,考察厚壁圆筒的弹塑性变形问题是极其重要的。

这里考虑在内表面作用一均布压力 $q$ 的厚壁圆筒,其内、外半径分别为 $a$ 和 $b$,如图 4.20 所示。为简单起见,假设筒是无限长的,可作为平面应变问题处理。

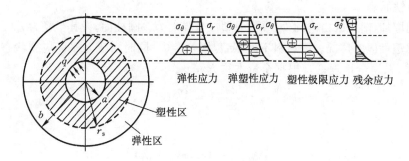

图 4.20　厚壁圆筒

**1. 理想弹塑性材料**

假定筒由不可压缩的理想弹塑性材料制成。根据其几何形状以及受力情况,可断定圆筒处于轴对称的平面应变状态。选用柱坐标系进行求解。

（1）弹性状态

当压力 $q$ 不大时,整个筒处于弹性状态,因假定材料是不可压缩的,故 $\nu=0.5$。根据弹性力学知识,有

$$\left.\begin{array}{l} \sigma_r = -\dfrac{qa^2}{b^2-a^2}\left(\dfrac{b^2}{r^2}-1\right) \\[3mm] \sigma_\theta = \dfrac{qa^2}{b^2-a^2}\left(\dfrac{b^2}{r^2}+1\right) \\[3mm] \sigma_z = \dfrac{1}{2}(\sigma_r+\sigma_\theta) = \dfrac{qa^2}{b^2-a^2} \end{array}\right\} \tag{4.5.1}$$

因剪应力为零,$\sigma_r$、$\sigma_\theta$、$\sigma_z$ 即为主应力,故属于简单加载。如按 $\sigma_1 \geqslant \sigma_2 \geqslant \sigma_3$ 排列,应有

$$\sigma_1 = \sigma_\theta, \quad \sigma_2 = \sigma_z, \quad \sigma_3 = \sigma_r \quad （\text{Tresca 条件}）$$

应力强度

$$\sigma_i = \frac{1}{\sqrt{2}}\sqrt{(\sigma_1-\sigma_2)^2+(\sigma_2-\sigma_3)^2+(\sigma_3-\sigma_1)^2} = \frac{\sqrt{3}qa^2b^2}{b^2-a^2}\frac{1}{r^2} \quad （\text{Mises 条件}）$$

最大的应力强度发生于筒的内壁,即

$$(\sigma_i)_{\max} = (\sigma_i)_{r=a} = \frac{\sqrt{3}qb^2}{b^2-a^2}$$

如果根据 Mises 屈服条件 $\sigma_i=\sigma_s$,当 $(\sigma_i)_{\max}$ 达到 $\sigma_s$ 时筒的内壁即达到塑性屈服状态,故**弹性极限载荷**为

$$q_e = \left(1-\frac{a^2}{b^2}\right)\frac{\sigma_s}{\sqrt{3}} \tag{4.5.2}$$

即当 $q \leqslant q_e$ 时,圆筒才完全处于弹性状态。

从式(4.5.2)可以看出,若按弹性设计,对于给定的 $a$ 值,增加壁厚,即增加 $b$ 值,使得 $q_e$ 增大。当 $b \to \infty$ 时,$q_e \to \sigma_s/\sqrt{3}$,也就是说,无论怎样增加 $b$,$q_e$ 不会超过 $\sigma_s/\sqrt{3}$。这说明:①单纯增加壁厚,不会明显地提高圆筒的弹性极限压力值。②如果考虑例如有压隧洞之类的情形,即弹性无限空间内的圆柱形孔洞受到内压作用时,其内表面开始屈服时的压力值只与周围材料的性质有关,而与孔洞的半径无关。这些结果具有明显的工程意义。

（2）弹塑性状态

随着 $q$ 的增加，塑性区由内向外扩展，弹塑性分界面为一圆柱面，设其半径为 $r_s(a \leqslant r_s \leqslant b)$。

首先考虑塑性区的情况。因材料不可压缩，故 $\varepsilon_m = 0$。同时由于是平面应变状态，故 $\varepsilon_z = 0$。因是简单加载，采用全量理论。根据全量本构方程

$$S_z = \sigma_z - \sigma_m = \frac{2\sigma_i}{3\varepsilon_i}e_z = \frac{2\sigma_i}{3\varepsilon_i}(\varepsilon_z - \varepsilon_m) = 0 \tag{4.5.3}$$

有

$$\sigma_z = \sigma_m = \frac{1}{3}(\sigma_r + \sigma_\theta + \sigma_z)$$

因此

$$\sigma_z = \frac{1}{2}(\sigma_r + \sigma_\theta) \tag{4.5.4}$$

这里是利用变形的特点得到的结果，它表明，在塑性区 $\sigma_z$ 可用 $\sigma_r$ 和 $\sigma_\theta$ 表示。

再根据筒的应力性质及其弹性解，估计 $\sigma_\theta$ 为拉应力，$\sigma_r$ 为压应力，于是应力强度可写为

$$\sigma_i = \frac{\sqrt{3}}{2}\sqrt{(\sigma_r - \sigma_\theta)^2} = \frac{\sqrt{3}}{2}(\sigma_\theta - \sigma_r) \quad (\because \sigma_i > 0, \quad \sigma_\theta > 0, \quad \sigma_r < 0) \tag{4.5.5}$$

据 Mises 屈服条件，有

$$\sigma_i = \sigma_s \quad \Rightarrow \quad \sigma_\theta - \sigma_r = \frac{2}{\sqrt{3}}\sigma_s \tag{4.5.6}$$

轴对称问题的静力平衡方程为

$$\frac{d\sigma_r}{dr} + \frac{\sigma_r - \sigma_\theta}{r} = 0 \tag{4.5.7}$$

将式(4.5.6)代入式(4.5.7)，有

$$d\sigma_r = \frac{2}{\sqrt{3}}\sigma_s \frac{dr}{r} \tag{4.5.8}$$

积分得

$$\sigma_r = \frac{2}{\sqrt{3}}\sigma_s \ln r + C \tag{4.5.9}$$

由 $r = a$ 的边界条件可求得积分常数 $C$，即由 $\sigma_r|_{r=a} = -q$，得 $C = -q - \frac{2}{\sqrt{3}}\sigma_s \ln a$。最后得到塑性区的应力分布为

$$\left.\begin{array}{l} \sigma_r = -q + \dfrac{2}{\sqrt{3}}\sigma_s \ln \dfrac{r}{a} \\[2mm] \sigma_\theta = -q + \dfrac{2}{\sqrt{3}}\sigma_s(1 + \ln \dfrac{r}{a}) \\[2mm] \sigma_z = -q + \dfrac{2}{\sqrt{3}}\sigma_s(\dfrac{1}{2} + \ln \dfrac{r}{a}) \end{array}\right\} \tag{4.5.10}$$

再来确定弹性区的解。可由式(4.5.1)将 $q$ 换成 $q_e$，$a$ 换成 $r_s$ 直接得到，即

$$\left. \begin{aligned} \sigma_r &= -\frac{q_\mathrm{e} r_\mathrm{s}^2}{b^2 - r_\mathrm{s}^2}\Big(\frac{b^2}{r^2} - 1\Big) \\[2mm] \sigma_\theta &= \frac{q_\mathrm{e} r_\mathrm{s}^2}{b^2 - r_\mathrm{s}^2}\Big(\frac{b^2}{r^2} + 1\Big) \\[2mm] \sigma_z &= \frac{q_\mathrm{e} r_\mathrm{s}^2}{b^2 - r_\mathrm{s}^2} \end{aligned} \right\} \tag{4.5.11}$$

此时 $q_\mathrm{e} = (1 - \dfrac{r_\mathrm{s}^2}{b^2})\dfrac{\sigma_\mathrm{s}}{\sqrt{3}}$，再代入上式，可得弹性区的应力分布

$$\left. \begin{aligned} \sigma_r &= -\frac{\sigma_\mathrm{s}}{\sqrt{3}}\frac{r_\mathrm{s}^2}{b^2}\Big(\frac{b^2}{r^2} - 1\Big) \\[2mm] \sigma_\theta &= \frac{\sigma_\mathrm{s}}{\sqrt{3}}\frac{r_\mathrm{s}^2}{b^2}\Big(\frac{b^2}{r^2} + 1\Big) \\[2mm] \sigma_z &= \frac{\sigma_\mathrm{s}}{\sqrt{3}}\frac{r_\mathrm{s}^2}{b^2} \end{aligned} \right\} \tag{4.5.12}$$

在弹塑性分界面上，径向应力连续，即

$$\sigma_r^\mathrm{e}\big|_{r=r_\mathrm{s}^+} = \sigma_r^\mathrm{p}\big|_{r=r_\mathrm{s}^-} \tag{4.5.13}$$

由此可得联系内压力 $q$ 和 $r_\mathrm{s}$ 的关系式

$$q = \frac{2\sigma_\mathrm{s}}{\sqrt{3}}\Big[\ln\frac{r_\mathrm{s}}{a} + \frac{1}{2}\Big(1 - \frac{r_\mathrm{s}^2}{b^2}\Big)\Big] \tag{4.5.14}$$

由上式，可根据 $q$ 的大小来确定塑性区的范围。

如令 $r_\mathrm{s} = b$，则得**塑性极限载荷**（厚壁筒达到塑性极限状态，失去承载能力）

$$q_\mathrm{p} = \frac{2\sigma_\mathrm{s}}{\sqrt{3}}\ln\frac{b}{a} \tag{4.5.15}$$

式(4.5.15)被广泛应用于厚壁圆柱形管和容器的强度计算。

此时，令式(4.5.10)中 $q$ 为 $q_\mathrm{p}$，得其应力分布情况

$$\left. \begin{aligned} \sigma_r &= \frac{2\sigma_\mathrm{s}}{\sqrt{3}}\ln\frac{r}{b} \\[2mm] \sigma_\theta &= \frac{2\sigma_\mathrm{s}}{\sqrt{3}}\Big(1 + \ln\frac{r}{b}\Big) \\[2mm] \sigma_z &= \frac{2\sigma_\mathrm{s}}{\sqrt{3}}\Big(\frac{1}{2} + \ln\frac{r}{b}\Big) \end{aligned} \right\} \tag{4.5.16}$$

(3) 残余应力

若在弹塑性状态下（$q_\mathrm{e} < q < q_\mathrm{p}$ 时）完全卸载，由于变形不能完全恢复，筒内将不仅有残余变形，还会有残余应力。这时卸载应力可按弹性解计算，为

$$\left. \begin{aligned} \sigma_r' &= \frac{qa^2}{b^2 - a^2}\Big(\frac{b^2}{r^2} - 1\Big) \\[2mm] \sigma_\theta' &= -\frac{qa^2}{b^2 - a^2}\Big(\frac{b^2}{r^2} + 1\Big) \\[2mm] \sigma_z' &= -\frac{qa^2}{b^2 - a^2} \end{aligned} \right\} \tag{4.5.17}$$

叠加到弹塑性应力解可以得到残余应力分布。在塑性区的残余应力为

$$
\left.
\begin{aligned}
\sigma_r^* &= \frac{2\sigma_s}{\sqrt{3}}\ln\frac{r}{a} - q + \frac{qa^2}{b^2-a^2}\left(\frac{b^2}{r^2}-1\right) \\
\sigma_\theta^* &= \frac{2\sigma_s}{\sqrt{3}}\left(1+\ln\frac{r}{a}\right) - q - \frac{qa^2}{b^2-a^2}\left(\frac{b^2}{r^2}+1\right) \\
\sigma_z^* &= \frac{2\sigma_s}{\sqrt{3}}\left(\frac{1}{2}+\ln\frac{r}{a}\right) - q - \frac{qa^2}{b^2-a^2}
\end{aligned}
\right\} \quad \text{在 } a\leqslant r\leqslant r_s \text{ 处}
\tag{4.5.18}
$$

在弹性区的残余应力为

$$
\left.
\begin{aligned}
\sigma_r^* &= -\frac{\sigma_s}{\sqrt{3}}\frac{r_s^2}{b^2}\left(\frac{b^2}{r^2}-1\right) + \frac{qa^2}{b^2-a^2}\left(\frac{b^2}{r^2}-1\right) \\
\sigma_\theta^* &= \frac{\sigma_s}{\sqrt{3}}\frac{r_s^2}{b^2}\left(\frac{b^2}{r^2}+1\right) - \frac{qa^2}{b^2-a^2}\left(\frac{b^2}{r^2}+1\right) \\
\sigma_z^* &= \frac{\sigma_s}{\sqrt{3}}\frac{r_s^2}{b^2} - \frac{qa^2}{b^2-a^2}
\end{aligned}
\right\} \quad \text{在 } r_s\leqslant r\leqslant b \text{ 处}
\tag{4.5.19}
$$

图 4.20 上显示出了环向残余应力的分布情况。可以看出,圆筒的内壁为残余压应力。这就好像对圆筒施加了预应力,从而可以提高圆筒的承载能力。在工程上,据此发展出了所谓的预应力技术或自紧(Auto-frettage)工序,即通过预加一定量的塑性变形来提高结构的承载能力,该技术在工程实际中有广泛的应用。

上面计算残余应力表达式是在假设卸载时处处不发生反向屈服的前提下得到的。下面来确定这种完全卸载后不出现反向屈服的塑性变形条件的最大内压 $q_{max}$。

为了不发生反向屈服,要求下式成立

$$
|\sigma_\theta^* - \sigma_r^*| \leqslant \frac{2}{\sqrt{3}}\sigma_s
\tag{a}
$$

由式(4.5.18)和式(4.5.19)可得

$$
\begin{cases}
\sigma_\theta^* - \sigma_r^* = \dfrac{2\sigma_s}{\sqrt{3}} - \dfrac{2qa^2}{b^2-a^2}\cdot\dfrac{b^2}{r^2}, & \text{当 } a\leqslant r\leqslant r_s \text{ 时} \\[3mm]
\sigma_\theta^* - \sigma_r^* = \dfrac{2\sigma_s}{\sqrt{3}}\dfrac{b^2}{r^2}\cdot\dfrac{r_s^2}{b^2} - \dfrac{2qa^2}{b^2-a^2}\cdot\dfrac{b^2}{r^2}, & \text{当 } r_s\leqslant r\leqslant b \text{ 时}
\end{cases}
\tag{b}
$$

显然,$r$ 越小,$\sigma_\theta^* - \sigma_r^*$ 越大。因此,卸载时在反向的屈服首先发生在 $r=a$ 处。这时,$\sigma_\theta^* - \sigma_r^* = -\dfrac{2}{\sqrt{3}}\sigma_s$,由式(b)第 1 式可得

$$
q \leqslant \frac{2\sigma_s}{\sqrt{3}}\left(1-\frac{a^2}{b^2}\right) = 2q_e
\tag{c}
$$

上式表明,第一次加载的压力最大可达到 $2q_e$,此后完全卸载或重新加载,只要比 $2q_e$ 小,则圆筒始终处于弹性状态。这种情形称为"安定状态"。

这样,式(4.5.17)~式(4.5.19)适用的条件为 $q_e\leqslant q\leqslant 2q_e$。

再进一步考虑,对于炮筒/枪管、高压容器之类的厚壁圆筒而言,存在反复加载的情形。此时还应确保内压不大于塑性极限压力 $q_p$,即 $2q_e\leqslant q_p$,以尽可能充分提高其弹性范围。令二者相等时,有

$$\frac{2\sigma_s}{\sqrt{3}}\left(1-\frac{a^2}{b^2}\right)=\frac{2\sigma_s}{\sqrt{3}}\ln\frac{b}{a} \tag{d}$$

计算可得，$b/a=2.22$。如果筒径比 $b/a>2.22$，则 $q_p>2q_e$。此时可以把工作压力提高到 $2q_e$ 以上，但是，卸载时会发生反向屈服。当反复加载时（例如炮筒承受连续发射炮弹时的高压条件），圆筒内就会因为反复塑性屈服而导致循环塑性累积，进而发生疲劳或材料断裂破坏（第 6 章安定分析的内容），这是工程实践所不允许的。因此，应该采用 $b/a$ 小于 2.22 的圆筒来实施自紧工序，以达到提高其耐压能力的目的。

(4) 变形分析

考虑到平面应变及材料不可压缩，应有

$$\varepsilon_r+\varepsilon_\theta=0 \tag{4.5.20}$$

而根据几何方程有

$$\varepsilon_r=\frac{\mathrm{d}u}{\mathrm{d}r},\quad \varepsilon_\theta=\frac{u}{r} \tag{4.5.21}$$

故

$$\frac{\mathrm{d}u}{\mathrm{d}r}+\frac{u}{r}=0 \tag{4.5.22}$$

此方程的解为

$$u=\frac{B}{r}$$

其中 $B$ 为积分常数。以上未涉及本构方程，故同时适用于弹性区和塑性区。相应的应变为

$$\varepsilon_\theta=-\varepsilon_r=\frac{B}{r^2}$$

由于材料不可压缩，$\nu=\frac{1}{2}$，$\mu=\frac{E}{2(1+\nu)}$，有 $E=3\mu$，由广义胡克定律，在弹性区有

$$\varepsilon_\theta=\frac{1}{3\mu}\left[\sigma_\theta-\frac{1}{2}(\sigma_r+\sigma_z)\right]$$

于是有

$$B=\frac{1}{2\mu}\frac{\sigma_s}{\sqrt{3}}r_s^2$$

所以

$$u=\frac{1}{2\mu}\frac{\sigma_s}{\sqrt{3}}\frac{r_s^2}{r}\quad（\text{Mises 屈服条件下}） \tag{4.5.23}$$

因此

$$\varepsilon_\theta=-\varepsilon_r=\frac{1}{2\mu}\frac{\sigma_s}{\sqrt{3}}\left(\frac{r_s}{r}\right)^2 \tag{4.5.24}$$

这说明，在加载过程中应变是成比例增加的，即满足简单加载条件。在达到塑性极限状态时，外围已无弹性区，此时塑性变形不受约束，可以自由发展，这时 $B$ 无法确定。

如果采用 Tresca 屈服条件，则得到的位移为

$$u=\frac{3}{4}\frac{\sigma_s r_s^2}{Er} \tag{4.5.25}$$

可以看出，$r=a$ 处径向位移取得最大值。由上述结果可知：

① 当 $r_s = a$，达到弹性极限，此时内壁处 $u_e = \dfrac{3}{4}\dfrac{a}{E}\sigma_s$；

② 当 $r_s = b$，刚达到塑性极限，此时内壁处 $u_p = \dfrac{3}{4}\dfrac{b^2}{Ea}\sigma_s$；

即有

$$\frac{u_p}{u_e} = \frac{b^2}{a^2} \tag{4.5.26}$$

如果 $\dfrac{b}{a} = 2$，则 $\dfrac{u_p}{u_e} = 4$，可见，弹塑性变形处于同一数量级，相差并不大。

**课后练习 2**

试讨论厚壁圆筒两端分别为闭口和开口情况时对弹性极限载荷 $q_e$ 的影响。

**课后练习 3**

请尝试对受内压的厚壁圆筒进行回弹分析，给出相应的回弹关系式。

**2. 强化材料的厚壁圆筒**

如果厚壁圆筒是由强化材料制成，而其他条件不变，则除了平衡方程和屈服条件以外，还要用到物理方程和几何方程才能求解。由于是简单加载，这里采用全量理论，其本构关系（仍假定材料不可压缩）

$$\left. \begin{array}{l} \varepsilon_r = \dfrac{3\varepsilon_i}{2\sigma_i}(\sigma_r - \sigma_m) \\[2mm] \varepsilon_\theta = \dfrac{3\varepsilon_i}{2\sigma_i}(\sigma_\theta - \sigma_m) \\[2mm] \varepsilon_z = \dfrac{3\varepsilon_i}{2\sigma_i}(\sigma_z - \sigma_m) \end{array} \right\} \tag{4.5.27}$$

$$\sigma_i = \Phi(\varepsilon_i) \tag{4.5.28}$$

由上节的分析，有

$$\varepsilon_r = -\varepsilon_\theta = -\frac{B}{r^2}, \quad \varepsilon_z = 0 \text{（平面应变）} \tag{4.5.29}$$

所以

$$\varepsilon_i = \frac{\sqrt{2}}{3}\sqrt{(\varepsilon_r - \varepsilon_\theta)^2 + \varepsilon_r^2 + \varepsilon_\theta^2} = \frac{2}{\sqrt{3}}\frac{B}{r^2} \tag{4.5.30}$$

或者，将本构方程(4.5.27)的前两式相减，得

$$\varepsilon_\theta - \varepsilon_r = \frac{3\varepsilon_i}{2\sigma_i}(\sigma_\theta - \sigma_r)$$

则

$$\sigma_\theta - \sigma_r = \frac{2\sigma_i}{3\varepsilon_i}(\varepsilon_\theta - \varepsilon_r)$$

再由上一节的分析有

$$\sigma_\theta - \sigma_r = \frac{2}{\sqrt{3}}\sigma_i \tag{4.5.31}$$

再代入单一曲线假设 $\sigma_i = \Phi(\varepsilon_i)$，并利用式(4.5.30)可得

$$\sigma_\theta - \sigma_r = \frac{2}{\sqrt{3}}\Phi(\varepsilon_i) = \frac{2}{\sqrt{3}}\Phi(\frac{2}{\sqrt{3}}\frac{B}{r^2}) \tag{4.5.32}$$

将其代入平衡方程

$$\frac{\mathrm{d}\sigma_r}{\mathrm{d}r} + \frac{\sigma_r - \sigma_\theta}{r} = 0$$

有

$$\mathrm{d}\sigma_r = \frac{2}{\sqrt{3}}\Phi(\varepsilon_i)\frac{\mathrm{d}r}{r} \tag{4.5.33}$$

对其从 $r$ 到 $b$ 的范围内进行积分

$$\int_r^b \mathrm{d}\sigma_r = \frac{2}{\sqrt{3}}\int_r^b \Phi(\varepsilon_i)\frac{\mathrm{d}r}{r}$$

则

$$\sigma_r\mid_{r=b} - \sigma_r = \frac{2}{\sqrt{3}}\int_r^b \Phi(\varepsilon_i)\frac{\mathrm{d}r}{r}$$

将其代入边界条件

$$\sigma_r\mid_{r=b} = 0 \tag{4.5.34}$$

得

$$\sigma_r = -\frac{2}{\sqrt{3}}\int_r^b \Phi(\varepsilon_i)\frac{\mathrm{d}r}{r} = -\frac{2}{\sqrt{3}}\int_r^b \Phi(\frac{2}{\sqrt{3}}\frac{B}{r^2})\frac{\mathrm{d}r}{r} \tag{4.5.35}$$

按照圆筒的内壁边界条件 $\sigma_r\mid_{r=a} = -q$，得

$$q = \frac{2}{\sqrt{3}}\int_a^b \Phi(\frac{2}{\sqrt{3}}\frac{B}{r^2})\frac{\mathrm{d}r}{r} \tag{4.5.36}$$

当已知材料的性质，即给定 $\sigma_i = \Phi(\varepsilon_i)$ 后，可由式(4.5.35)求得 $\sigma_r$，再由式(4.5.32)以及上节得到的关系式

$$\sigma_z - \sigma_m = \frac{2\sigma_i}{3\varepsilon_i}(\varepsilon_z - \varepsilon_m) = 0 \quad \Rightarrow \quad \sigma_z = \frac{1}{2}(\sigma_\theta + \sigma_r)$$

依次求得

$$\sigma_\theta = \sigma_r + \frac{2}{\sqrt{3}}\Phi(\varepsilon_i), \quad \sigma_z = \frac{1}{2}(\sigma_\theta + \sigma_r)$$

现举一例说明。

当 $\Phi$ 为幂函数，即

$$\Phi(\varepsilon_i) = A\varepsilon_i^m$$

时，从内壁边界条件 $\sigma_r\mid_{r=a} = -q$，得

$$q = \frac{2}{\sqrt{3}}\int_a^b \Phi(\varepsilon_i)\frac{\mathrm{d}r}{r} = \frac{2}{\sqrt{3}}\int_a^b A(\frac{2}{\sqrt{3}}\frac{B}{r^2})^m\frac{\mathrm{d}r}{r}$$

可确定出常数 $B$

$$B^m = -\frac{q \cdot 2m(\frac{\sqrt{3}}{2})^{m+1}}{(\frac{1}{b^{2m}} - \frac{1}{a^{2m}})A}$$

则筒的应力为

$$\left.\begin{array}{l} \sigma_r = - q\,\dfrac{a^{2m}(r^{2m}-b^{2m})}{r^{2m}(a^{2m}-b^{2m})} \\[3mm] \sigma_\theta = - q\,\dfrac{a^{2m}[r^{2m}+(2m-1)b^{2m}]}{r^{2m}(a^{2m}-b^{2m})} \\[3mm] \sigma_z = - q\,\dfrac{a^{2m}[r^{2m}+(m-1)b^{2m}]}{r^{2m}(a^{2m}-b^{2m})} \end{array}\right\}$$

**课后练习 4**

绘出 $m=0,\dfrac{1}{4},\dfrac{1}{3},\dfrac{1}{2},\dfrac{2}{3},1$ 时的函数 $\Phi$ 的曲线和应力分量 $\sigma_r,\sigma_\theta$ 沿壁厚的分布情况,并确定 $m=0,1$ 时的极限载荷表达式。

**例 4.6** 已知两端封闭的薄壁圆筒,其半径为 $r_0=200$ mm,厚度 $t_0=4$ mm,承受 100 大气压($10$ N/mm²)。若材料的单向拉伸应力-应变曲线为 $\sigma=800 \cdot \varepsilon^{0.25}$(单位:MPa),试求在内压作用下壁厚的减少量。

**解** 筒内应力分量为

$$\sigma_\theta = \frac{pr_0}{t_0}, \quad \sigma_z = \frac{pr_0}{2t_0} = \frac{1}{2}\sigma_\theta, \quad \sigma_r = 0$$

$$\sigma_i = \frac{\sqrt{3}}{2}\sigma_\theta = \frac{\sqrt{3}}{2}\frac{pr_0}{t_0}$$

$$S_r = \sigma_r - \frac{1}{3}(\sigma_r + \sigma_\theta + \sigma_z) = -\frac{1}{2}\sigma_\theta$$

根据增量塑性本构关系式,得

$$\mathrm{d}\varepsilon_r = \mathrm{d}\varepsilon_r^{\mathrm{p}} = \frac{3\mathrm{d}\varepsilon_i^{\mathrm{p}}}{2\sigma_i}S_r = -\frac{\sqrt{3}}{2}\mathrm{d}\varepsilon_i^{\mathrm{p}}$$

将上式两端积分,注意 $\varepsilon_r$ 和 $\varepsilon_i^{\mathrm{p}}$ 的初始条件,有

$$\varepsilon_r = -\frac{\sqrt{3}}{2}\varepsilon_i^{\mathrm{p}} \tag{a}$$

由对数应变的定义

$$\mathrm{d}\varepsilon_r = \frac{\mathrm{d}t}{t}$$

有

$$\varepsilon_r = \ln\frac{t}{t_0} \tag{b}$$

由式(a)、式(b)得

$$t = t_0 \cdot \exp(-\frac{\sqrt{3}}{2}\varepsilon_i^{\mathrm{p}})$$

据已知条件有(单一曲线假设)

$$\varepsilon_i^{\mathrm{p}} = (\frac{\sigma_i}{800})^4$$

可得

$$\Delta t = t_0 - t = 0.286 \text{ mm}$$

## 4.6　旋转圆盘

旋转圆盘,如汽轮机或透平压缩机的叶轮,是工程上常遇到的部件。本节研究由理想弹塑性材料制成、外径为 $b$、等厚度的圆盘,绕 $z$ 轴以等角速度 $\omega$ 旋转。假定圆盘很薄,在整个厚度上可取 $\sigma_z = 0$,这样可按平面应力问题处理。由于离心惯性力的作用,在盘内会产生应力及应变。由于对称性,可知剪应力为零,非零应力 $\sigma_r$ 和 $\sigma_\theta$ 为主应力。

由于离心惯性力(体力)的存在,平衡方程为

$$\frac{\mathrm{d}\sigma_r}{\mathrm{d}r} + \frac{\sigma_r - \sigma_\theta}{r} + \rho\omega^2 r = 0 \tag{4.6.1}$$

式中: $\rho$ 为圆盘材料的密度。

几何方程为

$$\varepsilon_\theta = \frac{u}{r}, \quad \varepsilon_r = \frac{\mathrm{d}u}{\mathrm{d}r} \tag{4.6.2}$$

以下就几个不同的变形阶段分别加以分析。

### 1. 弹性状态

将式(4.6.2)代入物理方程,即胡克定律

$$\left.\begin{aligned}\sigma_r &= \frac{E}{1-\nu^2}(\varepsilon_r + \nu\varepsilon_\theta) \\ \sigma_\theta &= \frac{E}{1-\nu^2}(\varepsilon_\theta + \nu\varepsilon_r)\end{aligned}\right\} \tag{4.6.3}$$

再将结果代入式(4.6.1),得

$$r^2 \frac{\mathrm{d}^2 u}{\mathrm{d}r^2} + r\frac{\mathrm{d}u}{\mathrm{d}r} - u + \frac{\rho\omega^2(1-\nu^2)r^3}{E} = 0 \tag{4.6.4}$$

其解为

$$u = Ar + \frac{B}{r} - \frac{\rho\omega^2(1-\nu^2)}{8E}r^3 \tag{4.6.5}$$

相应的应力分量为

$$\left.\begin{aligned}\sigma_r &= \frac{EA}{1-\nu} - \frac{EB}{1+\nu}\frac{1}{r^2} - \frac{3+\nu}{8}\rho\omega^2 r^2 \\ \sigma_\theta &= \frac{EA}{1-\nu} + \frac{EB}{1+\nu}\frac{1}{r^2} - \frac{1+3\nu}{8}\rho\omega^2 r^2\end{aligned}\right\} \tag{4.6.6}$$

对于实心圆盘,为使圆盘心($r=0$ 处)位移和应力为有限值, $B$ 必须等于 0。再根据外边缘的边界条件 $\sigma_r|_{r=b} = 0$,由式(4.6.6)可得

$$A = \frac{\rho\omega^2 b^2(1-\nu)(3+\nu)}{8E}$$

从而得到弹性阶段的位移与应力

$$u = \frac{(1-\nu)\rho\omega^2 r}{8E}\left[(3+\nu)b^2 - (1+\nu)r^2\right] \tag{4.6.7}$$

$$\left.\begin{aligned}\sigma_r &= \frac{(3+\nu)}{8}\rho\omega^2(b^2 - r^2) \\ \sigma_\theta &= \frac{(3+\nu)}{8}\rho\omega^2\left[b^2 - \frac{(1+3\nu)}{3+\nu}r^2\right]\end{aligned}\right\} \tag{4.6.8}$$

为了考察弹性极限状态,需建立屈服条件。本问题采用 Tresca 条件较方便。估计 $\sigma_\theta$,$\sigma_r$ 均为拉应力,且 $\sigma_\theta > \sigma_r > \sigma_z = 0$,从而 Tresca 条件 $\sigma_1 - \sigma_3 = \sigma_s$ 变为

$$(\sigma_\theta)_{\max} = \sigma_s$$

$\sigma_\theta$ 的最大值是在盘心处,即屈服始于盘心。使

$$\sigma_\theta \mid_{r=0} = \frac{\rho\omega^2(3+\nu)}{8} b^2 = \sigma_s$$

**则得弹性极限转速**

$$\omega_e = \frac{1}{b}\sqrt{\frac{8\sigma_s}{\rho(3+\nu)}} \tag{4.6.9}$$

如果取 $\nu = 1/3$(对不少金属材料而言),有

$$\omega_e = \frac{1.55}{b}\sqrt{\frac{\sigma_s}{\rho}}$$

### 2. 弹塑性状态

当 $\omega > \omega_e$ 时,圆盘将部分进入塑性状态,且塑性区在盘心附近。不难看出,弹、塑性交界面是一个同心圆,设半径为 $r_s$。在塑性区,由屈服条件知

$$\sigma_\theta = \sigma_s$$

另一应力分量 $\sigma_r$ 需由平衡条件确定。将上式代入平衡方程(4.6.1),积分之,则得

$$\sigma_r = \sigma_s - \frac{\rho\omega^2 r^2}{3} + \frac{C}{r}$$

对于实心盘,必有 $C=0$,故实心盘塑性区的应力有

$$\left. \begin{array}{l} \sigma_r = \sigma_s - \dfrac{\rho\omega^2 r^2}{3} \\[2mm] \sigma_\theta = \sigma_s \end{array} \right\} \tag{4.6.10}$$

对外部的弹性区,可看作内半径为 $r_s$、外半径为 $b$ 的空心圆盘,该空心圆盘在 $r=r_s$ 处已经屈服、径向应力连续,并且在外缘处径向应力为零。这样,其全部边界条件可写为如下

$$\left. \begin{array}{l} \sigma_\theta \mid_{r=r_s} = \sigma_s \\[2mm] \sigma_r \mid_{r=r_s} = \sigma_s - \dfrac{\rho\omega^2 r_s^2}{3} \\[2mm] \sigma_r \mid_{r=b} = 0 \end{array} \right\} \tag{4.6.11}$$

由应力解答式(4.6.6)可以确定常数 $A$、$B$ 和转速 $\omega$。转速为

$$\omega = \frac{1}{bM}\sqrt{\frac{\sigma_s}{\rho}} \tag{4.6.12}$$

式中

$$M^2 = \frac{8 + (1+3\nu)[(r_s/b)^2 - 1]^2}{24}$$

弹性区的应力为

$$\left. \begin{array}{l} \sigma_r = \dfrac{\sigma_s}{24M^2}\Big[3(3+\nu) - (1+3\nu)\dfrac{r_s^4}{r^2 b^2}\Big]\Big(1-\dfrac{r^2}{b^2}\Big) \\[3mm] \sigma_\theta = \dfrac{\sigma_s}{24M^2}\Big[\dfrac{r_s^4}{b^4}\Big(1+\dfrac{r^2}{b^2}\Big)(1+3\nu) + 3(3+\nu) - 3(1+3\nu)\dfrac{r^2}{b^2}\Big] \end{array} \right\} \tag{4.6.13}$$

### 3. 塑性极限状态

当 $r_s = b$ 时，整个盘均进入塑性状态，此时有**塑性极限转速**

$$\omega_p = \frac{\sqrt{3}}{b}\sqrt{\frac{\sigma_s}{\rho}} \doteq \frac{1.73}{b}\sqrt{\frac{\sigma_s}{\rho}} \tag{4.6.14}$$

可见圆盘从开始屈服到全部屈服，转速约增加 12%。转盘内的应力分布情况示意于图 4.21 中。

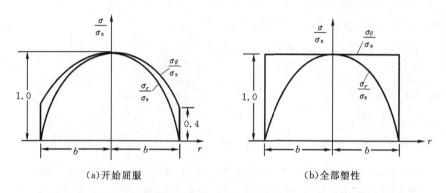

（a）开始屈服　　　　　　　　（b）全部塑性

图 4.21　旋转圆盘的应力分布

　　上述旋转圆盘弹塑性分析的一个实际应用是所谓的"超速工艺"，即在圆盘按额定转速使用之前，先使其经历一个超速运转，达到 $\omega_e < \omega < \omega_p$，这样就可以在圆盘中产生有利的残余应力分布，从而扩大正常使用时的弹性范围。这种超速工艺与前面提及的厚壁圆筒自紧工艺在原理上是相似的。

　　上面介绍的是理想弹塑性材料的旋转圆盘解析解。对于强化材料的旋转圆盘问题，请参考专著：李敏华，硬化材料的轴对称塑性平面应力问题的研究，科学出版社，1960 年。

# 习　题　4

**4.1**　高为 $h$、底为 $b$ 的等腰三角形截面梁，由理想弹塑性材料制成，试确定该梁内在纯弯曲时：

（1）弹性阶段；（2）底边开始屈服；以及（3）全塑性阶段时的中性轴的位置，由此来观察中性轴的移动规律。

　　并请思考，如果纯弯曲梁的截面左右不对称，当其由弹性进入塑性状态时，中性轴是否会发生运动？

**4.2**　如下图所示的矩形截面悬臂梁，由理想弹塑性材料制成，端部受集中力 $P$ 作用，已知 $P = 100\ \text{kN}$，$\sigma_s = 265\ \text{MPa}$，试画出悬臂梁内塑性区的范围。

**4.3**　设有一理想弹塑性材料制成的内半径为 $a$、外半径为 $b$ 的空心圆截面直轴，其内外半径之比为 $\beta = a/b$，试求：

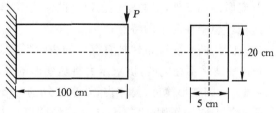

题 4.2 图

(1) 此圆轴的最大弹性扭矩 $M_z^e$ 及极限扭矩 $M_z^p$;

(2) 当 $M_z^e < M_z < M_z^p$ 时,$M_z$ 与弹塑性交界半径 $\rho$ 之间的关系;

(3) 加载到 $M_z$ 进入弹塑性状态,然后卸载,这时的残余应力 $\tau_r$ 及残余单位长度扭转角 $\theta_r$ 的表达式。

**4.4**  试确定边长均为 $a$ 的正方形和三角形截面柱体的塑性极限扭矩。

**4.5**  已知厚壁圆筒,内半径为 $a$,外半径为 $b$,材料的屈服极限为 $\sigma_s$,求在如下情况下,圆筒内壁进入塑性状态时的内压值 $p_i$(用 Mises 条件)。

(1) 两端封闭;(2) 两端开口;(3) 两端受约束。

**提示**  (1) 两端封闭:$\sigma_z = \dfrac{a^2 p}{b^2 - a^2}$,    $p_i = \dfrac{\sigma_s}{\sqrt{3}}\left(1 - \dfrac{a^2}{b^2}\right)$;

(2) 两端开口:$\sigma_z = 0$,    $p_i = \dfrac{\sigma_s}{\sqrt{3}}\left(1 - \dfrac{a^2}{b^2}\right)\Big/ \sqrt{1 + \dfrac{a^4}{3b^4}}$;

(3) 两端受约束:$\varepsilon_z = 0$,$\sigma_z = 2\nu\dfrac{a^2 p}{b^2 - a^2}$,    $p_i = \dfrac{\sigma_s}{\sqrt{3}}\left(1 - \dfrac{a^2}{b^2}\right)\Big/ \sqrt{1 + (1 - 2\nu)^2 \dfrac{a^4}{3b^4}}$。

例如,可代入 $b = 2a$,$\nu = 1/3$,计算三个极限应力的差别,来讨论端面条件的影响。

**4.6**  由两种材料组成的组合厚壁圆筒,其材料的屈服极限分别为 $\sigma_{s1}$(内筒)和 $\sigma_{s2}$(外筒)。如果此组合筒在承受内压 $p$ 作用时,内筒和外筒都同时进入全塑性状态,试求对于给定的 $p$、内径 $r_i$ 和外径 $r_e$,两筒的接触半径 $r_1$ 为多少?

**提示**  由题意知,每一圆筒达到全部塑性时

$$\sigma_r = \sigma_s \ln r + C$$

根据边界条件,内筒:$-p + p_1 = \sigma_{s1} \ln \dfrac{r_i}{r_1}$;外筒:$-p_1 + 0 = \sigma_{s2} \ln \dfrac{r_1}{r_e}$。因此 $-p = \sigma_{s1} \ln \dfrac{r_i}{r_1} + \sigma_{s2} \ln \dfrac{r_1}{r_e}$,可得 $r_1 = \left[\dfrac{r_i^{\sigma_{s1}}}{r_e^{\sigma_{s2}}} \cdot e^p\right]^{\frac{1}{\sigma_{s1} - \sigma_{s2}}}$。

**4.7**  受有内压作用的理想塑性材料制成的厚壁圆筒,请问:

(1) 塑性区内的应力分布与弹性区内的应力场有无关系?与材料的应力历史有无关系?为什么?

(2) 在平面变形、材料不可压缩条件下,使用 Mises 屈服条件和 Tresca 屈服条件进行求解有无不同?

(3) 在轴向变形为零、材料不可压缩时,极限状态的平衡是否稳定?

**提示**  (1) 该问题是由平衡方程、屈服条件和应力边界条件(内壁塑性区)唯一确定的,它不涉及变形协调条件,又与塑性区以外的应力分布无关,也不必考虑材料以前经历过的变形历史。这是理想塑性问题的特点;

(2) 此时,两个屈服条件具有统一的表示形式 $|\sigma_\theta - \sigma_r| = 2k = 2\tau_s$;

(3) 平衡是不稳定的,极限压力将随变形的发展而降低。

**4.8**  一圆柱形筒体,筒体内、外半径分别为 $a$ 和 $b$,其中,$b = 2a$,在正常工作状态下其外表面受着均匀水压作用,水的压力为 $q$,设圆筒材料为理想弹塑性且不可压缩,取 Mises 屈服条件,试确定该圆筒:

(1) 弹性极限载荷 $q_e$;(2) 根据 $q$ 确定弹性区和塑性区的形状,并以图形表示;(3) 塑性极

限载荷 $q_p$。

**提示**　按照厚壁圆筒、平面应变问题处理。其剪应力为零，$\sigma_r$，$\sigma_\theta$，$\sigma_z$ 为主应力，$\varepsilon_z = 0$，$\nu = 1/2$，$\sigma_z = (\sigma_\theta + \sigma_r)/2$。Mises 屈服条件为

$$\sigma_r - \sigma_\theta = \frac{2}{\sqrt{3}}\sigma_s$$

根据受内压 $p$、外压 $q$ 的厚壁圆筒弹性解为

$$\sigma_r = \frac{a^2 b^2 (q-p)}{(b^2-a^2)r^2} + \frac{a^2 p - b^2 q}{b^2 - a^2}; \quad \sigma_\theta = -\frac{a^2 b^2 (q-p)}{(b^2-a^2)r^2} + \frac{a^2 p - b^2 q}{b^2 - a^2}$$

代入屈服条件，可知当 $r=a$ 时 $\sigma_r - \sigma_\theta$ 有最大值，即筒内壁首先开始屈服。代入弹性应力解，有弹性极限压力为

$$q_e = \frac{1}{\sqrt{3}}(1 - \frac{a^2}{b^2})\sigma_s = \frac{\sqrt{3}}{4}\sigma_s$$

对于弹塑性状态下的塑性区（$a \leqslant r \leqslant r_s$），其平衡方程为

$$\frac{\mathrm{d}\sigma_r}{\mathrm{d}r} + \frac{\sigma_r - \sigma_\theta}{r} = 0$$

代入屈服条件，有

$$\frac{\mathrm{d}\sigma_r}{\mathrm{d}r} = -\frac{2}{\sqrt{3}}\frac{\sigma_s}{r}$$

即

$$\mathrm{d}\sigma_r = -\frac{2}{\sqrt{3}}\sigma_s \frac{\mathrm{d}r}{r}$$

积分之，得

$$\sigma_r = -\frac{2}{\sqrt{3}}\sigma_s \ln r + C$$

代入边界条件 $\sigma_r|_{r=a} = 0$，可以确定 $C = \frac{2}{\sqrt{3}}\sigma_s \ln a$。则得塑性区的应力分布为

$$\sigma_r = -\frac{2}{\sqrt{3}}\sigma_s \ln\frac{r}{a}; \quad \sigma_\theta = -\frac{2}{\sqrt{3}}\sigma_s(1 + \ln\frac{r}{a})$$

根据 $r=r_s$ 处应力边界条件可确定 $r_s$ 与 $p$ 的关系

$$p = -\sigma_r = \frac{2}{\sqrt{3}}\sigma_s \ln\frac{r_s}{a}$$

对弹塑性状态下的弹性区（$r_s \leqslant r \leqslant b$），此时同时受内压 $p$、外压 $q$ 作用，其解为

$$\sigma_r = \frac{r_s^2 b^2 (q-p)}{(b^2 - r_s^2)r^2} + \frac{r_s^2 p - b^2 q}{b^2 - r_s^2}; \quad \sigma_\theta = -\frac{r_s^2 b^2 (q-p)}{(b^2 - r_s^2)r^2} + \frac{r_s^2 p - b^2 q}{b^2 - r_s^2}$$

令其满足 Mises 条件，得到

$$\sigma_r - \sigma_\theta = \frac{2r_s^2 b^2 (q-p)}{(b^2 - r_s^2)r^2} = \frac{2}{\sqrt{3}}\sigma_s$$

当 $r_s = b$ 时全部屈服，可得塑性极限载荷

$$q_p = \frac{2}{\sqrt{3}}\sigma_s \ln\frac{b}{a} = \sigma_s \frac{2}{\sqrt{3}}\ln 2$$

**4.9** 已知均质厚壁圆筒的内半径为 $a$,外半径为 $b$,承受内压 $p_i$ 和外压 $p_e$ 的作用,并以角速度 $\omega$ 旋转。试求当厚壁圆筒失去承载能力时,这些参数之间的关系。假设材料是不可压缩的,服从 Mises 屈服条件,圆筒处于平面应变状态。

**提示**　根据 $\nu = \dfrac{1}{2}$,$\varepsilon_z = 0$,$\sigma_z = \dfrac{1}{2}(\sigma_r + \sigma_\theta)$ 以及

$$(\sigma_r - \sigma_\theta)^2 + (\sigma_\theta - \sigma_z)^2 + (\sigma_z - \sigma_r)^2 = 2\sigma_s^2$$

有

$$\sigma_\theta - \sigma_r = \frac{2}{\sqrt{3}}\sigma_s$$

平衡方程

$$\frac{\mathrm{d}\sigma_r}{\mathrm{d}r} + \frac{\sigma_r - \sigma_\theta}{r} + \rho\omega^2 r = 0$$

$$\frac{\mathrm{d}\sigma_r}{\mathrm{d}r} = \frac{2}{\sqrt{3}}\frac{\sigma_s}{r} - \rho\omega^2 r$$

$$\sigma_r = \frac{2\sigma_s}{\sqrt{3}}\ln r - \frac{\rho}{2}\omega^2 r^2 + A$$

得

$$p_i - p_e = \frac{2\sigma_s}{\sqrt{3}}\ln\frac{b}{a} - \frac{\rho\omega^2}{2}(b^2 - a^2)$$

**英文阅读材料 4**

The question of the stress distribution in a neck formed under tension is complicated and has not been fully solved. Since it is important to know the magnitudes of the stresses at the instant preceding rupture, approximate solutions have been constructed which are based on various assumptions stimulated by experimental data. We consider one of these solutions, put forward by Davidenkov and Spiridonova.

When the neck appears the stress distribution ceases to be uniaxial and uniform. The difficulty of the analysis is compounded by the fact that the shape of the neck is unknown, the approximate solution utilizes the experimentally observed fact that in the minimum section of the neck the natural strains in the radial and tangential directions are equal and uniformly distributed. Hence is follows that on the section $z=0$

$$\xi_r = \xi_\varphi = \text{const.}$$

at the given instant of time.

Since the elastic deformations in the neck are negligibly small compared with the plastic deformations, the incompressibility equation gives $\xi_z = -2\xi_r = \text{const.}$, and from the Saint Venant-von Mises relations it follows that

$$\sigma_r = \sigma_\varphi \qquad\qquad (1)$$

In the section $z=0$. Further, we have from the symmetry condition that $\tau_{rz}=0$ when $z=0$. In this section the differential equations of equilibrium (58.1) take the form

$$\frac{\mathrm{d}\sigma_r}{\mathrm{d}r}+(\frac{\partial \tau_{rz}}{\partial z})_{z=0}=0, \quad \frac{\partial \sigma_z}{\partial r}=0, \tag{2}$$

and the yield criterion is

$$\sigma_z-\sigma_r=\sigma_s. \tag{3}$$

We take a meridional plane and consider in it the trajectories of the principal stresses $\sigma_3$, $\sigma_1$, (Fig. 1) close to the plane $z=0$. The angle $\omega$ of inclination of the tangent to the trajectory of the stress $\sigma_3$ is small, and formulae (58.7), with indices 1, 2 replaced by 1, 3 respectively, take the simple form

$$\sigma_z\approx\sigma_3, \quad \sigma_r\approx\sigma_1, \quad \tau_{rz}\approx(\sigma_3-\sigma_1)\omega.$$

In consequence we have near the plane $z=0$

$$\sigma_3-\sigma_1\approx\sigma_s, \quad \tau_{rz}\approx\sigma_s\omega \tag{4}$$

and

$$(\frac{\partial \tau_{rz}}{\partial z})_{z=0}=\sigma_s(\frac{\partial \omega}{\partial z})_{z=0}=\frac{\sigma_s}{\rho}, \tag{5}$$

where $\rho$ is the radius of curvature of the trajectory of the principal stress for $z=0$. The contour of the neck is one of these trajectories; let $\rho=R$ for the contour. From the differential equation (2) we obtain

$$\frac{\sigma_r}{\sigma_s}=\int_r^a \frac{\mathrm{d}r}{\rho}, \tag{6}$$

since $\sigma_r=0$ when $r=a$.

When $r=0, \rho=\infty$ and when $r=a, \rho=R$; on the basis of observations we assume that

$$\rho=Ra/r.$$

Then

$$\frac{\sigma_r}{\sigma_s}=\frac{a^2-r^2}{2aR}, \quad \frac{\sigma_z}{\sigma_s}=1+\frac{a^2-r^2}{2aR}. \tag{7}$$

This stress distribution in the neck is shown on the left-hand side of fig. 1 to calculate the stresses it is necessary to have experimental measurements of the qualities $a$, $R$.

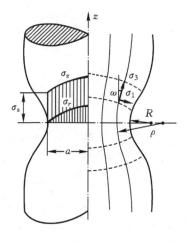

Fig. 1　　　　　　　　　　　　　Fig. 2

The maximum stresses arise in the central portion of the neck and for this reason rupture begins at the centre. Fig. 2 shows an X-ray photograph (taken from Nadai's book) of the neck of a specimen directly before rupture; it supports the above remark.

(摘自专著L. M. Kachanov, Fundamentals of the Theory of Plasticity, Dover Publications, 2004, § 61. Stress distribution in the neck of a tension specimen, Pages. 311 - 314)

### 塑性力学人物 4

#### Heinrich Hencky(海因里希·汉基)

Heinrich Hencky (2 November 1885—6 July 1951) was a German engineer. Born in Ansbach he studied civil engineering in Munich and received his PhD from the Technische Hochschule Darmstadt. In 1913 Hencky joined a railway company in Kharkiv, Ukraine. At the outbreak of World War I he was interned. After the war he taught at Darmstadt, Dresden and Delft.

At Delft University of Technology he worked on slip-line theory, plasticity and rheology for which he is best known. In 1930 he went to Massachusetts Institute of Technology and in 1931 he held one of the first lectures on rheology. He returned to Delft and then to Germany. In 1936 he went to Russia again teaching at Kharkiv and Moscow. Hencky died at climbing accident.

# 第 5 章　平面应变问题

上一章主要讨论了塑性力学中的一些简单问题。但是，工程中大量的实际问题是比较复杂的，要获得准确的解答往往比较困难，对很多具有实际意义的问题也无法得到其解析解。求解塑性力学问题除了解析方法之外，通常还有滑移线场理论、极限分析和数值计算三类方法。从本章开始，将依次介绍滑移线场理论和极限分析方法。关于数值方法，目前主要是采用有限单元法进行塑性应力分析，相关的计算力学教材均有这方面内容的专门介绍，本书不再重复。

本章讨论理想刚塑性体平面应变情形下的塑性流动问题，这是经典塑性理论中研究最多且有实际应用背景（例如金属的压力加工或称塑性成形等）的一类问题。采用滑移线场理论找出极限状态（即在外力不变情况下，物体开始发生塑性流动的状态）下的极限载荷，以及塑性区的应力场和速度场。这里讨论理想刚塑性材料，即忽略弹性变形且不计强化，是从材料方面作的一个简化，目的是适当地简化问题以找出近似解答。当物体的弹性变形与塑性变形相比可以忽略时，或者只需要计算塑性极限载荷时，这种简化是合理的，它可使许多实际问题得到很好的近似解。但是，在弹性区，特别是弹、塑性区交界处的过渡区域内，这样的简化带来的误差就比较大。

对于长的等截面柱体，当所受载荷与横截面平行且沿长度不变，就可以简化为平面应变问题来进行分析。其变形特点是沿长度（设为 $z$）的应变为零，横截面（$xy$ 平面）内的应变与 $z$ 无关。工程中某些问题，如金属成形加工中的辊轧、抽拉以及水坝中的挡土墙和重力坝等问题，都是很接近平面应变的。对于理想刚塑性体，当载荷逐渐增大时，都可达到极限状态，即载荷不变而变形开始不断增长的状态，与极限状态对应的载荷值称为极限载荷。从上一章的一些例子中可以看出，如果只要确定极限载荷，则无需从弹性状态一步步求解，从而可以采用刚塑性模型，所得结果和弹塑性结果相同。

## 5.1　平面应变问题的基本方程

### 1. 平面应变问题的特点

对于平面应变问题，物体内各点的位移平行于 $xy$ 平面，且与 $z$ 无关，即
$$u_x = u_x(x,y), \quad u_y = u_y(x,y), \quad u_z = 0$$
根据几何方程，应变场有
$$\varepsilon_x = \varepsilon_x(x,y), \quad \varepsilon_y = \varepsilon_y(x,y), \quad \varepsilon_z = 0, \quad \gamma_{xy} = \gamma_{xy}(x,y), \quad \gamma_{yz} = \gamma_{zx} = 0$$
可以看出，塑性流动具有下列特征：

① 流动平行于某个固定平面；

② 流动与垂直该平面的坐标无关。

相应的应变张量可写为

$$\varepsilon_{ij} = \begin{vmatrix} \varepsilon_x & \dfrac{1}{2}\gamma_{xy} & 0 \\ \dfrac{1}{2}\gamma_{xy} & \varepsilon_y & 0 \\ 0 & 0 & 0 \end{vmatrix} \tag{5.1.1}$$

应变增量张量和应变率张量为

$$\mathrm{d}\varepsilon_{ij} = \begin{vmatrix} \mathrm{d}\varepsilon_x & \dfrac{1}{2}\mathrm{d}\gamma_{xy} & 0 \\ \dfrac{1}{2}\mathrm{d}\gamma_{xy} & \mathrm{d}\varepsilon_y & 0 \\ 0 & 0 & 0 \end{vmatrix} \tag{5.1.2a}$$

$$\dot{\varepsilon}_{ij} = \begin{vmatrix} \dot{\varepsilon}_x & \dfrac{1}{2}\dot{\gamma}_{xy} & 0 \\ \dfrac{1}{2}\dot{\gamma}_{xy} & \dot{\varepsilon}_y & 0 \\ 0 & 0 & 0 \end{vmatrix} \tag{5.1.2b}$$

如以 $v_x$、$v_y$ 和 $v_z$ 分别表示 $x$、$y$ 和 $z$ 方向的速度分量,则

$$v_x = v_x(x,y), \quad v_y = v_y(x,y), \quad v_z = 0 \tag{5.1.3}$$

由此可得应变率为

$$\dot{\varepsilon}_x = \frac{\partial v_x}{\partial x}, \quad \dot{\varepsilon}_y = \frac{\partial v_y}{\partial y}, \quad \dot{\varepsilon}_{xy} = \frac{1}{2}\left(\frac{\partial v_x}{\partial y} + \frac{\partial v_y}{\partial x}\right) \tag{5.1.4}$$

在平面应变问题中,应力分量有 $\tau_{yz} = \tau_{zx} = 0$,$z$ 方向为一主方向,$\sigma_z$ 为一主应力。根据理想刚塑性体的 Lévy-Mises 关系式

$$\mathrm{d}\varepsilon_{ij} = \mathrm{d}\lambda \cdot S_{ij}$$

在塑性区内,$\mathrm{d}\lambda > 0$,于是,由 $\mathrm{d}\varepsilon_z = 0$ 可得 $S_z = 0$,即

$$\sigma_z - \sigma_m = \sigma_z - \frac{1}{3}(\sigma_x + \sigma_y + \sigma_z) = 0$$

所以

$$\sigma_z = \frac{1}{2}(\sigma_x + \sigma_y) = \sigma_m$$

即主应力 $\sigma_z$ 等于平均应力(静水应力)$\sigma_m$。

塑性区内任一点的应力张量和应力偏张量分别为

$$\sigma_{ij} = \begin{vmatrix} \sigma_x & \tau_{xy} & 0 \\ \tau_{xy} & \sigma_y & 0 \\ 0 & 0 & \dfrac{\sigma_x + \sigma_y}{2} \end{vmatrix}$$

$$S_{ij} = \begin{vmatrix} \dfrac{\sigma_x - \sigma_y}{2} & \tau_{xy} & 0 \\ \tau_{xy} & \dfrac{\sigma_y - \sigma_x}{2} & 0 \\ 0 & 0 & 0 \end{vmatrix}$$

由上已经知道,$\sigma_z$ 是一个主应力,另外两个主应力是下面的二次方程的根

$$\begin{vmatrix} \sigma_x - \sigma_N & \tau_{xy} \\ \tau_{xy} & \sigma_y - \sigma_N \end{vmatrix} = 0$$

如取 $\sigma_1 > \sigma_2 > \sigma_3$，则

$$\left.\begin{aligned} \sigma_1 &= \frac{\sigma_x + \sigma_y}{2} + \frac{1}{2}\sqrt{(\sigma_x - \sigma_y)^2 + 4\tau_{xy}^2} \\ \sigma_2 &= \sigma_z = \frac{1}{2}(\sigma_x + \sigma_y) \\ \sigma_3 &= \frac{\sigma_x + \sigma_y}{2} - \frac{1}{2}\sqrt{(\sigma_x - \sigma_y)^2 + 4\tau_{xy}^2} \end{aligned}\right\} \tag{5.1.5}$$

可见，$\sigma_z$ 总为中间主应力，最大剪应力为

$$\tau_{max} = \frac{\sigma_1 - \sigma_3}{2} = \frac{1}{2}\sqrt{(\sigma_x - \sigma_y)^2 + 4\tau_{xy}^2} = \tau \tag{5.1.6}$$

最大剪应力作用面上的正应力为

$$\frac{1}{2}(\sigma_1 + \sigma_3) = \frac{1}{2}(\sigma_x + \sigma_y) = \sigma_m = \sigma$$

以上分析表明，$z$ 方向的正应力也等于平均应力 $\sigma$。平面应变的特点是，每一点的应力状态相当于平均应力 $\sigma$ 加上纯剪应力 $\tau$，如图 5.1 所示。这说明，对塑性平面应变问题，采用体积不可压缩性假定，如不考虑平均应力，则其应力状态相当于纯剪应力状态。

显然，$z$ 方向是 $\sigma_2$ 的主方向。其余两个主方向由下式确定

$$\tan 2(\widehat{\sigma_1, x}) = \frac{2\tau_{xy}}{\sigma_x - \sigma_y} \tag{5.1.7}$$

上式确定了 $\sigma_1$ 和 $x$ 轴之间的夹角。当决定 $\sigma_1$ 的方向之后，将其旋转 $\pi/2$ 即为 $\sigma_3$ 的主方向。而最大剪应力作用面的方向是与 $\sigma_1$ 及 $\sigma_3$ 的主方向成 $\pm\pi/4$ 角的。图 5.2 示出了 $x,y$ 坐标面、主平面和最大剪应力面上的应力，以及它们各个方向之间的关系。

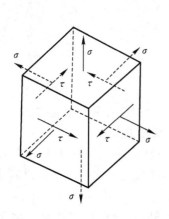
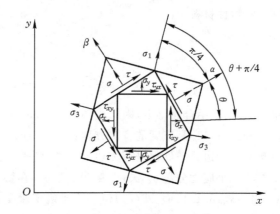

图 5.1　塑性区任一点的应力状态　　　图 5.2　塑性区任一点应力之间的关系

## 2. 基本方程

（1）平衡方程

对平面应变问题，在不计体力的情况下，平衡方程为

$$\left.\begin{array}{l} \dfrac{\partial \sigma_x}{\partial x} + \dfrac{\partial \tau_{xy}}{\partial y} = 0 \\[3mm] \dfrac{\partial \tau_{xy}}{\partial x} + \dfrac{\partial \sigma_y}{\partial y} = 0 \end{array}\right\} \tag{5.1.8}$$

(2) 屈服条件

对理想刚塑性体,在塑性区内的应力应该满足屈服条件。根据 Mises 屈服条件

$$J_2 = \frac{1}{2} S_{ij} S_{ij} = k^2$$

有

$$\left(\frac{\sigma_x - \sigma_y}{2}\right)^2 + \tau_{xy}^2 = k^2 \tag{5.1.9}$$

式中:$k = \sigma_s / \sqrt{3}$。如采用 Tresca 屈服条件也可得出上式,但 $k = \sigma_s/2$。

(3) 应力应变关系

按照 Lévy-Mises 本构关系(率形式)

$$\dot{\varepsilon}_{ij} = \dot{\lambda} \cdot S_{ij}$$

有

$$\frac{\dfrac{\partial v_x}{\partial x}}{\dfrac{\sigma_x - \sigma_y}{2}} = \frac{\dfrac{\partial v_y}{\partial y}}{\dfrac{\sigma_y - \sigma_x}{2}} = \frac{\dfrac{1}{2}\left(\dfrac{\partial v_x}{\partial y} + \dfrac{\partial v_y}{\partial x}\right)}{\tau_{xy}} = \dot{\lambda} \tag{5.1.10a}$$

即

$$\frac{\dfrac{\partial v_x}{\partial x} - \dfrac{\partial v_y}{\partial y}}{\sigma_x - \sigma_y} = \frac{\dfrac{\partial v_x}{\partial y} + \dfrac{\partial v_y}{\partial x}}{2\tau_{xy}} \tag{5.1.10b}$$

(4) 体积不可压缩条件

对理想刚塑性材料,有

$$\dot{\varepsilon}_{ii} = 0 \tag{5.1.11}$$

即

$$\frac{\partial v_x}{\partial x} + \frac{\partial v_y}{\partial y} = 0 \tag{5.1.12}$$

上式可由(5.1.10a)用合比得出,因此式(5.1.10)和(5.1.11)中仅有两个独立式子。注意到方程(5.1.10)和(5.1.11)是速度的齐次方程,因此和时间的量度无关。

如果塑性区的边界条件都是应力边界条件,则平衡方程(5.1.8)和屈服条件(5.1.9)共三个方程就能将三个应力分量 $\sigma_x$,$\sigma_y$,$\tau_{xy}$ 解出。这时,在塑性区求应力就是一个静定问题。应力场确定后,再由式(5.1.10b)、式(5.1.12)不难确定速度场。

除了塑性区的应力和速度分布应满足上述五个方程外,在刚性区内也有一些条件必须满足:

① 刚体的平衡条件;

② 刚体内部各点的应力状态应满足屈服不等式,即 $J_2 \leqslant k^2$。这里的材料可以处于刚性状态,也可以处于塑性状态,但不能发生变形;

③ 如果这部分材料可以运动,它必须是刚体运动。

　　在刚塑性交界处,由平衡条件要求法向正应力和剪应力分量必须连续;而由物体的连续性要求法向速度也必须连续,但允许交界面的切向速度不连续,即沿交界面可以发生相对滑动。

　　满足以上条件的解称为**完全解**或**真实解**。如果求不出刚性区内的应力分布,则不能称为真实解。对于理想刚塑性问题,在塑性流动区域中的应力分布一般是唯一的,与之对应的极限载荷也是唯一的。而速度场则只能确定到一个未定因子的范围。从形式上看,理想刚塑性问题是可以得到解答的。但由于塑性本构关系是非线性的,因而在求解过程中,往往会遇到许多数学上的困难。20 世纪初期,Hencky 首先根据平面塑性应变问题的一些特点,提出了滑移线场理论,通过研究塑性变形过程中的力学参数,为解决塑性加工工艺中的塑性问题和模具设计提供了依据。下面将介绍滑移线场理论及其求解工程实际问题的典型例子。

## 5.2　滑移线及其性质

### 1. 滑移线

　　观察屈服条件式(5.1.9),可以看到,它对应于材料力学中半径为 $k$ 的一个 Mohr 应力圆,如图 5.3(a)所示(注:弹性力学和材料力学对剪应力的符号规定相差一个负号,这里的应力圆按材料力学符号规则绘出)。它描述了 $xy$ 平面上的应力状态。以 $\sigma_1,\sigma_2$ 表示平面内的主应力,规定 $\sigma_1 \geqslant \sigma_2$,则由图 5.3 可知

$$\sigma = \frac{\sigma_1 + \sigma_2}{2}, \quad k = \frac{\sigma_1 - \sigma_2}{2}$$
$$\sigma_1 = \sigma + k, \quad \sigma_2 = \sigma - k \tag{5.2.1}$$

且有

$$\left.\begin{array}{l} \sigma_x = \sigma - k\sin2\theta \\ \sigma_y = \sigma + k\sin2\theta \\ \tau_{xy} = k\cos2\theta \end{array}\right\} \tag{5.2.2}$$

式(5.2.1)亦说明,塑性区内任意一点的应力状态可用平均应力 $\sigma$ 和纯剪应力 $k$ 叠加而成,如图 5.3(b)所示。

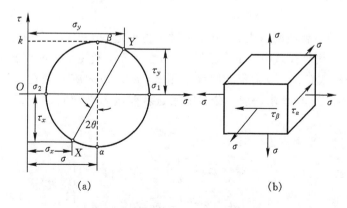

图 5.3　塑性区任一点的 Mohr 应力圆

　　现在引进对以后的分析具有重要意义的所谓滑移线的概念。在平面应变状态下,**滑移线**

(slip-line)被定义为其上每一点皆与最大剪应力面相切的线。由于剪应力的成对性,过 $xy$ 平面内的每一点可以作两条这样的线,它们应该是正交的。在整个 $xy$ 平面内,滑移线是两族正交曲线,分别称为 $\alpha$ 族和 $\beta$ 族(见图 5.4(a))滑移线。这里规定,$\alpha,\beta$ 的正方向成右手坐标系,并使 $\tau$ 在该坐标系内成正方向。$\alpha$ 的切线与 $x$ 轴夹角用 $\theta$ 表示,由 $x$ 轴的正方向按逆时针算起,如图 5.4(b)、(c)所示。根据这样的规定,由图 5.2 不难看出,最大主应力 $\sigma_1$ 的方向必在 $\alpha-\beta$ 坐标系的第一及第三象限,所以由 $\sigma_1$ 方向顺时针转过 $\pi/4$ 就是 $\alpha$ 方向,逆时针转 $\pi/4$ 就是 $\beta$ 方向,由于存在这种关系,很容易通过最大主应力方向来确定滑移场方向。

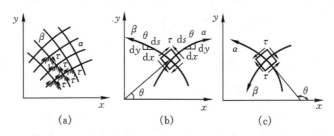

图 5.4　$\alpha,\beta$ 滑移线

关于 $\alpha$ 和 $\beta$ 曲线的方程,由图 5.4(b)所示,结合导数的几何意义,很容易得到两族滑移线的微分方程,分别为

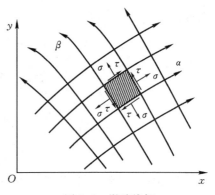

$$\alpha \text{ 线:} \frac{\mathrm{d}y}{\mathrm{d}x} = \tan\theta \qquad (5.2.3\mathrm{a})$$

$$\beta \text{ 线:} \frac{\mathrm{d}y}{\mathrm{d}x} = -\cot\theta \qquad (5.2.3\mathrm{b})$$

在塑性区内布满了这种正交的滑移线网络,称为**滑移线场**(slip-line field)。由滑移线分割成的无限小单元体的受力情况如图 5.5 所示。

图 5.5　滑移线场

### 2. 应力方程——用滑移线坐标系表示的平衡方程

在建立了正交的滑移线网格之后,为今后讨论方便起见,将上一节在 $x,y$ 坐标系中的平衡方程转换到 $\alpha,\beta$ 曲线坐标系中。上面已经指出,在边界上给定应力的情况下,塑性区内的应力可由式(5.1.8)和式(5.1.9)确定。如果采用式(5.2.2)的应力表达形式,则屈服条件式(5.1.9)自动得到满足。因此求解应力分布的问题就变成求平均应力 $\sigma(x,y)$ 和角 $\theta(x,y)$ 的问题。

将式(5.2.2)代入平衡方程(5.1.8)可得

$$\left.\begin{aligned}
\frac{\partial\sigma}{\partial x} - 2k\left(\cos2\theta\frac{\partial\theta}{\partial x} + \sin2\theta\frac{\partial\theta}{\partial y}\right) = 0 \\[2mm]
\frac{\partial\sigma}{\partial y} - 2k\left(\sin2\theta\frac{\partial\theta}{\partial x} - \cos2\theta\frac{\partial\theta}{\partial y}\right) = 0
\end{aligned}\right\} \qquad (5.2.4)$$

这是包含未知函数 $\sigma(x,y)$ 和 $\theta(x,y)$ 的一阶偏导数的非线性偏微分方程组。可以证明[23],这个方程组属于双曲型。如果在各点使 $x$、$y$ 的方向与 $\alpha$、$\beta$ 滑移线的方向重合,于是在该点处角

$\theta=0$。取 $\alpha$、$\beta$ 为曲线坐标,如图 5.6(a)所示,以 $s_\alpha$,$s_\beta$ 代表 $\alpha$,$\beta$ 线的弧长,则对 $x,y$ 的导数就相当于对 $s_\alpha$,$s_\beta$ 的导数,即 $\partial/\partial s_\alpha$,$\partial/\partial s_\beta$ 分别表示对 $\alpha$,$\beta$ 方向的导数,则式(5.2.4)可改写成

$$\left.\begin{array}{l} \dfrac{\partial}{\partial s_\alpha}(\sigma-2k\theta)=0 \\[3mm] \dfrac{\partial}{\partial s_\beta}(\sigma+2k\theta)=0 \end{array}\right\} \tag{5.2.5}$$

因此,

$$沿同一 \alpha 线:\sigma-2k\theta=常数;$$

$$沿同一 \beta 线:\sigma+2k\theta=常数。$$

亦即可写为

$$沿同一 \alpha 线:\frac{\sigma}{2k}-\theta=\xi \tag{5.2.6a}$$

$$沿同一 \beta 线:\frac{\sigma}{2k}+\theta=\eta \tag{5.2.6b}$$

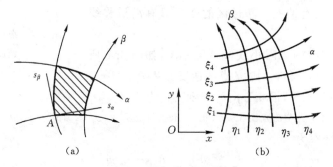

图 5.6　滑移线和滑移线场

式中:$\xi$ 和 $\eta$ 为常数。对同一根 $\alpha$(或 $\beta$)线上的不同点来说,参数 $\xi$(或 $\eta$)的值不变;对于不同的 $\alpha$(或 $\beta$)线来说,参数 $\xi$(或 $\eta$)的值一般是不同的(见图5.6)。式(5.2.6)称为 **Hencky 应力方程**,它表征了沿滑移线的静力平衡关系,即用滑移线坐标系表示的平衡方程。它也常被称为塑性方程的积分,是塑性理论用于压力加工的基本方程。

由式(5.2.6)解得

$$\left.\begin{array}{l} \sigma=k(\xi+\eta) \\[2mm] \theta=\dfrac{1}{2}(\eta-\xi) \end{array}\right\} \tag{5.2.7}$$

由此可见,如果已知滑移线场中每一点的参数 $\xi,\eta$,则可由式(5.2.7)确定各点的 $\sigma$ 和 $\theta$ 值,再根据式(5.2.2)就可确定整个滑移场内的应力分量。由此即知滑移线对求解塑性应力分布问题的重要性。

### 3. 用滑移线坐标系表示的速度方程

上述分析了应力,现在来分析一下沿滑移线的变形情况。

由图 5.3(b)可见,式(5.1.10b)可写为

$$\frac{\dfrac{\partial v_x}{\partial y} + \dfrac{\partial v_y}{\partial x}}{\dfrac{\partial v_x}{\partial x} - \dfrac{\partial v_y}{\partial y}} = \frac{\dot{\gamma}_{xy}}{\dot{\epsilon}_x - \dot{\epsilon}_y} = \frac{2\tau_{xy}}{\sigma_x - \sigma_y} = -\cot 2\theta \tag{5.2.8}$$

从上式可知,最大剪应变率的方向与最大剪应力的方向一致,因此,应力场的特征线也是速度场的特征线,亦即 $\alpha$ 和 $\beta$ 滑移线。

取 $x, y$ 与 $\alpha, \beta$ 坐标系局部一致,根据 Lévy-Mises 流动法则,在平面应变的情况下,容易推知

$$\mathrm{d}\epsilon_\alpha = \mathrm{d}\epsilon_\beta = 0$$

这就是说,沿滑移线方向的正应变增量(即相对伸长量)为零。上式也可写成下列形式

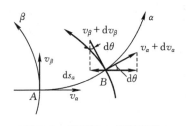

$$\left.\begin{array}{l} \dot{\epsilon}_\alpha = 0 \\ \dot{\epsilon}_\beta = 0 \end{array}\right\} \tag{5.2.9}$$

即沿滑移线方向的正应变率为零,这就是说,滑移线的线元具有刚性性质,滑移线没有伸缩。塑性区的变形只有沿滑移线方向的剪切流动。

图 5.7  滑移线上相邻两点速度场的变化

再来考察 $\alpha$ 滑移线的无限小线段 $AB = \mathrm{d}s_\alpha$,如图 5.7 所示,$A$ 点的速度分量为 $v_\alpha$ 和 $v_\beta$,则 $B$ 点的速度分量为 $v_\alpha + \mathrm{d}v_\alpha$ 和 $v_\beta + \mathrm{d}v_\beta$。略计高阶微量,沿 $\alpha$ 方向的速度变化为

$$\left[(v_\alpha + \mathrm{d}v_\alpha)\cos\mathrm{d}\theta - (v_\beta + \mathrm{d}v_\beta)\sin\mathrm{d}\theta\right] - v_\alpha \approx \mathrm{d}v_\alpha - v_\beta\mathrm{d}\theta$$

则沿 $\alpha$ 方向的线应变率为

$$\dot{\epsilon}_\alpha = \frac{\partial v_\alpha}{\partial s_\alpha} = \frac{\mathrm{d}v_\alpha - v_\beta\mathrm{d}\theta}{\mathrm{d}s_\alpha}$$

同理

$$\dot{\epsilon}_\beta = \frac{\partial v_\beta}{\partial s_\beta} = \frac{\mathrm{d}v_\beta + v_\alpha\mathrm{d}\theta}{\mathrm{d}s_\beta}$$

这样,式(5.2.9)改写为

$$\text{沿 } \alpha \text{ 线:} \quad \mathrm{d}v_\alpha - v_\beta\mathrm{d}\theta = 0 \tag{5.2.10a}$$

$$\text{沿 } \beta \text{ 线:} \quad \mathrm{d}v_\beta + v_\alpha\mathrm{d}\theta = 0 \tag{5.2.10b}$$

这就是 Geiringer 导出的沿滑移线的速度方程,称为 **Geiringer 方程**。

速度场除了用上述解析方法以外,还可以用图解方法确定。如图 5.8(a)所示,不失一般性,考虑物体塑性区任一 $\alpha$ 线上相邻的两点 $A_1$ 和 $A_2$,设它们的速度分别为 $v_1$ 和 $v_2$。现在以 $v_x$ 和 $v_y$ 为坐标轴,在该坐标系作矢量 $\boldsymbol{Oa}_1$ 和 $\boldsymbol{Oa}_2$ 表示 $v_x$ 和 $v_y$,它们分别和所代表的速度大小相等、方向平行(见图 5.8(b)),则矢量 $\boldsymbol{a}_1\boldsymbol{a}_2$ 就是 $A_1, A_2$ 两点间的速度增量。因为沿滑移线正应变率为零,此速度增量沿此滑移线的分量应为零,所以总速度增量 $\boldsymbol{a}_1\boldsymbol{a}_2$ 应垂直于 $\alpha$ 线。这样沿矢端 $\boldsymbol{a}_1, \boldsymbol{a}_2, \cdots$ 连成的光滑曲线 $\alpha'$ 作为 $\alpha$ 线的映像是将真实滑移线旋转

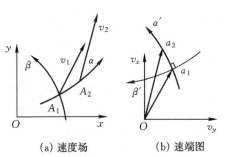

(a) 速度场    (b) 速端图

图 5.8  速度场和速端图

$\pi/2$ 而成的,对 $\beta$ 线亦如此。图 5.8(b) 称为**速端图**。利用速端图可以用图解方法确定速度场,将在后面的实例中介绍。

如果已知速度场,即 $\theta$ 的变化规律为已知,则可由式(5.2.10)用差分法求出 $v_\alpha$ 和 $v_\beta$ 沿滑移线变化的规律。因此,关键在于如何作出滑移线场。

**4. 滑移线的性质**

滑移线场有许多重要特性,这些性质对求解具体问题是非常有用的。下面来介绍其中最主要的一些性质。

**性质 1**　若滑移线场已知,则由场中某一点的平均应力 $\sigma$ 值就可求出场内任意一点的 $\sigma$ 值。

**证明**　设已知 $A$ 点(见图 5.9)的 $\sigma_A$,由于滑移场是已知的,该点的 $\theta_A$ 也是已知的,于是立即可以算出通过 $A$ 点的滑移线 $\beta_1$ 的参数 $\eta_1$ 的值。然后在 $B$ 点容易求得 $\sigma_B = 2k(\eta_1 - \theta_B)$ 和 $\xi_1 = \dfrac{\sigma_B}{2k}$ $- \theta_B$,接着可以继续算出 $\sigma_C = 2k(\xi_1 + \theta_C)$ 等等。

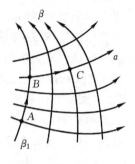

图 5.9　滑移线的性质

这个性质对解题是极为有用的,因为在滑移场为已知时,只要设法(如通过边界条件)找到一点 $\sigma$,则整个场内的应力就可确定。

**性质 2(Hencky 第一定理)**　当一条滑移线沿着另一族滑移线的任一条过渡到同族的另一条滑移线时,所转过的角度 $\Delta\theta$ 和平均应力的变化 $\Delta\sigma$ 都是相同的。这条性质称为 Hencky 第一定理。

**证明**　如图 5.10 所示,考虑任意四条滑移线 $\alpha_1, \alpha_2, \beta_1, \beta_2$,它们的参数分别为 $\xi_1, \xi_2, \eta_1, \eta_2$。根据式(5.2.7),当 $\beta_1$ 沿 $\alpha_1$ 转到 $\beta_2$ 时,转过的角度 $(\Delta\theta)_1$ 和平均应力改变量 $(\Delta\sigma)_1$ 分别为

$$(\Delta\theta)_1 = \theta_{A12} - \theta_{A11} = \frac{1}{2}(\eta_2 - \xi_1) - \frac{1}{2}(\eta_1 - \xi_1) = \frac{1}{2}(\eta_2 - \eta_1)$$

$$(\Delta\sigma)_1 = \sigma_{A12} - \sigma_{A11} = k(\xi_1 + \eta_2) - k(\xi_1 + \eta_1) = k(\eta_2 - \eta_1)$$

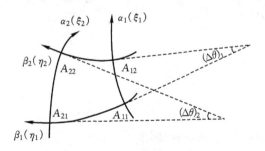

图 5.10　Hencky 第一定理的证明

当 $\beta_1$ 沿 $\alpha_2$ 转到 $\beta_2$ 时,则

$$(\Delta\theta)_2 = \theta_{A22} - \theta_{A21} = \frac{1}{2}(\eta_2 - \xi_2) - \frac{1}{2}(\eta_1 - \xi_2) = \frac{1}{2}(\eta_2 - \eta_1)$$

$$(\Delta\sigma)_2 = \sigma_{A22} - \sigma_{A21} = k(\xi_2 + \eta_2) - k(\xi_2 + \eta_1) = k(\eta_2 - \eta_1)$$

因此

$$(\Delta\theta)_1 = (\Delta\theta)_2, \quad (\Delta\sigma)_1 = (\Delta\sigma)_2$$

反之,如果 $\alpha_1$ 沿任意 $\beta$ 线转到 $\alpha_2$ 时,可得到同样的结果。Hencky 第一定理得到证明。

**推论 1** 若一族滑移线中有一条是直线,则同族其他滑移线都是直线。

**证明** 这相当于 $(\Delta\theta)_1 = (\Delta\theta)_2 = 0$ 的情况。

**推论 2** 如果滑移线的某些段是直线,则沿这些线段的 $\sigma,\theta,\xi,\eta$ 以及应力分量 $\sigma_x,\sigma_y$ 和 $\tau_{xy}$ 都是常数。

**证明** 例如来讨论应力。在直线滑移线上 $\Delta\sigma = \pm 2k\Delta\theta = 0$,因 $\sigma,\theta$ 都不变,由式(5.2.2)推知 $\sigma_x,\sigma_y$ 和 $\tau_{xy}$ 沿滑移线也都不变。

以上两个推论说明,如果一族滑移线中有一段直线,则沿同族滑移线的每条相应直线段上的应力将保持常数,这样的塑性区称为**简单应力区**。如果在某个区域内两组滑移线都是直线,则在整个区域内应力将为常数,这样的塑性区称为**均匀应力区**。

**性质 3(Hencky 第二定理或 Prandtl 定理)** 如果某族的一条滑移线与另一族滑移线相交,则在交点处另一族滑移线的曲率半径改变量,在数值上等于沿该条滑移线所移动的距离。这个性质称为 Hencky 第二定理。

**证明** 设 $\alpha$ 线和 $\beta$ 线的曲率半径分别为 $R_\alpha$ 和 $R_\beta$,则曲率为

$$\left.\begin{array}{l} \dfrac{1}{R_\alpha} = \dfrac{\partial\theta}{\partial s_\alpha} \\[2mm] \dfrac{1}{R_\beta} = -\dfrac{\partial\theta}{\partial s_\beta} \end{array}\right\} \qquad (a)$$

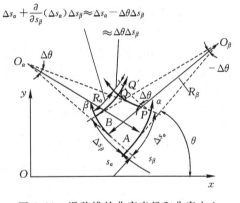

图 5.11 滑移线的曲率半径和曲率中心

这里,$s_\alpha,s_\beta$(见图 5.11)表示 $\alpha,\beta$ 线的弧长,$\partial/\partial s_\alpha$、$\partial/\partial s_\beta$ 分别表示沿 $\alpha,\beta$ 线的方向导数。规定以 $\alpha$ 和 $\beta$ 线的曲率中心 $O_\alpha$ 和 $O_\beta$ 分别位于 $s_\beta$ 和 $s_\alpha$ 的正方向时($\beta$ 线和 $\alpha$ 线增加的方向)的 $R_\alpha$ 和 $R_\beta$ 为正,图 5.11 示出了它们的正方向。

参照图 5.11,应有

$$\frac{\partial}{\partial s_\beta}(\Delta s_\alpha) \approx \frac{BQ - AP}{AB} = -\Delta\theta \qquad (b)$$

同样可得

$$\frac{\partial}{\partial s_\alpha}(\Delta s_\beta) = \Delta\theta \qquad (c)$$

另一方面,根据式(a)应有

$$R_\alpha\Delta\theta = \Delta s_\alpha, \quad -R_\beta\Delta\theta = \Delta s_\alpha \qquad (d)$$

根据 Hencky 第一定理,$\Delta\theta$ 应是常数,则由式(d)得

$$\left.\begin{array}{l} \dfrac{\partial}{\partial s_\beta}(\Delta s_\alpha) = \Delta\theta\dfrac{\partial R_\alpha}{\partial s_\beta} \\[3mm] \dfrac{\partial}{\partial s_\alpha}(\Delta s_\beta) = -\Delta\theta\dfrac{\partial R_\beta}{\partial s_\alpha} \end{array}\right\} \qquad (e)$$

将式(e)和(b)、(c)比较,即得

$$\left.\begin{array}{l} \dfrac{\partial R_\beta}{\partial s_\alpha} = -1 \\[3mm] \dfrac{\partial R_\alpha}{\partial s_\beta} = -1 \end{array}\right\} \qquad (5.2.11)$$

由此,Hencky 第二定理得到证明。

又考虑到

$$\mathrm{d}R_\alpha = \frac{\partial R_\alpha}{\partial s_\alpha}\mathrm{d}s_\alpha + \frac{\partial R_\alpha}{\partial R_\beta}\mathrm{d}s_\beta$$

$$\mathrm{d}R_\beta = \frac{\partial R_\beta}{\partial s_\alpha}\mathrm{d}s_\alpha + \frac{\partial R_\beta}{\partial R_\beta}\mathrm{d}s_\beta$$

因为沿 $\alpha$ 线 $\mathrm{d}s_\beta = 0$,沿 $\beta$ 线 $\mathrm{d}s_\alpha = 0$,所以

$$\left.\begin{array}{l} \text{沿 } \alpha \text{ 线:} \dfrac{\mathrm{d}R_\beta}{\mathrm{d}s_\alpha} = \dfrac{\partial R_\beta}{\partial s_\alpha} = -1 \\[3mm] \text{沿 } \beta \text{ 线:} \dfrac{\mathrm{d}R_\alpha}{\mathrm{d}s_\beta} = \dfrac{\partial R_\alpha}{\partial s_\beta} = -1 \end{array}\right\} \qquad (\mathrm{f})$$

考虑到式(d),则式(f)可改写为

$$\text{沿 } \alpha \text{ 线:} \mathrm{d}R_\beta + R_\alpha \mathrm{d}\theta = 0 \qquad (5.2.12a)$$
$$\text{沿 } \beta \text{ 线:} \mathrm{d}R_\alpha - R_\beta \mathrm{d}\theta = 0 \qquad (5.2.12b)$$

式(5.2.12)是 Hencky 第二定理的另一种表达形式。用该式来确定 $\alpha$、$\beta$ 线的形状,也是比较方便的。

由图 5.12 可见,$\beta$ 线在 $A$ 点处的曲率半径 $AP$ 等于 $\beta$ 线在 $B$ 点处的曲率半径 $BQ$ 和弧 $\overset{\frown}{AB}$ 的长度之和。因此,Prandtl 将该定理叙述为:$\beta$ 线族与某一 $\alpha$ 线交点处的曲率半径构成该 $\alpha$ 线的渐伸线 $PO$。

**推论 1** 同族的滑移线必向同一方向凹,并且曲率半径逐渐变为零。

**推论 2** 若一族滑移线(如 $\beta$ 线)中的某一段是直线,则被另一族滑移线($\alpha$ 线)所截割的所有该族滑移线($\beta$ 线)的相应线段也都是直线,且长度相同(见图 5.13)。

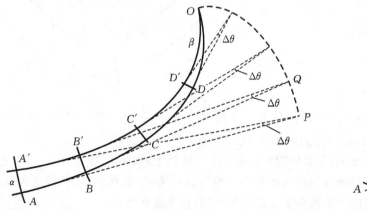

图 5.12 滑移线与渐伸线

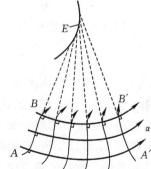

图 5.13 滑移线与渐屈线

**证明** 因为任意 $\alpha$ 线沿 $\beta$ 线移动时所转过的角度是相同的。而沿直线 $AB$ 移动时转角为零,则沿 $A'B'$ 移动时转角也为零,所以 $A'B'$ 也是直线。由此即可证明被 $AA'$ 和 $BB'$ 线所切截的

所有 $\beta$ 线都是直线。

其次,因为 $\beta$ 线的这些直线段是与其相交的 $\alpha$ 线的公共法线,所以这些 $\alpha$ 线有同一条渐屈线 $E$。众所周知,原来的曲线 $AA'$ 和 $BB'$ 可由渐屈线展开而作出,在画出曲线 $BB'$ 时,仅比画出 $AA'$ 缩短一个线段 $AB$。所以 $AB$ 和 $A'B'$ 的长度相等。

**性质 4(定理三)** 滑移线上任意两相邻点处的速度矢量差与该处滑移线的线元是正交的。

**证明** 设滑移线上相邻两点 $P_1$,$P_2$ 的速度分别为 $\vec{v_1}$,$\vec{v_2}$,由于滑移线具有刚性性质,因此 $\vec{v_1}-\vec{v_2}$ 就是它们与滑移线垂直的速度分量之差。也就是说,速度端图中的矢量 $\overrightarrow{p_1p_2}$ 与滑移线线元 $P_1P_2$ 正交。应用这个性质能够方便地作出速度端图,它广泛地用于金属成形原理中,如图 5.14 所示。

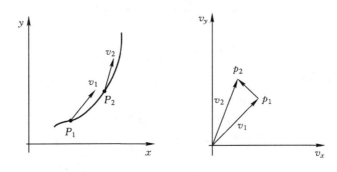

图 5.14　速度端图与滑移线元的正交性

**性质 5(定理四)** 若应力分量对 $\alpha$(或 $\beta$)的导数在通过 $\beta$(或 $\alpha$)线时发生间断(不连续),则 $\alpha$(或 $\beta$)线在通过 $\beta$(或 $\alpha$)线处的曲率也将发生间断。

**证明** 由式(5.2.5)知

$$\frac{\partial}{\partial s_\alpha}(\sigma - 2k\theta) = 0$$

或写为

$$\frac{\partial \sigma}{\partial s_\alpha} = 2k \frac{\partial \theta}{\partial s_\alpha}$$

前面已经知道,$\alpha$ 线的曲率为

$$\frac{\partial \theta}{\partial s_\alpha} = \frac{1}{R_\alpha}$$

因此,如沿 $\alpha$ 线的应力导数 $\partial\sigma/\partial s_\alpha$ 在某点处间断,则该点的曲率 $1/R_\alpha$ 亦发生间断。这说明应力导数的不连续性

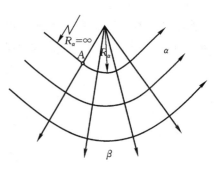

图 5.15　应力导数间断与曲率间断

只能在跨过另一族滑移线时发生,并且体现在曲率的不连续性上,如图 5.15 所示。

从图 5.15 可以发现,正交滑移线网可由不同的解析曲线构成,在接合处,曲线连续光滑,但曲率可间断。这种间断与应力或速度本身的间断不同,称为**弱间断**。

关于在滑移线两侧的应力、速度能否间断的问题,将在 5.3 节集中讨论。

**5. 小结**

以上得到了沿滑移线的应力、速度和曲率半径的三组方程,这里将它们归纳如下

沿 $\alpha$ 线：$d\sigma - 2kd\theta = 0$，　$dv_\alpha - v_\beta d\theta = 0$，　$dR_\beta + R_\alpha d\theta = 0$　　　　(5.2.13a)

沿 $\beta$ 线：$d\sigma + 2kd\theta = 0$，　$dv_\beta + v_\alpha d\theta = 0$，　$dR_\alpha - R_\beta d\theta = 0$　　　　(5.2.13b)

## 5.3　应力和速度的间断线

由于采用的理想刚塑性模型是一种近似模型,在解答中常常会出现应力或速度的不连续现象。也就是说,对于理想刚塑性平面应变问题,还应考虑刚-塑性区交界线或者两个塑性区之间交界线上的连接条件或间断条件。

### 1. 应力间断线

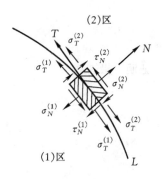

图 5.16　应力间断线

如图 5.16 所示,设 $L$ 为应力间断线,$L$ 的两侧分别称为(1)区和(2)区,它们都是塑性区,即都满足屈服条件。设 $N$ 和 $T$ 为 $L$ 上任一点处的法线和切线,该点处的应力分量用 $\sigma_N,\sigma_T$ 和 $\tau_N$ 表示,在该点附近(1)区和(2)区内相应应力分量分别表示为 $\sigma_N^{(1)},\sigma_T^{(1)},\tau_N^{(1)}$ 和 $\sigma_N^{(2)},\sigma_T^{(2)},\tau_N^{(2)}$。作用于 $L$ 两侧的法向正应力 $\sigma_N^{(1)},\sigma_N^{(2)}$ 和剪应力 $\tau_N^{(1)},\tau_N^{(2)}$ 是作用与反作用的关系,所以它们应该相等,即法向正应力和剪应力是连续的,或者

$$\sigma_N^{(1)} = \sigma_N^{(2)} = \sigma_N, \quad \tau_N^{(1)} = \tau_N^{(2)} = \tau_N$$

这样,由于线的两侧都满足屈服条件,即

$$(\sigma_N^{(1)} - \sigma_T^{(1)})^2 + 4(\tau_N^{(1)})^2 = 4k^2$$

$$(\sigma_N^{(2)} - \sigma_T^{(2)})^2 + 4(\tau_N^{(2)})^2 = 4k^2$$

就有

$$\sigma_T^{(1,2)} = \sigma_N \pm 2\sqrt{k^2 - \tau_N^2} \tag{5.3.1}$$

因此,切向正应力的间断量为

$$\sigma_T^{(1)} - \sigma_T^{(2)} = 4\sqrt{k^2 - \tau_N^2} \tag{5.3.2}$$

即作用在垂直于间断线 $L$ 的微分线上的应力分量 $\sigma_T$ 由(1)区穿过 $L$ 至(2)区时将有突变。由此可见,$L$ 是应力间断线的充要条件是 $|\tau_N| < k$。

### 2. 速度间断线

如图 5.17(a)所示,设 $L$ 为速度间断线,其两侧都为塑性区。为了保证材料的连续性,即不发生材料的堆积或裂缝,$L$ 上各点的法向速度 $v_N$ 必须保持连续,只有切向速度 $v_T$ 可能有间断。所以,速度的不连续是指切向速度的不连续,且两侧切向速度的不连续量为 $\Delta v_T = v_T^{(2)} - v_T^{(1)}$,参见速端图 5.17(b)。

间断线也有一些重要的性质,下面介绍之。

**性质 1**　滑移线一定不是应力间断线;反之,应力间断线也一定不是滑移线。即在滑移线两侧,应力不会发生间断。

**证明**　因为在滑移线上 $|\tau_N| = k$,所以,式(5.3.2)中 $\sigma_T^{(1)} - \sigma_T^{(2)} = 0$。这说明在滑移线上应力不可能间断。反之,在应力间断线上 $|\tau_N| < k$,故它一定不是滑移线。

**性质 2**　若沿某一条滑移线,其曲率半径发生跳跃,则相应的平均应力的微商也要发生

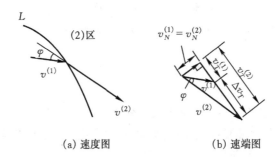

$$\text{(a) 速度图} \qquad\qquad \text{(b) 速端图}$$

$$\text{图 5.17 \quad 速度间断线}$$

跳跃。

**证明**  沿 $\alpha$ 线有

$$\frac{\partial \sigma}{\partial s_\alpha} = 2k \frac{\partial \theta}{\partial s_\alpha} = 2k \frac{1}{R_\alpha}$$

故得

$$\Bigl[\!\Bigl[ \frac{\partial \sigma}{\partial s_\alpha} \Bigr]\!\Bigr] = 2k \Bigl[\!\Bigl[ \frac{1}{R_\alpha} \Bigr]\!\Bigr]$$

这里,符号 $[\![ \cdot ]\!]$ 表示所考察的量在线两侧值之差,即间断值。因此,当 $\alpha$ 线的曲率半径有间断时,$\sigma$ 沿 $\alpha$ 线的微商也要产生间断。对于 $\beta$ 线也可作类似的讨论。

**性质 3**  速度间断线必为滑移线或一族滑移线的包络线。切向速度分量的间断量沿该滑移线是不变的。

**证明**  速度的间断只可能是速度切向分量的间断,即有 $[\![ v_N ]\!] = 0$,$[\![ v_T ]\!] \neq 0$。现将以上的速度间断线看作是厚度为 $h$ 的薄层在 $h \to 0$ 的极限情形。由于薄层内 $\left| \dfrac{\partial v_T}{\partial N} \right|$ 趋于无穷大,故在相对于间断线的局部坐标系 $\{ N, T \}$ 中应变率张量的 $\dot{\epsilon}_{NT}$ 分量要比其他分量 $\dot{\epsilon}_N$ 和 $\dot{\epsilon}_T$ 大一个数量级,即

$$\dot{\epsilon}_N : \dot{\epsilon}_T : \dot{\epsilon}_{NT} = 0 : 0 : 1$$

再由 Lévy-Mises 关系以及 $\dot{\lambda} \geqslant 0$ 可知偏应力张量的分量有

$$S_N = S_T = 0$$

$$\tau_{NT} = k, \quad \text{当} [\![ v_T ]\!] > 0; \qquad \tau_{NT} = -k, \quad \text{当} [\![ v_T ]\!] < 0$$

这说明,速度间断线的切向沿着滑移线的方向,因此它必为滑移线或滑移线的包络线。

现设以上的速度间断线为 $\beta$ 族滑移线的某一条,其切向 $T$ 指向 $\beta$ 线的方向,$N$ 指向 $\alpha$ 线的方向,根据速度方程式(5.2.10)

$$\text{沿} \beta \text{线的 “1” 侧,} dv_T^{(1)} + v_N^{(1)} d\theta = 0$$

$$\text{沿} \beta \text{线的 “2” 侧,} dv_T^{(2)} + v_N^{(2)} d\theta = 0$$

再由 $v_N^{(1)} = v_N^{(2)} = v_N$,可得 $dv_T^{(1)} - dv_T^{(2)} = 0$。这说明切向速度间断量 $[\![ v_T ]\!] = v_T^{(1)} - v_T^{(2)}$ 沿 $\beta$ 线是不变的。

**推论**  在应力间断线上速度不可能间断。

这一推论可由上述关于间断线的性质 1 和性质 3 得到。

## 5.4　简单的滑移线场

现在介绍几种简单的滑移线场,它们是方程(5.2.5)的最简单的解。

**1. 均匀场**

均匀场的滑移线场是由两组正交的直线族组成的,如图 5.18 所示。

根据 5.2 节介绍的滑移线性质 2 之推论 2,在这样的场内应力是均匀分布的,代表着均匀应力状态。在整个场内参数 $\xi,\eta$ 处处相同,恒等于边界值即 $\xi\equiv\xi_0$,$\eta\equiv\eta_0$。

**2. 中心场**

中心场的滑移线场由部分同心圆族和在圆心共点的直线族组成,如图5.19所示。

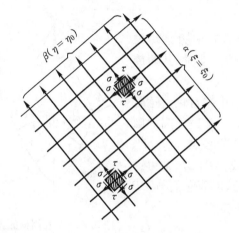
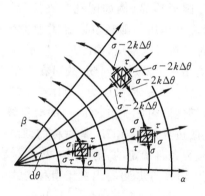

图 5.18　均匀应力场　　　　　　　图 5.19　中心场

根据滑移线性质 2 之推论 2,若 $\alpha$ 是直线族,则沿每一条 $\alpha$ 线,$\sigma,\theta,\xi,\eta$ 以及 $\sigma_x,\sigma_y,\tau_{xy}$ 都是常数。但沿不同的 $\alpha$ 线,$\sigma,\theta,\xi,\eta$ 以及 $\sigma_x,\sigma_y,\tau_{xy}$ 是不同的。而对于参数 $\eta$,因为它同时沿 $\beta$ 线也是常数,则 $\eta$ 在整个场内都是常数。反之,如果 $\beta$ 是直线族,则 $\xi$ 在整个场内是常数。圆心 $O$ 是应力奇点。

这样的滑移线场就称为**中心场**。它是由一族直线、另一族为曲线所组成的简单滑移线场的一个特例,所代表的都是一种简单的应力状态。

根据上面的分析,可以得出一个结论:**在与均匀应力状态的区域相邻接的区域内,总能得到简单的应力状态。**

现证明如下:如图 5.20 所示,设在区域 $A$ 中是均匀应力状态,则在 $A$ 内 $\xi\equiv\xi_0$,$\eta\equiv\eta_0$。滑移线段 $L$ 是区域 $A$ 的边界。不失其一般性,假设 $L$ 是属于 $\alpha$ 滑移线族的。$\beta$ 线族穿过 $L$ 由区域 $A$ 进入区域 $B$。因为沿每一条 $\beta$ 线,$\eta$ 是常数,既然在 $A$ 内 $\eta\equiv\eta_0$,则在区域 $B$ 内也应有 $\eta\equiv\eta_0$。根据性质 2 之推论 2,这只有在 $\alpha$ 为直线族时才有可能。这样的一族为直线、另一族为曲线的滑移场就是简单应力状态。

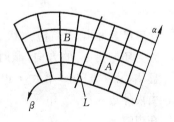

图 5.20　简单应力状态的滑移线场

根据这个结论,可以用简单应力状态的区域(中心场)将一些均匀应力状态的区域连接起来,如图 5.21 所示。

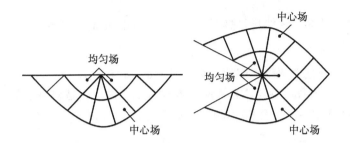

图 5.21　简单应力状态区域的滑移线场特征

### 3. 螺旋线场

考虑一圆形边界(例如圆孔),在边界上给定正应力是均匀的,没有剪应力作用。则在该边界附近发生塑性流动时,其两族滑移线场都是对数螺旋线,如图5.22所示。

由于这是一个轴对称问题,故可在极坐标系中来讨论。这时有 $\tau_{r\varphi}=0$,而 $\sigma_r$ 和 $\sigma_\varphi$ 是主应力。如图5.22所示,$O$ 是边界圆的圆心,设通过塑性区内任一点$P(r,\varphi)$的滑移线和圆的交点为 $D,E$,则 $D,E$ 上的边界条件对 $OP$ 是对称的。滑移线 $DP,EP$ 是由这样的对称边界条件确定的,同样对 $OP$ 是对称的,因而它们与 $OP$ 的交角必为 45°。于是可写出关于滑移线的微分方程

$$r\mathrm{d}\varphi = \pm \,\mathrm{d}r \qquad\qquad (a)$$

积分上式,就得滑移线方程

$$r = ce^{\pm\varphi} \qquad\qquad (b)$$

式中:$c$ 是积分常数。由此即证明了滑移线为对数螺旋线。

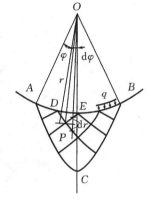

图 5.22　圆孔周围的螺旋形滑移线场

**例 5.1**　外半径为 $b$、内半径为 $a$ 的理想刚塑性体的厚壁圆筒,在平面应变状态下承受内压力 $q$,试确定筒全部进入塑性状态时的内压力 $q_\mathrm{p}$。

**解**　由圆筒的内外边界条件,根据上面的分析,筒全部屈服以后的塑性区的滑移线场应为对数螺旋线形。采用图 5.23 所示的极坐标系,有

$$\left. \begin{array}{l} r = ce^{\varphi} \\[2mm] \theta = \dfrac{\pi}{4} + \ln\dfrac{r}{c} \end{array} \right\} \qquad (c)$$

这里已经根据圆筒应力状态的性质,决定了正负号。因为环向为 $\sigma_1$ 的方向,顺时针转 $\pi/4$ 角就是 $\alpha$ 方向。显然,沿 $\alpha$ 方向,$\varphi$ 增大,$r$ 也增大,则式(b)取正号。

由内外边界条件,并考虑到屈服条件式(5.1.9),则在内边

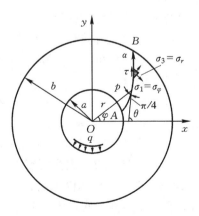

图 5.23　圆筒塑性区的滑移线场

$$\left.\begin{array}{l} \sigma_r\big|_{r=a} = -q \\[4pt] \sigma_\varphi\big|_{r=a} = 2k - q \\[4pt] \sigma\big|_{r=a} = k - q \end{array}\right\} \tag{d}$$

在外边

$$\left.\begin{array}{l} \sigma_r\big|_{r=b} = 0 \\[4pt] \sigma_\varphi\big|_{r=b} = 2k \\[4pt] \sigma\big|_{r=b} = k \end{array}\right\} \tag{e}$$

又由式(c),得

$$\theta\big|_{r=a} = \frac{\pi}{4} + \ln\frac{a}{c}, \quad \theta\big|_{r=b} = \frac{\pi}{4} + \ln\frac{b}{c} \tag{f}$$

根据式(5.2.6),沿 $\alpha$ 线 $\dfrac{\sigma}{2k} - \theta =$ 常数,则将式(d)、(e)、(f)各值代入,得

$$\frac{1}{2} - \frac{q}{2k} - \frac{\pi}{4} - \ln\frac{a}{c} = \frac{1}{2} - \frac{\pi}{4} - \ln\frac{b}{c}$$

(注:上式的左侧为 $r=a$ 的情形,右侧为 $r=b$ 的情形)。整理之,即得

$$q_{\mathrm{p}} = 2k\ln\frac{b}{a} \tag{g}$$

如按 Mises 条件,取 $k=\sigma_{\mathrm{s}}/3$,此解答和 4.4 节中的解答式(4.4.15)是一致的。

## 5.5　边界条件

在 5.3 节中,已将基本方程变换为沿滑移线的方程,因此边界条件也需要作相应的变换。

### 1. 给定边界 $C$ 上的应力 $\sigma_N$ 和 $\tau_N$,求 $\sigma$ 和 $\theta$

如图 5.24 所示,若在边界 $C$ 上给定法向正应力 $\sigma_N$ 和剪应力 $\tau_N$,由于塑性区内各点的应力都满足屈服条件,因此,由 $\sigma_N$,$\tau_N$ 所作应力圆的半径为 $k$。由它们可以求出平均应力 $\sigma$ 和 $\theta$ 角。但是,通过 $(\sigma_N, \tau_N)$ 点所作半径为 $k$ 的应力圆有两个,如图 5.25 所示,因而与边界面垂直的截面上的应力 $\sigma_T$ 有两个值。$\sigma_T$ 的确定必须从问题的整体来考虑,后面将结合具体的例子加以说明。当应力圆确定后,边界上的 $\alpha$,$\beta$ 线也就可以确定了。

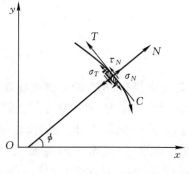
　　图 5.24　给定 $\sigma_N$ 和 $\tau_N$ 的边界

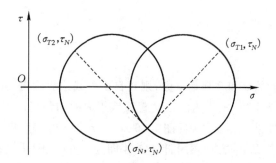
　　图 5.25　边界上一点的应力圆

如用数学关系式表示边界条件,边界 $C$ 的应力边界条件可以写为(见图 5.24)

$$\left.\begin{array}{l} \sigma_N = \sigma_x\cos^2\phi + \sigma_y\sin^2\phi + \tau_{xy}\sin2\phi \\ \tau_N = \dfrac{1}{2}(\sigma_y - \sigma_x)\sin2\phi + \tau_{xy}\cos2\phi \end{array}\right\} \tag{5.5.1}$$

式中:$\phi$ 是边界 $C$ 的外法线 $N$ 和 $x$ 轴的夹角。

在塑性区,应力分量应满足屈服条件,必须使

$$\left.\begin{array}{l} \sigma_x = \sigma - k\sin2\theta \\ \sigma_y = \sigma + k\sin2\theta \\ \tau_{xy} = k\cos2\theta \end{array}\right\}$$

故

$$\left.\begin{array}{l} \sigma_N = \sigma - k\sin2(\theta - \phi) \\ \tau_N = k\cos2(\theta - \phi) \end{array}\right\} \tag{5.5.2}$$

上式即为塑性区的边界条件。如果边界上给定 $\sigma_N$,$\tau_N$,则可求得边界处沿滑移线中任一点的 $\sigma$ 和 $\theta$ 值。该边界条件也可改写为

$$\left.\begin{array}{l} \sigma = \sigma_N + k\sin2(\theta - \phi) \\ \theta = \phi \pm \dfrac{1}{2}\arccos\dfrac{\tau_N}{k} + m\pi \end{array}\right\} \tag{5.5.3}$$

上式中的 $\arccos\dfrac{\tau_N}{k}$ 应理解为它的主值,$m$ 是任意整数,可从 $\theta$ 角的选取中确定。式中的正负号应结合具体问题的力学概念来决定。例如,可以根据边界各点的切向正应力 $\sigma_T$ 的性质来确定。因为平均应力

$$\sigma = \dfrac{1}{2}(\sigma_T + \sigma_N)$$

所以

$$\sigma_T = 2\sigma - \sigma_N \tag{5.5.4}$$

有时 $\sigma_T$ 的正负号是可以判断的。这样,由式(5.5.4)就能确定 $\sigma$ 的正负号,进而确定式(5.5.3)中的正负号。或者,由最大主应力 $\sigma_1$ 的方向来确定 $\alpha$ 方向,即决定 $\theta$ 角。

**例5.2** 如图 5.26 所示的自由的直线边界,试确定其应力。

**解** 此时 $\phi = \dfrac{\pi}{2}$,$\sigma_N = \tau_N = 0$。由式(5.5.3)和式(5.5.4)应有

$$\theta = \dfrac{\pi}{2} \pm \dfrac{\pi}{4} + m\pi$$

$$\sigma = \pm k$$

$$\sigma_T = \pm 2k$$

既然 $\alpha$ 和 $\beta$ 都是常数,则在自由直线边界附近是均匀应力状态,相应的滑移线场是由和边界成 $\pi/4$ 和 $3\pi/4$ 角的正交直线族组成的均匀场。下面来确定正负号,即决定 $\alpha$ 和 $\beta$ 的方向。

如果边界受拉(见图5.26(a)),$\sigma_T$ 应取正号,则 $\theta$ 和 $\sigma$ 式中也取正号。或者,由 $\sigma_1 = \sigma_T$,$\sigma_3 = \sigma_N$,从 $\sigma_T$ 方向顺时针转 $\pi/4$ 即为 $\alpha$ 方向,则 $\theta = 3\pi/4$。反之,如边界受压(见图 5.26(b)),$\sigma_T$ 应取负号,而 $\theta$ 和 $\sigma$ 式中也应取负号。或者,根据 $\sigma_1 = \sigma_T$,$\sigma_3 = \sigma_N$,从法向顺时针转 $\pi/4$ 定出 $\alpha$ 方向,则 $\theta = \pi/4$。

如果图 5.26 所示的直线边界不是自由的,仅受法向分布力的作用,即 $\sigma_N \neq 0$,$\tau_N = 0$,根据

式(5.5.3)和式(5.5.4)有

$$\theta = \frac{\pi}{2} \pm \frac{\pi}{4} + m\pi$$

$$\sigma = \pm k$$

$$\sigma_T = \pm 2k$$

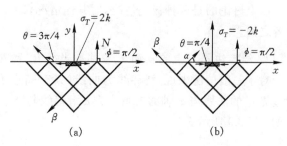

图 5.26 直线边界的滑移线场

若此时 $\sigma_N$ 和 $\sigma_T$ 异号,则很容易确定 $\sigma_1$ 和 $\sigma_3$ 的方向,进而确定 $\alpha$ 方向,但如果 $\sigma_N$ 和 $\sigma_T$ 同号,则不易确定哪一个是最大主应力。此时根据分析大致确定一下边界的切向还是法向是 $\sigma_1$ 方向,以此决定 $\alpha$ 方向并计算相应的极限载荷。若由此确定的载荷和给定的外载性质一致,则说明开始假设的方向是正确的。若两者性质不一致,譬如实际外载荷是压力,而计算确定的载荷为拉力,此时应该取另一方向为 $\sigma_1$ 方向,重新进行计算。

下面来讨论两种特殊情况。

(1)光滑接触表面

此时边界上 $\tau_N = 0$,则由式(5.5.3)可得

$$\left. \begin{array}{l} \sigma = \sigma_N \pm k \\ \theta - \phi = m\pi \pm \dfrac{\pi}{4} \end{array} \right\}$$

如取 $m=0$,则 $\theta - \phi = \pm \dfrac{\pi}{4}$,即滑移线与边界成45°夹角。在边界为直线时,滑移线场如图5.27所示。

(2)粗糙接触表面

这里的粗糙表面是指接触表面的摩擦力达到变形金属的物理性质所能允许的最大值,即边界上 $\tau_N = \pm k$,则

$$\left. \begin{array}{l} \sigma = \sigma_N \\ \theta - \phi = m\pi \ \text{或} \ m\pi \pm \dfrac{\pi}{2} \end{array} \right\}$$

在这种情况下,一族滑移线与边界成90°夹角,而对于另一族滑移线,则边界为其公切线或包络线,如图5.28所示。

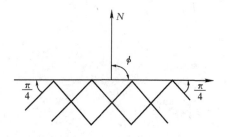

图 5.27 光滑接触的直线边界

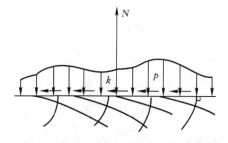

图 5.28 粗糙接触的直线边界

以上讨论的是两种极端情况,对其他情况,即 $0 < \tau < k$ 时,滑移线与边界的夹角介于上述两者之间。

**2. 给定边界 $C$ 上的 $\sigma$ 和 $\theta$,求曲率半径 $R_\alpha$ 和 $R_\beta$**

对于一般情况来说,滑移线为曲线,只有知道了各点的曲率半径后,才能作出滑移线场。设边界 $C$ 的法线与 $x$ 轴的夹角为 $\phi$,$\alpha$ 滑移线与 $x$ 轴的夹角为 $\theta$,边界 $C$ 与 $\alpha$ 滑移线的夹角为 $\varphi$,如图 5.29 所示。

由式(5.2.5)可得

$$\frac{\partial \sigma}{\partial s_\alpha} = 2k \frac{\partial \theta}{\partial s_\alpha} = 2k \frac{1}{R_\alpha}$$

$$\frac{\partial \sigma}{\partial s_\beta} = -2k \frac{\partial \theta}{\partial s_\beta} = 2k \frac{1}{R_\beta}$$

对于边界切线的导数为

$$\frac{\partial}{\partial s} = \frac{\partial}{\partial s_\alpha} \frac{\partial s_\alpha}{\partial s} + \frac{\partial}{\partial s_\beta} \frac{\partial s_\beta}{\partial s}$$

$$= \cos\varphi \frac{\partial}{\partial s_\alpha} + \sin\varphi \frac{\partial}{\partial s_\beta}$$

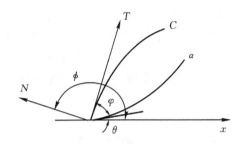

图 5.29　边界及其法线、$\alpha$ 滑移线
与 $x$ 轴夹角的关系

其中 $\frac{\partial s_\alpha}{\partial s} = \cos\varphi, \frac{\partial s_\beta}{\partial s} = \sin\varphi$,故有

$$\frac{\partial \theta}{\partial s} = \frac{\partial \theta}{\partial s_\alpha} \cos\varphi + \frac{\partial \theta}{\partial s_\beta} \sin\varphi = \frac{1}{R_\alpha} \cos\varphi - \frac{1}{R_\beta} \sin\varphi$$

$$\frac{1}{2k} \frac{\partial \sigma}{\partial s} = \frac{1}{2k} \left( \frac{\partial \sigma}{\partial s_\alpha} \cos\varphi + \frac{\partial \sigma}{\partial s_\beta} \sin\varphi \right) = \frac{1}{R_\alpha} \cos\varphi + \frac{1}{R_\beta} \sin\varphi$$

求解以上两式,得

$$\left.\begin{array}{l} \dfrac{1}{R_\alpha} = \dfrac{1}{2\cos\varphi} \dfrac{\partial}{\partial s} \left( \dfrac{\sigma}{2k} + \theta \right) \\[4mm] \dfrac{1}{R_\beta} = \dfrac{1}{2\sin\varphi} \dfrac{\partial}{\partial s} \left( \dfrac{\sigma}{2k} - \theta \right) \end{array}\right\} \tag{5.5.5}$$

由上式就可以根据边界上的 $\sigma$ 和 $\theta$,求出相应的 $R_\alpha$ 和 $R_\beta$。

例如,对于只受法向面力的边界($\sigma_N = q, \tau_N = 0$)或自由边界($\sigma_N = \tau_N = 0$),因为 $\frac{\partial \sigma}{\partial s} = 0$,由式(5.5.5)有

$$\frac{\partial \theta}{\partial s} = \frac{2\cos\varphi}{R_\alpha} = -\frac{2\sin\varphi}{R_\beta}$$

根据方程(5.5.3)第二式,得

$$\theta = \phi + m\pi \pm \frac{\pi}{4}$$

所以

$$\frac{\partial \theta}{\partial s} = \frac{\partial \phi}{\partial s} = -\frac{1}{R_O} = \frac{2\cos\varphi}{R_\alpha} = -\frac{2\sin\varphi}{R_\beta}$$

式中:$R_O$ 为边界上任一点 $O$ 的曲率半径,规定边界 $C$ 的曲率半径 $R_O$ 在 $C$ 以内时为正。由于沿边界 $\phi$ 减少时,$R_O$ 才在 $C$ 以内,所以 $\frac{1}{R_O}$ 有负号。

对于光滑接触的表面,滑移线与边界成 45°角,因此,由上式可得

$$|R_\alpha| = |R_\beta| = \sqrt{2}\,|R_O|$$

若边界为直线,即 $R_O = \infty$,则 $R_\alpha = R_\beta = \infty$,即滑移线亦为直线,且与边界成 45°夹角。

滑移线场的构造,常从边界开始逐步向内拓展。这将在后面几节中具体讨论。在构造滑移线场时,还需考虑不同区域交界上的情况。

### 3. 刚塑性区的交界线

刚性区-塑性区的交界线一定是滑移线,或是一族滑移线的包络线。在该线上法向速度必须连续,否则塑性区将脱开或重叠;而切向速度要发生间断,其间断值沿交界线不变;应力则保持连续(因为两 Mohr 圆是重合的)。

### 4. 两个塑性区的交界线

两个塑性区的交界线或者是滑移线,或者是应力间断线。如果交界线不是滑移线时,其两侧的 $\sigma$ 和 $\theta$ 可以间断,但两侧的速度是连续的(因为没有相对滑动)。

这种应力或速度本身有间断的解称为**强间断解**。例如,理想塑性梁在纯弯曲变形时,中性层两侧的正应力所发生的间断即为此种情况。另外,可以证明[2,3],该交界线与两侧的滑移线的夹角相等。

关于上述 3 和 4 的证明,详细请参见参考文献[3]。

## 5.6　平冲头压入半平面的极限载荷

从本节开始,将通过几个具体例子来说明如何用滑移线场法分析问题。首先来分析一个刚性平冲头以速度 $v$ 压入半平面(半无限刚塑性体)的问题(见图 5.30)。

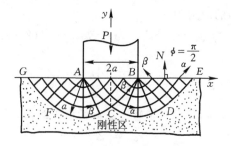

图 5.30　刚性平冲头压入半平面的 Prandtl 解

先来分析一下塑性变形的发展过程。当加在冲头上的压力 $P$ 逐渐增加时,塑性区域将首先在点 $A$ 和 $B$ 处开始形成。但是按照刚塑性的假设,处于这两个局部塑性区域之间的材料是刚性的,它阻止了在塑性区域内发生任何的塑性流动,也阻止冲头的压入。只有当塑性区域扩展至整个冲头的底部后,才有可能压入。这时,在塑性区内开始发生塑性流动,自由表面处于要变形而没有变形的状态。当冲头压入以后,材料被从两边向上挤出,塑性变形可不受限制地发展。研究塑性变形的这种相继发展的阶段是非常困难的。所以,这里只限于研究刚开始发生的塑性流动,即初始塑性流动,它需要满足的是未变形表面处的边界条件。

不计接触面之间的摩擦,假设在发生初始塑性流动的极限状态下,冲头下面的压力是均匀分布的。冲头两边是自由的直线边界。根据 5.5 节的分析,可以设想这时的滑移线场为:在冲

头的下面和两边的塑性区是均匀应力状态的三角形均匀场,并且三个三角形均匀场之间可用两个简单应力状态的中心场连接起来(见图 5.30),这是 Prandtl(1920 年)提出的。

先来考虑三角形区域 $BED$。因为 $BE$ 边是自由直线表面,$\sigma_N = \tau_N = 0$,$\phi = \pi/2$。根据直观分析,在开始产生无限制塑性流动时,冲头向下运动,使 $CBED$ 部分受到向右的挤压,所以假定 $\sigma_T$ 是压应力(即 $BE$ 边受压)。这样,$\sigma_N = \sigma_1$,$\sigma_T = \sigma_3$,由 $\sigma_1$ 方向($BE$ 的法向)顺时针旋转 $\pi/4$ 就是 $\alpha$ 方向,即 $\alpha$ 指向第一象限,$\theta_{\triangle BED} = \pi/4$。由式(5.5.3),平均应力

$$\theta_{\triangle BED} = \sigma_N + k\sin2(\theta - \phi)$$

$$= 0 + k\sin2\left(\frac{\pi}{4} - \frac{\pi}{2}\right) = -k$$

沿 $\alpha$ 线

$$\xi_{\triangle BED} = \left(\frac{\sigma}{2k} - \theta\right)_{\triangle BED}$$

$$= -\frac{k}{2k} - \frac{\pi}{4} = -\frac{1}{2} - \frac{\pi}{4}$$

在三角形区域 $ABC$ 中,$\alpha$ 的方向可以由 $\triangle BED$ 中的 $\alpha$ 方向来决定(因为 $\alpha$ 线是连续的),$\alpha$ 线由 $\triangle BED$ 顺时针转过 $\pi/2$ 后到达 $\triangle ABC$ 区,这时 $\theta$ 角的变化为(注意 $\theta$ 以逆时针为正)$\Delta\theta = -\pi/2$,则

$$\theta_{\triangle ABC} = \theta_{\triangle BED} + \Delta\theta = \frac{\pi}{4} - \frac{\pi}{2} = -\frac{\pi}{4}$$

$$\xi_{\triangle ABC} = \frac{\sigma_{\triangle ABC}}{2k} + \frac{\pi}{4}$$

因为沿同一条 $\alpha$ 线,$\xi = $ 常数,则 $\xi_{\triangle ABC} = \xi_{\triangle BED}$,由此得

$$\sigma_{\triangle ABC} = -k(1 + \pi)$$

根据式(5.2.2),在该区域内的应力为

$$(\sigma_x)_{\triangle ABC} = -k\pi, \quad (\sigma_y)_{\triangle ABC} = -k(2 + \pi)$$

由 $AB$ 边的边界条件

$$\sigma_y = -\frac{P}{2a}$$

这里 $2a$ 为平冲头的宽度。这样,发生初始塑性流动的极限载荷(总压力)为

$$P_p = -2a\sigma_y = 2ak(2 + \pi) \tag{5.6.1}$$

现在来求速度分布。设冲头以速度 $v$(绝对值)向下运动,在 $AB$ 上

$$v_y = -v, \quad v_x = 0$$

将 $\triangle ABC$ 看作是和冲头一起以 $v$ 向下运动,则在该区域内沿 $\alpha$ 滑移线和 $\beta$ 滑移线的速度分量为

$$v_\alpha = \frac{v}{\sqrt{2}}, \quad v_\beta = -\frac{v}{\sqrt{2}}$$

在中心场 $BCD$ 中,因为 $CD$ 下面是刚性区,阻止塑性区 $BCD$ 向下运动,则沿 $CD$ 的法向速度应为零。而根据 Geiringer 方程式(5.2.10b),沿直滑移线的速度是常数,所以,在中心场 $BCD$ 内,沿 $\beta$ 线速度分量

$$v_\beta = 0$$

这时,由式(5.2.10a),沿 $\alpha$ 线的速度分量 $v_\alpha =$ 常数。因为在 $BC$ 边上,$v_\alpha = \dfrac{v}{\sqrt{2}}$,所以 $BCD$ 内沿 $\alpha$ 线的速度分量

$$v_\alpha = \frac{v}{\sqrt{2}}$$

同理,在 $\triangle BED$ 中,根据方程(5.2.10),沿滑移线的速度应为常量。又因为沿 $DE$ 边的法向速度分量为零,沿 $BD$ 边的法向速度分量为 $v/\sqrt{2}$,则在该区域内

$$v_\alpha = \frac{v}{\sqrt{2}}, \quad v_\beta = 0$$

以上是用 Geiringer 方程确定速度场的。利用 5.2 节介绍的速端图并结合边界条件和连续条件也可确定速度场。图 5.31(a)即为其速端图,整个塑性区内的速度分布如图 5.31(b)所示。

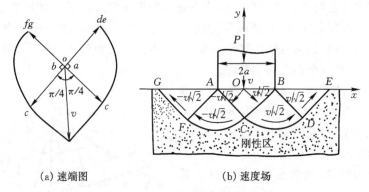

(a) 速端图　　　　　　(b) 速度场

图 5.31　利用速端图确定速度场

综上,三角形区域 $ABC$ 正好如刚体一样以速度 $v$ 向下运动。扇形区域 $BCD$ 及三角形区域 $BED$ 沿 $\alpha$ 线以速度 $v/\sqrt{2}$ 移动。对左半部分的分析也是相同的。以上分析说明,与图 5.30 所示滑移线场相对应的速度场是存在的。但 $ACDE$ 和 $BCFG$ 线是速度的间断线,因为沿这些线的切向速度是不连续的。

对上述刚性平冲头压入半平面的问题,还可以作出另一种滑移场,如图 5.32 所示,它是 Hill(1949 年)首先提出的,故称为 Hill 解。Hill 解的塑性区比 Prandtl 解要小,但是,不难推知,得到的极限载荷与 Prandtl 解式(5.6.1)相同。实验证明,Hill 解答比较符合实际。这是

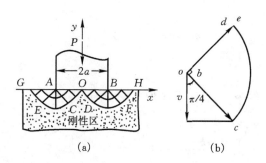

(a)　　　　　　　(b)

图 5.32　刚性平冲头压入半平面的 Hill 解

因为在图 5.30 上所示的滑移场中塑性区延展得比图 5.32 的远,必然要求冲头发生相当大的压入和表面变形,这与初始塑性流动的情况不太相符。但是,在冲头面粗糙的情况下,Prandtl 解还是适用的。

这个例子说明,对同一个问题,可以有滑移场范围不同的两个完全解,在共同的塑性区内应力解答是相同的,对应的塑性极限载荷也相同,但两者的速度场是不一样的。由此可以看出,以刚塑性假设为依据,利用滑移线场得到的解答不是唯一的。这是因为,滑移场往往是根据经验作出的,是一种可能的状态,而不一定就是正确的解答。已经证明[22],Hill 解给出了正确的速度场。

## 5.7  单边受压力的楔形体

下面考虑单面(图 5.33 的右边边界)受均匀压力 $q$ 作用的楔形体,研究其极限载荷的求解问题。求解步骤大体上与上一节类似。即按照应力边界条件作出各个区域的滑移线场,从而求出各点的应力和极限载荷 $q_p$;再根据速度边值求出速度分布,并检验应变率与应力成正比的条件是否成立;最后校核刚性区应满足的条件,如刚性区的条件得到满足,则求出的是完全解,否则得到的 $q$ 只是一个偏大的上限解。

图 5.33 中所示的楔体张角 $2\gamma > \pi/2$,即钝角楔体。在 OD 边上有均匀压力 $q$ 作用,同时 $\tau_{xy} = 0$。OA 边是自由边界,求极限载荷 $q_p$。这一问题对于研究边坡的稳定性很有意义。

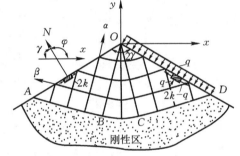

图 5.33  单边受压力的楔形体

根据边界受力特点,显然在 AO 和 OD 边附近是三角形的均匀场 AOB 和 DOC,这两个均匀场可以用中心场 BOC 连起来。

在 △AOB 中,对自由边界 AO,$\sigma_N = \tau_N = 0$,外法线和 $x$ 轴的夹角 $\varphi = \pi - \gamma$。如果将楔形体看成一悬臂梁,则 AO 边是受压缩的,$\sigma_T$ 是压应力,所以法向为最大主应力方向,顺时针旋转 $\pi/4$,就是 $\alpha$ 方向,则

$$\theta_{\triangle AOB} = \varphi - \frac{\pi}{4} = \pi - \gamma - \frac{\pi}{4} = \frac{3\pi}{4} - \gamma$$

$$\sigma_{\triangle AOB} = \sigma_N + k\sin 2(\theta - \varphi) = -k$$

根据式(5.2.6),沿 $\beta$ 线

$$\eta_{\triangle AOB} = \frac{3\pi}{4} - \gamma - \frac{1}{2}$$

而在 △DOC 中

$$\theta_{\triangle DOC} = \left(\frac{3\pi}{4} - \gamma\right) + \left(2\gamma - \frac{\pi}{2}\right) = \frac{\pi}{4} + \gamma$$

$$\sigma_{\triangle DOC} = k - q$$

$$\eta_{\triangle DOC} = \frac{k - q}{2k} + \frac{\pi}{4} + \gamma$$

因为沿同一 $\beta$ 线,$\eta$ 是常数,所以 $\eta_{\triangle AOB} = \eta_{\triangle DOC}$,由此即得极限载荷

$$q_p = 2k(2\gamma + 1 - \frac{\pi}{2}) \tag{5.7.1}$$

再来确定速度分布。由刚塑性交界线 $ABCD$ 上法向速度连续的要求可知,全场内所有 $\alpha$ 线(直线)上的 $v_\alpha = 0$,按 Geiringer 速度方程可得 $v_\beta =$ 常数。应用 $OD$ 边界上给定的条件 $v_\beta \cos 45° = v_y$,故 $v_\beta = -\sqrt{2}v$。

现对上述解答作如下校核。

① 应变率与应力成正比。

将坐标取在滑移线上,由式(5.1.10)

$$\dot{\lambda} = \frac{\dfrac{\partial v_\alpha}{\partial s_\beta} + \dfrac{\partial v_\beta}{\partial s_\alpha}}{2k} \geqslant 0$$

现在 $v_\alpha = 0$,$ds_\alpha = \dfrac{\sqrt{2}}{2}dx$

$$\frac{\partial v_\alpha}{\partial s_\beta} = \frac{\sqrt{2}}{2}\frac{\partial v_\beta}{\partial x} = -2\frac{dv}{dx} = 0$$

符合 $\dot{\lambda} \geqslant 0$ 的要求。

② 刚性区。

一般来说,很难检查刚性区的应力是否不违反屈服条件。对 $2\gamma > 3\pi/4$ 的情形,Shield R. J. (J. Appl. Mech., 1954, 21:193)在刚性区内找到了不违反屈服条件的应力分布。因此,在这种情况下求得的是完全解。对 $2\gamma < 3\pi/4$ 的情形,上式只是一个上限解。

再来讨论几个特例。

(1) 直角楔和锐角楔

如果楔顶角 $\gamma = \dfrac{\pi}{4}$(即直角楔),中心场退化成直线,则楔顶附近都是均匀场,楔内处处为均匀的单向压缩(见图 5.34(a))。但当 $\gamma < \dfrac{\pi}{4}$(锐角楔)时,三角形 $AOB$ 和 $DOC$ 互相有一部分重叠,这时就不能有连续的应力场。$OO'$ 线是应力的间断线。在间断线上法向应力(即图中 $\sigma_x$)应连续,而切向正应力(即图中 $\sigma_y$)发生跳跃(见图 5.34(b))。在间断线两侧仍为均匀应力状态。

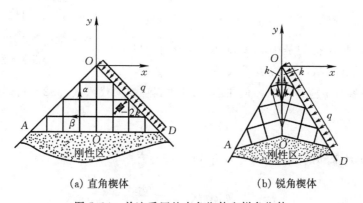

(a) 直角楔体　　　　　　　　　　(b) 锐角楔体

图 5.34　单边受压的直角楔体和锐角楔体

可以确定,锐角楔体的极限载荷为

$$q_{\mathrm{p}} = 2k(1 - \cos 2\gamma) \tag{5.7.2}$$

此式仅对当 $2\gamma < \dfrac{\pi}{2}$(即锐角楔体)时适用。当 $2\gamma = \dfrac{\pi}{2}$(直角楔)时,式(5.7.1)和式(5.7.2)都给出 $q_{\mathrm{p}} = 2k$。

(2) 平冲头

如果 $2\gamma = \pi$,这就是上一节讨论的平冲头的情况。根据极限载荷表达式(5.7.1)可求得

$$q_{\mathrm{p}} = (2 + \pi)k$$

可见,与上一节得到的解答一致。

## 5.8　两侧带切口板条的拉伸

断裂力学试验中常常用到带切口的片状试样,例如,中心切口试样和双边切口试样,现在来讨论它们的极限载荷。这类在两侧被各种不同形状的对称切口所削弱的板条的拉伸问题,也可以用滑移线方法加以解决。

假定板条具有足够的长度,切口理想地规则整齐,板条加载端的条件不影响切口附近的塑性流动。

### 1. 狭窄切口的板条

先考虑板条上开有无限狭窄的切口,这当然是一种理想的情况,这种情况最容易分析。如图 5.35 所示的双边切口板条,板条宽为 $2b$,切口宽为 $2a$。在极限状态时,板条中间截面的两边沿垂直方向以速度 $v$ 伸长。其滑移线场是由四个均匀场和四个中心场所组成的。

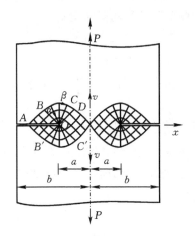

图 5.35　带无限狭双边切口
板条的滑移线场

在 $\triangle OAB$ 中,沿自由边界 $OA$,有

$$\varphi = -\frac{\pi}{2}, \quad \sigma_N = \tau_T = 0$$

根据受力特点,边界 $AO$ 是受拉的。这时,切向为 $\sigma_1$ 方向,$\alpha$ 方向指向第四象限,即

$$\theta_{\triangle OAB} = -\frac{\pi}{4}, \quad \sigma_{\triangle OAB} = k \tag{a}$$

与区域 $OAB$ 相连接的是中心场 $OBC$,再与均匀场 $OCDC'$ 相连接。这样,塑性区的边界线 $ABCD$ 是 $\beta$ 线,在所有的区域中参数 $\eta$ 应是常数。但在 $\triangle OAB$ 中,将式(a)代入式(5.2.6),则

$$\eta_{\triangle OAB} = \frac{1}{2} - \frac{\pi}{4} \tag{b}$$

而在 $OCDC'$ 中 $\sigma$ 是未知的,但 $\theta = -\dfrac{3\pi}{4}$,由式(5.2.6)有

$$\eta_{\triangle ODC} = \frac{\sigma}{2k} - \frac{3\pi}{4} \tag{c}$$

由式(b)和(c),令 $\eta_{\triangle OAB} = \eta_{\triangle ODC}$,则得平均应力

$$\sigma_{OCDC'} = k(1 + \pi) \tag{d}$$

根据式(5.2.3),在 $OCDC'$ 中的应力分量为

$$\sigma_x = k\pi, \quad \sigma_y = k(2 + \pi)$$

因此,板条的极限拉力为

$$P_p = 2a\sigma_y = 2ak(2 + \pi) \tag{e}$$

如果按照初等解法来分析,不计板条切口部分的影响,只计最小截面处的承载能力,则极限载荷为

$$P^0 = 2a \cdot 2k = 4ak \tag{f}$$

式(e)和(f)的极限载荷之比为

$$\frac{P_p}{P^0} = \frac{2ak(2+\pi)}{4ak} = (1 + \frac{\pi}{2}) > 1$$

这说明,切口部分对板条确有加强的作用。一般将这个比值称为**加强系数**或**约束系数**。

应当指出,以上分析是假定塑性区只发生在截面最狭小的地方,也没有校核刚性区的应力,这只有在切口足够深的情况下才与实验相符。进一步分析表明,当 $b/a > 8.62$ 时,式(e)所示的解才有效;否则,两侧边界将对滑移线场产生影响[1]。

再来分析其速度场。结果如图 5.36 所示,图中箭头是指速度的实际方向,数值为其绝对值。

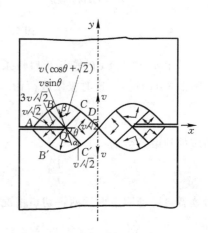

图 5.36 带无限狭双边切口板条的速度场

**2. 有限宽度切口的板条**

对任何实际的板条,其切口总是有一定的宽度的。当切口为尖角的情况下(切口张角为 $2\gamma$,切口底部的曲率半径为零),可以画出图 5.37 所示的滑移线场,其相应的拉伸极限载荷为

$$P_p = 2ak(2 + \pi - 2\gamma) \tag{g}$$

**3. 圆弧形切口的板条**

如果板条的切口为圆弧形,圆弧半径为 $r$,圆弧角为 $2\gamma$,如图 5.38(a)所示。根据前面的分析,在圆弧附近的滑移线为对数螺旋线,而整个滑移线场的形式随着宽度 $2a$ 和圆弧半径 $r$ 的比值而有所不同。当 $a/r \leqslant 3.81$ 时,滑移线场如图 5.38(b)所示,其相应的极限载荷为

$$P_p = 4k(r + a)\ln\left(\frac{r+a}{r}\right) \tag{h}$$

没有圆弧切口的板条在拉伸时的极限载荷为

$$P^0 = 4ak$$

同样可得带圆弧切口板条的约束系数为

$$\frac{P_p}{P^0} = (1 + \frac{r}{a})\ln(1 + \frac{a}{r}) > 1 \tag{i}$$

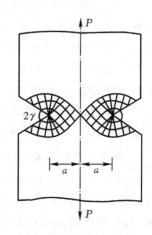

图 5.37 双边切口板条的滑移线场

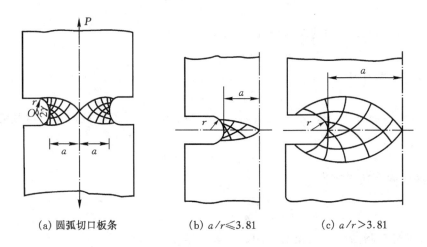

(a) 圆弧切口板条        (b) $a/r \leqslant 3.81$        (c) $a/r > 3.81$

图 5.38　圆弧切口板条的滑移线场

对于 $a/r > 3.81$ 的圆弧切口板条,其滑移线场除了对数螺旋线外,还有直线段和圆弧段,如图 5.38(c)所示,这时极限载荷为

$$P_p = 4k\left[(1+\frac{\pi}{2})(r+a) - r \cdot \exp(\frac{\pi}{2})\right] \tag{j}$$

相应的约束系数为

$$\frac{P_p}{P^0} = (1+\frac{\pi}{2}) - \frac{r}{a}\left[\exp(\frac{\pi}{2}) - 1 - \frac{\pi}{2}\right] \tag{k}$$

请读者自己证明上面后两种切口情况下的解答。

## 5.9　定常的塑性流动问题

前面几节所研究的例子都是确定物体的极限承载能力,所求的速度分布是开始塑性流动瞬时的变形趋势,因是小变形问题,可以不考虑物体的形状改变。现在来讨论在金属成形(压力加工)中经常碰到的另一类问题,如金属的抽拉、挤压、冷拔、辊轧等。这时,对于材料的任何一个微元来说,要经过抽拉由厚变薄,其变化过程是比较复杂的,但对流动区域中某一个固定点来说,材料通过该点时的速度、应力状态都不随时间而变,因而运动是定常的。这样,在采用欧拉坐标后,仍可应用前面的分析方法。下面以板条的抽拉为例来进行说明。

### 1. 板条抽拉时的滑移线场

如图 5.39 所示,初始厚度为 $H$ 的板条通过光滑的楔形刚性模孔,被抽拉成厚度为 $h$ 的板条,抽拉速度为 $v$。在通过模孔时,板条在邻近模孔的区域发生塑性变形。由于板条产生塑性变形,其厚度被减小,而其长度则相应地增大,板条左边的刚性区以 $u < v$ 的等速度由模孔左面向右面运动。

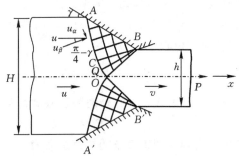

图 5.39　板条抽拉时的滑移线场

如果楔模倾角 $\gamma$ 与 $h/H$ 满足一定关系,滑移线场将由均匀应力区 $ACB$ 和中心扇形区 $CBO$ 所组成,如图 5.39 所示。从几何关系可求得

$$AB = \sqrt{2}BC = \sqrt{2}BO = h$$

以及

$$2AB\sin\gamma = H - h$$

因此得

$$h/H = 1/(1 + 2\sin\gamma) \tag{a}$$

这也是图示的滑移线场存在的几何条件。

由于对称轴线 $Ox$ 是拉拔的最大主应力 $\sigma_1$ 的方向,滑移线 $OB$ 与其成 45°角。在 $AB$ 边上正应力是压应力,$\sigma_N < 0$,故 $\sigma_N = \sigma_2$。取 $BOB'$ 右边部分进行分析,$OB$ 边上任一点的应力分布如图 5.40(a)所示,由此确定 $ACO$ 为 $\alpha$ 线,$OB$ 为 $\beta$ 线。

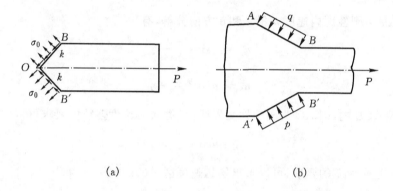

(a)　　　　　　　　　　　　(b)

图 5.40　板条受力图

### 2. 应力分布和抽拉力 $P$

$ACB$ 区为均匀应力区,已知该区内的 $AC$ 线为 $\alpha$ 线,$CB$ 线为 $\beta$ 线,且与 $AB$ 边成 45°夹角(因 $\tau_N = 0$)。设 $AB$ 边上压力 $q$ 均匀分布,则其上任一点的 $\sigma_N = -q$,由屈服条件得 $\sigma_T = -q \pm 2k$。根据 $\alpha$,$\beta$ 线可判断出 $\sigma_T > 0$,因而 $\sigma_T = -q + 2k$。故平均应力

$$\sigma = \frac{1}{2}(\sigma_N + \sigma_T) = -q + k$$

而

$$\theta = -\left(\frac{\pi}{4} + \gamma\right)$$

$CBO$ 为中心扇形区,$\sigma$ 与 $\theta$ 仅沿 $\alpha$ 线发生变化,已知 $\beta$ 线 $OB$ 上任一点的 $\theta = -\frac{\pi}{4}$,根据 Hencky 应力方程(5.2.6a),可求得 $OB$ 上任一点的平均应力

$$\sigma = -q + k + 2k\left(\frac{\pi}{4} + \gamma\right) - 2k\left(\frac{\pi}{4}\right)$$

$$= -q + k + 2k\gamma \tag{b}$$

为了确定抽拉力,考虑板条上 $BOB'$ 线右边部分的平衡条件,如图 5.40(a)所示,有

$$P - (\sigma + k)h = 0$$
$$P = [-q + 2k(1+\gamma)]h \tag{c}$$

如图 5.40(b)所示,由板条的整体平衡条件可得

$$P - 2q \cdot AB\sin\gamma = 0$$
$$P = q(H - h) \tag{d}$$

由式(c)、(d)消去 $P$,得

$$\frac{q}{2k} = (1+\gamma)\frac{h}{H} = \frac{1+\gamma}{1+2\sin\gamma}$$

代回式(d),可得抽拉力 $P$ 的表达式

$$\frac{P}{2kh} = (1+\gamma)(1 - \frac{h}{H}) = \frac{2(1+\gamma)\sin\gamma}{1+2\sin\gamma} \tag{e}$$

### 3. 速度场校核

将 $AOA'$ 左边刚性区内速度 $u$ 沿 $\alpha$ 和 $\beta$ 方向分解,有

$$u_\alpha = u\sin(\frac{\pi}{4} - \gamma)$$
$$u_\beta = u\cos(\frac{\pi}{4} - \gamma) \tag{f}$$

在均匀速度区 $ACB$ 内,因 $AC$ 为刚塑性交界线,根据法向速度连续的要求可得

$$v_\beta = u\cos(\frac{\pi}{4} - \gamma)$$

再由边界 $AB$ 上 $v_N = 0$ 的要求,可以求出均匀速度区 $ACB$ 内的 $v_\alpha$ 为

$$v_\alpha = v_\beta = u\cos(\frac{\pi}{4} - \gamma)$$

故沿 $AC$ 边上的速度间断值为

$$v_\alpha - u_\alpha = u[\cos(\frac{\pi}{4} - \gamma) - \sin(\frac{\pi}{4} - \gamma)]$$
$$= \sqrt{2}u\sin\gamma \tag{g}$$

可以看出,由速度间断引起的滑动方向与剪应力方向是一致的,符合塑性功率大于零的要求。

在中心扇形区 $CBO$ 内,$CO$ 上任一点 $Q$ 的位置可用 $\angle CBQ = \omega$ 来表示。$Q$ 点的速度分量 $v_\beta$ 可由刚塑性交界线 $CO$ 上法向速度连续的要求得出

$$v_\beta = u\cos(\frac{\pi}{4} - \gamma + \omega)$$

$Q$ 点的速度分量可如下求得:沿 $\alpha$ 线 $ACO$ 有

$$\mathrm{d}v_\alpha = v_\beta \mathrm{d}\theta = v_\beta \mathrm{d}\omega$$

积分得

$$v_\alpha = \int u\cos(\frac{\pi}{4} - \gamma + \omega)\mathrm{d}\omega = u\sin(\frac{\pi}{4} - \gamma + \omega) + C$$

其中,积分常数 $C$ 可由边界条件确定,即当 $\omega = 0$ 时

$$v_\alpha = u\cos(\frac{\pi}{4} - \gamma)$$

可得

$$C_a = u\cos(\frac{\pi}{4} - \gamma) + u\sin(\frac{\pi}{4} - \gamma) = \sqrt{2}u\sin\gamma \tag{h}$$

所以

$$v_a = u\sin(\frac{\pi}{4} - \gamma + \omega) + \sqrt{2}u\sin\gamma$$

$$= u[\sin(\frac{\pi}{4} - \gamma + \omega) + \sqrt{2}\sin\gamma]$$

在 $OB$ 边上，$\omega = \gamma$，故有

$$v_a = \frac{\sqrt{2}}{2}u(1 + \sin\gamma)$$

$$= \frac{\sqrt{2}}{2}u \cdot \frac{H}{h}$$

因材料不可压缩，$uH = vh$，故

$$v_a = \frac{\sqrt{2}}{2}v \tag{i}$$

这与 $BOB'$ 右边刚性区在 $OB$ 上的法向速度分量相一致，故符合刚塑性交界线 $OB$ 上法向速度连续的要求。因此，速度场满足所有的边界条件。注意到式（g）和式（h）相同，不难证明，沿滑移线 $ACOB'$ 上速度的间断值为常数 $\sqrt{2}u\sin\gamma$。

### 4. 刚性区的校核

在 $AOA'$ 的左边部分所受的合力为零，这里不可能违反屈服不等式。在 $BOB'$ 的右边部分应力是均匀的，当 $P < 2kh$ 时，才能保证不违反屈服不等式。由式（e）可知，这就是要求

$$2(1 + \gamma)\sin\gamma < 1 + 2\sin\gamma$$

即

$$\gamma\sin\gamma < \frac{1}{2}$$

求解之，可得

$$\gamma < \gamma_1 = 42°27' \tag{j}$$

对于 $\gamma > \gamma_1$ 的情形，在 $BOB'$ 右边的部分将首先被拉伸破坏，无法实现连续的抽拉过程。有兴趣的读者可以参看 Hill 的名著[7]第七章第二节，这里不再赘述。

在金属压力加工中，还会遇到另一类大变形问题。在这类问题中，滑移线场虽然不像定常塑性流动问题中那样固定不变，但它在变化时，始终与某一初始状态保持几何形状相似，而形状不变。这类问题称为**准定常塑性流动**（pseudo-steady plastic flow），它由 Hill、Lee 和 Tupper 首先研究并得到解答。有兴趣的读者可以参考 Prager & Hodge "Theory of Perfectly Plastic Solids"[8]第 29 节第 183 页。

最后需要指出的是，对于理想刚塑性体的平面应力问题，它不像弹性力学那样可以看作是等价于平面应变问题，而是比相应的平面应变问题复杂得多。具体表现在如下几个方面：①在理想刚塑性体的平面应力问题中，相应的 Mises 屈服条件和 Tresca 屈服条件是不同的，而且，仅当采用 Tresca 条件且塑性区的应力状态处于某些线段时，才和平面应变问题中的屈服条件相一致；②在平面应力问题中，屈服条件要求其主应力的绝对值不能超过某一数值，即作用于

物体边界上的面力或极限载荷的值要受到一定的限制。而在平面应变问题中,屈服条件只要求主应力的差一定,主应力本身可以任意变化,因此对极限载荷不必预先限制;③根据 Mises 屈服条件的理想刚塑性平面应力问题所导出的应力微分方程可能是双曲型的,也可能是抛物型或椭圆型的。在双曲型的情况下,两组特征线也不一定正交。关于塑性力学平面应力问题与平面应变问题的区别,文献[3]有进一步的详细讨论。

## 习　题　5

**5.1**　对没有剪应力作用的圆弧边界,试证明:

(1) 邻近塑性区内的两族滑移线都是对数螺旋线;

(2) 与圆弧自由边界毗连的塑性区内任一圆弧($r$ 相等)上各点处的静水压力相等。

**5.2**　证明:

(1) 在塑性区内与均匀应力场相紧接的区域是简单应力场(中心扇形场);

(2) 中心扇形场中同一根径向线上各点的 $\sigma_r = \sigma_\theta = \sigma$;

(3) 在与自由边界毗连的曲线三角形区域内,应力状态只决定于边界的形状,而与其他边界给定部分的条件无关。

**5.3**　具有尖角为 $2\gamma(<\pi/2)$ 的刚性楔体,在外力 $P$ 的作用下插入理想刚塑性材料的 V 形缺口,试就如下两种情况,从图示滑移线场计算挤压力 $P$。

(1) 楔体与 V 形缺口之间完全光滑(即摩擦系数 $\mu = 0$);

(2) 楔体与 V 形缺口接触处完全粗糙,即因摩擦作用其剪应力为 $k$。

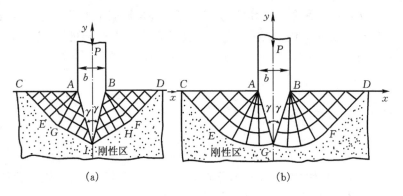

题 5.3 图

**5.4**　上题中如果楔向下挤入速度为 $v$,求场内的速度分布。

**5.5**　就图 5.32(a)的情况求 $P$。

**5.6**　就图 5.37 的情况求 $P$。

**5.7**　利用 5.7 节的结果式(5.7.1),对比地填写下表中各种情况下的极限载荷,并仿照该节给出具体推导过程。

| 问题 | 示意图 | $\gamma$ | 极限载荷 |
|------|--------|----------|----------|
| 顶部削平的楔体 | | | |
| 平冲头压入半无限体 | | | |
| 平冲头压入斜边半无限体 | | | |
| 具有 V 形切口的板条 | | | |
| 双边切口板条 | | | |
| 钝角楔体 | | | |
| 直角楔体 | | | |
| 矩形板条 | | | |

**5.8** 试研究图示的理想刚塑性材料的平面应变切削问题。

（1）从图示三角形滑移场 $ABC$,求作用于刀具面上的单位面积上的压力 $P_N$ 和切向力 $P_T$。当刀具与材料之间的摩擦系数为 $\mu=\tan\nu$,刀具倾角为 $\lambda$ 时,图中 $\gamma=\pi/4-\nu$ 及 $\psi=\pi/4-\nu+\lambda$;

（2）求作用于刀具上总的水平力 $P_x$ 和垂直力 $P_y$（单位厚度上的）。

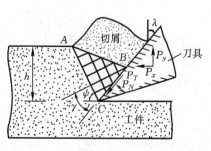

题 5.8 图

**5.9** 若板条厚度为 $h$，求：

(1) 图(a)所示双边切口板条的极限载荷；

(2) 图(b)所示中心切口板条的极限载荷。

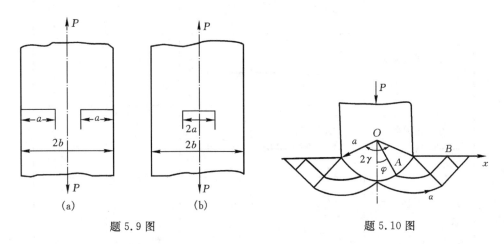

题 5.9 图　　　　　　　　　题 5.10 图

**5.10** 已知中心角为 $2\gamma$ 的圆弧形楔体，在外力 $P$ 的作用下插入具有相同圆弧切口的半无限体，若楔体与圆弧缺口之间无摩擦作用，楔体的厚度为 1，试求此种情况下的极限载荷。

**提示** 滑移线由对数螺旋线构成。

$A$ 点：$\theta_A = -\dfrac{\pi}{4} + \varphi$；$B$ 点：$\theta_B = \dfrac{\pi}{4}$，$\sigma_B = -k$。

沿 $\alpha$ 线有 $\sigma_A - 2k\left(-\dfrac{\pi}{4} + \varphi\right) = -k - 2k \cdot \dfrac{\pi}{4}$；则可得 $A$ 点的平均应力为

$$\sigma_A = -k - k\pi + 2k\varphi$$

圆弧上 $A$ 点的径向压力为 $q_A$

$$q_A = \sigma_A - k = -k(2 + \pi - 2\varphi)$$

则

$$P = 2\int_0^\gamma -k(2 + \pi - 2\varphi)\cos\varphi \cdot a\,\mathrm{d}\varphi$$
$$= -2ka\left[(2 + \pi - 2\gamma)\sin\gamma - 2\cos\gamma + 2\right]$$

**5.11** 通过矩形模挤压板料，板的厚度由原来的 $2h$ 变为 $h$，挤压模壁光滑。在刚板上作用的总的推力 $P$，速度为 $v$，滑移线场已作出，如图所示，其中 $\triangle ABC$ 是静止不动的刚性区，工程上称为死角，试求：

(1) 应力分布和极限推力 $P$；

(2) 速度分布，并进行校核。

**提示** （1）$P = (2 + \pi)hk$

$ABC$ 区：$\sigma_x = -(2 + \pi)k$，　$\sigma_y = -\pi k$，　$\tau_{xy} = 0$

$AOB$ 区：$\sigma_r = \sigma_\varphi = -\left(1 + \dfrac{\pi}{2} + 2\varphi\right)k$，　$\tau_{r\varphi} = k$

$AOA'$ 区：$\sigma_x = 0$，　$\sigma_y = -2k$，　$\tau_{xy} = 0$

（2）$ABC$ 区：$v_x = v_y = 0$

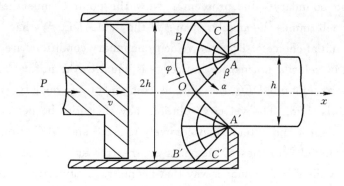

题 5.11 图

$AOB$ 区:$v_\beta = v\cos\varphi$;  $v_\alpha = v\sin\varphi + \dfrac{v}{\sqrt{2}}$($BO$ 边界);  $v_\alpha = \sqrt{2}v$($OA$ 边界)

$AOA'$ 区:$v_x = 2v$,  $v_y = 0$

**5.12** 试绘出对称的角形深切口厚板受弯时的滑移线场,并求出此时该板能承受的弯矩。

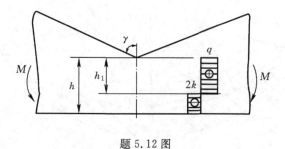

题 5.12 图

**提示** 图中所示的应力分布对应于一种滑移线场,此时的极限弯矩为

$$M_p = \frac{1}{2}qh_1^2 + k(h - h_1)^2$$

注意,该问题也可能构造出不同的滑移线场。

**英文阅读材料 5**

(i) *Method of solution*. The plane surface of a semi-infinite block of plastic-rigid material is penetrated normally by a smooth rigid wedge of total angle $2\theta$. In Fig. 1 (right hand half) $ABDEC$ is the region of plastically deforming material; $AC$ is the displaced surface (whose shape is to be determined); $AB$ is the line of contact with the wedge, and $BDEC$ is a slip-line. The most convenient starting slip-line is $BD$. When its position has been assumed, the condition that slip-lines meet the wedge at 45° defines the field $ABD$ uniquely (third boundary-value problem). Since the free surface will not necessarily meet the wedge orthogonally, the point $A$ must be a stress singularity. This, with the slip-line $AD$, defines the field $ADE$, which may be continued round $A$ through any desired angle (first boundary-value problem, special case). The slip-line $AE$, together with the requirement that $AC$ must be a free surface, defines the field $AEC$ and, incidentally, the shape of $AC$

(converse of second boundary-value problem). Now the point $C$ must lie on the original plane surface; this determines the angular span $\psi$ of the field $ADE$. We have next to examine whether, with our initial choice of $BD$, the velocity boundary conditions are satisfied. Along $AB$ the component of velocity normal to the wedge is equal to the normal component of the speed of penetration; along $BDEC$ the normal component of velocity is zero since the material underneath is rigid. The velocity solution may therefore be begun in $ABD$ (third boundary-value problem), and extended successively to $ADE$ and $AEC$ (first boundary-value problem). The calculated velocities of elements on the free surface must be such that the surface is continually displaced in such a way that geometric singularity is preserved. This is the condition which controls the shape of the starting slip-line $BD$. In the unit diagram the curve corresponding to the free surface must be the trajectory for surface elements. Hence, according to the interpretation of (1), the tangent at any point on this curve must pass through the associated focus with position vector $v$. if the tentative solution has this property, similarity is maintained.

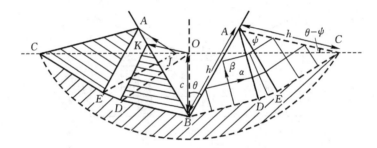

Fig. 1　Indentation of a plane surface by a smooth wedge, showing the slipline field on the right and the main features of the distortion on the left.

(ii) *Position of the displaced surface.* We now verify that there is a possible solution when $BD$ is straight and has a certain specific length. The displaced surface $AC$ and the slip-line in $ABD$ and $AEC$ are then also straight, while $ADE$ is a field of radii and circular arcs. For a given choice of the length of $BD$, the magnitude $\psi$ of the angle $DAE$ is determined by the condition that $C$ should fall on the original surface. This is so if the height of $C$ above $B$ is equal to $c$; that is, if

$$AB\cos\theta - AC\sin(\theta-\psi) = OB,$$

or
$$h[\cos\theta - \sin(\theta-\psi)] = c. \tag{1}$$

Since $v$ is zero on the plastic-rigid boundary $BDEC$, it is zero everywhere by Geiringer's equation for the variation of $v$ along the straight $\beta$-lines. It follows that u is constant on each $\alpha$-line, and hence, by the boundary condition on $AB$, it is universally equal to $\sqrt{2}\sin\theta$ (the downward speed of the wedge is unity on the scale $c$). thus, at any moment, all elements are moving with the same speed along the $\alpha$-lines. The surface $AC$ is therefore displaced to a parallel position, and the new configuration can be made geometrically similar by a suitable choice of the length of BD or, equivalently, the position of A.

...

The mean compressive stress has the value $k$ on the free surface in compression, and hence, by Hencky's theorem, its value on the wedge face AB is $k(1+2\psi)$. The pressure $P$ on the wedge is therefore distributed uniformly, and is of amount

$$P=2k(1+\psi) \tag{2}$$

The load per unit width is $2Ph\sin\theta$, and the work expended per unit volume of the impression below OC is $Ph\sin\theta/c$. The relation between $P$ and $\theta$ is shown in Fig. 2; $P$ rises steadily from $2k$ to $2k\left(1+\dfrac{1}{2}\pi\right)$ as the angle increases. This should be contrasted with the experimental observation by Bishop, Hill, and Mott [*Proc. Phys. Soc.* 57 (1945), 147] that, when cold-worked copper is indented by a lubricated *cone*, the mean resistive pressure decrease as the cone becomes less pointed; for $\theta>30°$ the decrease is slight and the pressure has an approximately constant value of $2 \cdot 3Y$.

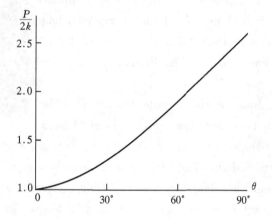

Fig. 2 Relation between the pressure and the
semi-angle in wedge-indentation.

The distribution of stresses in rigid material is not known, but there is no reason to suppose that the material is incapable of supporting the calculated stresses along BDEC. It is observed in the indentation of hard materials by a smooth wedge that the plastic region extends a little way below the tip (more if the wedge is rough or the material is annealed), but that the strains are small; this corresponds to the rigid part of the plastic region (sketched diagrammatically in Fig. 1) for our hypothetical plastic-rigid body. The present solution would continue to hold even for a block of finite dimensions, provided it could be associated with a non-plastic state of stress in the rigid material. In other words, to the approximation achieved by the hypothetical material, the state of stress in the plastically deforming region can remain similar even if the block is finite, though the non-plastic stress distribution, of course, can not. As the penetration increased, however, a stage would be reached where a possible state of stress in the rigid material could not be found; this would imply that plastic *deformation* had begun elsewhere.

(摘自专著R. Hill, The Mathematical Theory of Plasticity, Oxford University Press, 1998, Section VIII. 2 Wedge-indentation, Pages. 215 – 219)

### 塑性力学人物 5

#### Ludwig Prandtl(路德维希·普朗特)

Ludwig Prandtl ( 4 February 1875, Freising, Upper Bavaria—15 August 1953) was a German scientist. He was a pioneer in the development of rigorous systematic mathematical analyses which he used to underlay the science of aerodynamics, which have come to form the basis of the applied science of aeronautical engineering. In the 1920s he developed the mathematical basis for the fundamental principles of subsonic aerodynamics in particular; and in general up to and including transonic velocities. His studies identified the boundary layer, thin-airfoils, and lifting-line theories. The Prandtl number was named after him.

He entered the Technische Hochschule Munich in 1894 and graduated with a Ph. D. in six years. His work at Munich had been in solid mechanics, and his first job was as an engineer designing factory equipment. Later, he entered the field of fluid mechanics where he had to design a suction device, and in 1901 Prandtl became a professor of fluid mechanics at the technical school in Hannover. In 1922 Prandtl, together with Richard von Mises, founded the GAMM (the International Association of Applied Mathematics and Mechanics).

# 第6章 极限分析方法

本章讨论求解塑性力学问题的极限分析方法。首先简要介绍理想塑性体极限分析的基本理论,并以工程应用中的梁和刚架结构为例说明塑性极限分析的具体方法,最后对结构在反复载荷作用下的安定问题及其基本理论作一初步介绍。

结构的极限分析与安定分析是塑性力学中最有实用意义的分支之一,在工程设计、安全评定、金属加工及岩土工程等领域有着广泛的应用背景。其宗旨是确定各类工程结构的极限载荷和安定载荷,为工程设计和安全评定以及机械加工等提供准确可靠的理论依据。

## 6.1 概述

### 1. 结构设计的两种方法

传统的结构设计是根据所谓"许用应力法"来分析结构强度的,这时结构中各部分的尺寸,可根据它的应力不得超过许用应力的条件来决定。这种基于弹性分析的设计方法的根本缺点在于它没有考虑材料的塑性性质。实际上,材料的塑性性能将使结构的部分区域进入屈服以后,应力进行重新分布,从而使结构能够承担更大的载荷。此外,弹性分析要计及超静定结构的某些未知因素,如地基沉陷、杆件制造不精确等,因而需要作出某些估计。但在塑性极限分析中,就不需考虑这些未知因素的影响。

结构设计的另一种方法是塑性分析的方法。这种分析方法的基本观点最早见于大科学家伽利略(Galileo Galilei)1638年的著作《关于两门新科学的对话》中。他在研究自由端受垂直力作用的矩形截面悬臂梁时,假定梁在破坏时像刚体一样绕固定端旋转,在固定端的每根纤维都承受着等值的应力,破坏载荷可以从绕旋转轴的力矩平衡方程式得出。这种基于整体平衡的分析方法(即后面将要介绍的机动法)主要是找结构破坏时的可能机构,且在分析中考虑材料的塑性性质,允许结构内部产生局部的永久变形,使得整个结构的承载能力继续增加,直到结构开始失去抵抗外力作用的能力,或无法使用时为止。

从以上分析可见,结构的塑性分析可以更充分地发挥材料蕴藏的潜力,因此,不难想象,它会比用弹性分析方法设计结构更为经济。

### 2. 两种塑性破坏

在理想塑性材料制成的结构中,可能发生两种基本类型的塑性破坏。

(1) 一次加载(比例加载)下的塑性破坏

最简单的破坏类型是在一次加载(载荷相当大)或者比例加载情况下,假设小变形和理想塑性材料,当外载荷达到某一定值时,结构将出现无限制的塑性流动,导致完全丧失承载能力而破坏。这时称物体或结构处于**极限状态**(limit state),所受的载荷称为**塑性极限载荷**(plastic limit load)。

塑性极限载荷是表征结构承载能力的重要标志。实际上,即使非比例加载情况,各载荷间仍可按其他变化关系到达最终值,只要加载过程不是反复的,均可以归于第一类塑性破坏来进行研究。

(2) 反复加载下的塑性破坏——累积塑性破坏及循环塑性破坏

通常结构要承受各种载荷的作用,每一种载荷在给定范围内可以任意变化。要防止塑性破坏,显然,必须在这些范围内保证载荷的任何组合都不造成破坏。虽然每一种载荷组合单独不致于引起塑性破损(即到达极限状态),但是在一个或几个载荷反复作用下,可能引起结构中出现重复的塑性变形,而且每当载荷重复作用一次,塑性变形也重复一次。在这样情况下,结构往往因为塑性变形积累过大而遭到破坏,这种破坏方式称为**累积塑性破坏**。或者因为在结构局部区域发生反复的塑性变形,以致在多次载荷循环后发生**循环塑性破坏**。这就是由于重复塑性变形而引起的第二种类型的破坏,铁丝因反复弯曲而破损就是一个例子。引起这两种类型破坏的加载方式称作反复加载或变值加载。

概而言之,在反复加载情况下,控制工程结构塑性变形累积的重要标志为**安定载荷**。当反复载荷的幅值小于安定载荷时,结构虽然在加载初期可能出现局部塑性变形,但经过一定载荷循环后塑性变形不再累积,结构将呈现弹性行为,此时称结构处于**安定状态**(shakedown)。当载荷幅值超过安定载荷后,每个载荷循环都将产生塑性变形,结构进入塑性变形不断累积的缓慢破坏过程,最终导致交变塑性变形破坏(或低周疲劳)或增量塑性变形破坏(或棘轮效应)。

极限分析的设计方法认为,结构的一点或局部进入塑性屈服并不导致结构破坏,只有当结构整体进入屈服或成为塑性机构,才最终达到破坏状态。通过安定分析,可以确定结构的临界安定载荷。这样,当载荷在该载荷空间域内变化时,结构最终将进入安定状态,即使在反复加载条件下也不会引起破坏。与常规的基于弹性分析的结构设计(即许用应力法)相比,极限分析与安定分析更能反映结构形态的本质和结构的实际安全程度,进一步发挥材料承载的潜力。例如,最简单的纯弯曲梁结构,采用极限与安定分析比按常规计算的承载能力可提高 50%,即大幅度降低了设备的材料消耗。

塑性理论的这些基本观点使工程强度设计和安全评定的指导思想产生了质的飞跃。世界各国和地区新出版的强度设计和安全评定规范,如美国 ASME 和 API 规范、英国 BSI 标准、法国 RCC – MR 标准、欧盟 SINTAP 规范等,越来越多地采用以极限载荷与安定载荷为控制界限的塑性失效准则。这一准则既合理地放松了对于许用应力的过严限制,又严格地保证了结构承载的安全性,被称为强度设计和安全评定规范的基础性突破。我国的国家标准 GB/T 19624—2004《在用含缺陷压力容器安全评定》和行业标准 JB 4732—98《钢制压力容器分析设计》中也都采用了极限与安定分析理论的思想。极限载荷与安定载荷已逐渐成为近代强度设计和安全评定规范中塑性失效准则的重要判据。

**3. 极限分析的任务和假设**

为了确定结构的塑性极限载荷,可以采用弹塑性分析的方法,即研究随着载荷的不断增加,结构由弹性状态进入弹塑性状态,最后达到塑性极限状态。这类方法是以弹塑性变形理论为基础的,需要了解整个加载过程。由于材料的物理关系是非线性的,需要跟踪给定的加载历史,才能确定物体内部应力、应变和唯一的变化过程,这只有对于比较简单的问题求解才是方便的。

如果不考虑结构的变形过程,而直接分析它的塑性极限状态,则可使问题的分析大为简化,这就是**塑性极限分析**(limit analysis)的方法。这一类方法是假设材料为刚塑性的(此时屈服曲面是固定的,不因加载历史而改变),并按塑性变形规律研究结构达到塑性极限状态时的行为。由此得到的塑性极限载荷与按照弹塑性分析方法所得结果是完全一样的。然而,根据塑性极限分析理论不能得到塑性极限状态前后结构中的应力和应变的分布规律。事实上,极限状态不同于一般的弹塑性状态,它是一种十分特殊的状态。这体现在两个方面:(1) 在极限状态下,应变率的弹性部分恒为零,即应变率为纯粹的塑性应变率;(2) 极限状态与加载历史无关,也和初始状态无关,即极限状态的唯一性。关于这两个性质的证明请参见文献[9]和[23],这里不再展开论述。

对结构进行塑性极限分析可以得到以下三方面的结果:

① 结构的塑性极限载荷(简称极限载荷);

② 达到塑性极限状态时的应力(或内力)分布;

③ 结构达到极限状态的瞬时所形成的破坏机构。

解决以上三方面的问题是**结构塑性极限分析的任务**。

在进行结构塑性极限分析时,一般采用如下几个假设。

① 材料是理想刚塑性的,即采用刚塑性变形模型,不考虑材料的弹性变形、强化和软化效应。

② 结构的变形足够小,这样在变形前后均能使用同一平衡方程,而且材料变形的几何关系是线性的。

③ 在达到极限载荷前,结构不失去稳定性。

④ 所有外载荷都按同一比例增加,即满足简单加载(或称比例加载)条件。

⑤ 加载速度缓慢,可以不计惯性力的影响。

这些假设能够简化分析计算,所得结果也与实际相符。

结构在塑性极限的临界状态下,应满足的条件如下。

① 平衡条件,即满足平衡方程及静力边界条件。

② 几何条件,即应变与位移之间的关系,对于小变形情况,还经常假设材料在塑性状态下其体积是不可压缩的。

③ 极限条件,即结构出现屈服时其内力组合应满足的条件。利用屈服条件和有关的假设可以得到该条件。

④ 破坏机构条件,即在极限状态下,结构丧失承载能力时形成破坏机构的形式,它表征了结构破坏时的运动趋势(规律)。

同时满足以上条件的解答(同时边界上满足所给定的边界条件)称为**极限分析的完全解**。对于梁、钢架、桁架、轴对称圆板、旋转轴对称薄壳等均已经找到它们的完全解。对于比较复杂的结构,获得完全解仍是困难的。在这种情况下,采用塑性极限分析理论找出结构极限状态时极限承载能力的上、下限是很有意义的。

# 6.2　一个熟悉的例子:塑性铰与极限载荷

### 1. 塑性铰和机构

在 4.2 节中曾讨论过理想塑性梁的弯曲问题,当外力逐渐增加时,最大弯矩截面上距离中心轴最远的部分首先进入塑性状态。此后,塑性区域逐渐扩大,直至整个截面全部进入塑性。

这时,该截面的曲率可以"无限"增大,如同形成了一个铰,称为"塑性铰"。

对于图 6.1 的情况,当载荷 $P \leqslant \dfrac{2M_e}{l}$ 时($M_e$ 为截面的最大弹性弯矩),梁是弹性的;当载荷 $P = P_e = \dfrac{2M_e}{l}$ 时,梁的中央截面开始进入弹塑性阶段。在弹性分析中,这就是梁能够承受的最大载荷。从 4.2 节知道,只要载荷 $P < \dfrac{2M_p}{l}$($M_p$ 为梁截面的极限弯矩),梁的变形就受到中间弹性部分的制约,梁的曲率分布如图 6.1(c)中的点划线所示。因此,可以继续增加 $P$ 而保持梁的使用价值。载荷 $P$ 在到达 $P_p = \dfrac{2M_p}{l}$ 以前,梁处于约束塑性变形状态。当载荷 $P = P_p$ 时,梁中截面的上下两个塑性区相互沟通,使得梁中央左右两边的截面产生相对转动,正如普通结构铰的作用一样,将梁中央视为出现了塑性铰,因此梁 $AB$ 成为一个危形结构,或者,因 $B$ 点是可动铰支,$AB$ 成为一个机构,从而可以"无限制"地变形。危形结构和机构都是不能使用的结构,以下将统称为机构(mechanism)。结构由于出现塑性铰而形成的机构称作塑性机构或破损机构。

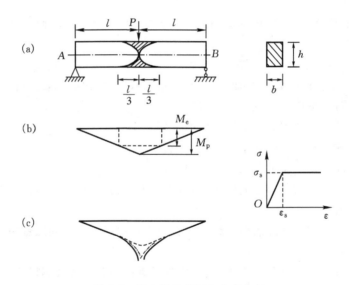

图 6.1　简支梁的弯矩和曲率分布

在允许梁产生转动上,塑性铰与真实铰是相同的。但是,塑性铰的存在是由于该截面上 $M = M_p$,它与真实铰是有区别的,主要体现在:①普通铰不能承受弯矩,而塑性铰则有定值的抗弯能力 $M_p$,当载荷再增加,就不能抵抗附加的弯矩;②普通铰是双向的(即两个方向都可以转动,此处限于讨论平面结构),而塑性铰是单向铰,只能沿一个方向(和塑性弯矩的方向一致)转动,当二者方向不一致时,属于卸载情况,塑性铰消失,重新按弹性规律计算;③卸载时塑性铰消失,但由于存在残余变形,结构不能恢复原状。

**2. 静定与超静定结构的极限载荷(破坏载荷)**

使结构产生足够数量的塑性铰而形成机构的最小载荷 $P_p$ 称为极限载荷,它使结构开始发生"无限"塑性流动,结构在此载荷作用下将不能维持平衡。

对于图 6.1 所示的矩形截面梁,由前面 4.2 节可知,$M_{\mathrm{p}} = \dfrac{3}{2}M_{\mathrm{e}}$,$P_{\mathrm{p}} = \dfrac{3}{2}P_{\mathrm{e}}$,即采用塑性分析法得出的梁的承载能力比弹性分析法提高 50%。这里将比值 $M_{\mathrm{p}}/M_{\mathrm{e}}$ 称为截面的形状系数,它表征了在弹性范围之外截面的抗弯潜力。如果采用工字梁,从表 6.1 列出的结果可见,这时承载能力的提高很少。

**表 6.1　梁截面的形状系数**

| 截面形状 | I | ◎ $d/D=0.5$ | ▭ | ● | ◆ | △ $h$ / $2b$ |
|---|---|---|---|---|---|---|
| $\dfrac{M_{\mathrm{p}}}{M_{\mathrm{e}}}$ | 1.15~1.17 | 1.27 | 1.5 | 1.7 | 2.0 | 2.34 |

## 6.3　虚功率原理

**1. 虚功率原理**

对于区域 $V$ 内任一静力许可应力 $\sigma_{ij}^{0}$ 及运动许可的速度场 $v_{i}^{*}$,虚功率原理可表示为

$$\int_{V} F_{i} v_{i}^{*}\, \mathrm{d}V + \int_{S_{T}} T_{i}^{0} v_{i}^{*}\, \mathrm{d}S = \int_{V} \sigma_{ij}^{0} \dot{\varepsilon}_{ij}^{*}\, \mathrm{d}V \tag{6.3.1}$$

下面证明式(6.3.1)。由

$$\dot{\varepsilon}_{ij}^{*} = \frac{1}{2}(v_{i,j}^{*} + v_{j,i}^{*})$$

以及

$$\sigma_{ij}^{0} = \sigma_{ji}^{0}$$

上式右端可写成

$$\int_{V} \sigma_{ij}^{0} \dot{\varepsilon}_{ij}^{*}\, \mathrm{d}V = \int_{V} \sigma_{ij}^{0} v_{i,j}^{*}\, \mathrm{d}V = \int_{V} (\sigma_{ij}^{0} \cdot v_{i}^{*})_{,j}\, \mathrm{d}V - \int_{V} \sigma_{ij,j}^{0} \cdot v_{i}^{*}\, \mathrm{d}V$$

对等式右端第一项运用高斯散度定理,对第二项利用平衡条件,上式成为

$$\int_{V} \sigma_{ij}^{0} \dot{\varepsilon}_{ij}^{*}\, \mathrm{d}V = \int_{S_{T}} T_{i}^{0} v_{i}^{*}\, \mathrm{d}S + \int_{V} F_{i} v_{i}^{*}\, \mathrm{d}V$$

这就是式(6.3.1)表示的虚功率原理。

在不考虑体力的情况下,上式可写作

$$\int_{S_{T}} T_{i}^{0} v_{i}^{*}\, \mathrm{d}S = \int_{V} \sigma_{ij}^{0} \dot{\varepsilon}_{ij}^{*}\, \mathrm{d}V \tag{6.3.2}$$

这是最常用的形式,其中式子左端是外力的虚功,右端是内力的虚功。

**2. 有间断场时的虚功率原理**

式(6.3.1)是在连续的应力场和速度场的情况下得到的。在塑性极限分析中,经常会遇到应力场或速度场有间断的情形,此时可以利用间断的应力场及速度场来简化计算,因此必须讨论当存在间断面时虚功率原理的适当形式。

(1)有应力间断面的情况

纯弯曲梁在极限状态下的应力场就是一个有应力间断面的例子。一般情况下,假设物体内存在若干应力间断面 $S_i(i=1,2,\cdots,n)$,这些面将物体分成若干部分,各部分的应力都是连续变化的。这时,式(6.3.1)中的面积分项应分别在各面上进行。设在间断面两侧分别以标号"+"、"-"加以区别。如一侧有面力 $T_i^+=(\sigma_{ij}n_j)^+$,则另一侧为 $T_i^-=(\sigma_{ij}n_j)^-$。由于作用在间断面两侧的作用力和反作用力大小相等,方向相反,故有

$$
\left.\begin{array}{l}
T_i^+=-T_i^- \\
(\sigma_{ij}n_j)^+=-(\sigma_{ij}n_j)^-
\end{array}\right\} \tag{6.3.3}
$$

实际上,这种间断面是一个狭窄的连续过渡带的极限情况。在虚功率原理(6.3.1)中,如果沿每一部分表面积分,然后相加,则由于式(6.3.3),使得沿这些间断面上的积分互相抵消。因而应力间断面的存在并不影响虚功率原理。

(2) 有速度间断面的情况

如以 $S_D$ 表示速度间断,在面上任一点取直角坐标系,使 $y$ 轴垂直于 $S_D$,即沿该点外法线方向。在塑性变形过程中,$y$ 方向(法线方向)的速度分量 $v_y$ 一般是连续的,否则将出现裂纹或重叠现象。其余的两个速度分量 $v_x$ 和 $v_z$ 则允许不连续。可以将间断面看作一薄层,在薄层内速度发生急剧而连续的变化,如图 6.2 所示。由

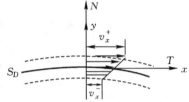

图 6.2　$x$ 方向的速度间断

$$
\dot\varepsilon_{xy}=\frac{1}{2}\left(\frac{\partial v_x}{\partial y}+\frac{\partial v_y}{\partial x}\right)
$$

可知,当薄层趋近于零时(间断面的极限情况),剪应变率 $\dot\varepsilon_{xy}\rightarrow\infty$。这说明了间断面是滑移面。故有 $|\tau_{xy}|=\tau_s$。这样,在速度间断面内将消耗塑性功率

$$
\tau_s\mid[\![v_T]\!]\mid dS>0 \tag{6.3.4}
$$

所以在虚功率方程中,必须加上这个修正项。其中 $[\![v_T]\!]$ 是沿间断面切向速度的间断值。

设 $v^*$ 为区域 $V$ 内任一有间断面 $S_D$ 的机动场,$S_D$ 将区域 $V$ 分为 $V^+$ 与 $V^-$ 两部分,今规定 $S_D$ 上法线方向如图 6.3 所示。沿间断面 $S_D$ 的切向速度间断值为

$$
[\![v_i^*]\!]=(v_i^*)^+-(v_i^*)^-
$$

以 $\sigma_{ij}^0$ 表示区域 $V$ 内任一静力许可的应力场,它在 $S_D$ 上的切向分量为 $\tau^0$。对于间断面上微面积为 $dS$ 的单元,其上的功率消耗为

$$
[\![\tau^0(v_i^*)^+-\tau^0(v_i^*)^-]\!]dS=\tau^0[\![v_i^*]\!]dS
$$

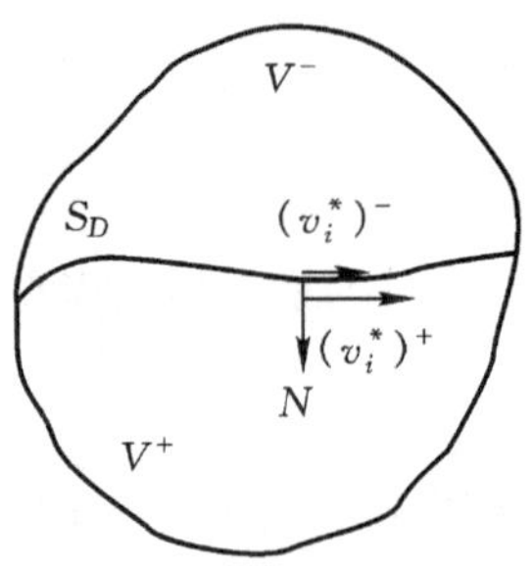

沿 $S_D$ 的功率消耗则为

图 6.3　速度间断面

$$
\int_{S_D}\tau^0[\![v_i^*]\!]dS
$$

当区域内的间断面不止一个时,只需将沿间断面的功率消耗加起来,即

$$
\sum\int_{S_D}\tau^0[\![v_i^*]\!]dS
$$

这样,式(6.3.1)应修改成

$$
\int_V F_i v_i^*\,dV+\int_{S_T}T_i^0 v_i^*\,dS=\int_V\sigma_{ij}^0\dot\varepsilon_{ij}^*\,dV+\sum\int_{S_D}\tau^0[\![v_T^*]\!]dS \tag{6.3.5}
$$

如不考虑体力 $F_i$,则为

$$\int_{S_T} T_i^0 v_i^* \, \mathrm{d}S = \int_V \sigma_{ij}^0 \dot{\varepsilon}_{ij}^* \, \mathrm{d}V + \sum \int_{S_D} \tau^0 [\![ v_T^* ]\!] \mathrm{d}S \qquad (6.3.6)$$

需要指出的是，$\sigma_{ij}^0$ 与 $\dot{\varepsilon}_{ij}^*$ 是互不相关的，而且有 $[\![\tau^0]\!] \leqslant \tau_s$。

## 6.4　极限分析的基础理论和分析方法

本节着重介绍理想塑性体处于极限状态下的普遍定理——极限分析定理及其具体应用。

现假定物体内的体力 $F_i$ 和应力边界 $S_T$ 上的面力 $T_i$ 由两部分组成

$$F_i = F_{0i} + m F_{1i} (V \text{ 内}), \quad T_i = T_{0i} + m T_{1i} (S_T \text{ 上}) \qquad (6.4.1)$$

式中：$F_{i0}$，$F_{i1}$ 以及 $T_{i0}$，$T_{i1}$ 都不随时间变化，参数 $m(\geqslant 0)$ 由零单调地增长。当 $m = m_p$ 时，物体将开始产生塑性流动，相应的载荷称为塑性极限载荷，$m_p$ 称为塑性极限载荷系数。

**1. 静力场和下限定理(静力定理)**

**定义 1**：如果应力场 $\sigma_{ij}$ 不仅满足平衡条件

$$\sigma_{ij,j}^0 + F_i = 0$$

和外力边界条件

$$\sigma_{ij}^0 n_j = T_i$$

而且处处不违反极限条件，即 $f(\sigma_{ij}^0) \leqslant 0$，则应力场 $\sigma_{ij}^0$ 称为**静力容许的应力场**(statically admissible stress field，简称**静力场**)，相应的外载荷为 $m^0 F_i$，这里定义 $m^0$ 为**静力容许载荷系数**。显然，结构破坏时的真实应力场必定是静力容许的，此时的塑性极限载荷系数 $m_p = m^0$。在一般情况下，静力容许的应力场并不一定是极限状态时的真实应力场。

**极限分析的下限定理**(lower bound theorem)可表述为：任何一个静力容许的应力场所对应的载荷是极限载荷的下限，或者说，静力容许载荷系数是极限载荷系数的下限，即

$$m^0 \leqslant m_p \qquad (6.4.2)$$

**证明**　以 $\sigma_{ij}^0$ 表示静力容许的应力场，以 $\sigma_{ij}$，$\dot{\varepsilon}_{ij}$ 和 $v_i$ 表示对应于真实极限载荷的应力场、应变速率场和速度场。在不计体力时，结构的边界 $S_T$ 上的面力为 $\overline{T}_i$，边界 $S_u$ 上 $\dot{u}_{i0} = 0$。根据虚功率原理式(6.3.2)有

$$\left. \begin{array}{l} \displaystyle\int_V \sigma_{ij}^0 \dot{\varepsilon}_{ij} \, \mathrm{d}V = \int_{S_T} \overline{T}_i^0 \dot{u}_i \, \mathrm{d}S = m^0 \int_{S_T} T_i \dot{u}_i \, \mathrm{d}S \\[3mm] \displaystyle\int_V \sigma_{ij} \dot{\varepsilon}_{ij} \, \mathrm{d}V = \int_{S_T} \overline{T}_i \dot{u}_i \, \mathrm{d}S = m_p \int_{S_T} T_i \dot{u}_i \, \mathrm{d}S \end{array} \right\} \qquad (6.4.3)$$

上两式相减得

$$(m_p - m^0) \int_{S_T} T_i \dot{u}_i \, \mathrm{d}S = \int_V (\sigma_{ij} - \sigma_{ij}^0) \dot{\varepsilon}_{ij} \, \mathrm{d}V \qquad (6.4.3a)$$

对于刚塑性材料，Drucker 公设给出

$$(\sigma_{ij} - \sigma_{ij}^0) \dot{\varepsilon}_{ij} = (\sigma_{ij} - \sigma_{ij}^0) \dot{\varepsilon}_{ij}^p \geqslant 0 \qquad (6.4.4)$$

故

$$\int_V (\sigma_{ij} - \sigma_{ij}^0) \dot{\varepsilon}_{ij} \, \mathrm{d}V \geqslant 0$$

同时在整个物体上，外力所做的功必须为正，即

$$\int_{S_T} T_i \dot{u}_i \, \mathrm{d}S > 0 \tag{6.4.5}$$

代入(6.4.3a)式即可得到

$$m^0 \leqslant m_{\mathrm{p}} \tag{6.4.6}$$

由下限定理可知,如果整个结构满足平衡条件,并且不违背极限条件,在一般情况下,结构将不破坏,由此得到的载荷为极限载荷的下限。在所有与静力容许应力场对应的载荷中,最大的载荷为极限载荷。

**2. 机动场和上限定理(机动定理)**

**定义 2**:如果速度场 $\dot{u}_i^*$ 除在间断面切向有间断处,在物体内处处连续可微,在速度边界上的值为零,同时外力在其速度场上做正功,即 $\int_{S_T} T_i \dot{u}_i^* \, \mathrm{d}S > 0$,此外,对于塑性体积不可压缩材料,一般还要求 $\dot{\varepsilon}_{kk}^* = 0$,这样的速度 $\dot{u}_i^*$ 称为**运动(或机动)容许的速度场**(kinematically admissible velocity field,简称**机动场**),相应的破坏载荷为 $m^* T_i$,应力场为 $\sigma_{ij}^*$,机动容许的载荷系数 $m^*$ 按照下式定义

$$m^* = \frac{\displaystyle\int_V \sigma_{ij}^* \dot{\varepsilon}_{ij}^* \, \mathrm{d}V}{\displaystyle\int_{S_T} T_i \dot{u}_i^* \, \mathrm{d}S} \tag{6.4.7a}$$

则由于破坏机构所对应的内力场不一定满足极限条件的要求,通常有 $m^* > m_{\mathrm{p}}$。而极限状态时的位移场必定是机动容许位移场,此时的位移场对应的内力场也是静力容许的,故有 $m^* = m_{\mathrm{p}}$;一般情况下,机动容许的位移场并不一定是极限状态下的真实位移场。

**极限分析的上限定理**(upper bound theorem)表述为:任何一个机动容许的速度场所对应的载荷(破坏载荷)是极限载荷的上限,或者说,机动容许载荷系数是极限载荷系数的上限,即

$$m^* \geqslant m_{\mathrm{p}} \tag{6.4.8}$$

**证明**　设任一机动容许速率场 $\dot{u}_{ij}^*$ 对应的破坏载荷为 $m^* T_i$,应力场为 $\sigma_{ij}^*$,对 $\sigma_{ij}$ 和 $\sigma_{ij}^*$ 分别使用虚功率原理,可得

$$\left.\begin{array}{l} \displaystyle\int_V \sigma_{ij}^* \dot{\varepsilon}_{ij} \, \mathrm{d}V = m^* \int_{S_T} T_i \dot{u}_i^* \, \mathrm{d}S \\[3mm] \displaystyle\int_V \sigma_{ij} \dot{\varepsilon}_{ij} \, \mathrm{d}V = m_{\mathrm{p}} \int_{S_T} T_i \dot{u}_i^* \, \mathrm{d}S \end{array}\right\} \tag{6.4.9}$$

将以上两式相减,得

$$\int_V (\sigma_{ij}^* - \sigma_{ij}) \dot{\varepsilon}_{ij}^* \, \mathrm{d}V = (m^* - m_{\mathrm{p}}) \int_{S_T} T_i \dot{u}_i^* \, \mathrm{d}S \tag{6.4.10}$$

根据 Drucker 公设式(3.2.3),上式左端非负。在上式右端中,由于外力在速率场上所做总功率为正,即存在 $\int_{S_T} T_i \dot{u}_i^* \, \mathrm{d}S > 0$,因此有

$$m^* \geqslant m_{\mathrm{p}} \tag{6.4.11}$$

由上限定理可知,如果结构按某一形式破坏,即存在着内力功不比外力功大的变形状态;由于此时结构已经破坏,一般情况下,由此得到的载荷为极限载荷的上限。在所有与机动容许位移场对应的载荷中,最小的载荷为极限载荷。

上述推导各种极限定理时,均假定应力场和速度场是连续的。实际结构处于极限状态时,

允许存在速度间断解和应力间断解。对于不连续的应力场,不难证明,下限定理同样成立。对于上限定理,则需要将由于速度间断场 $S_D$ 引起的机动容许载荷系数 $m^*$ 进行修正,即下式

$$m^* = \frac{\displaystyle\int_V \sigma_{ij}^* \dot{\varepsilon}_{ij}^* \, dV + \sum \int_{S_D} \tau_s [\![ v_T^* ]\!] \, dS}{\displaystyle\int_{S_T} T_i \dot{u}_i^* \, dS} \tag{6.4.7b}$$

而应力间断场对其中的积分没有影响,只需要分区域进行积分即可。关于存在两类间断场的详细推证,这里不再展开讨论,请参考文献[24],读者也可参照虚功率原理式(6.3.6)自己完成。

联合上、下限定理,即得

$$m^* \geqslant m_p \geqslant m^0 \tag{6.4.12}$$

当上式取为等式时,由静力容许应力场求得的 $m^0$ 与由机动容许位移场求得的 $m^*$ 相等,该载荷系数同时满足四个方面的条件,即为**极限载荷系数的完全解** $m_p$。

**3. 上、下限定理的推论**

根据上、下限基本定理,可以推出若干个解决实际极限分析问题很有用的推论。

**推论 1**　如果找到一个静力场 $\sigma_{ij}^0$,而按流动法则 $\dot{\varepsilon}_{ij} = \dot{\lambda} \dfrac{\partial f}{\partial \sigma_{ij}^0}$ 求得的正好又是机动场,则得到的载荷系数 $m$ 就是极限载荷系数 $m_p$,这时对应的外载荷就是极限载荷。这个推论给出了极限载荷的唯一性。

**推论 2**　在结构的任何部分提高材料的屈服极限,不会降低结构的极限载荷。反之,在结构的任何部分降低材料的屈服极限,也不会提高结构的极限载荷。因为原结构的极限应力场是新结构的静力容许应力场,因此原结构的 $m_p$ 只是新结构的静力容许载荷系数,所以新结构的极限载荷不会比原结构的低。

**推论 3**　如果材料的屈服极限放大 $K$ 倍,则极限载荷也放大 $K$ 倍。因为应力场 $K\sigma_{ij}$ 是新结构的静力场,而对应的 $\dot{\varepsilon}_{ij}$ 仍是新结构的机动场,因此 $Km_p$ 是新结构的极限载荷系数。

**推论 4**　设有 $A,B,C$ 三个屈服曲面,$A$ 内接于 $B$,$B$ 又内接于 $C$。以 $m_{pA}$ 和 $m_A^0$ 分别表示对应于 $A$ 的极限载荷系数和静力容许载荷系数,以 $m_{pB}$ 表示对应于 $B$ 的极限载荷系数,以 $m_{pC}$ 和 $m_C^*$ 分别表示对应于 $C$ 的极限载荷系数和机动容许载荷系数,则有

$$m_C^* \geqslant m_{pC} \geqslant m_{pB} \geqslant m_{pA} \geqslant m_A^0 \tag{6.4.13}$$

推论 4 提供了极限分析中寻找极限载荷上下限的又一途径。如果用实际的屈服条件求解问题有困难,则可以对屈服条件进行简化。如果简化后的屈服条件并不内接于或者外接于真实的屈服面,则可按推论 3 的办法将之作相似的扩大和缩小,使其达到完全内接或外接于真实的屈服面,再由上述不等式对真实屈服面时的极限载荷进行估计。利用内接(或外接)于真实屈服面的、表达式较为简单的近似屈服面来求解,相应得到的极限载荷是真实极限载荷的一个下限(或上限)。

**推论 5**　在结构的自由边界上增加物质,不会降低其极限载荷。反之,在结构的自由边界上减少物质,也不会提高其极限载荷。

根据推论 5,可以对图 5.37 所示的带切口的受拉板条的极限载荷进行估计,它必介于宽为 $2a$ 的均匀受拉板条的极限载荷和宽为 $2b$ 的均匀受拉板条的极限载荷之间,即

$$2at\sigma_s \leqslant P_p \leqslant 2bt\sigma_s \qquad\qquad (6.4.14)$$

式中:$t$ 为板条的厚度。读者可以将其与上一章采用滑移线场得到的结果进行比较。

这里对上述内容作一概括。物体的极限状态是介于静力平衡与塑性流动之间的临界状态,因此,极限状态应具有两个特征:应力场是静力许可的,应变率场和位移场是运动许可的。如果只具有两特征之一,则分别称为静力场或机动场,相应的极限载荷分别为真实极限载荷的下限或上限。

根据极限分析的上、下限定理,可以求得极限载荷(系数)的上、下限解或者完全解,相应的方法称为**机动法**(或称为破坏机构法)与**静力法**。

(1) 静力法

在静力法中,一般情况下,结构具有静力容许的内力场时并不一定破坏,或者说,满足静力容许条件的内力场有无穷多个。因此,根据静力法求得的载荷要比真实的极限载荷小,在有限个下限值中,应选择最大的载荷作为极限载荷的近似值。静力法不考虑结构变形方面的条件,也就是放松了对机动条件的要求。

大致的求解步骤如下。

① 建立静力容许的应力场,即取满足平衡条件和外力边界条件且不违背屈服(极限)条件的应力(内力)场。例如,在梁的极限分析时,先确定弯矩图,并取某些弯矩的极限的驻值为 $|M_p|$,整个内力场中有 $M(x) \leqslant |M_p|$。

② 由静力容许的应力(内力)场确定所对应的载荷,且为极限载荷的下限 $T_l^-$(或 $m^0$)。

③ 在若干个极限载荷的下限解中取其最大值 $T_{l\max}^-$。检查在该载荷作用下结构是否成为破坏机构,即是否存在一个对应的机动容许的位移场。若能成为机构,则 $T_{l\max}^-$ 为极限载荷的完全解,即 $T_{l\max}^- = T_l$;否则,$T_{l\max}^-$ 为 $T_l^-$ 的一个近似解,且为其下限。

(2) 机动法

在机动法中,一般先假设一个破坏机构,并使外力在假设的破坏机构上做正功,然后利用内力功和外力功相等的原理求出与破坏机构对应的极限载荷。由此所得载荷的数值不会小于真实的极限载荷,应选择有限个数值中最小的一个,因为它最接近实际破坏时的载荷。

求解步骤如下。

① 选择一个破坏机构,该机构不仅是几何上允许的,而且应使外力所做总功为正,由此建立机动容许的位移(速度)场。

② 由外功(率)与内功(率)相等的条件求得破坏载荷 $T_l^+$(或 $m^*$)。

③ 在若干个破坏载荷中取最小值 $T_{l\min}^-$。检查在该载荷作用下的内力场是否为静力所容许,即是否违背极限条件。若内力场是静力容许的,则 $T_{l\min}^-$ 为极限载荷的完全解,即 $T_{l\min}^- = T_l$;否则,$T_{l\min}^-$ 为 $T_l^-$ 的一个近似解,且为其上限。

下面再来分析求解过程中的一些具体问题。

**4. 极限分析定理的应用**

(1) 上限定理的应用

在使用式(6.4.7)或式(6.4.7b)求 $m^*$ 时,需要计算塑性比功率 $D_p(\dot{\varepsilon}_{ij}^*) = \int_V \sigma_{ij}^* \dot{\varepsilon}_{ij}^* \, dV$。根据 3.3 节例 3.2 的结果,不难看出,对整个塑性区,计算该积分需要知道 $|\dot{\varepsilon}_i^*|_{\max}$ 作为空间点的

位置的函数,即等效应变率 $\dot{\varepsilon}_i$ 或主应变率 $\dot{\varepsilon}_1,\dot{\varepsilon}_2,\dot{\varepsilon}_3$ 绝对值中最大的一个值。这个积分即使对于简单的问题,也并不容易。下面通过具体的例子来观察之。

**例 6.1** 图 6.4 所示的一张角为 $\frac{\pi}{2}+\varphi$ 的边坡。在顶面受到均布压力 $p$ 的作用,$AB$ 边长为 $l$。试求压力 $p$ 的上限值(平面应变问题)。

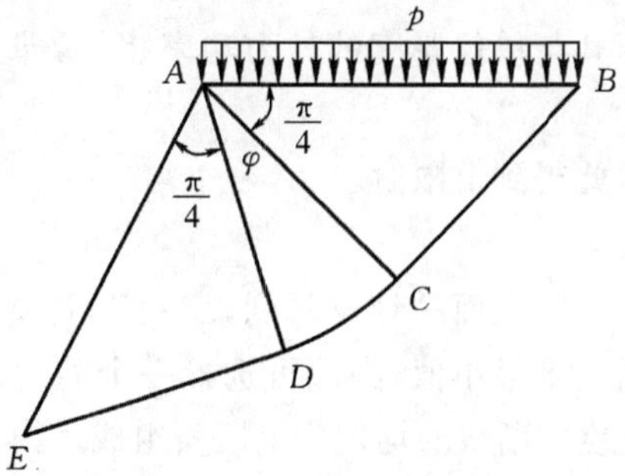


图 6.4 边坡的上限解

**解** 在极限状态下,$AB$ 边以均匀速度 $v$ 向下移动。根据 5.7 节,作出的滑移场如图 5.33 所示。本题中,单位厚度的外力功率为 $p^* vl$。单位厚度的内力功率由以下两部分组成

(a) $\int_V D_p(\dot{\varepsilon}_{ij}^*)\mathrm{d}V$

根据其速度场分布,可分三个区域进行计算:

三角形 $ABC$ 和 $ADE$ 为均匀速度区:$\dot{\varepsilon}_{ij}^*=0, D_p(\dot{\varepsilon}_{ij}^*)=0$。

扇形区 $ACD$,取柱坐标$(r,\theta,z)$。根据 $AC$ 边上法向速度连续可得 $v_r^*=0, v_\theta^*=\sqrt{2}v, v_z^*=0$,以及

$$\dot{\varepsilon}_r^* = \frac{\partial v_r^*}{\partial r} = 0$$

$$\dot{\varepsilon}_\theta^* = \frac{1}{r}\frac{\partial v_\theta^*}{\partial \theta} + \frac{v_r^*}{r} = 0$$

$$\dot{\varepsilon}_{r\theta}^* = \frac{1}{2}\left(\frac{1}{r}\frac{\partial v_r^*}{\partial \theta} + \frac{\partial v_\theta^*}{\partial r} - \frac{v_\theta^*}{r}\right) = -\frac{v_\theta^*}{2r} = -\frac{\sqrt{2}}{2}\frac{v}{r}$$

$$\dot{\varepsilon}_z^* = \dot{\varepsilon}_{\theta z}^* = \dot{\varepsilon}_{rz}^* = 0$$

如采用 Tresca 屈服条件,则

$$D_p(\dot{\varepsilon}_{ij}^*) = \sigma_s |\dot{\varepsilon}_k^*|_{\max} \tag{6.4.15}$$

此时

$$|\dot{\varepsilon}_k^*|_{\max} = |\dot{\varepsilon}_{r\theta}^*| = \frac{\sqrt{2}}{2}\frac{v}{r}$$

所以

$$D_p(\dot{\varepsilon}_{ij}^*) = \sigma_s \cdot \frac{\sqrt{2}}{2}\frac{v}{r}$$

$$\begin{aligned}\int_V D_p(\dot{\varepsilon}_{ij}^*)\mathrm{d}V &= \int_{\triangle ABC}\sigma_s\frac{\sqrt{2}}{2}\frac{v}{r}\mathrm{d}S = \int_0^{l/\sqrt{2}}\int_0^{\varphi}\sigma_s\frac{\sqrt{2}}{2}\frac{v}{r}\cdot r\mathrm{d}\theta\mathrm{d}r \\ &= \frac{1}{2}\sigma_s vl\varphi\end{aligned}$$

(b) 沿速度间断线 $BCDE$

速度间断值为$[\![v_i^*]\!]=\sqrt{2}v$,其长度等于 $2\cdot\frac{l}{\sqrt{2}}+\frac{l}{\sqrt{2}}\varphi=\sqrt{2}l(1+\frac{\varphi}{2})$,这样有

$$\int_{S_D}\tau_s|[\![v_t^*]\!]|\mathrm{d}S = \tau_s\sqrt{2}\cdot v\cdot\sqrt{2}l(1+\frac{\varphi}{2}) = \sigma_s vl(1+\frac{\varphi}{2})$$

因此,单位厚度的内力功率为

$$\int_V D_{\mathrm{p}}(\dot{\epsilon}_{ij}^*)\mathrm{d}V + \int_{S_D}\tau_{\mathrm{s}}\mid [\![\,v_i^*\,]\!]\mid \mathrm{d}S = \frac{1}{2}\sigma_{\mathrm{s}}vl\varphi + \sigma_{\mathrm{s}}vl\left(1+\frac{\varphi}{2}\right)$$
$$= \sigma_{\mathrm{s}}vl(1+\varphi)$$

令其与单位厚度的外力功率相等,即

$$p^* vl = \sigma_{\mathrm{s}}vl(1+\varphi)$$

由此得到上限解

$$p^* = \sigma_{\mathrm{s}}(1+\varphi)$$

从上面的计算看到,$D_{\mathrm{p}}(\dot{\epsilon}_{ij}^*)$ 计算比较复杂,应用不便。考虑到它总是在运动许可的速度场上求最小值,因此可选择一个简化的速度场进行求解。设想速度场不连续,而由若干个具有速度间断线的均匀速度区所组成。由于各区内的速度均匀,所以在区内 $\dot{\epsilon}_{ij}^*=0$,则 $D_{\mathrm{p}}(\dot{\epsilon}_{ij}^*)=0$。这样,内力功率就只需计算沿间断线消耗的那一部分功率。各区的速度及间断线上的速度间断值都可以从速度端图中得出。

关于速度端图,前面略有提及,这里再作一集中说明。

如果把物理平面上的点 $P_1,P_2,P_3\cdots$ 的速度,在以 $v_x,v_y$ 为坐标轴的速度平面上,用从原点出发的矢量表示,并用线段把矢量的端点联结起来,这样得到的图就称**速度端图**,如图 6.5 所示。它不仅示出了物体上各点的速度,还示出了邻接两点(也可代表两个均匀应力区)的相对速度(两均匀应力区间的间断速度)。如果 $P_1,P_2$ 为一滑移线上的邻近两点。由滑移线定理三(5.2 节)知,$\overline{P_1'P_2'}$ 与 $\overline{P_1P_2}$ 正交。因此,速度端曲线与滑移线正交,速度端图构成了与滑移线正交的网,从而速度端图与滑移线图有相似的几何性质。下面通过具体例子来说明上限解和绘制速度端图的方法。

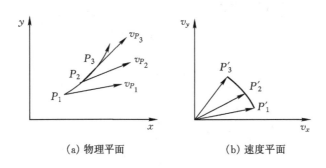

(a) 物理平面　　　　　　　　(b) 速度平面

图 6.5　速度端图

**例 6.2**　刚性平头冲模的压入。

**解**　该问题等同于 5.6 节的平冲头压入半平面问题。设不连续的速度场如图 6.6(a)所示。等腰三角形 $ABC$、$BCD$ 及 $BDE$ 各为均匀速度场,而直线 $AC$、$BC$、$CD$、$BD$ 及 $DE$ 各为速度间断线。在 $ACDE$ 线以下的材料属刚性区,速度为零。由于在速度间断线上法向速度连续,所以 $ACDE$ 线上各点的法向速度为零。在极限状态下,冲模以垂直速度 $v=1$ 下压。$\triangle ABC$ 平行于 $AC$ 移动。到达 $BC$ 处发生切向速度不连续。进入 $BCD$ 区后,以平行于 $CD$ 的方向移动。到 $BD$ 线又发生切向速度不连续,成为平行于 $DE$ 的移动。

(a) 速度端图的绘制

$\triangle ABC$ 平行于 $AC$ 移动,而其速度的垂直分量与冲头向下移动的速度相同。用比例尺向下作一单位矢量 $A'E'$(见图 6.6(b))。过 $E'$ 引水平线 $E'C'$,过 $A'$ 引 $AC$ 的平行线 $A'C'$,交 $E'$

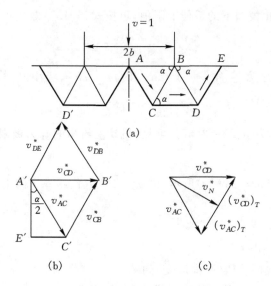

图 6.6　刚性平头冲模压入的上限解

$C'$于$C'$。按比例尺量取$A'C'$，即可得出△$ABC$的速度$v_{AC}^*$。

△$ABC$在跨过$BC$前的速度为$v_{AC}^*$，跨过$BC$后的速度则为水平方向，过$A'$作水平线$A'B'$，与过$C'$而与$CB$平行的线交于$B'$，按比例尺量取$A'B'$和$C'B'$，即可得出△$BCD$水平移动的速度$v_{CD}^*$，以及通过间断线$BC$时的速度改变$v_{CB}^* = v_{CD}^* - v_{AC}^*$。

同样，从$A'$引$DE$的平行线$A'D'$。与过$B'$点而平行于$DB$的线$B'D'$交于$D'$。按比例尺量取$A'D'$，即可得出△$BDE$沿$DE$移动的速度$v_{DE}^*$，以及通过间断线$BD$时的速度改变$v_{DB}^*$。

这样画出的图 6.6(b)称为速度端图，它给出了物体各部分的速度。由此可求得沿各间断线的速度间断值。

沿间断线$AC$和$CD$的速度$[\![ v_T^* ]\!]_{AC}$、$[\![ v_T^* ]\!]_{CD}$分别为图 6.6(b)中速度$v_{AC}^*$和$v_{CD}^*$。沿间断线$CB$的速度$[\![ v_T^* ]\!]_{CB}$则为速度矢$v_{CD}^*$与$v_{AC}^*$沿$CB$的切向分量之差，如图 6.6(c)所示，即

$$[\![ v_T^* ]\!]_{CB} = (v_{CD}^*)_T - (v_{AC}^*)_T = v_{CB}^*$$

以此类推，有

$$[\![ v_T^* ]\!]_{DB} = v_{DB}^*, \quad [\![ v_T^* ]\!]_{DE} = v_{DE}^*$$

（b）极限压力的上限 $p^*$

假设冲模底部的压力均匀分布。取$l = 1, \alpha = \dfrac{\pi}{3}$。由于对称性，取一半进行计算。在压力$p^*$作用下，外力功率为$p^* vbl$，内力功率为（见图 6.6）

$$\sum \int_{S_D} \tau_s \mid [\![ v_T^* ]\!] \mid \mathrm{d}S$$
$$= k(AC \cdot v_{AC} + CB \cdot v_{CB} + CD \cdot v_{CD} + DB \cdot v_{DB} + DE \cdot v_{DE})$$
$$= k \cdot 5b \frac{2}{\sqrt{3}}$$

由此得

$$\frac{p^*}{2k} = 2.89$$

为了得到在上述简化模型下的最佳上限值,可按式(6.4.7)得

$$\frac{p}{2k} = \frac{2}{\sin 2\alpha} + \cot\alpha$$

将 $p^*/2k$ 对 $\alpha$ 求导并令之为零,得 $\alpha = \arctan\sqrt{2}$ 时,$p^*/2k$ 有极小值,其值为

$$\frac{p^*}{2k} = 2.83$$

在滑移线理论中,Hill 解为 $p/2k = 2.57$。可见,机动法给出的确为极限载荷的上限解,其相对误差约为 $10\%$。

若设滑移线场如图 5.33($2\gamma = \pi$)所示,以 $\varphi = \dfrac{\pi}{2}$ 代入例题 6.1 的上限解中,可得

$$\frac{p}{2k} = 1 + \frac{\pi}{2} = 2.57$$

它与 5.7 节特例(2)的解相同。

**例 6.3** 对称楔形模的挤压(平面应变)问题。

**解** 金属坯料在模角为 $\alpha$ 的对称楔形模中,受到刚性推杆的挤压。厚度从 $H$ 变为 $h$。假定模壁光滑,推杆作用在坯料上的压力 $p$ 均匀分布。参考滑移线场方法,假设不连续的速度场如图 6.7(a)所示。$AC$、$A'C$ 以及 $BC$、$B'C$ 均为速度间断线。在极限状态下,$BCB'$ 右侧的材料由于推杆的推动而以单位速度沿轴向作刚体移动。移动至 $BC$ 时,速度发生间断,使 $BAC$ 沿 $BA$ 方向运动。到 $AC$ 时速度又发生间断,坯料才以速度 $u$ 流出楔形模。

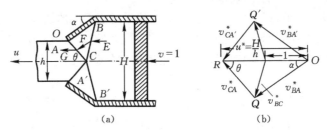

图 6.7 对称楔形的挤压

(a) 速度端图

按图 6.7(a)所示的简化模型,可得速度图如图 6.7(b)所示。其作法如下:自 $O$ 点按比例尺作单位速度 $OP$,再从 $O$ 点作 $OQ$ 平行于 $BA$,与从 $P$ 点所作 $BC$ 的平行线交于 $Q$ 点,按比例尺量取 $PQ$,即得通过间断线 $BC$ 时的速度改变 $v_{BC}^* = v_{BA}^* - v^*$。再由 $Q$ 点作 $CA$ 的平行线与 $OP$ 的延长线交于点 $R$。量取 $QR$ 即得沿 $CA$ 的速度改变 $v_{CA}^*$。$OR$ 为挤出楔形模的速度 $u$,根据体积不可压缩可得

$$u = H/h$$

(b) 挤压力的上限 $p^*$

因为假定模壁光滑,所以材料沿 $AB$ 滑移并不消耗功率。因此,$p^*$ 可由下式求出(只考虑上半部)

$$p^* \cdot H \cdot l = 2k(BC \cdot v_{BC}^* + CA \cdot v_{CA}^*)$$

从上式可知,$p^*$ 值与模角 $\alpha$ 以及表征 $C$ 点位置的 $\theta$ 角有关。对于一定的模角 $\alpha$,可得出与 $p^*/2k$

最佳值相应的 $\theta$ 值。进一步可得出 $p^*/2k$ 和 $\theta$ 的关系曲线,如图 6.8 所示。例如,对于 $\alpha=40°$,$\theta=45°$,$r=\dfrac{H-h}{H}=0.56$(缩减比)的情况,可得 $p^*/2k=1.01$,而由滑移线理论求得的值为 $p^*/2k=0.95$。

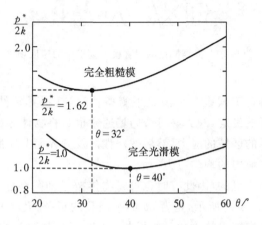

图 6.8 $p^*/2k$ 与 $\theta$ 的关系曲线

图 6.8 亦给出了模子完全粗糙时的结果曲线。此时最佳角为 $\alpha=32°$,相应的最佳上限估计值为 $p^*/2k\approx1.62$。而此时根据滑移线场解得的极限载荷值为 $p/2k=1.48$。

上述分析适用于中等程度的缩减比 $r$ 的情形。当缩减比较小时,楔形模的斜楔角 $\alpha$ 也必然很小。金属通过这种凹模进行正挤压时的滑移线场如图 6.9(a) 所示,其相应的上限模型如图 6.9(b) 所示,速度图如图 6.9(c) 所示。当缩减比较大时,为得到较好的上限估计值 $p^*/2k$,可以引入包含若干个三角形刚性匀速区的速度图,如图 6.10 所示。关于该问题较详细的讨论,请参见参考文献[26]。

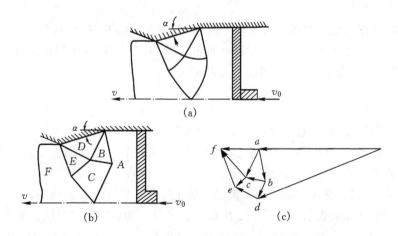

图 6.9 小缩减比的对称楔形模的挤压

从上面的例题中可以看出,通常采用将塑性流动区分为分片匀速的刚性块的简化处理方法。在速度边界上的刚性块速度,可按速度边界条件设定,然后按法向速度连续的要求,逐个确定邻接的刚性块的速度,从而设定运动许可速度场。

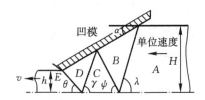

图 6.10　大缩减比的对称楔形模挤压的速度场

(2) 下限定理的应用

应用下限定理的困难在于假设一个满足平衡条件(包括边界条件)和屈服不等式的应力场。仿照运动许可速度场的设定,静力许可应力场通常也是将物体分成几个均匀应力区,从力边界条件设定具有该边界的区域的应力,然后按塑性区及分界面上应满足的条件(即平衡及屈服条件),逐个得出邻接区域内的均匀应力。

因为弹塑性解是静力许可的,因此有时也可将物体按已知弹塑性解部分和不受力部分来划分区域而求解。如图 6.11(a)所示,宽为 $2b$ 的带圆孔的板条,孔半径为 $a$,就可划分为具有圆孔不能受力的中间板条和能受拉力的两侧板条,这样,板条受拉时的下限载荷为

$$P^0 = 2(b-a)\sigma_s$$

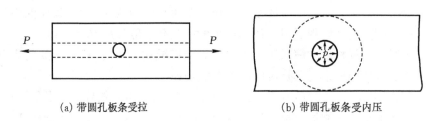

(a) 带圆孔板条受拉　　　　　　　　(b) 带圆孔板条受内压

图 6.11　板条问题

如果上述板条在孔壁受均布压力 $p$ 时,如图 6.11(b)所示,可划分为内外径为 $2a$ 和 $2b$ 的厚壁筒以及其余无应力区域。按厚壁圆筒解析解式(4.4.15)(Tresca 屈服条件)以及分界处法向应力连续的要求,有 $\sigma_r|_{r=b}=0$,可得下限载荷为

$$P^0 = \sigma_s \ln \frac{b}{a}$$

读者可自行验证,这种间断场能够满足静力许可应力场的所有要求。

在平面应变状态下,可以利用塑性区应力圆的某些特性以及分界面上应力应满足的条件,用图解的方法和静力定理求得下限值。下面介绍应力圆中的极点法。

在材料力学中已知,通过一点的任一截面上的正应力 $\sigma$ 和剪应力 $\tau$,可用 Mohr 应力圆上相应点的横坐标和纵坐标来表示,如图 6.12 所示的法线为 $x$ 的截面对应于应力圆上的 $X$ 点,法线为 $y$ 的截面对应于应力圆上的 $Y$ 点。法线为 $n$ 的截面(与 $x$ 轴组成夹角 $\alpha$)在应力圆上的对应点为 $N$,可以从 $X$ 点沿圆周按相同方向转过 $2\alpha$ 而得到。如果采用极点法,可在应力圆上从 $X$ 点作与单元体上法线为 $x$ 的截面相平行的直线,与应力圆相交得 $P_T$ 点,从 $P_T$ 点引任意截面 $de$(其法线为 $n$)的平行线,与应力圆的交点就是 $N$。这是因为圆周角 $\angle XP_TN=\alpha$,它是由所对的弧的一半度量的。这个 $P_T$ 点就称为**极点**。因此,要求任一截面上的应力,就可从 $P_T$

点作该截面的平行线,与应力圆相交,交点的横坐标和纵坐标就代表了该截面上的正应力和剪应力,这个方法称为**极点法**。它在根据下限定理使用作图的方法求解极限载荷下限时,非常有用。

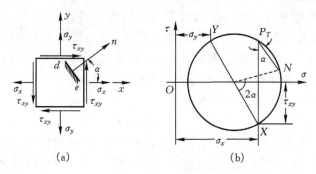

(a)　　　　　　　　　　(b)

图 6.12　应力圆的极点法

在作出物体的不连续应力场并运用极点法以及应力不连续性质后,就能求得极限载荷的下限值。因为极点法是求单元体任一斜截面上应力的方法,而应力不连续性质是根据间断线两侧区域内的应力满足平衡条件和屈服条件而得的,因此这样的不连续应力场是静力许可的。

**例 6.4**　如图 6.13 所示的锥形悬臂梁,锥角为 30°,厚度为 $b$,试确定其在自由端承受剪切载荷时的下限值。

**解**　设悬臂梁 $ABCD$ 不连续的应力场由四个均匀应力区组成,如图 6.13(a)所示。为了得到极限载荷的下限 $P^0$,必须找出位于区域 2 的 $BC$ 边界上的力。这可以从区域 1 和 3 的边界 $AB$、$CD$ 入手进行分析。

$AB$、$CD$ 边界上 $\sigma_n = \tau_n = 0$,故其上任一点的 $\sigma_t = \pm 2k$,$\tau_t = 0$。根据梁弯曲时的应力分布可知,$AB$ 上:$\sigma_t = 2k$;$CD$ 上:$\sigma_t = -2k$。因而区域 1 和 3 中各点的应力状态分别是纯拉与纯压。由此可作出应力圆 1 和 3,如图 6.13(b)所示。下面再通过区域 1 和 2 在 $BF$ 面上的应力不连续性质来求出 $BC$ 面上的应力。

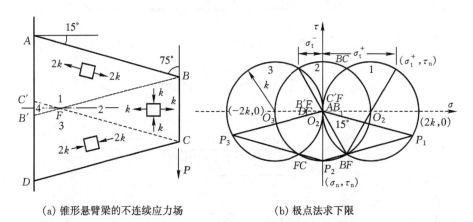

(a) 锥形悬臂梁的不连续应力场　　　　　(b) 极点法求下限

图 6.13　锥形悬臂梁

由原点 $O_2$(代表 $AB$ 面上的应力)作边界 $AB$ 的平行线得到圆 1 的极点 $P_1$,再从 $P_1$ 作 $BF$

的平行线,与应力圆交于一点,用符号$(BF)$表示。这一点的坐标就代表 $BF$ 面上各点的正应力 $\sigma_n$ 和剪应力 $\tau_n$。区域 1 和 2 在 $BF$ 面发生间断,根据应力不连续性质,沿 $BF$ 面两侧的 $\sigma_n$,$\tau_n$ 连续,而 $\sigma_t$ 不连续,其间断值如图 6.13(b)所示。从图上几何关系可知,自$(BF)$点到 $O_1$ 和 $O_2$ 的距离相等均为 $k$,因而过$(BF)$点所作半径为 $k$ 的圆 2,其圆心为 $O_2$。由此可见,区域 2 内各点为纯剪切应力状态。延长 $P_1$ 及$(BF)$连线交圆 2 于 $P_2$,即圆 2 的极点。从 $P_2$ 作 $BC$ 面的平行线,得$(BC)$点。故知 $BC$ 面上的剪应力为 $k$。当然,也可从区域 3 进行分析得到此结果,至于区域 4,则可利用对称性判断出区内各点为零的应力状态。

于是,锥形悬臂梁的极限载荷的下限为

$$P^0 = k \cdot BC \cdot b$$

基于极限分析原理的上下限方法(包括机动法和静力法)是塑性力学中一类应用广泛且有效的求解方法。本节主要介绍的是平面应变问题的例子。下节将介绍梁和刚架结构的极限分析方法。

## 6.5  梁和刚架的极限分析

### 1. 超静定梁的极限载荷

若将图 6.1 所示梁的一端改为固定,如图 6.14(a)所示。当集中力 $P$ 较小时,梁上各截面的弯矩都比极限弯矩小,如图 6.14(b)所示。当载荷 $P$ 增加到 $P_1$,$A$ 端的弯矩到达 $-M_p$ 时,$A$端就成为一个塑性铰,如图 6.14(c)所示。不过梁并未成为机构,仍可继续承载。在继续加载过程中,$A$ 点的弯矩不再增加,而 $C$ 点的弯矩在增加,直到 $P = P_2$,$C$ 点的弯矩到达 $M_p$ 时,截

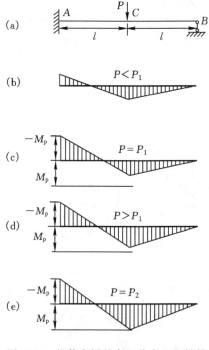

图 6.14  超静定梁的弯矩分布和塑性铰

面 $C$ 也变成了一个塑性铰,如图 6.14(e)所示。这时,由于两个塑性铰的出现,梁失去继续承载的能力,$P_2$ 就是梁的极限载荷。因为塑性铰 $A$ 和 $C$ 处的弯矩都是极限弯矩 $M_\mathrm{p}$,所以极限载荷 $P_2$ 也很容易求得。设 $B$ 处的反力为 $R$,则

$$M_C = M_\mathrm{p} = Rl$$
$$M_A = -M_\mathrm{p} = 2Rl - P_2 l$$

所以

$$P_2 = 3\frac{M_\mathrm{p}}{l}$$

从弹性分析不难算出,当截面 $A$ 的边缘纤维最初到达屈服应力时的载荷,即梁的最大弹性载荷

$$P_1 = P_\mathrm{e} = \frac{16}{9}\frac{M_\mathrm{p}}{l}$$

由此可见,根据塑性分析得出的承载能力比弹性分析得出的提高了约68.8%。注意,在上述求解极限载荷时,没有先计算弹性和弹塑性的情形,且上述分析与两个塑性铰形成的先后次序无关,这就清楚地表明,极限分析比弹塑性分析要简单得多。

下面分别采用极限分析的机动法和静力法来求解上述超静定梁的极限载荷。

(1) 机动法

当梁上载荷逐渐增加形成塑性机构,塑性转动的瞬时,结构的内力和应力不变,除塑性铰处极限弯矩作功外,其余部分的弹性能量不变。因此,可以方便地把塑性铰以外的部分看作是刚性的。将极限弯矩在塑性铰旋转时所做的内功与载荷在位移上所做的外功相等,就可得出与这个机构相应的破损载荷,此即 6.4 节介绍的机动法的求解思路。

当梁在 $C$ 点形成塑性铰后,如图 6.15 所示,旋转角为 $2\theta$ 时,$A$ 和 $B$ 两端各转过角 $\theta$。$A$ 点的极限弯矩所做的内功为 $M_\mathrm{p} \cdot \theta$,$C$ 点的极限弯矩所做的内功为 $M_\mathrm{p} \cdot 2\theta$。因为铰支端 $A$ 和 $B$ 的转动,$C$ 点向下移动的距离为 $l\theta$,外力 $P$ 所做的功为 $P \cdot l\theta$。因此

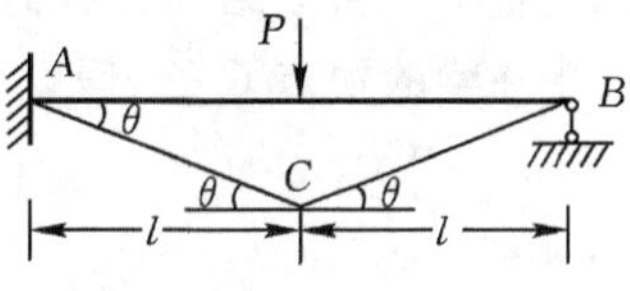

图 6.15 极限载荷作用下塑性铰的转角

$$M_\mathrm{p} \cdot 2\theta + M_\mathrm{p} \cdot \theta = P \cdot l\theta$$

立即可得 $P = \dfrac{2M_\mathrm{p}}{l}$,这就是极限载荷 $P_\mathrm{p}$。

(2) 静力法

梁的极限载荷也可以用静力法求得。按照 6.4 节介绍的求解思想,假定在梁的可能截面处(如集中力作用处)弯矩达到极限值,即 $M = M_\mathrm{p}$,从而使结构成为一个塑性机构,然后用平衡方程求出整个结构的弯矩分布,来校核各截面上的弯矩。若各截面上的弯矩均未超过极限弯矩,而结构又是一个机构,对应的载荷就是最大的可能平衡载荷——极限载荷。

在如图 6.15 所示的情形中,最大弯矩发生在 $A$ 和 $C$ 处。设 $M_A = -M_\mathrm{p}$,$M_C = M_\mathrm{p}$。对于整个梁,写出对 $A$ 点的力矩平衡方程,有

$$-M_\mathrm{p} + Pl - R_B \cdot 2l = 0$$

对 $BC$ 段,列出对 $C$ 点的力矩平衡方程,有

$$M_\mathrm{p} - R_B \cdot l = 0$$

从上述二式,可以解得

$$R_B = \frac{M_{\mathrm{p}}}{l}, \quad P = \frac{3M_{\mathrm{p}}}{l}$$

由于弯矩在 $AC$ 和 $BC$ 间是逐段线性变化的,除 $A$ 和 $C$ 外,任何截面处的弯矩 $|M| = M_{\mathrm{p}}$,而结构此时是一个机构,所以该时刻的 $P = \frac{3M_{\mathrm{p}}}{l}$ 就是该结构的极限载荷。

下面通过具体的例题来进一步说明求解梁的极限载荷的方法。

**例 6.5**　求承受均布载荷的两端固定的等截面梁(见图 6.16(a))的极限载荷。

**解**　(1) 静力法

由叠加法知内力图如图 6.16(b)所示,梁中间的最大正弯矩和固定端弯矩分别为 $\frac{1}{8}ql^2 - M_A$ 和 $M_A$。

为了满足塑性不等式,应有

$$-\frac{1}{8}ql^2 - M_A \leqslant M_{\mathrm{p}}, \quad M_A \leqslant M_{\mathrm{p}}$$

其中 $M_{\mathrm{p}}$ 为梁截面上的极限弯矩。由以上二式,得

$$\frac{1}{8}ql^2 \leqslant 2M_{\mathrm{p}}$$

所以

$$q_{\max} = q_{\mathrm{p}} = \frac{16M_{\mathrm{p}}}{l^2}$$

(2) 机动法

这个对称的三次超静定结构须有三个塑性铰才能称为机构。由于结构和载荷的对称性,一个塑性铰将出现在梁的中点 $C$ 处,假设另外两个塑性铰距 $C$ 点的距离均为 $x$。若 $C$ 点的位移为 $\delta$,则有

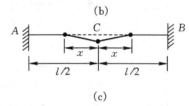

图 6.16　均布载荷固定梁的静力解和机动解

$$2qx \cdot \frac{\delta}{2} = M_{\mathrm{p}} \cdot 4 \cdot \frac{\delta}{x}$$

所以

$$q = \frac{4M_{\mathrm{p}}}{x^2}$$

当 $x = \frac{l}{2}$ 时,$q$ 有极小值,故极限载荷 $q_{\mathrm{p}} = \frac{16M_{\mathrm{p}}}{l^2}$。可见两种方法得到的结果相同。

**2. 刚架的极限载荷**

在外载荷的作用下,刚架的内力有弯矩、轴力以及剪力。对于门式刚架,轴向力比较小,可以不考虑它对截面进入极限状态的影响。在极限状态下,剪应力分量为零,刚架的几何变形与结构尺寸相比,可以略去不计。为简化计算,这里刚架的尺寸是指中心线而言。可以看出,刚架的极限条件与梁分析时的极限条件相同,也可以用机动法或静力法求得其极限载荷。下面通过具体例题来说明。

**例 6.6**　承受均布载荷 $q$ 和集中载荷 $P = 0.4ql$ 的刚架,如图 6.17(a)所示,设柱和梁的极限弯矩分别为 $M_{\mathrm{p}}$ 和 $2M_{\mathrm{p}}$,试求极限载荷 $q_{\mathrm{p}}$。

**解**　(1) 机动法

这个刚架的塑性机构有图 6.17(b)、(c)、(d)所示的三种形式。对图 6.17(b),运用内功和外功相等的原理,得

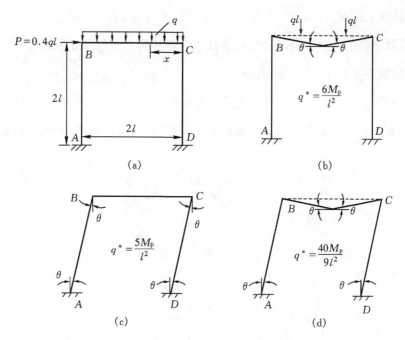

图 6.17 刚架的塑性机构及相应的上限解

$$2q^* l \cdot \frac{l\theta}{2} = 2(M_p\theta + 2M_p\theta)$$

所以

$$q^* = \frac{6M_p}{l^2}$$

同样可得与其余各塑性机构相应的破损载荷,示意于各图中,其中的最小者为

$$q_{\min}^* = \frac{40M_p}{9l^2}$$

（2）静力法

刚架是三次超静定结构,有六个支反力。如果知道这六个反力及载荷,则全部弯矩图就可画出。但平面刚架只有三个平衡条件,所以还缺四个条件来确定反力及载荷。可以假定四个截面上的弯矩作为补充条件。对图 6.17(d) 的破损形式,可设 $M_A = M_C = -M_p$, $M_D = M_p$,梁中点的弯矩为 $2M_p$,这时就可确定载荷及内力。对图 6.17(d) 所示机构的位移,由内、外功相等可得 $q = \dfrac{40M_p}{9l^2}$。再计算梁的内力是否符合静力场的要求。根据平衡条件

$$\frac{\mathrm{d}^2 M}{\mathrm{d}x^2} = -q = -\frac{40M_p}{9l^2}$$

积分后得到

$$M = -\frac{20M_p}{9l^2}x^2 + C_1 x + C_2$$

其中 $x$ 是从梁的右端向左量的,如图 6.17(a) 所示。由边界条件 $M_{x=0} = -M_p$ 和 $M_{x=1} = 2M_p$,可得出

$$M = -\frac{20M_p}{9l^2}x^2 + \frac{47M_p}{9l}x - M_p \tag{a}$$

当 $x=2l$ 时,得 $M=\dfrac{5}{9}M_{\mathrm{p}}$。

柱上没有外力,最大弯矩在柱的两端,所以柱上各处的弯矩都小于极限弯矩。由式(a)可知,梁的最大弯矩发生在 $x=\dfrac{47}{40}l$ 处,且等于

$$M_{\max} = 2.07M_{\mathrm{p}}$$

即超过了梁的极限弯矩 $2M_{\mathrm{p}}$。若将载荷乘以 $\dfrac{2}{2.07}$,就得到静力许可的内力场,因此,载荷的下限为

$$q^0 = \frac{40}{9} \times \frac{2}{2.07} \frac{M_{\mathrm{p}}}{l^2} = 4.29 \frac{M_{\mathrm{p}}}{l^2}$$

因此,极限载荷 $q_{\mathrm{p}}$ 处于以下范围内

$$4.29 \frac{M_{\mathrm{p}}}{l^2} \leqslant q_{\mathrm{p}} \leqslant 4.44 \frac{M_{\mathrm{p}}}{l^2}$$

若取平均值,则

$$q_{\mathrm{p}} = 4.37 \frac{M_{\mathrm{p}}}{l^2}$$

误差将不超过 2%,已经足够精确。

## 6.6　安定分析理论的初步介绍

安定(shakedown)一词是著名塑性力学家 W. Prager 首先提出的,用来描述理想弹塑性体在反复载荷作用下发生塑性变形之后的一种自适应特性。该词的原意是指用瓶子装糖或盐时,经过数次晃动,可以装得更多一些。在这里当然是指物体经过一定量的塑性变形之后,产生了有利的残余应力场,使物体的弹性极限载荷提高了。

前面 6.1 节中已经提及,通常结构受到的是随时间变化的外载荷,若载荷的幅值大于某个临界值(该值一般小于塑性极限载荷),结构可能发生两种形式的破坏,即累积塑性破坏及循环塑性破坏。前者是指塑性应变增量累积,使结构变形过大而丧失其功能;后者指塑性应变增量循环,即应变增量的方向相反,尽管其变形量小,但结构内无限制地做塑性功,最后导致低周疲劳破坏。

为防止出现以上两种破坏形式,应使结构在最初的有限个循环内发生塑性变形,而在随后循环内结构的响应为完全弹性的,此时结构处于安定状态。**确定临界安定载荷是安定分析的主要任务。**

### 1. 基本假设
在研究结构能否处于安定状态时,一般采用以下基本假设:

① 材料是理想弹塑性的,且不考虑强化和软化效应;

② 所有变形是微小的;

③ 材料服从 Drucker 公设,即屈服面是外凸的,而且塑性应变率与屈服面的外法线方向一致;

④ 所有外载荷的作用点(或区域)是已知的,载荷可以在规定范围内任意变化;

⑤ 准静态加载过程,即加载过程缓慢,忽略动态效应;

⑥ 忽略与时间有关的因素,如蠕变、速率效应、粘性效应等。

**2. 弹塑性体的安定定理**

如同极限分析,在对结构进行安定性分析时,往往不企图对物体进行弹塑性分析,而是使用安定性定理来找到所研究结构的安定载荷范围的上限和下限。这里给出静力安定定理(或下限安定定理,Melan,1938 年)和机动安定定理(或上限安定定理,Koiter,1956 年)。

(1) 静力安定定理

考虑理想弹塑性体,作用有体力 $F_i(x,t)$、面力 $T_i(x,t)$ 以及在位移边界上位移 $\bar{u}_i(x,t)$,如果在某一时刻以后能找到一个不依赖时间 $t$ 的虚拟残余应力 $\bar{\sigma}_{ij}^{res}(x)$(它是一个自平衡应力场),使得此后的完全弹性解 $\sigma_{ij}^e(x,t)$ 在物体内处处满足

$$f(\sigma_{ij}^e + \bar{\sigma}_{ij}^{res}) < 0 \tag{6.6.1}$$

即不违反屈服条件,则该物体是安定的。

安定性的形成就表示从某个循环载荷之后,物体不再产生塑性变形。对于理想弹塑性材料,外载荷所产生的应力与残余应力叠加后仍在屈服面内,即为弹性的。对于强化材料,由于强化规律的不同,其安定载荷的范围也不同。

在利用 Melan 定理求解安定问题时,关键在于如何构造与时间无关的自平衡应力场,然后通过调整这些自平衡应力场参数,使载荷系数最大。

(2) 机动安定定理

考虑物体在循环载荷作用下的情形,对于作用有周期性变化的体力 $F_i(x,t)$、面力 $T_i(x, t)$ 和零位移边界条件的理想刚塑性体,如果它是安定的,则对一切可能的机动容许的塑性应变率循环 $\dot{\varepsilon}_{ij}^{*p}$,在每个循环中其塑性耗散功不小于外载荷在 $\dot{u}_i^{*res}$ 上所作的功为

$$\int_t^{t+T} dt \left( \int_V F_i \dot{u}_i^{*res} dV + \int_{S_T} T_i \dot{u}_i^{*res} dS \right) \leqslant \int_t^{t+T} dt \int_V \sigma_{ij}^{**} \dot{\varepsilon}_{ij}^{*p} dV \tag{6.6.2}$$

上式中 $\sigma_{ij}^{**}$ 是由 $\dot{\varepsilon}_{ij}^{*p}$ 通过正交流动法则求得的在屈服面上的应力。也就是说,如果上述的外力功大于结构内部的塑性耗散功,则结构不安定。

在利用 Koiter 定理求解安定问题时,需要建立机动容许的塑性应变率循环。其主要困难在于选取机动容许的塑性应变率场和处理时间积分[24]。

关于上述两个安定定理的证明,本书不再讨论,详细请参考文献[3,10]。另外,这些最基本的定理已被推广到考虑强化、惯性力、温度、蠕变以及几何非线性效应等影响因素的情形,有兴趣的读者可参考文献[34,35]。

习　题　6

**6.1**　用静力法或机动法求解如图所示的超静定梁的极限载荷。其中,各段梁的极限弯矩 $M_p$ 均相同。

**解答**　(1) $P_p = \dfrac{4-\xi}{(2-\xi)\xi} \dfrac{M_p}{l}$;(2) $P_p = 1.44 \dfrac{M_p}{l}$;(3) $P_p = \dfrac{13}{8} \dfrac{M_p}{l}$。

**6.2**　用上、下限定理求如图所示的刚架的极限载荷。其中,各刚架的极限弯矩均为 $M_p$。

**解答**　(1) $P_p = \dfrac{10}{19} \dfrac{M_p}{l}$;(2) $P_p = 1.75 \dfrac{M_p}{l}$;(3) $P_p = \dfrac{11}{3} \dfrac{M_p}{l}$。

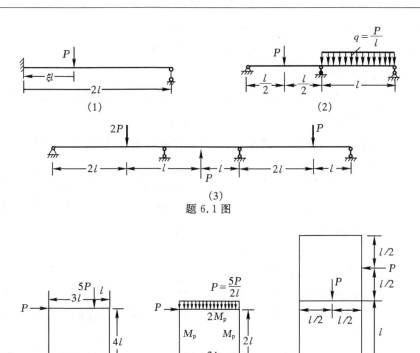

(1)

(2)

(3)

题 6.1 图

(1)

(2)

(3)

题 6.2 图

**6.3** 如图所示的板条,宽为 $b$,厚为 $h$,裂纹深度为 $a$,两端受拉伸力 $P$,试按 Tresca 屈服条件用上下限定理证明极限拉力为 $P=\sigma_s h(b-a)$。可采用图中虚线所示的间断速度场。

**6.4** 试求 6.4 节例 6.1 中 $p$ 的下限,假设不连续应力场如图所示。

**解答** $p=\sigma_s(1+\sin\varphi)$。

**6.5** 如图所示带角形切口的梁,切口角度为 $2\psi$,由切口顶端至底部距离为 $a$,假设其处于平面应变状态。$ACB$ 和 $ADB$ 为圆弧状速度间断线,其长度为 $l$,半径为 $r$,受弯后以角速度 $\omega$ 旋转,试求该梁极限弯矩的上限解,并选定一个静力容许应力场求极限弯矩的下限解。

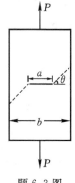

题 6.3 图

**解答** 上限解 $M=0.69ka^2$;下限解 $M=0.5ka^2$。

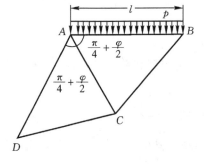

题 6.4 图

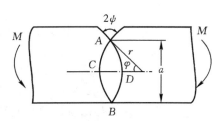

题 6.5 图

**6.6** 图示的顶部被削平的对称楔体,设机动场如图所示,有四条速度间断线。试求此时极限载荷的上限,并求 $\psi = \pi/6$ 时的极限载荷上限解。

**解答** 上限解 $q = \dfrac{2\cos(\beta - \alpha)}{\cos\alpha\sin\beta}k$;上限解 $q = 2k$。

**6.7** 如图所示的半无限平面上的压模,受集中力 $P$ 的作用,已作出的某种应力分布如图所示(图中的 0 表示零应力区)。试问这个应力场是否为静力容许的。

**提示** 检查各应力区是否满足:(1)平衡条件;(2)不超过屈服条件;(3)在间断线上 $\sigma_N$,$\tau_{NT}$ 的连续条件。

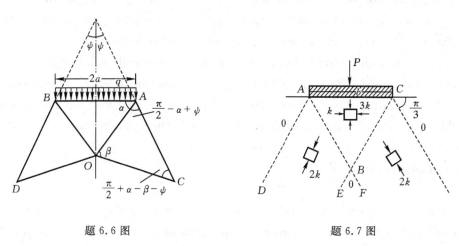

题 6.6 图    题 6.7 图

**英文阅读材料 6**

The theorems of limit analysis can be stated in a form that does not directly refer to any concepts from plasticity theory:

*A body will not collapse under a given loading if a possible stress field can be found that is in equilibrium with a loading greater than the given loading.*

*A body will collapse under a given loading if a velocity field obeying the constraints (or a mechanism) can be found that so that the internal dissipation is less than the rate of work of the given loading.*

In this form, the theorems appear intuitively obvious. In fact, the concepts underlying the theorems were used long before the development of plasticity theory. Use of what is essentially the upper-bound theorem goes back to the eighteenth century: it was used in 1741 by a group of Italian mathematicians to design a reinforcement method for the crumbling dome of St. Peter's church, and in 1773 by Coulomb to investigate the collapse strength of soil. The latter problem was also studied by Rankine in the mid-nineteenth century by means of a technique equivalent to the lower-bound theorem.

The simple form of the theorems given above hides the fact that the postulate of maximum plastic dissipation (and therefore the normality of the flow rule) is an essential ingredient of the proof. It was therefore necessary to find a counterexample showing that the theorems are not universally applicable to nonstandard materials. One such counterexample, in which plasticity is combined with Coulomb friction at an interface, was presented by Drucker [1954a]. Another was shown by Salencon [1973].

*Radenkovic's Theorems*

A theory of limit analysis for nonstandard materials, with a view toward its application to soils, was formulated by Radenkovic [1961, 1962], with modifications by Josselin de Jong [1965, 1974], Palmer [1966], Sacchi and Save [1968], Collins [1969], and Salencon [1972, 1977]. **Radenkovic's first theorem** may be stated simply as follows: *The limit loading for a body made of a nonstandard material is bounded from above by the limit loading for the standard material obeying the same yield criterion.*

The proof is straightforward. Let $v^*$ denote any kinematically admissible velocity field, and $P^*$ the upper-bound load point obtained for the standard material on the basis of this velocity field. If $\sigma$ is the actual stress field at collapse in the real material, then, since this stress field is also statically and plastically admissible in the standard material,

$$D_p(\dot{\epsilon}^*) \geqslant \sigma_{ij}\dot{\epsilon}_{ij}^*,$$

and therefore, by virtual work,

$$P^* \cdot \dot{p}^* \geqslant P \cdot \dot{p}^*.$$

Since $v^*$ may, as a special case, coincide with the correct collapse velocity field in the fictitious material, $P^*$ may be the correct collapse loading in this material, and the theorem follows.

**Radenkovic's second theorem**, as modified by Josselin de Jong [1965], is based on the existence of a function $g(\sigma)$ with the following properties:

1. $g(\sigma)$ is a convex function (so that any surface $g(\sigma)=constant$ is convex);

2. $g(\sigma)=0$ implies $f(\sigma)\leqslant0$ (so that the surface $g(\sigma)=0$ lies entirely within the yield surface $f(\sigma)=0$);

3. to any $\sigma$ with $f(\sigma)=0$ there corresponds a $\sigma'$ such that (a) $\dot{\epsilon}^p$ is normal to the surface $g(\sigma)=0$ at $\sigma'$, and (b)

$$(\sigma_{ij}-\sigma_{ij}')\dot{\epsilon}_{ij}\geqslant0. \tag{1}$$

The theorem may then be stated thus: *The limit loading for a body made of a nonstandard material is bounded from below by the limit loading for the standard material obeying the yield criterion $g(\sigma)=0$.*

The proof is as follows. Let $\sigma$ denote the actual stress field at collapse, $P$ the limit loading, $v$ the actual velocity field at collapse, $\dot{\epsilon}$ the strain-rate field, and $\dot{p}$ the generalized velocity vector conjugate to $P$. Thus, by virtual work,

$$P^* \cdot \dot{p}^* \geqslant \int_R \sigma_{ij}\dot{\epsilon}_{ij}\,dV.$$

Now, the velocity field $v$ is kinematically admissible in the fictitious standard material. If $\sigma'$ is the stress field corresponding to $\sigma$ in accordance with the definition of $g(\sigma)$, then it is the stress field in the fictitious material that is plastically associated with $\dot{\epsilon}$, and, if $P'$ is the loading that is in equilibrium with $\boldsymbol{\sigma}'$, then

$$P' \cdot \dot{p}^* \geqslant \int_R \sigma'_{ij} \dot{\varepsilon}_{ij} \, dV.$$

It follows from inequality (1) that

$$P' \cdot \dot{p} \geqslant P \cdot \dot{p}.$$

Again, $\boldsymbol{\sigma}'$ may, as a special case, coincide with the correct stress field at collapse in the standard material, and therefore $P'$ may be the correct limit loading in this material. The theorem is thus proved.

In the case of a Mohr-Coulomb material, the function $g(\boldsymbol{\sigma})$ may be identified with the plastic potential if this is of the same form as the yield function, but with an angle of dilatation that is less than the angle of internal friction (in fact, the original statement of the theorem by Radenkovic [1962] referred to the plastic potential only). The same is true of the Drucker-Prager material.

It should be noted that neither the function $g$, nor the assignment of $\boldsymbol{\sigma}'$ to $\boldsymbol{\sigma}$, is unique. In order to achieve the best possible lower bound, $g$ should be chosen so that the surface $g(\boldsymbol{\sigma})=0$ is as close as possible to the yield surface $f(\boldsymbol{\sigma})=0$, at least in the range of stresses that are expected to be encountered in the problem studied. Since the two surfaces do not coincide, however, it follows that the lower and upper bounds on the limit loading, being based on two different standard materials, cannot be made to coincide. The correct limit loading in the nonstandard material cannot, therefore, be determined in general. This result is consistent with the absence of a uniqueness proof for the stress field in a body made of a nonstandard perfectly plastic material (see 3.4.1).

（摘自专著 J. Lubliner, Plasticity Theory, Dover Publications, 2008, Section 3.5.2 Nonstandard Limit-Analysis Theorems, Pages. 168 – 170)

## 塑性力学人物 6

### Rodney Hill(罗德尼 · 希尔)

Rodney Hill is an applied mathematician who won the Royal Medal in 1993 for his contribution to the theoretical mechanics of soil and the plasticity of solids and a former Professor of Mechanics of Solids at the University of Cambridge. His 1950 *The Mathematical Theory of Plasticity* forms the foundation of Plasticity Theory. Hill is widely regarded as among the foremost contributors to the foundations of solid mechanics over the second half of the 20th century. His early work was central to founding the mathematical theory of plasticity. This deep interest led eventually to general studies of uniqueness and stability in nonlinear continuum mechanics, which has had a profound influence on the field of solid mechanics – theoretical, computational and experimental alikeover the past decades. Hill was the founding editor of the *Journal of the Mechanics and Physics of Solids*, still among the principal journals in the field. His work is recognized world wide for the spare and concise style of presentation and for its exemplary standards of scholarship. Elsevier, in collaboration with IUTAM, has set up a quadrennial award in the field of solid mechanics. It will be known as the Rodney Hill Prize and the first award was presented at ICTAM in Adelaide in August 2008. The prize consists of a plaque and a cheque for US $ 25,000 to the winner.

# 第7章 板壳的极限分析

与上一章介绍的梁和刚架相比较而言,板和壳两类结构的塑性极限分析要复杂一些。本章介绍工程中典型载荷条件下的板和壳结构的塑性屈服条件和极限载荷的求解方法。

## 7.1 薄板弯曲问题的基本假设和基本方程

### 1. 基本假设

与梁和刚架的极限分析一样,在板的极限分析中,只需要确定其极限载荷,而不研究极限状态到达前的弹塑性变形过程,因此仍然采用理想刚塑性模型。取薄板的中面为 $xy$ 面,$z$ 轴垂直于中面,如图 7.1 所示。

采用与弹性薄板小变形理论相同的假设(即 Kirchhoff-Love 假设)如下:

① 垂直于中面的法线在变形后仍为直线,并仍垂直于变形后的中面,即所谓直法线假设;

② 在变形过程中,板的中面不发生伸长或压缩;

③ 垂直于中面的正应变可略去不计;

④ 板的挠度与厚度相比是很小的;

⑤ 应力分量 $\sigma_z, \tau_{zx}, \tau_{zy}$ 远小于其他应力分量,与其他应力分量比较,可以略去不计。这意味着,平行于板中面的各层互不挤压。

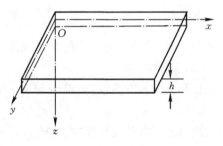

图 7.1 薄板

### 2. 基本方程

(1) 平衡方程

由薄板理论知,以弯矩 $M_x, M_y$ 和扭矩 $M_{xy}$ 表示的平衡方程为

$$\frac{\partial^2 M_x}{\partial x^2} + 2\frac{\partial^2 M_{xy}}{\partial x \partial y} + \frac{\partial^2 M_y}{\partial y^2} = -q \tag{7.1.1}$$

式中:$q$ 为板所受的分布载荷。

(2) 几何方程

上述第三个基本假设可表示为

$$\frac{\partial w}{\partial z} = 0$$

即

$$w = w(x, y)$$

由第一个基本假设 $\gamma_{zx} = 0, \gamma_{zy} = 0$ 得

$$\frac{\partial w}{\partial x} + \frac{\partial u}{\partial z} = 0$$

$$\frac{\partial v}{\partial z} + \frac{\partial w}{\partial y} = 0$$

对 $z$ 积分可得

$$u = -z\frac{\partial w}{\partial x} + f_1(x,y)$$

$$v = -z\frac{\partial w}{\partial y} + f_2(x,y)$$

其中 $f_1$ 和 $f_2$ 是 $x,y$ 的任意函数,第二个基本假设表示 $u|_{z=0}=0$、$v|_{z=0}=0$。将这两个条件代入上面两式,可得 $f_1=0$,$f_2=0$,于是

$$u = -z\frac{\partial w}{\partial x}, \quad v = -z\frac{\partial w}{\partial y} \tag{7.1.2}$$

使用几何方程,可得出薄板上各点的不等于零的三个应变分量,用 $w$ 可以表示如下

$$\left.\begin{array}{ll}
\varepsilon_x = \dfrac{\partial u}{\partial x} = zK_x, & K_x = -\dfrac{\partial^2 w}{\partial x^2} \\[2mm]
\varepsilon_y = \dfrac{\partial v}{\partial y} = zK_y, & K_y = -\dfrac{\partial^2 w}{\partial y^2} \\[2mm]
\gamma_{xy} = \dfrac{\partial u}{\partial y} + \dfrac{\partial v}{\partial x} = zK_{xy}, & K_{xy} = -2\dfrac{\partial^2 w}{\partial x\partial y}
\end{array}\right\} \tag{7.1.3}$$

式中:$K_x$,$K_y$ 及 $K_{xy}$ 为中面的曲率及扭曲率,它们是 $x,y$ 的函数。

(3) 屈服条件

由第五个基本假设,可得出 Mises 屈服条件

$$\sigma_x^2 - \sigma_x\sigma_y + \sigma_y^2 + 3\tau_{xy}^2 - \sigma_s^2 = 0 \tag{7.1.4}$$

薄板理论的基本公式是用内力 $M_x$,$M_y$,$M_{xy}$ 表示的,为此,屈服条件也须转换成用弯矩和扭矩表示。类似于梁截面到达极限状态时的情况,当板处于极限状态时,位于同一法线上而处于中面不同侧的点,其塑性应变率矢量平行且反向。材料的屈服条件在应力空间中对称于原点,故沿中面同一法线上各点的应力分布反对称于中面,而且在中面两侧均匀分布(见图 7.2)。因而

$$M_x = \int_{-h/2}^{h/2} \sigma_x z\,\mathrm{d}z = \frac{h^2}{4}\sigma_x$$

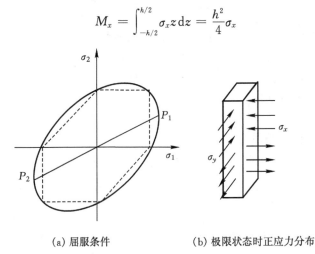

　　　　(a) 屈服条件　　　　　　　(b) 极限状态时正应力分布

图 7.2　屈服条件及极限状态时的正应力分布

其中 $h$ 为板的厚度，$\sigma_x$ 取 $z>0$ 时的值。同理，在中面下侧有

$$
\left.\begin{aligned}
M_y &= \frac{h^2}{4}\sigma_y \\[4pt]
M_{xy} &= \frac{h^2}{4}\sigma_{xy} \\[4pt]
M_p &= \frac{h^2}{4}\sigma_s
\end{aligned}\right\} \tag{7.1.5}
$$

将上列各式代入式(7.1.4a)，可得板用内力(广义应力)表示的 Mises 屈服条件

$$
f = M_x^2 - M_x M_y + M_y^2 + 3M_{xy}^2 - M_p^2 = 0 \tag{7.1.6}
$$

同样，在主应力已知时，Tresca 屈服条件为

$$
\max(\,|\,\sigma_1\,|,\ |\,\sigma_2\,|,\ |\,\sigma_1 - \sigma_2\,|\,) = \sigma_s
$$

而用内力(广义应力)表示的 Tresca 屈服条件为

$$
\max(\,|\,M_1\,|,\ |\,M_2\,|,\ |\,M_1 - M_2\,|\,) = M_p \tag{7.1.7}
$$

(4) 流动法则

根据塑性势理论，以 Mises 屈服函数 $f$ 作为塑性势函数，可得与 Mises 条件相关联的流动法则为

$$
\left.\begin{aligned}
\dot{K}_x &= \dot{\lambda}\,\frac{\partial f}{\partial M_x} = \dot{\lambda}(2M_x - M_y) \\[4pt]
\dot{K}_y &= \dot{\lambda}\,\frac{\partial f}{\partial M_y} = \dot{\lambda}(2M_y - M_x) \\[4pt]
\dot{K}_{xy} &= \dot{\lambda}\,\frac{\partial f}{\partial M_{xy}} = 6\dot{\lambda}M_{xy}
\end{aligned}\right\} \tag{7.1.8}
$$

同样，可分段写出与 Tresca 条件相关联的流动法则。

## 7.2  圆板轴对称弯曲的极限分析

轴对称载荷作用下的圆板在工程实际中经常出现，本节来研究之。该问题可以采用柱坐标 $(r,\theta,z)$ 分析。由于 $r,\theta,z$ 是主方向，因此它的广义应力是 $M_r,M_\theta$，而 $M_{r\theta}=0$。

**1. 基本方程**

此时，各基本方程变为如下。

(1) 平衡方程

$$
\frac{\mathrm{d}M_r}{\mathrm{d}r} + \frac{M_r - M_\theta}{r} = Q_r \tag{7.2.1}
$$

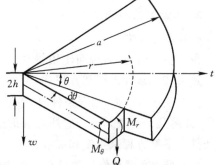

图 7.3  圆板的内力

式中：$Q_r$ 为剪力。图 7.3 中给出了弯矩 $M_r,M_\theta$ 及剪力 $Q_r$ 的正方向。考虑一微小单元体的平衡，由所有垂直方向力的平衡，可求出剪力。当全板受均布载荷 $q$ 作用时

$$
Q_r = -\frac{1}{r}\int_0^r qr\,\mathrm{d}r = -\frac{1}{2}qr \tag{7.2.2}
$$

(2) 屈服条件与流动法则

按式(7.1.6),这时 Mises 条件为

$$M_r^2 - M_r M_\theta + M_\theta^2 - M_p^2 = 0 \tag{7.2.3}$$

相关联的流动法则为

$$\left. \begin{aligned} \dot{K}_r &= \dot{\lambda}(2M_r - M_\theta) = -\dot{w}'' \\ \dot{K}_\theta &= \dot{\lambda}(2M_\theta - M_r) = -\frac{1}{r}\dot{w}' \end{aligned} \right\} \tag{7.2.4}$$

其中(′)代表 $\dfrac{\partial}{\partial r}$,(˙)代表 $\dfrac{\partial}{\partial t}$。$t$ 不一定代表真实时间,是变形过程的某个参量;率也不一定是真实的速率,而是相对这一过程参量的变化率。上述广义应力与广义应变率由塑性内功率的表达式联系起来,即

$$\dot{W}_i = M_r \dot{K}_r + M_\theta \dot{K}_\theta \tag{7.2.5}$$

按式(7.1.7),这时 Tresca 条件为

$$\left. \begin{aligned} |M_r| &= M_p \\ |M_\theta| &= M_p \\ |M_r - M_\theta| &= M_p \end{aligned} \right\} \tag{7.2.6}$$

图 7.4 以图形方式表示了两屈服条件。

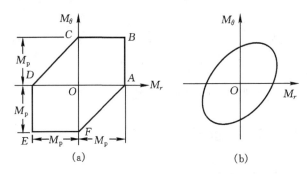

图 7.4　用广义应力 $M_r$,$M_\theta$ 表示的 Tresca 条件和 Mises 条件

### 2. 求解方法与例子

(1) 求解方法

由于主方向已知,因而使用线性的 Tresca 条件式(7.2.6)比较方便。若使用 Mises 屈服条件式(7.2.3),代入平衡方程式(7.2.1)后将得到一个非线性微分方程,无法得到一个封闭解。但在使用 Tresca 屈服条件时,应该知道代表板内广义应力状态的是式(7.2.6)中哪一个方程(或哪几个方程),或与它所对应的图中的哪一条边(或哪几条边)。这个问题可以通过边界条件和平衡方程来判定和选取。下面举例说明。

(2) 受均布载荷作用的简支圆板的极限载荷

① 静力解。

从圆板所受载荷及简支的边界条件(见图 7.5)来分析,板中只可能出现正弯矩。因此,板的广义应力状态只能由图 7.4(a)中的 $AB$ 或 $BC$ 线表示。在板的中心有 $M_r = M_\theta$,当全板进入塑性时,这点的应力状态相当于图 7.4 中的 $B$ 点。此外,在板的边缘处 $M_r = 0$,所以,整个板

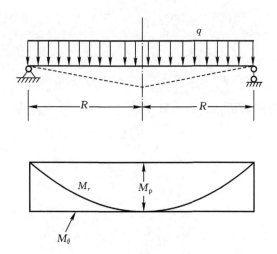

图 7.5　承受均布载荷的简支圆板在极限状态时的内力分布

的内力状态由 $BC$ 线所表示。这也可从另一角度,即从平衡方面来说明。在屈服边 $AB$ 上有 $M_r = M_p$,故 $\dfrac{\mathrm{d}M_r}{\mathrm{d}r} = 0$;另一方面,以 $M_\theta \leqslant M_r$ 及式(7.2.2)代入平衡方程式(7.2.1),得 $\dfrac{\mathrm{d}M_r}{\mathrm{d}r} < 0$。两者相互矛盾,所以板中内力不能位于 $AB$ 边上。这样,只有 $BC$ 边($M_\theta = M_p$)才能表示该板的内力状态。以 $M_\theta = M_p$ 代入平衡方程式(7.2.1),可得

$$\frac{\mathrm{d}M_r}{\mathrm{d}r} + \frac{M_r - M_p}{r} = -\frac{1}{2}qr$$

它的解是

$$M_r = M_p - \frac{1}{6}qr^2 + \frac{C}{r}$$

当 $r = 0$ 时,$M_r$ 应为有限值,因而积分常数 $C = 0$。当 $r = R$ 时,$M_r = 0$,故

$$q_- = 6\frac{M_p}{R^2} \tag{a}$$

这是用静力法求得的下限解。这时

$$M_\theta = M_p = \frac{qR^2}{6}$$

$$M_r = \frac{qR^2}{6}\left(1 - \frac{r^2}{R^2}\right)$$

沿圆板半径各截面的 $M_r$ 及 $M_\theta$ 的分布情况示于图 7.5 中。

　　② 机动解。

　　根据简支边界条件,设速度分布为圆锥形,即

$$\dot{w} = \dot{w}_0\left(1 - \frac{r}{R}\right)$$

这时,外力功率为

$$\dot{W}_e = \int_0^R q(r)\dot{w}(r) \cdot 2\pi r\,\mathrm{d}r$$

$$= \int_0^R q\dot{w}_0\left(1 - \frac{r}{R}\right)2\pi r\,\mathrm{d}r$$

$$= \frac{\pi q \dot{w}_0}{3} R^2$$

内力功率为

$$\dot{W}_{\mathrm{i}} = \int_0^R (M_r \dot{K}_r + M_\theta \dot{K}_\theta) 2\pi r \mathrm{d}r$$

因板的内力状态为 $BC$ 边所表示,即 $M_\theta = M_{\mathrm{p}}$,而

$$\dot{K}_r = -\frac{\mathrm{d}^2 \dot{w}}{\mathrm{d}r^2} = 0$$

$$\dot{K}_\theta = -\frac{1}{r} \frac{\mathrm{d}\dot{w}}{\mathrm{d}r} = \frac{\dot{w}_0}{rR}$$

故

$$\dot{W}_{\mathrm{i}} = \int_0^R M_{\mathrm{p}} \frac{\dot{w}_0}{rR} \cdot 2\pi r \mathrm{d}r = 2\pi M_{\mathrm{p}} \dot{w}_0$$

由 $\dot{W}_{\mathrm{e}} = \dot{W}_{\mathrm{i}}$ 得

$$q_+ = \frac{6M_{\mathrm{p}}}{R^2} \tag{b}$$

这就是极限载荷的上限。这个表达式与式(a)相同,因而它也就是极限载荷的精确解。

(3) 受均布载荷作用的固定圆板的极限载荷

如图 7.6 所示,根据固定圆板的弯曲情况,可以判断 $M_r$ 在靠近圆心处为正,靠近边界处为负,即随着 $r$ 的增加,$M_r$ 由正变到负。设 $r = a$ 时 $M_r = 0$,$M_\theta$ 在整个板内均为正。因此,整个板可分为以下两个区域。

$0 \leqslant r \leqslant a$,$M_r$ 和 $M_\theta$ 均为正,极限状态时相当于图 7.6(b)中的 $BC$ 段。

$a \leqslant r \leqslant R$,$M_r$ 为负,$M_\theta$ 为正,极限状态时相当于图 7.6(b)中的 $CD$ 段。

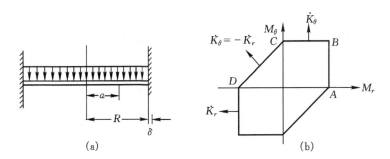

(a)　　　　　　　　　　　　(b)

图 7.6　固定圆板及与 Tresca 条件相关联的流动法则

在固定边界 $r = R + \delta$ 处 $\frac{\mathrm{d}\dot{w}}{\mathrm{d}r} = 0$,$r = R - \delta$ 处 $\frac{\mathrm{d}\dot{w}}{\mathrm{d}r} \neq 0$($CD$ 段 $\dot{K}_\theta \neq 0$)。由此可知,边界形成有径向倾角突变的环形塑性铰线。它的性质与梁中的塑性铰类似。固定端在极限状态时相当于图 7.6 中的 $D$ 点,一定要形成塑性铰圆。

① 静力解。

在 $0 \leqslant r \leqslant a$ 区域内,由本节(2)之①小节得到的式(b)有

$$q_- = \frac{6M_{\mathrm{p}}}{a^2} \tag{c}$$

在 $a \leqslant r \leqslant R$ 区域内有 $M_\theta - M_r = M_p$，代入平衡方程式(7.2.1)得

$$r \frac{\mathrm{d}M_r}{\mathrm{d}r} = M_p - \frac{1}{2}qr^2$$

其通解为

$$M_r = M_p \ln r - \frac{1}{4}qr^2 + C$$

以 $r=a, M_r=0$ 代入，得

$$C = \frac{1}{4}qa^2 - M_p \ln a$$

故

$$M_r = M_p \ln \frac{r}{a} - \frac{q}{4}(r^2 - a^2)$$

$$M_\theta = M_r + M_p = M_p(1 + \ln \frac{r}{a}) - \frac{q}{4}(r^2 - a^2) \tag{d}$$

用固定边形成塑性铰圆的条件 $M_r|_{r=R} = -M_p$ 及式(c)，可得

$$2\ln \frac{R}{a} - 3(\frac{R}{a})^2 + 5 = 0$$

解得

$$a = 0.73R$$

代回式(c)，得

$$q_- = \frac{6M_p}{(0.73R)^2} = 11.26 \frac{M_p}{R^2} \tag{e}$$

② 机动解。

在 $0 \leqslant r \leqslant a$ 区域内(即图 7.6 中 $BC$ 段)，$\dot{K}_r = -\frac{\mathrm{d}^2 \dot{w}_1}{\mathrm{d}r^2} = 0$，可设机动场为

$$\dot{w}_1 = C_1 r + C_2$$

在 $a \leqslant r \leqslant R$ 区域内(即图 7.6 中 $CD$ 段)，$\dot{K}_r = -\dot{K}_\theta$，即 $\frac{\mathrm{d}^2 \dot{w}_2}{\mathrm{d}r^2} = -\frac{1}{r} \frac{\mathrm{d}\dot{w}_2}{\mathrm{d}r}$，可设机动场为

$$\dot{w}_2 = C_3 \ln r + C_4$$

由连续条件 $r=a, \dot{w}_1 = \dot{w}_2, \frac{\mathrm{d}\dot{w}_1}{\mathrm{d}r} = \frac{\mathrm{d}\dot{w}_2}{\mathrm{d}r}$ 及边界条件 $r=R, \dot{w}_2=0$，得

$$C_1 = \frac{C_2}{a}, \quad C_2 = C_3(\ln \frac{a}{R} - 1), \quad C_4 = -C_3 \ln R$$

注意，在分析中已说明在固定端 $r=R$ 形成有径向倾角突变的塑性铰圆。也就是说 $\frac{\mathrm{d}\dot{w}_2}{\mathrm{d}r}\Big|_{r=R-\delta}$ $= \frac{C_3}{R} \neq 0$，即 $C_3 \neq 0$。否则整个板不能形成机动场。

外力功率为

$$\dot{W}_e = \int_0^a q\dot{w}_1 2\pi r \mathrm{d}r + \int_a^R q\dot{w}_2 2\pi r \mathrm{d}r$$

$$= \frac{\pi q}{6} C_3(3R^2 - a^2)$$

再来确定内力功率。

按上面的分析,在塑性铰圆处 $M_r = -M_p$,且其倾角突变为 $\dfrac{C_3}{R}$,故塑性铰圆吸收的变形功率为 $M_p \cdot \dfrac{C_3}{R} \cdot 2\pi R = 2\pi C_3 M_p$。

在 $0 \leqslant r \leqslant R$ 的区域内,$M_\theta = M_p$,$\dot{K}_r = 0$,$\dot{K}_\theta = -\dfrac{1}{r}\dfrac{\mathrm{d}\dot{w}_1}{\mathrm{d}r} = -\dfrac{C_3}{ra}$,其变形功率为 $\displaystyle\int_0^a (M_r\dot{K}_r + M_\theta\dot{K}_\theta)2\pi r\mathrm{d}r = 2\pi C_3 M_p$。

在 $a \leqslant r \leqslant R$ 的区域内,$M_\theta - M_r = M_p$,$\dot{K}_r = -\dfrac{\mathrm{d}^2\dot{w}_2}{\mathrm{d}r^2} = \dfrac{C_3}{r^2}$,$\dot{K}_\theta = -\dfrac{1}{r}\dfrac{\mathrm{d}\dot{w}_2}{\mathrm{d}r} = -\dfrac{C_3}{r}$,其变形功率为 $\displaystyle\int_0^R (M_r\dot{K}_r + M_\theta\dot{K}_\theta)2\pi r\mathrm{d}r = 2\pi C_3 M_p \ln\dfrac{R}{a}$。

根据外力功率与变形吸收的功率相等的条件,可得

$$\frac{\pi q}{6}C_3(3R^2 - a^2) = 2\pi C_3 M_p + 2\pi C_3 M_p + 2\pi C_3 M_p \ln\frac{R}{a}$$

解得

$$q_+ = 12M_p\frac{2 + \ln\dfrac{R}{a}}{3R^2 - a^2} \tag{f}$$

由 $\dfrac{\mathrm{d}q_+}{\mathrm{d}a} = 0$,得

$$2\ln\frac{R}{a} - 3\left(\frac{R}{a}\right)^2 + 5 = 0$$

解得

$$a = 0.73R$$

代回式(f),得

$$q_+ = 11.26\frac{M_p}{R^2} \tag{g}$$

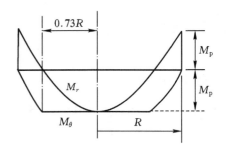

图 7.7　均布载荷作用下的固定圆板
在极限状态时的弯矩分布

它与静力解式(e)相同,所得的 $q$ 即为真实极限载荷。
这时的弯矩分布如图 7.7 所示。

## 7.3　矩形板的极限载荷

对于非圆板,一般来说无法求得完全解,这时需要应用上下限定理来对极限载荷进行估计。由于变形可以观察或测量,通过试验或判断可以近似地确定板的最大弯矩区域或最先发生破坏的位置,据此可以猜测机动场,进而比较容易地求得较好的上限解;而内力和应力通常不易直接得出,要构造一个处处满足平衡方程且不违反屈服条件的应力场相当困难,因此,求解到恰当的下限解就困难得多。

根据日常生活中观察到的钢筋混凝破坏裂缝,可以设想在铰线状态下,板由破坏线分成若干个小块,在破坏线两侧的小块绕破坏线作相同转动。这种破坏线可看作是由钢筋所形成的许多塑性铰的连线,因而也称为塑性铰线(简称铰线)。当载荷单调增加时,铰线不断扩展,直

至板成为几何可变的机构而破坏。这就是土木工程中采用的 Johansen 方法,后来人们认识到它实质上是构造一种有间断的机动场,因此也就只能给出极限载荷的上限解。按照这一方法,可以假设各种可能的破坏铰线图,从中选取给出最小破坏载荷的一个铰线图,再按内、外功率相等的原理,来确定上限解。在具体求解时,采用速度端图这一工具可以方便地计算内力功率。

作为一个例子,考虑如图 7.8 所示的矩形板。当板内一点(该图中为板的中心)处受到一集中载荷时,假设机动场是使板变成一个四边的角锥,它以集中力作用点为顶点,以支承边上的角点到顶点的铰线作为棱线。设板中心的速度 $u$ 指向图面内,则被铰线分割出来的四个三角形板块各具有角速度 $\omega = u/a$,角速度的方向可按右手法则确定,据此可画出角速度的矢端图,并分别以 $\omega_1$ 表示第 1 个三角块绕第 1 个外边界旋转的绝对角速度,$\omega_2$ 表示第 2 个三角块绕第 2 个外边界旋转的绝对角速度,$\omega_{21}$ 表示第 2 个三角块相对于第 1 个三角块绕棱线旋转的角速度。

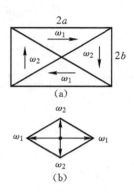

图 7.8　受集中载荷作用的矩形简支板

再来考虑内力功率,对于刚塑性模型,只要计算各棱线处塑性弯矩对铰线两侧相对转动角速度所作功率之和,即单位长度塑性弯矩 $M_p$ 乘以铰线长度和铰线处相对转动角速度的总和。如果周边是固支的,则板的固支边界也是铰线,还要考虑边界铰线所吸收的内功率。下面来具体说明之。

### 1. 矩形板简支时的上限解

(1) 受集中载荷 $P$ 作用时

可以设想如图 7.8 所示的破坏机构(机动场),图(b)为其对应的速度端图。

设集中力作用点(板的中心)的速度为 1,则 $\omega_1 = \dfrac{1}{b}$,$\omega_2 = \dfrac{1}{a}$,$\omega_{21} = \sqrt{(\dfrac{1}{a})^2 + (\dfrac{1}{b})^2} = \dfrac{\sqrt{a^2 + b^2}}{ab}$。根据内外功率相等的原则,可得

$$P_+ = 4M_p \sqrt{a^2 + b^2} \cdot \frac{\sqrt{a^2 + b^2}}{ab} = 4M_p \frac{a^2 + b^2}{ab} \tag{7.3.1}$$

(2) 受均布载荷 $q$ 作用时

同样可以假设如图 7.8 所示的机动场。此时,外力功率为 $q \cdot 2a \cdot 2b \cdot \dfrac{1}{3} = \dfrac{4}{3}abq$,这样便有

$$q_+ = 4M_p \frac{a^2 + b^2}{ab} \bigg/ \frac{4}{3}ab = 3M_p \frac{a^2 + b^2}{a^2 b^2} \tag{7.3.2}$$

此外,也可以采用如图 7.9 所示的机动场。

对于图 7.9,设中间铰线整体下沉的速度为 1,则 $\omega_1 = \dfrac{1}{b}$,

$\omega_2 = \dfrac{1}{b\tan\phi}$,$\omega_{21} = \sqrt{(\dfrac{1}{b})^2 + (\dfrac{1}{b\tan\phi})^2} = \dfrac{1}{b}\csc\phi$。内力功率为

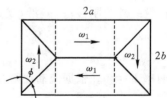

图 7.9　矩形板受均布载荷时可能的机动场

$$\dot{W}_\mathrm{i} = 4M_\mathrm{p}\sqrt{b^2 + (b\tan\phi)^2} \cdot \frac{1}{b}\csc\phi + M_\mathrm{p}(2a - 2b\tan\phi) \cdot \frac{2}{b}$$

$$= 4M_\mathrm{p}\left(\cot\phi + \frac{a}{b}\right)$$

外力功率为

$$\dot{W}_\mathrm{e} = 2q\left[b^2\tan\phi \cdot \frac{1}{3} + 2b\tan\phi \cdot \frac{b}{2} \cdot \frac{1}{3} + (2a - 2b\tan\phi) \cdot b \cdot \frac{1}{2}\right]$$

$$= 2qb\left(a - \frac{b}{3}\tan\phi\right)$$

由内外功率相等的条件可得

$$q_+ = \frac{6M_\mathrm{p}}{b^2}\frac{1 + \dfrac{b}{a}\cot\phi}{3 - \dfrac{b}{a}\tan\phi}$$

由 $\dfrac{\mathrm{d}q_+}{\mathrm{d}\phi} = 0$，可得

$$\tan\phi = \sqrt{3 + \left(\frac{b}{a}\right)^2} - \frac{b}{a}$$

代入上式，有

$$q_+ = \frac{6M_\mathrm{p}}{b^2}\left[\sqrt{3 + \left(\frac{b}{a}\right)^2} - \frac{b}{a}\right]^{-2} \tag{7.3.3}$$

显然，对于矩形板（图中 $a \geqslant b$），式(7.3.3)给出的上限较低。

### 2. 矩形板固支时的上限解

与简支时相比，内力功率还需增加固支四边形形成铰线所吸收的功率，即

$$2M_\mathrm{p}\left[2a \cdot \frac{1}{b} + 2b \cdot \frac{1}{b\tan\phi}\right] = 4M_\mathrm{p}\left(\frac{a}{b} + \cot\phi\right)$$

这样，它的上限解变为

$$q_+ = \frac{12M_\mathrm{p}}{b^2}\left[\sqrt{3 + \left(\frac{b}{a}\right)^2} - \frac{b}{a}\right]^{-2} \tag{7.3.4}$$

### 3. 用 Mises 屈服条件分析均布载荷下简支矩形板的极限载荷

前面是采用 Tresca 屈服条件得到的分析结果，这里再采用 Mises 屈服条件来求解之。

（1）机动解

对任一铰线取局部坐标 $n, t$，分别对应铰线的法向和切向。由于铰线为直线，所以 $\dot{K}_t = 0$，又因铰线外为刚性块，$\dfrac{\partial \dot{\omega}}{\partial n}$ 沿 $t$ 方向不改变，因此

$$\dot{K}_{nt} = -2\frac{\partial^2 \dot{\omega}}{\partial n \partial t} = 0$$

而曲率 $\dot{K}_n \neq 0$。根据流动法则式(7.1.7)，有

$$\dot{K}_t = \dot{\lambda}(2M_t - M_n) = 0$$

$$\dot{K}_{nt} = 6\dot{\lambda}M_{nt} = 0$$

得到

$$M_n = 2M_t, \quad M_{nt} = 0$$

再代入 Mises 屈服条件式(7.1.4b),得到

$$M_t = \frac{1}{\sqrt{3}}M_\mathrm{p}, \quad M_n = \frac{2}{\sqrt{3}}M_\mathrm{p} \tag{7.3.5}$$

单位长度铰线所吸收的内力功率为

$$M_n\dot{K}_n + M_t\dot{K}_t + M_{nt}\dot{K}_{nt} = M_n\dot{K}_n = M_n\omega_n$$

在使用 Tresca 条件时,单位长度铰线所吸收的内力功率为 $M_\mathrm{p}\omega_n$。因 $M_n = \dfrac{2}{\sqrt{3}}M_\mathrm{p}$,显然将

Tresca 条件时的上限解式(7.3.3)乘以 $\dfrac{2}{\sqrt{3}}$ 即得 Mises 条件的上限解

$$q_+ = \frac{4\sqrt{3}M_\mathrm{p}}{b^2}\Big[\sqrt{3 + (\frac{b}{a})^2} - \frac{b}{a}\Big]^{-2} \tag{7.3.6}$$

(2) 静力解

假设弯矩和扭矩分布如下

$$\left. \begin{array}{l} M_x = c_1(a^2 - x^2) \\ M_y = c_2(b^2 - y^2) \\ M_{xy} = c_3 xy \end{array} \right\} \tag{7.3.7}$$

上式可以满足边界条件:$x = \pm a, M_x = 0$;$y = \pm b, M_y = 0$。将式(7.3.7)代入平衡方程(7.1.1),可得

$$q = 2c_1 + 2c_2 - 2c_3 \tag{7.3.8}$$

为保证不违反屈服条件(7.1.4b),应有

$$c_1^2(a^2 - x^2)^2 - c_1 c_2(a^2 - x^2)(b^2 - y^2) + c_2^2(b^2 - y^2)^2 + 3c_3^2 x^2 y^2 \leqslant M_\mathrm{p}^2 \tag{7.3.9}$$

根据板的对称性可知,上式中只能在板中心$(0,0)$、四个边中点$(\pm a, 0)$,$(0, \pm b)$以及角点$(\pm a, \pm b)$上有最大值。以 $x = \pm a, y = 0$ 代入式(7.3.9)得

$$c_2^2 b^4 \leqslant M_\mathrm{p}^2 \quad 即 \quad -\frac{M_\mathrm{p}}{b^2} \leqslant c_2 \leqslant \frac{M_\mathrm{p}}{b^2}$$

以 $x = 0, y = \pm b$ 代入式(7.3.9)得

$$c_1^2 a^4 \leqslant M_\mathrm{p}^2 \quad 即 \quad -\frac{M_\mathrm{p}}{a^2} \leqslant c_1 \leqslant \frac{M_\mathrm{p}}{a^2}$$

以 $x = \pm a, y = \pm b$ 代入式(7.3.9)得

$$3c_3^2 a^2 b^2 \leqslant M_\mathrm{p}^2 \quad 即 \quad -\frac{M_\mathrm{p}}{\sqrt{3}ab} \leqslant c_3 \leqslant \frac{M_\mathrm{p}}{\sqrt{3}ab}$$

以 $x = 0, y = 0$ 代入式(7.3.9)得

$$c_1^2 a^4 - c_1 c_2 a^2 b^2 + c_2^2 b^4 \leqslant M_\mathrm{p}^2 \tag{7.3.10}$$

使用静力解的目的是为了寻求最大的下限解,因此由式(7.3.8)可知,应取最大的 $c_1, c_2$ 和最小的 $c_3$,即

$$c_1 = \frac{M_\mathrm{p}}{a^2}, \quad c_2 = \frac{M_\mathrm{p}}{b^2}, \quad c_3 = -\frac{M_\mathrm{p}}{\sqrt{3}ab}$$

代回式(7.3.8),得到极限载荷的下限值

$$q_- = 2M_p\left(\frac{1}{a^2} + \frac{1}{b^2} + \frac{1}{\sqrt{3}\,ab}\right) \tag{7.3.11}$$

上面分别得到了极限载荷的上、下限近似解,请读者将结果式(7.3.6)和式(7.3.11)进行比较,以判断这些解的准确程度。

## 7.4　薄壳的基本假设和基本方程

从本节开始讨论薄壳的极限分析。为便于读者理解,首先回顾薄壳的基本假设和基本方程,然后依次对轴对称载荷下的圆柱壳进行极限分析,并讨论其塑性屈服条件,再采用近似的分段线性屈服条件对受法线方向载荷的圆柱壳和受内压的球形盖的极限载荷进行分析。

### 1. 基本假设

类似于板的中面(middle plane),壳的几何特征通常用其中曲面(middle surface)来描述。沿中曲面法线方向的尺寸称为厚度 $h$,厚度的中点就在中曲面上,即壳的两个自由表面距中曲面的距离为 $h/2$,薄壳是指 $h$ 与壳体的其他尺寸相比很小。

在壳的极限分析中,采用与弹性薄板小变形理论相同的假设,包括:

① 变形前与中曲面相垂直的直线(即法线),变形后仍然位于已变形中曲面的垂直线上,且保持长度不变,即直法线假设;

② 沿中曲面法线方向(即沿壳的厚度方向)的应力 $\sigma_z$ 与其他应力相比,可以忽略不计。如以 $x$ 和 $y$ 表示中曲面内两个互相垂直的方向,则 $\sigma_z \ll \sigma_x, \sigma_y, \tau_{xy}$,即切平面应力假设。

以上两个假设统称为 Kirchhoff-Love 假设。如同采取平截面假设,可以把梁弯曲问题化为其中性轴挠曲的问题一样,采取上述假设可将壳体变形问题简化为其中曲面的变形问题。

在极限分析中,还采用以下假设:

③ 材料是理想刚塑性的;

④ 材料的体积是不可压缩的,即泊松比 $\nu = 1/2$。

### 2. 基本方程

设在中曲面上选取曲线作为坐标曲线,对中曲面上任意点 $P$,建立以 $e_i$ 为单位向量的局部坐标系,$e_1$ 和 $e_2$ 定义其切平面,$e_3$ 垂直于中曲面。以 $u, v, w$ 分别表示点 $P$ 在 $e_1, e_2, e_3$ 方向上的位移分量,那么点 $P$ 的三个应变分量为

$$\left.\begin{aligned}
\varepsilon_1 &= \frac{1}{A_1}\frac{\partial u}{\partial \alpha_1} + \frac{1}{A_1 A_2}\frac{\partial A_1}{\partial \alpha_2}v + \frac{w}{R_1} \\
\varepsilon_2 &= \frac{1}{A_2}\frac{\partial u}{\partial \alpha_2} + \frac{1}{A_1 A_2}\frac{\partial A_2}{\partial \alpha_1}v + \frac{w}{R_2} \\
\omega &= \frac{A_2}{A_1}\frac{\partial}{\partial \alpha_1}\left(\frac{v}{A_2}\right) + \frac{A_1}{A_2}\frac{\partial}{\partial \alpha_2}\left(\frac{u}{A_1}\right)
\end{aligned}\right\} \tag{7.4.1}$$

式中:$\alpha_1, \alpha_2$ 为点 $P$ 的坐标;$\varepsilon_1$ 和 $\varepsilon_2$ 分别为点 $P$ 在 $\alpha_1$ 和 $\alpha_2$ 方向线元的相对伸长;$\omega$ 为变形后 $\alpha_1$ 和 $\alpha_2$ 线之间的夹角余弦(表征了相对剪切);$A_1$ 和 $A_2$ 为拉梅系数(表征了壳的长度特征,如旋转壳的曲率半径)。根据第①个基本假设,其余的应变分量均等于零。

壳体平行于中曲面上的相应的应变分量(用上标 $z$,以示区别)分别为

$$\left.\begin{array}{l} \varepsilon_1^{(z)} = \varepsilon_1 + z(\kappa_1 + \dfrac{\varepsilon_1}{R_1}) \\[2mm] \varepsilon_2^{(z)} = \varepsilon_2 + z(\kappa_2 + \dfrac{\varepsilon_2}{R_2}) \\[2mm] \omega^{(z)} = \omega + 2z[\tau - (\dfrac{1}{R_1} + \dfrac{1}{R_2})\dfrac{\omega}{2}] \end{array}\right\} \tag{7.4.2}$$

式中

$$\left.\begin{array}{l} \kappa_1 = \dfrac{1}{A_1}\dfrac{\partial u}{\partial \alpha_1}(\dfrac{u}{R_1} - \dfrac{1}{A_1}\dfrac{\partial w}{\partial \alpha_1}) + \dfrac{1}{A_1 A_2}\dfrac{\partial A_1}{\partial \alpha_2}(\dfrac{v}{R_2} - \dfrac{1}{A_2}\dfrac{\partial w}{\partial \alpha_2}) \\[3mm] \kappa_2 = \dfrac{1}{A_2}\dfrac{\partial u}{\partial \alpha_2}(\dfrac{v}{R_2} - \dfrac{1}{A_2}\dfrac{\partial w}{\partial \alpha_2}) + \dfrac{1}{A_1 A_2}\dfrac{\partial A_2}{\partial \alpha_1}(\dfrac{u}{R_1} - \dfrac{1}{A_2}\dfrac{\partial w}{\partial \alpha_1}) \\[3mm] \tau = \dfrac{1}{R_1}(\dfrac{1}{A_2}\dfrac{\partial u}{\partial \alpha_2} - \dfrac{1}{A_1 A_2}\dfrac{\partial A_1}{\partial \alpha_2}u) + \dfrac{1}{R_2}(\dfrac{1}{A_1}\dfrac{\partial u}{\partial \alpha_1} - \dfrac{1}{A_1 A_2}\dfrac{\partial A_2}{\partial \alpha_1}v) \\[3mm] \quad - \dfrac{1}{A_1 A_2}(\dfrac{\partial^2 w}{\partial \alpha_1 \partial \alpha_2} - \dfrac{1}{A_1}\dfrac{\partial A_1}{\partial \alpha_2}\dfrac{\partial w}{\partial \alpha_1} - \dfrac{1}{A_2}\dfrac{\partial A_2}{\partial \alpha_1}\dfrac{\partial w}{\partial \alpha_2}) \end{array}\right\} \tag{7.4.3}$$

式(7.4.3)中的第一项对应于沿厚度均匀分布的变形,第二项对应于沿厚度线性变化的弯曲变形。若记

$$\left.\begin{array}{l} \kappa_1^* = \kappa_1 - \dfrac{\varepsilon_1}{R_1} \\[2mm] \kappa_2^* = \kappa_2 - \dfrac{\varepsilon_2}{R_2} \\[2mm] \tau^* = \tau - (\dfrac{1}{R_1} + \dfrac{1}{R_2})\dfrac{\omega}{2} \end{array}\right\} \tag{7.4.4}$$

则式(7.4.2)可改写为

$$\left.\begin{array}{l} \varepsilon_1^{(z)} = \varepsilon_1 + \kappa_1^* z \\[1mm] \varepsilon_2^{(z)} = \varepsilon_2 + \kappa_2^* z \\[1mm] \omega^{(z)} = \omega + 2\tau^* z \end{array}\right\} \tag{7.4.5}$$

式中:$\kappa_1^*$、$\kappa_2^*$、$\tau^*$ 分别表示壳体中曲面变形后在 $\alpha_1$ 和 $\alpha_2$ 方向的曲率改变和它的扭率,称为壳体的精确曲率改变和扭率。在薄壳理论中,可以认为

$$\kappa_1^* \approx \kappa_1, \quad \kappa_2^* \approx \kappa_2, \quad \tau^* \approx \tau \tag{7.4.6}$$

参数 $\varepsilon_1$、$\varepsilon_2$、$\kappa_1$、$\kappa_2$、$\tau$ 统称为中曲面的变形分量,它们可以完全地描述壳体的全部变形。中曲面变形应该满足三个连续性条件,即变形协调方程。

与薄板理论一样,壳体的应力状态采用静力相等的内力和内矩来描述。在最一般的情况下,壳体有六个内力和四个内矩,如图 7.10 所示。

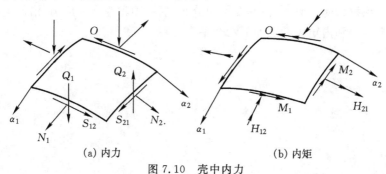

(a) 内力          (b) 内矩

图 7.10  壳中内力

在以 $\alpha_1$ 为法线的截面上,沿中曲面为单位宽度的面积上的内力为

$$
\left.\begin{aligned}
N_1 &= \int_{-h/2}^{h/2} \sigma_1 (1+\frac{z}{R_2}) \mathrm{d}z \\
S_{12} &= \int_{-h/2}^{h/2} \tau_{12} (1+\frac{z}{R_2}) \mathrm{d}z \\
Q_1 &= \int_{-h/2}^{h/2} \tau_{13} (1+\frac{z}{R_2}) \mathrm{d}z \\
M_1 &= \int_{-h/2}^{h/2} \sigma_1 (1+\frac{z}{R_2}) z \mathrm{d}z \\
M_{12} &= \int_{-h/2}^{h/2} \tau_{12} (1+\frac{z}{R_2}) z \mathrm{d}z
\end{aligned}\right\}
\tag{7.4.7}
$$

在以 $\alpha_2$ 为法线的截面上,内力为

$$
\left.\begin{aligned}
N_2 &= \int_{-h/2}^{h/2} \sigma_2 (1+\frac{z}{R_2}) \mathrm{d}z \\
S_{21} &= \int_{-h/2}^{h/2} \tau_{21} (1+\frac{z}{R_2}) \mathrm{d}z \\
Q_2 &= \int_{-h/2}^{h/2} \tau_{23} (1+\frac{z}{R_2}) \mathrm{d}z \\
M_2 &= \int_{-h/2}^{h/2} \sigma_2 (1+\frac{z}{R_2}) z \mathrm{d}z \\
M_{21} &= \int_{-h/2}^{h/2} \tau_{21} (1+\frac{z}{R_2}) z \mathrm{d}z
\end{aligned}\right\}
\tag{7.4.8}
$$

以上内力中,$N_1$,$N_2$,$S_{12}$,$S_{21}$ 称为薄膜力;$M_1$,$M_2$ 称为弯矩;$M_{12}$,$M_{21}$ 称为扭矩;$Q_1$,$Q_2$ 称为剪力。由于中曲面上的两个主曲率半径 $R_1$ 和 $R_2$ 不相等,因此 $S_{12} \neq S_{21}$,$M_{12} \neq M_{21}$。

壳体任意点的应力与内力、内矩的关系为

$$
\left.\begin{aligned}
\sigma_1 &= \frac{N_1}{h} + \frac{12M_1 z}{h^3} \\
\sigma_2 &= \frac{N_2}{h} + \frac{12M_2 z}{h^3} \\
\tau_{12} &= \frac{S_{12}}{h} + \frac{12M_{12} z}{h^3} \\
\tau_{21} &= \frac{S_{21}}{h} + \frac{12M_{21} z}{h^3}
\end{aligned}\right\}
\tag{7.4.9}
$$

上式中右端前一项称为薄膜应力,沿厚度均匀分布;后一项称为弯曲应力,沿厚度线性分布。

壳体微元上内力和内矩应满足如下六个平衡方程

$$
\left.\begin{array}{l}
\dfrac{\partial(A_2 N_1)}{\partial \alpha_1}+\dfrac{\partial(A_1 S_{21})}{\partial \alpha_2}+\dfrac{\partial A_1}{\partial \alpha_2}S_{12}-\dfrac{\partial A_2}{\partial \alpha_1}N_2+\dfrac{A_1 A_2}{R_1}Q_1+A_1 A_2 q_1=0 \\[2mm]
\dfrac{\partial(A_1 N_2)}{\partial \alpha_2}+\dfrac{\partial(A_2 S_{12})}{\partial \alpha_1}+\dfrac{\partial A_2}{\partial \alpha_1}S_{21}-\dfrac{\partial A_1}{\partial \alpha_2}N_1+\dfrac{A_1 A_2}{R_2}Q_2+A_1 A_2 q_2=0 \\[2mm]
\dfrac{\partial(A_2 Q_1)}{\partial \alpha_1}+\dfrac{\partial(A_1 Q_2)}{\partial \alpha_2}-A_1 A_2\left(\dfrac{N_1}{R_1}+\dfrac{N_2}{R_2}\right)+A_1 A_2 q_3=0 \\[2mm]
\dfrac{\partial(A_2 M_1)}{\partial \alpha_1}+\dfrac{\partial(A_1 M_{21})}{\partial \alpha_2}+\dfrac{\partial A_1}{\partial \alpha_2}M_{12}-\dfrac{\partial A_2}{\partial \alpha_1}M_2-Q_1 A_1 A_2=0 \\[2mm]
\dfrac{\partial(A_1 M_2)}{\partial \alpha_2}+\dfrac{\partial(A_2 M_{12})}{\partial \alpha_1}+\dfrac{\partial A_2}{\partial \alpha_1}M_{21}-\dfrac{\partial A_1}{\partial \alpha_2}M_1-Q_2 A_1 A_2=0 \\[2mm]
\dfrac{M_{12}}{R_1}-\dfrac{M_{21}}{R_2}+S_{12}-S_{21}=0
\end{array}\right\}
\tag{7.4.10}
$$

式中：$q_1,q_2,q_3$ 为沿 $e_1,e_2,e_3$ 方向作用的表面分布载荷。注意，式(7.4.10)的最后一个平衡条件实际上是一个恒等式，即壳体的平衡方程只有五个。

对于壳体问题，一般采用较为简单的无矩理论，即忽略所有的内矩（实际上是略去壳体的弯曲效应），这样有

$$
M_1=M_2=M_{12}=M_{21}=0 \tag{7.4.11}
$$

进而有

$$
Q_1=Q_2=0, \quad S_{12}=S_{21}=S \tag{7.4.12}
$$

从而得到壳体无矩应力状态下的内力平衡方程为

$$
\left.\begin{array}{l}
\dfrac{1}{A_1 A_2}\left[\dfrac{\partial(A_2 N_1)}{\partial \alpha_1}+\dfrac{\partial(A_1 S)}{\partial \alpha_2}+\dfrac{\partial A_1}{\partial \alpha_2}S-\dfrac{\partial A_2}{\partial \alpha_1}N_2\right]+q_1=0 \\[2mm]
\dfrac{1}{A_1 A_2}\left[\dfrac{\partial(A_1 N_2)}{\partial \alpha_2}+\dfrac{\partial(A_2 S)}{\partial \alpha_1}+\dfrac{\partial A_2}{\partial \alpha_1}S-\dfrac{\partial A_1}{\partial \alpha_2}N_1\right]+q_2=0 \\[2mm]
\dfrac{N_1}{R_1}+\dfrac{N_2}{R_2}-q_3=0
\end{array}\right\}
\tag{7.4.13}
$$

弹性关系可简化为

$$
\left.\begin{array}{l}
N_1=\dfrac{Eh_1}{1-\nu^2}(\varepsilon_1+\nu\varepsilon_2) \\[2mm]
N_2=\dfrac{Eh}{1-\nu^2}(\varepsilon_2+\nu\varepsilon_1) \\[2mm]
S=\dfrac{Eh}{2(1+\nu)}\omega
\end{array}\right\}
\tag{7.4.14}
$$

壳体在无矩应力状态下的变形分量只有

$$
\left.\begin{array}{l}
\varepsilon_1=\dfrac{1}{A_1}\dfrac{\partial u}{\partial \alpha_1}+\dfrac{1}{A_1 A_2}\dfrac{\partial A_1}{\partial \alpha_2}v+\dfrac{w}{R_1} \\[2mm]
\varepsilon_2=\dfrac{1}{A_2}\dfrac{\partial v}{\partial \alpha_2}+\dfrac{1}{A_1 A_2}\dfrac{\partial A_2}{\partial \alpha_1}u+\dfrac{w}{R_2} \\[2mm]
\omega=\dfrac{A_2}{A_1}\dfrac{\partial}{\partial \alpha_1}\left(\dfrac{v}{A_2}\right)+\dfrac{A_1}{A_2}\dfrac{\partial}{\partial \alpha_2}\left(\dfrac{u}{A_1}\right)
\end{array}\right\}
\tag{7.4.15}
$$

在工程实际问题中，经常遇到的是旋转壳体和圆柱壳体。对于旋转壳体，其旋转曲面上的点可用两个坐标决定：表示壳体中曲面法线与轴线的夹角 $\varphi$、表示确定平行圆上一点位置的极

角 $\theta$(见图 7.11)。以 $R_1$,$R_2$ 表示子午线和平行圆方向的曲率半径,$R$ 表示平行圆的半径。如果旋转壳体上作用有沿坐标方向单位面积上的分布载荷 $q_1$,$q_2$,$q_3$(见图 7.12),则可以得到如下的旋转壳体无矩理论的平衡方程

$$\left.\begin{array}{c} \dfrac{1}{R_1}\dfrac{\partial N_1}{\partial \varphi}+\dfrac{\cot\varphi}{R_2}(N_1-N_2)+\dfrac{1}{R_2\sin\varphi}\dfrac{\partial S}{\partial \theta}+q_1=0 \\[3mm] \dfrac{1}{R_1}\dfrac{\partial S}{\partial \varphi}+2\dfrac{\cot\varphi}{R_2}S+\dfrac{1}{R_2\sin\varphi}\dfrac{\partial N_2}{\partial \theta}+q_2=0 \\[3mm] \dfrac{N_1}{R_1}+\dfrac{N_2}{R_2}-q_3=0 \end{array}\right\}\qquad(7.4.16)$$

式中:$N_1$,$N_2$ 表示沿子午线和平行圆方向的轴向力;$S$ 表示微元上的剪力。

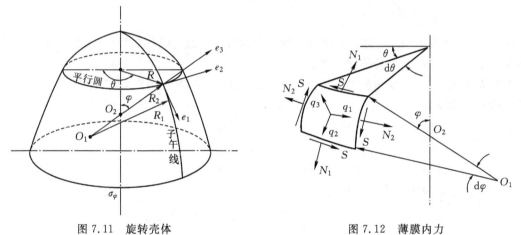

图 7.11　旋转壳体　　　　　　　　图 7.12　薄膜内力

　　如果旋转壳体受轴对称载荷,且支承情况也是轴对称的,则引起的是轴对称变形,此类问题的求解会进一步简化。

　　下面来详细讨论圆柱壳体的情况。

## 7.5　圆柱壳体在轴对称载荷作用时的塑性极限条件

### 1. 圆柱壳体的基本方程

　　圆柱薄壳是指以圆柱面为中面的薄壳。柱面上任意点采用柱坐标 $r$,$\varphi$,$x$ 来表示更为方便,其中 $x$ 轴平行于柱壳的轴线(母线),$\varphi$ 为横截面的圆心角,$R$ 为圆柱壳中曲面的半径,柱壳的厚度为 $h$。如图 7.13 所示,该微元体的各边上作用的力矩有薄膜力 $N_x$,$N_\varphi$,弯矩 $M_x$,$M_\varphi$。以下考虑载荷和支承均为轴对称的情形。

　　此时,薄膜剪力 $N_{x\varphi}=N_{\varphi x}$ 和扭矩

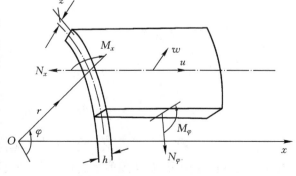

图 7.13　圆柱壳体

$M_{x\varphi}=M_{\varphi x}$ 均等于零,且弯矩 $M_\varphi$ 沿圆周方向为恒定值,剪力仅有 $Q_x$ 不等于零。对薄壳而言,应力分量 $\sigma_r$ 和 $\tau_{rx}$ 与 $\sigma_x$ 和 $\sigma_\varphi$ 相比属于小量。壳体上一点的应力状态实质上是二维的。考虑到轴对称性,$\sigma_x$ 和 $\sigma_\varphi$ 即为主应力。这样,主弯矩分量有

$$M_x=-\int_{-h/2}^{+h/2}\sigma_x z\,\mathrm{d}z,\quad M_\varphi=-\int_{-h/2}^{+h/2}\sigma_\varphi z\,\mathrm{d}z \tag{7.5.1}$$

主薄膜力为

$$N_x=\int_{-h/2}^{+h/2}\sigma_x\,\mathrm{d}z,\quad N_\varphi=\int_{-h/2}^{+h/2}\sigma_\varphi\,\mathrm{d}z \tag{7.5.2}$$

剪力 $Q_x$ 为

$$Q_x=-\int_{-h/2}^{+h/2}\tau_{rx}\,\mathrm{d}z \tag{7.5.3}$$

进而,可以得到如下的内力平衡方程

$$\left.\begin{aligned}
&\frac{\mathrm{d}N_x}{\mathrm{d}x}=0 \text{ 或 } x \text{ 方向(母线方向)的体力}\\
&\frac{\mathrm{d}Q_x}{\mathrm{d}x}+\frac{N_\varphi}{R}=p\\
&\frac{\mathrm{d}M_x}{\mathrm{d}x}-Q_x=0
\end{aligned}\right\} \tag{7.5.4}$$

式中:$p$ 为沿 $r$ 方向(法向)施加的分布载荷。上述方程与壳体材料的力学性质无关。

考虑初始塑性流动时的速度场,类似地可以假设,变形前与中曲面相垂直的直线在变形后仍然垂直于中曲面。在轴对称情形下,沿周向的速度场 $\dot{v}$ 等于零,仅需考虑 $x$ 和 $r$ 方向的分量 $\dot{u}$ 和 $\dot{w}$。壳体上距中曲面 $z$ 处一点的应变率可以表示为

$$\dot{\varepsilon}_x^{(z)}=\dot{\varepsilon}_x-\dot{\kappa}z,\quad \dot{\varepsilon}_\varphi^{(z)}=\dot{\varepsilon}_\varphi,\quad \dot{\varepsilon}_{r\varphi}^{(z)}=\dot{\varepsilon}_{x\varphi}^{(z)}=0 \tag{7.5.5}$$

上式中

$$\dot{\varepsilon}_x=\frac{\partial\dot{u}}{\partial x},\quad \dot{\varepsilon}_\varphi=\frac{\dot{w}}{R} \tag{7.5.5a}$$

为中曲面的主应变率

$$\dot{\kappa}=\frac{\partial^2\dot{w}}{\partial x^2} \tag{7.5.5b}$$

为中曲面在 $x$ 方向上的曲率变化率。

根据材料不可压缩假设,有

$$\dot{\varepsilon}_\varphi^{(z)}+\dot{\varepsilon}_x^{(z)}=-\dot{\varepsilon}_r^{(z)} \tag{7.5.6}$$

### 2. 圆柱壳体的屈服条件

假设壳体材料是理想塑性的,且服从 Tresca 屈服条件,如图 7.14 所示,这里假设应力主轴与应变主轴是重合的。图 7.15 给出了不同应变率所对应的应力状态。例如,当 $\dot{\varepsilon}_x>0$ 及 $\dot{\varepsilon}_\varphi>0$ 时,应力状态只能由图 7.14 中的 $B$ 点表示,即 $\sigma_x=\sigma_\varphi=\sigma_s$。对于这里所考虑的问题,可近似按平面应力来处理。

下面来建立以内力表示的屈服条件,即极限条件。从式(7.5.5)可以看出,应变率是主应变率 $\dot{\varepsilon}_x$、$\dot{\varepsilon}_\varphi$ 和曲率变化率 $\dot{\kappa}$ 以及表示位置的 $z$ 的函数。由于应变率的数值大小并不影响确定相应的应力状态,因此,实际上需要两个参数,这里不妨以 $\dot{\varepsilon}_x/\dot{\kappa}$、$\dot{\varepsilon}_\varphi/\dot{\kappa}$ 作为特征参数。如果将 $\dot{\varepsilon}_x/\dot{\kappa}$ 和 $\dot{\varepsilon}_\varphi/\dot{\kappa}$ 作为直角坐标系,且假设 $\dot{\kappa}>0$,则以 $\dot{\varepsilon}_x/\dot{\kappa}$ 和 $\dot{\varepsilon}_\varphi/\dot{\kappa}$ 为分量的向量 $\overrightarrow{OP}$ 表示了中曲面

的应变率,如图 7.15 所示。根据式(7.5.5)容易知道,向量 $\overrightarrow{OQ}$ 代表距中曲面为 $z$ 处的应变率,从图 7.15 可以看出,存在如下关系式

$$\frac{\dot{\varepsilon}_x^{(z)}}{\dot{\varepsilon}_\varphi^{(z)}} = \left(\frac{\dot{\varepsilon}_x}{\dot{\kappa}} - z\right) \Big/ \left(\frac{\dot{\varepsilon}_\varphi}{\dot{\kappa}}\right) = \cot\theta$$

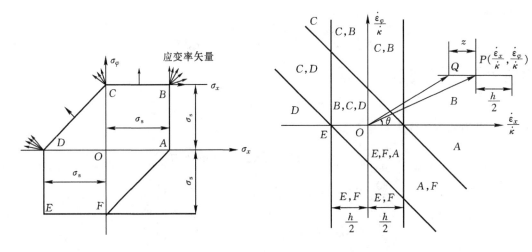

图 7.14　Tresca 屈服条件　　　　　　　　图 7.15　不同应变率所对应的应力状态

上式中 $\theta$ 角称为应变率的倾斜角。一旦 $\theta$ 角确定,相应的应力状态即可根据流动法则加以确定。例如,在这里考虑的情形下有 $0<\theta<\pi/2$,那么对应于 $\overrightarrow{OP}$(和 $\overrightarrow{OQ}$)的应力状态即为塑性区域 $B$。而且,如果点 $P$ 落在 $\dot{\varepsilon}_x/\dot{\kappa}>h/2$,$\dot{\varepsilon}_\varphi/\dot{\kappa}>0$ 定义的区域,则该层所有点均处于塑性区 $B$。其他区域可类似确定,结果已标注于图 7.15 上。例如,当点 $P$ 落在 $C,B$ 表示的区域,意味着壳体各层处于塑性区 $C$ 或 $B$,塑性区 $B$ 对应着屈服面的一点,记为 $B'$,在 $B'$ 点处有

$$N_\varphi = N_x = \sigma_s h, \quad M_x = 0$$

容易知道,点 $B'$ 是屈服面的一个角点。再考虑图 7.15 中的平行四边形区域,首先以该区域的 $\dot{\varepsilon}_\varphi/\dot{\kappa}>0$ 部分为例来分析屈服轨迹的形状。

　不难确定,中曲面内一点的应力分布为

$$\left.\begin{array}{ll}
\sigma_x = -\sigma_s, \quad \sigma_\varphi = 0, & 当 \dfrac{\dot{\varepsilon}_\varphi}{\dot{\kappa}} + \dfrac{\dot{\varepsilon}_x}{\dot{\kappa}} < z < \dfrac{h}{2} \\[3mm]
\sigma_x = 0, & 当 \dfrac{\dot{\varepsilon}_x}{\dot{\kappa}} < z < \dfrac{\dot{\varepsilon}_\varphi}{\dot{\kappa}} + \dfrac{\dot{\varepsilon}_x}{\dot{\kappa}} \\[3mm]
\sigma_x = \sigma_s, & 当 -\dfrac{h}{2} < z < \dfrac{\dot{\varepsilon}_x}{\dot{\kappa}} \\[3mm]
\sigma_\varphi = \sigma_s, & 当 -\dfrac{h}{2} < z < \dfrac{\dot{\varepsilon}_\varphi}{\dot{\kappa}} + \dfrac{\dot{\varepsilon}_x}{\dot{\kappa}}
\end{array}\right\} \quad (7.5.7)$$

上面的 $\dot{\varepsilon}_\varphi/\dot{\kappa}>0$ 区域实际上是

$$0 < \dot{\varepsilon}_\varphi/\dot{\kappa} < -\dot{\varepsilon}_x/\dot{\kappa} + h/2, \quad -h/2 < \dot{\varepsilon}_x/\dot{\kappa} < h/2 \quad (7.5.8)$$

所围成的区域,该区域的应力分布如图 7.16 所示。根据式(7.5.1)、式(7.5.2)和式(7.5.7),可得如下内力表达式

$$\frac{N_x}{\sigma_s h} = \frac{1}{2}\left(\frac{\dot{\varepsilon}_\varphi}{\dot{\kappa}} + \frac{\dot{\varepsilon}_x}{\dot{\kappa}}\right)$$

$$\frac{N_\varphi}{\sigma_s h} = \frac{1}{2} + \frac{\dot{\varepsilon}_\varphi}{h\dot{\kappa}} + \frac{\dot{\varepsilon}_x}{h\dot{\kappa}}$$

$$\frac{M_x}{\sigma_s h^2/4} = 1 - \frac{2}{h^2}\left[\left(\frac{\dot{\varepsilon}_x}{\dot{\kappa}}\right)^2 + \left(\frac{\dot{\varepsilon}_\varphi}{\dot{\kappa}} + \frac{\dot{\varepsilon}_x}{\dot{\kappa}}\right)^2\right] \qquad (7.5.9)$$

式(7.5.9)和不等式(7.5.8)一起定义了 $N_x N_\varphi M_\varphi$ 空间内的一个有界曲面。

如果引入记号 $N_0 = \sigma_s h$, $M_0 = \sigma_s h^2/4$,并从式(7.5.9)中消去 $\dot{\varepsilon}_x/\dot{\kappa}$ 和 $\dot{\varepsilon}_\varphi/\dot{\kappa}$,可得

$$f\left(\frac{N_x}{N_0}, \frac{N_\varphi}{N_0}, \frac{M_x}{M_0}\right) = \frac{M_x}{M_0} - 1 + 2\left\{\left[\frac{N_x}{N_0} - \left(\frac{N_\varphi}{N_0} - \frac{1}{2}\right)\right]^2 + \left(\frac{N_\varphi}{N_0} - \frac{1}{2}\right)^2\right\} = 0 \quad (7.5.10)$$

不等式(7.5.8)也可用内力来表示,为

$$\frac{1}{2}\frac{N_x}{N_0} + \frac{1}{2} < \frac{N_\varphi}{N_0} < 1, \quad 1 < \frac{N_x}{N_0} - \frac{N_\varphi}{N_0} < 0 \qquad (7.5.11)$$

由式(7.5.10)和式(7.5.11)定义的曲面是由抛物线 $B'\beta C'$, $C'\alpha D'$ 和 $D'\gamma B'$(见图7.17)作为界限所围成的曲面,它在三个不同方向的投影分别如图 7.18(a)、(b)、(c)所示。如果考虑平行四边形区域的另一半,以及 $\dot{\kappa} < 0$ 的情形,则可以得到三个与上述曲面相同的有界曲面。这些曲面关于 $M_x/M_0 = 0$ 平面相互对称。

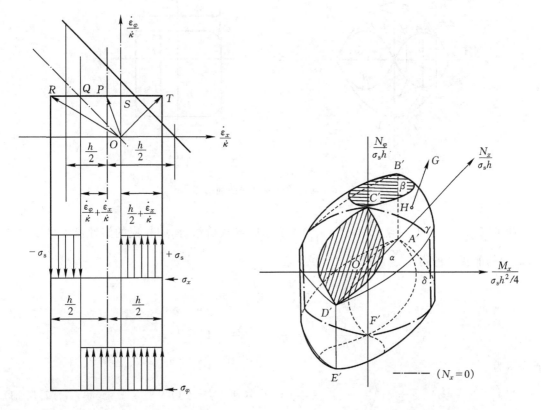

图 7.16 $\dot{\varepsilon}_\varphi/\dot{\kappa} > 0$ 区域的应力分布　　　　图 7.17 均匀圆柱壳的极限曲面

再研究 $\dot{\kappa} = 0$ 的特殊情况,可以得到由抛物曲线段 $B'\beta C'$ 和 $C'\alpha D'$ 围成的四个较为平坦的

曲面和它们的对称曲面。对应于 $\dot{\varepsilon}_\varphi = 0$ 的情形则为两个抛物线形柱面,其基线分别为 $B'\gamma D'$ 和其对称曲线。这些柱面与上述由式(7.5.10)和式(7.5.11)定义的曲面是相切的。这样便完全确定了屈服曲面的形状,该凸曲面如图 7.17 和图 7.18 所示。如果一点落在该曲面的区域以内,则表示该组外加的轴向力和弯矩是安全的。该曲面上的点即表示内力($N_x$,$N_\varphi$ 和 $M_\varphi$)的临界载荷组合。

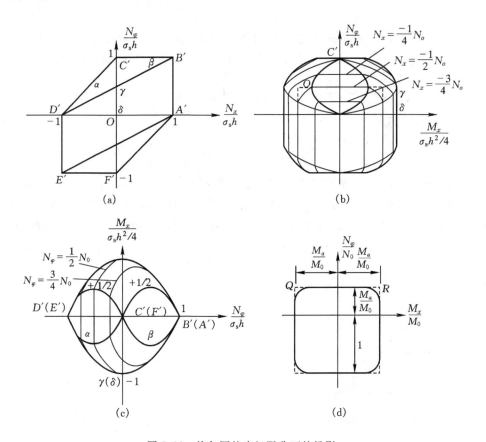

图 7.18　均匀圆柱壳极限曲面的投影

如果以屈服曲面上一点($\frac{N_x}{N_0}$,$\frac{N_\varphi}{N_0}$,$\frac{M_x}{M_0}$)来表示临界载荷组合,则相应的塑性流动可以由式(7.5.9)的前两式得到

$$\left.\begin{aligned}\frac{1}{h}\frac{\dot{\varepsilon}_x}{\dot{\kappa}} &= \frac{N_x}{N_0} - \frac{N_\varphi}{N_0} + \frac{1}{2}\\\frac{1}{h}\frac{\dot{\varepsilon}_\varphi}{\dot{\kappa}} &= -\frac{N_x}{N_0} + \frac{2N_\varphi}{N_0} - 1\end{aligned}\right\} \tag{7.5.12}$$

或表示为

$$N_0\dot{\varepsilon}_x : N_0\dot{\varepsilon}_\varphi : M_0\dot{\kappa} = 4\left(\frac{N_x}{N_0} - \frac{N_\varphi}{N_0} + \frac{1}{2}\right) : 4\left(\frac{N_x}{N_0} + \frac{2N_\varphi}{N_0} - 1\right) : 1 \tag{7.5.13}$$

另一方面,如将式(7.5.10)的偏导数与式(7.5.13)相比较,可得

$$N_0\dot\varepsilon_x : N_0\dot\varepsilon_\varphi : M_0\dot\kappa = \frac{\partial f}{\partial(N_x/N_0)} : \frac{\partial f}{\partial(N_\varphi/N_0)} : \frac{\partial f}{\partial(M_x/M_0)} \tag{7.5.14}$$

式 (7.5.14) 的重要涵义在于，当临界载荷组合 $N_x$，$N_\varphi$ 和 $M_x$ 用安全区域的边界上的一点 $H$ 来表示时，对应的塑性变形就是以 $N_0\dot\varepsilon_x$，$N_0\dot\varepsilon_\varphi$ 和 $M_0\dot\kappa$ 为分量的矢量 $\overrightarrow{HG}$，如图 7.17 所示，该矢量 $\overrightarrow{HG}$ 是沿着安全区域在 $H$ 点处的外法线方向的。容易想到，对位于两个屈服曲面的交汇线上的点，其塑性应变率矢量应为两相邻曲面的法线矢量的线性组合值；对于角点 (如 $B'$ 点)，应变率矢量应为交汇于 $B'$ 点处三个曲面的法线矢量的线性组合值。

**例 7.1**　如图 7.19 所示，圆柱壳左端固支，右端自由且受均匀分布轴向力 $N(-1 < N_x/N_0 < 0)$，壳内受均匀内压 $p$ 的作用。当给定 $N$ 时，试确定柱壳极限载荷 $p$。

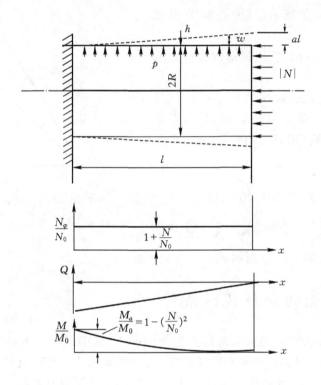

图 7.19　受轴向力和内压作用的悬臂圆柱壳

**解**　由于 $N_x$ 已知，极限条件必处于图 7.17 所示的屈服曲面与 $\dfrac{N_x}{N_0} = \dfrac{N}{N_0}$ 相交的截面上 (见图 7.18(c))。这种曲面的轨迹近似为一矩形，只是其角点附近用抛物曲线段来光滑过渡。该矩形的边由如下的方程式来表示 (见图 7.18(d))

$$\frac{N_a}{N_0} = 1 + \frac{N}{N_0}, \quad \frac{M_a}{M_0} = 1 - \left(\frac{N}{N_0}\right)^2, \quad \frac{N_\varphi}{N_0} = -1 \tag{a}$$

式中

$$-1 < \frac{N}{N_0} < 0$$

作为一阶近似，这里可略去抛物曲线段，而将整个矩形来作为屈服曲线，如图 7.18(d) 所示。此时，塑性流动法则变得比较简单，即以 $\dot{\kappa}$ 和 $\dot{\varepsilon}_\varphi$ 为分量的塑性应变向量垂直于该矩形的各边。$\dot{\varepsilon}_x$ 的取值则取决于这个近似的凸多面体的形状。这里假定取如下的塑性流动法则

$$\left.\begin{aligned}\dot{\varepsilon}_x : \dot{\varepsilon}_\varphi : \dot{\kappa} &= -1 : 1 : 0, \quad \text{当 } N_\varphi = N_a \text{ 和} -M_a < M_x < M_a \\ \dot{\varepsilon}_x : \dot{\varepsilon}_\varphi : \dot{\kappa} &= 0 : -1 : 0, \quad \text{当 } N_\varphi = -N_a \text{ 和} -M_a < M_x < M_a \end{aligned}\right\} \quad \text{(b)}$$

在角点处，$N_x = N_a, M_x = \pm M_a$，其唯一可能的塑性流动法则为

$$\dot{\varepsilon}_x : \dot{\varepsilon}_\varphi : \dot{\kappa} = 0 : 0 : \pm 1 \quad \text{(c)}$$

在自由端（$x = l$ 处），应满足如下边界条件

$$M_x = Q_x = 0 \quad \text{(d)}$$

在固支端（$x = 0$ 处），$w = 0, \mathrm{d}w/\mathrm{d}x = 0$；或者 $M_x = \pm M_a$。在后一种情况下（$M_x = \pm M_a$），固支边变为一个塑性铰。

对于这里所考虑的问题，假设塑性铰首先出现在固支端上，即

$$(M_x)_{x=0} = M_a \quad \text{(e)}$$

根据平衡方程（7.5.4）和式（d）、式（e），可知壳体处于图 7.18(d) 的区域 $QR$ 内，因此

$$\frac{M_\varphi}{M_0} = \frac{N_a}{N_0} = 1 + \frac{N}{N_0} \quad \text{(f)}$$

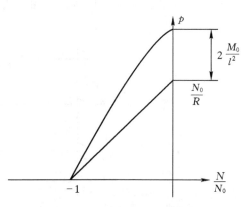

图 7.20　悬臂柱壳的极限载荷 $p$

由式（d）、式（e）、式（f）和式（6.7.20）可得

$$p = \frac{N_0}{R}\left(1 + \frac{N}{N_0}\right) + \frac{2}{l^2}M_0\left[1 - \left(\frac{N}{N_0}\right)^2\right] \quad \text{(g)}$$

相应的内力分布情况如图 7.20 所示。

## 7.6　夹层壳的塑性极限条件

为了减轻重量，实际结构经常采用夹层壳（sandwich shell）结构。夹层壳是由厚度为 $t$ 的上下两个薄表面层和厚度为 $h$ 的夹心层组成的。在此类结构中，上下表面层能够承受拉力和压力，且由于表面层很薄，近似认为应力沿厚度不变化；夹心层只起维持上、下表面间距的作用，不承受任何拉力和压力。根据 Hodge 的研究结果[27]，这种结构的极限条件是分段线性的，因而求解问题时会比均匀壳的屈服条件方便得多，而且，由此确定的极限载荷与均匀壳的极限载荷比较接近。

下面首先来推导这一分段线性屈服条件。

### 1. 分段线性屈服条件

假设表面层材料是理想弹塑性的，遵从 Tresca 屈服条件，单轴拉压屈服应力为 $\sigma_s$，将上下表面层的主应力分别用 $\sigma_1^+, \sigma_2^+$ 和 $\sigma_1^-, \sigma_2^-$ 来表示，截面上的内力为

$$\left.\begin{aligned}N_a &= (\sigma_a^- + \sigma_a^+)t \\ M_a &= \frac{1}{2}(\sigma_a^- - \sigma_a^+)ht, \quad \alpha = 1, 2\end{aligned}\right\} \quad (7.6.1)$$

即有

$$\sigma_\alpha^\pm = \frac{N_\alpha}{2t} \mp \frac{M_\alpha}{ht} \tag{7.6.2}$$

Tresca 屈服条件应为如下六个不等式

$$| \sigma_1^\pm | \leqslant \sigma_s, \qquad | \sigma_2^\pm | \leqslant \sigma_s, \qquad | \sigma_1^\pm - \sigma_2^\pm | \leqslant \sigma_s \tag{7.6.3}$$

当夹层壳的截面进入屈服状态时,其上下表面层均应满足上式。为了将上述不等式用 $N_\alpha$ 和 $M_\alpha$ 表示,这里定义两个量 $N_0 = 2\sigma_s t$ 和 $M_0 = \sigma_s ht$,以及无量纲量 $n_\alpha = N_\alpha/N_0$ 和 $m_\alpha = M_\alpha/M_0$,这样由式(7.6.2)和式(7.6.3)可得到

$$\left. \begin{array}{ll} | n_1 - m_1 | \leqslant 1, & | n_1 + m_1 | \leqslant 1 \\ | n_2 - m_2 | \leqslant 1, & | n_2 + m_2 | \leqslant 1 \\ | n_1 - n_2 + m_1 - m_2 | \leqslant 1, & | n_1 - n_2 - m_1 + m_2 | \leqslant 1 \end{array} \right\} \tag{7.6.4}$$

上式表示的六个绝对值不等式实为十二个线性不等式,因此,如在 $n_1 n_2 m_1 m_2$ 构成的四维空间来观察,夹层壳的 Tresca 屈服轨迹将是由该空间中的十二个超平面围成的区域。

但是,如果 $n_\alpha$ 和 $m_\alpha$ 当中的某个量是一内反力,而不是广义应力,则它可以从屈服条件中消去。例如,当壳体具有某种对称性或约束,使得 $\kappa_2 = 0$ 时,则 $m_2$ 就是这样的一个内反力。那么,与 $m_2$ 有关的屈服条件不等式可改写为

$$\left. \begin{array}{ll} -1 + n_2 \leqslant m_2 \leqslant 1 + n_2, & -1 - n_2 \leqslant m_2 \leqslant 1 - n_2 \\ -1 + m_1 + n_1 - n_2 \leqslant m_2 \leqslant 1 + m_1 + n_1 - n_2 \\ -1 + m_1 - n_1 + n_2 \leqslant m_2 \leqslant 1 + m_1 - n_1 + n_2 \end{array} \right\} \tag{7.6.5}$$

由上式中前两个不等式可知

$$| n_2 | \leqslant 1 \tag{7.6.6a}$$

由后两个不等式可知

$$| n_1 - n_2 | \leqslant 1 \tag{7.6.6b}$$

由全部四个不等式还可得到下面的不等式

$$| 2n_2 - n_1 + m_1 | \leqslant 2 \tag{7.6.6c}$$

$$| 2n_2 - n_1 - m_1 | \leqslant 2 \tag{7.6.6d}$$

加上式(7.6.4)中的不等式,便有关于 $n_1$、$n_2$ 和 $m_1$ 的十二个线性不等式。因此,在 $n_1 n_2 m_1$ 三维空间中,相应的屈服轨迹是一个十二面体,如图 7.21 所示。这个屈服条件是由 Hodge 推导得出的,它可以看作是将精确屈服条件中 $N_0$ 和 $M_0$ 取为适当值的一种近似。对照前一节的分析结果,可以知道,这里应取 $N_0 = \sigma_s h, M_0 = \sigma_s h^2/4$。

对于刚塑性材料的理想夹层壳,当发生塑性流动时,壳体的塑性比功率为

$$D_p = \frac{\sigma_s t}{2}( | \dot{\varepsilon}_1^+ | + | \dot{\varepsilon}_2^+ | + | \dot{\varepsilon}_1^+ + \dot{\varepsilon}_2^+ | + | \dot{\varepsilon}_1^- | + | \dot{\varepsilon}_2^- | + | \dot{\varepsilon}_1^- + \dot{\varepsilon}_2^- | )$$

注意到

$$\dot{\varepsilon}_\alpha^\pm = \dot{\varepsilon}_\alpha \mp \frac{h}{2} \dot{\kappa}_\alpha, \quad \alpha = 1, 2$$

则广义应力 $N_\alpha, M_\alpha$ 在广义应变率 $\dot{\varepsilon}_\alpha, \dot{\kappa}_\alpha$ 上所产生的塑性耗散功率为

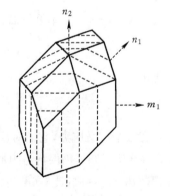

图 7.21　圆柱壳的分段线性
屈服条件

$$D_p = \frac{1}{4}\big[\mid N_0\dot{\varepsilon}_1 + M_0\dot{\kappa}_1 \mid + \mid N_0\dot{\varepsilon}_1 - M_0\dot{\kappa}_1 \mid + \mid N_0\dot{\varepsilon}_2 + M_0\dot{\kappa}_2 \mid + \mid N_0\dot{\varepsilon}_2 - M_0\dot{\kappa}_2 \mid$$

$$+ \mid N_0(\dot{\varepsilon}_1 + \dot{\varepsilon}_2) + M_0(\dot{\kappa}_1 + \dot{\kappa}_2) \mid + \mid N_0(\dot{\varepsilon}_1 + \dot{\varepsilon}_2) - M_0(\dot{\kappa}_1 + \dot{\kappa}_2) \mid\big] \tag{7.6.7}$$

**2. 壳体极限分析的例子**

(1) 圆柱夹层壳受径向载荷的作用

作为上述理论分析的应用例子,先来考虑一个圆柱壳,其平均半径为 $a$,厚度为 $h$,受到一轴对称的径向分布压力作用,该压力可以随轴向坐标 $z$ 变化。如图 7.22 所示,由于轴对称性,中曲面位移仅有径向位移分量 $u(z)$ 和轴向位移分量 $w(z)$。根据直法线假设,壳体上微小角 $\mathrm{d}\theta$ 弧段上的位移存在如下关系式(符号见图 7.22)。

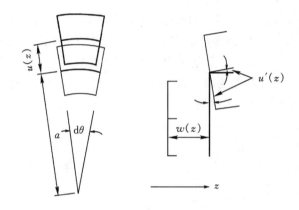

图 7.22 圆柱壳在径向载荷下的位移

$$u_r(r,z) = u(z), \quad u_\theta(r,z) = 0$$
$$u_z(r,z) = w(z) - (r-a)u'(z)$$

相应地,非零的应变分量为

$$\varepsilon_\theta = \frac{u}{r} \approx \frac{u}{a}$$

$$\varepsilon_z = w' - yu''$$

上式中 $y = r - a$。壳体单位面积上的内力功率为

$$\int_{-h/2}^{h/2} (\sigma_\theta \delta\varepsilon_\theta + \sigma_z \delta\varepsilon_z)\mathrm{d}y = N_\theta \frac{\delta u}{a} + N_z \delta w' + M_z \delta u''$$

上式中

$$N_\theta = \int_{-h/2}^{h/2} \sigma_\theta \mathrm{d}y, \quad N_z = \int_{-h/2}^{h/2} \sigma_z \mathrm{d}y, \quad M_z = -\int_{-h/2}^{h/2} y\sigma_z \mathrm{d}y$$

即存在三个广义应力,它们对应的广义应变为 $\varepsilon_\theta = u/a, \varepsilon_z = w', \kappa_z = u''$。由于存在 $\kappa_\theta = 0$(因为要求在变形后圆形仍保持为圆形),所以 $M_\theta$ 不再是广义应力。这样,屈服条件即由式 $(7.6.4)_{1,2}$ 和式(7.6.6a)～式(7.6.6d)规定,其中取 $N_1 = N_z, N_2 = N_\theta, M_1 = M_z$。

其塑性比功率为

$$D_p = \frac{1}{4}\Big[2N_0 \frac{\mid \dot{u} \mid}{a} + \mid N_0 \frac{\dot{w}'}{a} + M_0\ddot{u}'' \mid + \mid N_0 \frac{\dot{w}'}{a} - M_0\dot{u}'' \mid$$

$$+|\ N_0(\frac{\dot{u}}{a}+\dot{w}')+M_0\dot{u}''\ |+|\ N_0(\frac{\dot{u}}{a}+\dot{w}')-M_0\dot{u}''\ |]\tag{7.6.8}$$

根据虚功原理,可以推导出平衡方程。当壳体轴线处于区域$-L\leqslant z\leqslant L$,内力虚功为

$$\delta W_{\rm i}=2\pi a\int_{-L}^{L}(N_\theta\frac{\delta u}{a}+N_z\delta w'+M_z\delta u'')\mathrm{d}z$$

采用分部积分可得

$$\delta W_{\rm i}=2\pi a\{(M_z\delta u'-M'_z\delta u+N_z\delta w)\ |_{-L}^{L}+\int_{-L}^{L}[(M''_z+\frac{N_\theta}{a})\delta u-N'_z\delta w]\mathrm{d}z\}$$

假设壳体不仅受到径向压力$p$(朝外为正),还在$z=L$处受弯矩$M_z^+$、轴向力$N_z^+$和剪力$Q_r^+$的作用,以及在$z=-L$处受$M_z^-$,$N_z^-$和$Q_r^-$的作用,那么外力所作的虚功为

$$\delta W_{\rm e}=2\pi a[\int_{-L}^{L}p\delta u\mathrm{d}z+N_z^+\delta w+M_z^+\delta u'(L)+Q_r^+\delta u(L)$$
$$-N_z^-\delta w(-L)-M_z^-\delta u'(-L)-Q_r^-\delta u(-L)]$$

令内外功相等,可得如下平衡方程

$$N'_z=0,\quad M''_z+\frac{N_\theta}{a}=p\tag{7.6.9}$$

和边界条件

$$(M_z-M_z^\pm)\delta u'=0,\quad(M'_z+Q_r^\pm)\delta u=0,\quad(N_z-N_z^\pm)\delta w=0,\quad 当 z=\pm L$$

还需注意,轴向端部外力必须大小相等且符号相反,以保证平衡。如果它们等于零,则壳体处处有$N_z=0$。

对于端部不受外力的壳体,前述的分段线性屈服条件进一步简化为$N_\theta M_z$平面上的一个六边形,它由下面三组平行线段围成

$$|\ m\ |=1,\quad|\ 2n+m\ |=2,\quad|\ 2n-m\ |=2\tag{7.6.10}$$

式中:$m=M_z/M_0$;$n=N_\theta/N_0$,如图7.23所示。该图中同时显示了精确的非线性屈服条件、简化的矩形屈服条件(即$|m|\leqslant1,|n|\leqslant1$)。端部无外力的壳体的塑性耗散功可以类似加以确定,其结果为

$$D_{\rm p}=\frac{1}{2}(N_0\ \frac{|\ \dot{u}\ |}{a}+|\ N_0\ \frac{\dot{u}}{2a}+M_0\dot{u}''\ |+|\ N_0\ \frac{\dot{u}}{2a}-M_0\dot{u}''\ |)\tag{7.6.11}$$

对于落在图7.23所示斜线$AB$、$BC$、$DE$和$EF$上的点,对应的广义应力$N_\theta$可以用$M_z$来表示,将其代入平衡方程式(7.6.9),可以得到一个关于$M_z$的线性偏微分方程,加上具体的边界条件即可求解。再根据正交流动法则的要求,沿着这些斜线有$2M_0\dot{u}''=\pm N_0\dot{u}/a$,则塑性耗散功恰为$N_0|\dot{u}|/a$。对于角点$B$和$E$,可以得到相同的结果。对于斜线$AF$和$CD$,正交法则要求$\dot{u}/\dot{u}''=0$,速率非零意味着只能有$\dot{u}''=\pm\infty$,这表示形成了一个塑性铰圆。

这里有一个简单的特殊情形。如果圆柱壳端部无外加载荷,压力$p$为恒值,那么有$M_z=0$,屈服条件简化为$|N_\theta|=N_0$,则极限压力变为$|p_0|=N_0/a$。

Hodge还推导给出了端部固支的受压柱壳的极限载

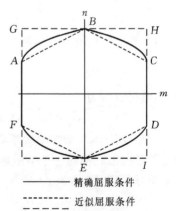

图7.23　端部不承受外力时
柱壳的屈服条件

荷解。在这种情况下,圆柱的中央部分处于 $DE$ 段表示的区域内,外侧部分处于 $EF$ 区域,边界位于 $z=\pm\eta L$ 处。Hodge 定义了一个壳的无量纲参数 $\omega$,即

$$\omega^2 = \frac{N_0 L^2}{2M_0 a}$$

得到的参数 $\eta$ 和无量纲极限载荷 $\bar{p}=p_0 a/N_0$ 是关于 $\omega$ 的隐式函数,其结果为

$$\left.\begin{array}{l} \sinh\omega\eta = \dfrac{\sin\omega(1-\eta)}{\sqrt{2}\cos\omega(1-\eta)+1} \\[3mm] \bar{p} = \dfrac{2-\cos\omega(1-\eta)}{2[1-\cos\omega(1-\eta)]} \end{array}\right\} \quad \text{当 } \omega \leqslant 1.65 \text{ 时}$$

$$\left.\begin{array}{l} \tan\omega(1-\eta) = \coth\omega\eta \\[3mm] \bar{p} = 1 + \dfrac{1}{2(2\cosh\omega\eta-1)} \end{array}\right\} \quad \text{当 } \omega > 1.65 \text{ 时}$$

有关的详细推导过程请参见参考文献[27]。

(2) 圆柱夹层壳受环形载荷的作用

第二个例子是端部自由的柱壳,在 $z=0$ 处受径向朝内的环形载荷作用,单位周向长度上的载荷为 $F$,即

$$p(z) = -F\delta(z)$$

这里,$\delta(\cdot)$ 是狄拉克 $\delta$ 函数,它有下面的关系式

$$\delta(z) = \frac{1}{2}\frac{\mathrm{d}}{\mathrm{d}z}\mathrm{sgn}z = \frac{1}{2}\frac{\mathrm{d}^2}{\mathrm{d}z^2}\,|\,z\,|$$

根据该问题的特点,可以假设初始的周向应力为受压,即 $N_\theta \leqslant 0$。就其塑性失稳而言,它应该与载荷在表面的具体施加方式,即是施加在圆环区域还是以静力等效的方式均匀施加在该表面的关系不大。这样,当柱壳很短时,可以近似取 $F_0 = 2N_0 L/a$,同时可忽略弯曲效应。

如果考虑弯曲效应,至少在柱壳体中部会有 $M_z \geqslant 0$。假设壳整体处于塑性状态,不妨令其处于图 7.23 的 $AB$ 区域内。通过消去 $N_\theta$,可以得到如下关于 $m(\zeta)$ 的无量纲偏微分方程

$$m''(\zeta) + \omega^2 m(\zeta) = 2\omega^2 - 4\omega^2 f\delta(\zeta)$$

上式中,无量纲变量 $\zeta=z/L$,参数 $f=Fa/(2N_0 L)$,$\omega$ 的定义同前。这个方程的通解是关于 $\zeta$ 的偶函数,为

$$m(\zeta) = 2 - 2\omega f\sin(\omega\,|\,\zeta\,|) + C\cos\omega\zeta$$

式中:$C$ 为一任意常数。根据自由端边界条件 $m(1)=m'(1)=0$,可得 $C=-2\cos\omega$,以及

$$f = \frac{\sin\omega}{\omega} \tag{7.6.12}$$

这样,解可以写为

$$m(\zeta) = 2[1-\cos\omega(1-|\,\zeta\,|)]$$

根据 $0\leqslant m\leqslant 1$ 的取值要求,上述解仅对 $\omega\leqslant\pi/3$ 时适用。对于很短的柱壳,方程(7.6.12)给出的是极限载荷的一个下限解。尤其当取极限 $\omega\to 0$ 时,有 $f=1$。但是,与之关联的机动场比较容易找到,即为

$$\dot{u}(\zeta) = -v_0\cos\omega\zeta \tag{7.6.13}$$

不难验证,这个速度场对应的广义应变速度满足 $AB$ 区域的正交流动法则。因此,方程(7.6.12)给出的是当 $\omega\leqslant\pi/3$ 时的极限载荷。或者,可以直接对速度场(7.6.13)应用上限定理。单位

长度的塑性耗散为 $2\pi N_0|\dot{u}|$，外力功率为 $2\pi a F v_0$，只要 $\dot{u}(\zeta)$ 不改变符号，上限解就是式(7.6.12)，也即要求 $\omega \le \pi/2$。因此，解答(7.6.12)是 $\pi/3 \le \omega \le \pi/2$ 区间内的一个上限解。该区间内一个更好的上限解可以采用下面的方法获得。假设在 $\zeta = 0$ 处形成塑性铰圆时的速度场为

$$\dot{u}(\zeta) = -v_0(\cos\omega\zeta + \beta\sin\omega|\zeta|)$$

该塑性铰圆的附加塑性耗散功为 $4\pi a M_0 \beta v_0/L = 2\pi N_0 L \beta v_0/\omega^2$。由内外功率相等的条件可得

$$f = \sin\omega - \frac{\beta}{2\omega^2}(1 - 2\cos\omega)$$

这里同样要求 $\dot{u}$ 不改变符号，即 $\beta \le \omega\cot\omega$。采用此 $\beta$ 极限值，给出的 $f$ 的最小值为

$$f = \frac{2 - \cos\omega}{2\omega\sin\omega}$$

它小于式(6.7.12)在 $\pi/3 \le \omega \le \pi/2$ 区间内的 $f$ 值。

当 $\omega > \pi/3$ 时，下限解可以如下确定，即假设在 $|\zeta| < \eta$ 时有

$$m(\zeta) = 2 - \cos\omega\zeta - 2\omega f \sin(\omega|\zeta|)$$

这里 $\eta$ 的取值应保证 $m(\eta) = m'(\eta) = 0$，而且，当 $\zeta| > \eta$ 时有 $N_\theta = 0$，$N_z = 0$。关于 $\eta$ 的取值条件，要求有 $\omega\eta = \pi/3$ 和 $f = \sqrt{3}/(2\omega)$，或者以有量纲的形式表示为

$$F = \sqrt{\frac{6M_0 N_0}{a}} \tag{7.6.14}$$

可以看到，该解答与长度无关。但是，随着长度的增加，上下限解之间的偏差会变大。

对于较长的柱壳，采用六边形屈服条件来求解比较困难。对于无限长柱壳，Drucker[30] 得到了其塑性极限载荷，即

$$F = 2\sqrt{\frac{3M_0 N_0}{a}} \tag{7.6.15}$$

或者 $f = \sqrt{3/2}/\omega$。这一极限载荷对应于如下的力矩分布

$$m(\zeta)\begin{cases} = 2 - \cos\omega\zeta - \dfrac{\sqrt{6}}{\omega}\sin\omega|\zeta|, & 0 \le |\zeta| \le \zeta_1 & (AB) \\ = -2 + \cosh\omega(|\zeta| - \zeta_2), & \zeta_1 \le |\zeta| \le \zeta_3 & (BC) \\ = -2 + 2\cos\omega(|\zeta| - \zeta_4), & \zeta_3 \le |\zeta| \le \zeta_4 & (DE) \\ = 0 & \zeta_4 \le |\zeta| & (\text{不变}) \end{cases}$$

上式中

$$\omega\zeta_1 = \arccos\frac{2 + 3\sqrt{2}}{7} = 0.469, \quad \omega(\zeta_2 - \zeta_1) = \text{arccosh}2 = 1.317$$

$$\omega(\zeta_3 - \zeta_2) = \frac{1}{2}\text{arccosh}4 = 1.032, \quad \omega(\zeta_4 - \zeta_3) = \frac{1}{2}\arccos\frac{1}{4} = 0.659$$

不难求得 $\omega\zeta_4 = 3.477$。因此，上述解答对 $\omega \ge 3.477$ 有效。注意到 $m(0) = 1, m(\zeta_2) = -1$，因此，在这些点处形成了塑性铰。在 $\zeta_3$ 处周向应力 $N_\theta$ 由负值突然变为正值，在 $\zeta_4$ 处，重新变回为零。

如果将屈服条件用矩形 $|M_z| \le M_0$，$|N_\theta| \le N_0$ 来代替，则求解过程中的数学困难会大大降低。Eason 和 Shield[31] 采用此屈服条件求得了各种长度柱壳的完全解，且不要求载荷必须位于中央部位。由于该矩形外接于六边形屈服线，由此得到的极限载荷是按六边形屈服条件

确定的极限载荷的上限解。进一步地,如果取一内嵌于该六边形的矩形,其角点为($\pm M_0'$, $\pm N_0'$),则可以求得极限载荷的下限解,且可以通过选择 $M_0'$ 和 $N_0'$ 的取值,来找到最大的下限解。

采用矩形屈服条件,无论机动场还是静力场均容易确定。矩形的 $|M_z| = M_0$ 边界对应于塑性铰圆(与六边形类似),而 $|N_\theta| = N_0$ 边界则表示速度 $\dot{u}$ 随位置线性变化的情形。在每一条边上,$M_z$ 和 $N_\theta$ 是关于 $z$ 的多项式函数。

Eason 和 Shield 得到的轴对称问题的解为

$$f = \frac{1}{2}\left(\frac{1}{\omega^2} + 1\right), \quad \text{当 } \omega \leqslant 1 + \sqrt{2}$$

$$f = \frac{\sqrt{2}}{\omega}, \qquad \text{当 } \omega \geqslant 1 + \sqrt{2}$$

后一个解等同于

$$F = 4\sqrt{\frac{M_0 N_0}{a}} \qquad\qquad (7.6.16)$$

它与长度无关。上式也给出了下限解

$$F = 4\sqrt{\frac{M_0' N_0'}{a}}$$

其中

$$\frac{M_0'}{M_0} + 2\frac{N_0'}{N_0} \leqslant 2, \quad M_0' \leqslant M_0$$

该下限解在 $M_0' = M_0$,$N_0' = \frac{1}{2}N_0$ 时取得最大值,且等于 $2\sqrt{2M_0 N_0/a}$。这些上下限涵盖了 Drucker 得到的关于长柱壳的极限载荷解(7.6.15)。

(3) 球形盖受压力载荷的作用

对于旋转壳问题,一般来说,全部四个广义应力都会起作用。而上述解答中忽略了其中一个广义应力,因此,采用的是一种近似的理论方法,它的适用性肯定是有限的。另一方面,Hodge 研究发现,对于旋转壳体,式(7.6.4)表示的四维分段线性屈服轨迹上一点,只有当其位于十二个超平面当中某两个平面相交的棱线上时,才对应着塑性变形;而且,其中一个代表顶部壳层的屈服,另一个代表底部壳层的屈服。这样,广义应力就满足两个屈服条件和两个平衡方程,该问题是"静定"的;加上还有两个关于广义应变速率的正交性条件,由于应变速率是从两个速度分量导出的,该问题也是"动定的"。

这里考虑一个球形盖,半径为 $a$,夹角为 $2\varphi_0$,如图 7.24 所示,边界处固定,径向受均匀压力 $p$ 作用。

如将径向位移记为 $u_r = u$,子午线方向位移 $u_\varphi = v$,则广义应变为

$$\varepsilon_\theta = \frac{u + v\cot\varphi}{a}, \qquad \varepsilon_\varphi = \frac{u + v'}{a},$$

$$\kappa_\theta = \cot\varphi\,\frac{u' - v}{a^2}, \qquad \kappa_\varphi = \frac{u'' - v'}{a^2}$$

这里 $(\cdot)' = \mathrm{d}(\cdot)/\mathrm{d}\varphi$。

为寻求极限压力的上限解,假设取如下形式的速度场

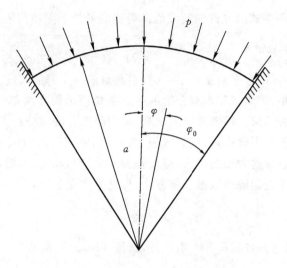

图 7.24　受外压的球形盖

$$\dot{u} = -v_0(\cos\varphi - \cos\varphi_0), \quad \dot{v} = 0$$

相应的广义应变速率为

$$\dot{\varepsilon}_\theta = \dot{\varepsilon}_\varphi = -\frac{v_0}{a}(\cos\varphi - \cos\varphi_0), \quad \dot{\kappa}_\theta = \dot{\kappa}_\varphi = \frac{v_0}{a^2}\cos\varphi$$

由式(7.6.7),塑性耗散比功率等于

$$D_\mathrm{p} = N_0 v_0 \big[\, |\cos\varphi_0 - (1-k)\cos\varphi| + |(1+k)\cos\varphi - \cos\varphi_0| \,\big]$$

$$= \begin{cases} 2N_0 v_0(\cos\varphi - \cos\varphi_0), & 0 \leqslant \varphi \leqslant \varphi^* \\ 2kN_0 v_0 \cos\varphi, & \varphi^* \leqslant \varphi \leqslant \varphi_0 \end{cases}$$

其中

$$k = \frac{M_0}{N_0 a}, \quad \cos\varphi^* = \frac{\cos\varphi_0}{1-k}$$

另外,由于在边界 $\varphi = \varphi_0$ 处 $\dot{u}'$ 不等于零,该处形成了一个塑性铰圆,有附加的塑性耗散,其大小为 $M_0 v_0 \sin\varphi_0/a = kN_0 v_0 \sin\varphi_0$。这样,总的内功率为

$$\dot{W}_\mathrm{i} = 2\pi a^2 \int_0^{\varphi_0} D_\mathrm{p} \sin\varphi \mathrm{d}\varphi + 2\pi a k N_0 v_0 \sin^2\varphi_0$$

外功率为

$$\dot{W}_\mathrm{e} = 2\pi a^2 \int_0^{\varphi_0} p\dot{u} \sin\varphi \mathrm{d}\varphi = \pi a^2 p v_0(1 - \cos\varphi_0)^2$$

令 $\dot{W}_\mathrm{i} = \dot{W}_\mathrm{e}$,可得到上限解为

$$p = 2\frac{N_0}{a}\Big[1 + k\frac{1+\cos\varphi_0}{1-\cos\varphi_0} + \frac{k^2}{1-k}\Big(\frac{\cos\varphi_0}{1-\cos\varphi_0}\Big)^2\Big], \quad \cos\varphi_0 \leqslant 1-k$$

$$p = 4k\frac{N_0}{a}\frac{1+\cos\varphi_0}{1-\cos\varphi_0}, \quad \cos\varphi_0 \geqslant 1-k$$

为寻求下限解,可令壳体的应力场为简单薄膜受压情形,即 $N_\theta = N_\varphi = -N_0, M_\theta = M_\varphi = 0$。相应的压力载荷下限为 $p = 2N_0/a$。对于夹角足够小的球形盖,Hodge 找到了一个更好的下限解。他假定 $N_\theta, N_\varphi, M_\theta$ 和 $M_\varphi$ 是关于 $\varphi$ 的正弦函数,将其代入平衡方程,再通过选择自由系数

来使压力 $p$ 取得屈服不等式所允许的最大值。得到的最佳下限功荷解为

$$\frac{pa}{N_0} = 2 + \frac{1}{1-\cos\varphi_0}\left[1 - \sqrt{(\frac{1-k}{1+k})^2 + 4(\frac{1-\cos\varphi_0}{1+\cos\varphi_0})^2}\right]$$

很显然,当且仅当其平方根号下的量小于 1 时,它是对前一个解的改进。

最后值得指出的是,第 6 章和本章介绍的主要是典型结构在简单载荷条件下所获得的极限分析方面的一些解析结果。根据现有的文献,采用极限与安定分析方法,已经对大量的典型结构和载荷条件获得了若干解析解,例如方板、带孔板、锥形壳、圆球、弯管、三通、含缺陷或裂纹的部件等。如果读者有这方面的需求,可以查阅文献[24,25]。当然,对于实际结构或部件,更多的时候需要借助于近似解或数值求解方法,详见参考文献[24]。

<h2 style="text-align:center">习　题　7</h2>

**7.1**　圆板受到以下四种载荷和支承条件,试按 Tresca 屈服条件分别确定其极限载荷。

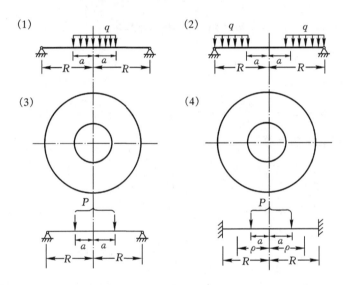

题 7.1 图

**解答**　(1) $q_p = \dfrac{6M_p R}{a^2(3R-2a)}$;(2) $q_p = \dfrac{6M_p}{R^2-3a^2+2a^3/R}$;(3) $P_p = \dfrac{2\pi M_p R}{R-a}$;(4) 提示:从

$\ln\dfrac{R}{\rho} = \dfrac{\rho}{a} - 1$ 解出 $\rho$,代入 $P = \dfrac{2\pi M_p \rho}{\rho-a} = 2\pi M_p(1-\dfrac{1}{\ln\rho/R})$ 即可得到极限载荷。

**7.2**　环形板受到以下两种载荷和支承条件,试按 Tresca 屈服条件分别确定其极限载荷。

**提示**　可以借鉴塑性铰线方法,假设速度场为漏斗状的截头圆锥面。解答分别为:

$$(1)\ q_p = \frac{6M_p}{R^2+Ra-2a^2};(2)\ q_p = \frac{4M_p\ln R/a}{2R^2\ln R/a+a^2-R^2}。$$

**7.3**　边长为 $a$ 的正方形板,四边简支,板中央作用一集中力,请用上限法确定其极限载荷。

**7.4**　如图所示,边长为 $a$ 和 $b$ 的矩形板,三边简支,一边自由,承受垂直于板面的均布载荷 $q$ 作用,试按图示的破坏矩形确定板的极限载荷上限,并讨论破坏机构与 $a/b$ 的关系。

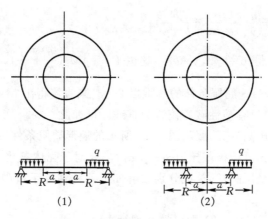

题 7.2 图

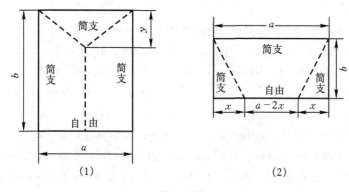

题 7.4 图

**解答**

(1) 当 $y=\dfrac{a^2}{4b}+\left[-1+\sqrt{1+12\dfrac{a^2}{b^2}}\right]$，$q_+=\dfrac{48b^2 M_p}{a^2\left[36b^2+a^2-a\sqrt{a^2+12b^2}\right]}$；

(2) 当 $x=b\left[-\dfrac{2b}{3a}+\sqrt{\dfrac{4b^2}{9a^2}+1}\right]$，$q_+=\dfrac{8\left[\sqrt{4b^2+9a^2}+2b\right]}{3a^2 b}$。

**7.5**　试求图中简支矩形板上任意点$(x,y)$受集中载荷作用的上限解。

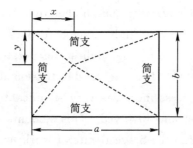

题 7.5 图

**解答**　$P_+ = M_p(\dfrac{b}{x} + \dfrac{a}{y} + \dfrac{b}{a-x} + \dfrac{a}{b-y})$;

由 $\dfrac{\partial P_+}{\partial x} = 0, \dfrac{\partial P_+}{\partial y} = 0$ 得 $x = a/2, y = b/2$,这里 $P_+ = 4M_p(\dfrac{b}{a} + \dfrac{a}{b})$,与式(7.3.1)相同。

**7.6**　是否可以将 Tresca 屈服条件的解乘以 $2/\sqrt{3}$,来直接得出 Mises 屈服条件下的解?

**提示**　在机动解法中只有塑性破坏铰线为直线才可如此。

**7.7**　端部固定的受压圆柱壳,服从图 7.23 所示的矩形屈服条件,试确定其极限载荷的完全解,并以图形方式表示无量纲极限压力 $\bar{p} = p_0 a/N_0$ 相对于壳体参数 $\omega$ 的变化情况。

**7.8**　与上题相同的受压圆柱壳,试分别求解如下两种情况下极限载荷的完全解,并以图形方式表示结果。

(1) 一端固定,另一端自由;(2) 两个端部均简支。

**英文阅读材料 7**

It is now well-known that thin film materials are much stronger than their bulk counterparts. The high strengths can be caused, in part, by the fine grain sizes commonly found in thin films. However, single crystal thin films are also much stronger than bulk materials [1]. Venkatraman and Bravman [2], for example, have shown that both film thickness and grain size make important contributions to flow strength of Al films on Si substrates. They showed that the film strength varies inversely with the film thickness, both for very coarse grained samples, in which the grain size makes no contribution to the strength, and for fine grained samples. In the present paper we focus our attention on the dislocation processes responsible for these film thickness strengthening effects.

Figure 1 shows the type of experiment commonly used to study plastic deformation and strain hardening in thin metal films. The figure shows how the biaxial stresses in Al and Cu films on Si substrates change during thermal cycling. Because of differences in thermal expansion, the metal films are forced to deform in biaxial compression and tension, respectively, as the bilayer structures are heated and cooled. The tension stresses at room temperature reach several hundred MPa, much higher stresses than could be sustained by these pure metals in bulk. Even at very high temperatures, the compressive stresses are about 100 MPa, at least an order of magnitude higher than the flow stresses for bulk pure metals. The figure also shows the very high strain hardening rates exhibited by thin metal films on substrates. On cooling from the highest temperatures, the films first deform elastically and then, at about 300℃, begin to yield in tension at about 100 MPa. On cooling to room temperature the flow stress increases very significantly, up to 200—300 MPa, in spite of the very small plastic strains involved. This amounts to a very high rate of strain hardening, very much higher than the Stage II rate of work hardening for these metals, for example. Our treatment of the strength of thin metal films on substrates will include a discussion of these high rates of strain hardening.

To understand dislocation strengthening in thin films on substrates it is instructive to

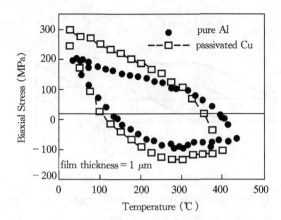

Fig. 1　Stress-temperature plots for Al and Cu thin films on a Si substrate.
High strengths and high strain hardening rates are indicated. (Data
provided by R. P. Vinci, Stanford University.)

consider how a single dislocation might move on its slip plane within the film. Figure 2 shows the motion of a dislocation in a single crystal film subjected to a simple in-plane biaxial loading. Because the dislocation is confined to move in the film and not in the substrate, a "misfit" dislocation will be deposited near the film/substrate interface as the dislocation glides on its slip plane. This situation is like the process of strain relaxation in heteroepitaxial thin films, except that the metal film considered here need not be epitaxial with the substrate. Matthews et al. [3] were the first to show that a critical stress is needed to create misfit dislocations by the process shown in Fig. 2. Freund [4~5] later analyzed the stability of such dislocation structures and derived a rigorous relationship for the critical stress needed to cause dislocation motion in thin films. For the coordinate system shown in Fig. 2, and using the RH/SF convention for the Burgers vector and the sense vector shown, the critical stress for dislocation motion in the film was shown by Freund [5] to be

$$\sigma = -\frac{\mu}{4\pi h b_1 (1-\nu)} \left\{ [b_1^2 + b_2^2 + (1-\nu)b_3^2] \lg\left(\frac{2h}{b}\right) - \frac{1}{2}(b_1^2 + b_2^2) \right\} \tag{1}$$

where $b_i$ are the components of the Burgers vector ($b_1$ is negative for the dislocation shown in Fig. 2), $\mu$ and $\nu$ are the elastic shear modulus and Poisson's ratio, respectively, of both film and substrate and $h$ is the film thickness. A dislocation core cut-off radius of $b$ is taken in this relation. A relation similar to this was given by Embury and Hirth [6], based on earlier work of Ashby [7]. For the case of an unpassivated (111) oriented film (typical for FCC metal films) with slip on the $<011>\{111\}$ slip system, Freund's formula can be used to determine the critical biaxial stress needed to move the dislocation against the drag force associated with the misfit dislocation. Using $b_1 = -b/2\sqrt{3}$, $b_2 = b\sqrt{2}/\sqrt{3}$ and $b_3 = -b/2$, the result is

$$\sigma_c = -\frac{\sqrt{3}\mu b}{8\pi(1-\nu)h}\left[(4-\nu)\lg\left(\frac{2h}{b}\right)-\frac{3}{2}\right] \tag{2}$$

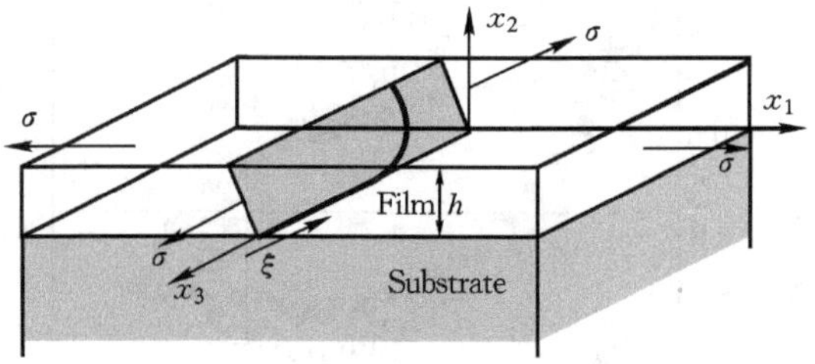

Fig. 2　Motion of a threading dislocation segment in a thin film
leaving a misfit dislocation in its wake.

We see immediately that the film strength depends strongly on the film thickness, varying approximately inversely with the film thickness, $h^{-1}$. Indeed, this dependence on film thickness is in close agreement with the experiments of Venkatraman and Bravman [2]. This equation predicts a biaxial strength of 23 MPa for a 1 $\mu$m thick Al film. As discussed below, this prediction increases by about a factor of two when the effect of the $Al_2O_3$ scale on the surface of Al is taken into account, because a dislocation dipole is created in the film as the dislocation moves and because the dislocations are repelled from the substrate and the $Al_2O_3$ scale. The higher strengths shown in Fig. 1 are caused both by dislocation interactions and grain size effects. In the present paper we study the effects of passivation and dislocation interactions on the strength of metal films on substrates. We also consider the effects of elastic rigidity of the substrate and passivation on the strength. As discussed below, we make use of a very simple dislocation model to study these effects.

(摘自论文 W. D. Nix. Yielding and strain hardening of thin metal films on substrates. *Scripta Materialia*, Volume 39, Issues 4 – 5, 1998, Pages 545 – 554.)

### 塑性力学人物 7

#### William Prager(威廉・普拉格)

William Prager (1903—1980), professor of applied mathematics, was born in Karlsruhe, Germany. He was educated at the Institute of Technology at Darmstadt and became a professor in the Institute of Technology at Karlsruhe and a consultant to the Fiesler Aircraft Company at Kassel. In the early 1930s Prager was already a recognized expert in the fields of vibrations, plasticity, and the theory of structures. He served as acting director of the Institute of Applied Mathematics at the University of Göttingen, but was dismissed in 1933 for his anti-Nazi views. At 30 he was so well known that the offer of the professorship of mechanics at Istanbul University allowed him four years to learn Turkish so that he could lecture. He learned in two years and wrote four mathematical texts in Turkish.

In 1941, Prager created the Applied Mathematics Division at Brown University. In 1965 he left Brown to become professor of applied mechanics at the San Diego campus of the University of California. At the age of 68 he accepted the highest honor of the American Society of Mechanical Engineers, "*for distinguished contributions to the theory and practice of engineering through his original research and his inspirational teaching, and particularly for his world-wide leadership in the field of theoretical and applied mechanics.*" At that time he was also still continuing to teach and, at his own request, was teaching a freshman engineering course. He liked freshmen because "*The challenge with older students is to open their minds to new viewpoints. But, freshmen, ah, they are a pleasure to instruct.*"

The Society of Engineering Science has awarded the Wiliam Prager Medal in Solid Mechanics since 1983 in his honor.

# 第8章　率相关塑性本构关系

前述各章所建立的塑性本构理论可以归类为率无关塑性本构理论(rate-independent plasticity)，它们均假设塑性变形是与时间无关的。但是，在很多物理环境和条件下，并非总是可以忽略材料的粘性性质(viscosity)的。所谓粘性，指的是固体在加载时变形随时间的增长而增大的现象。这种变形在卸载后继续保留下来，固体不再恢复到加载前的状态。也就是说，一些情况下这种时间效应比较显著，且对变形存在强烈的影响。事实上，许多工程材料(包括金属、陶瓷、聚合物、复合材料、岩石、混凝土等)，在高温或高应变率条件下，表现出弹性、粘性和塑性性质，需要用弹-粘塑性模型来描述其变形，由此建立的力学特征的模型化理论称为粘弹塑性本构关系理论。作为经典塑性理论的一种后期发展，粘塑性本构理论能够描述材料在较高温度和较大应变率情形下的不可恢复变形，即蠕变和动态塑性变形。它已成为连续介质力学的一个重要分支，也是塑性力学中应用和研究十分活跃的内容，并且日趋重要。这里主要讨论两种情形，即：①较高温度（对常用金属和合金而言，高于其绝对熔化温度的 1/3）条件下的蠕变变形(creep)；②较高应变率(加载速率超过 100/s)下的变形，即动态变形(strain rate deformation)；并主要介绍如何对固体的这些与时间、应变率相关的非弹性变形行为建立理论模型和本构关系。

率相关塑性本构理论(rate-dependent plasticity)对于计算瞬时塑性变形十分重要。率无关塑性和粘塑性材料模型的主要差别在于，后者不仅在施加载荷时发生即时的永久变形，而且在所加载荷的影响下随着时间的推移继续经历蠕变流动。粘塑性理论可以看作为前述率无关塑性模型的一种相对简单的推广和发展，其中许多概念和方法是类似或者相同的。通常，粘塑性理论被应用于：计算材料和结构的永久变形；预测结构的塑性破坏；研究材料或结构的稳定性；碰撞仿真；处于高温下运行的部件，例如发动机涡轮；承受高应变率的结构和动力问题等。

粘塑性理论的发展可回溯至 1910 年 Andrade 提出关于瞬态蠕变的数学表述。1929 年，Norton 建立了将应力和稳态蠕变速率联系起来的一维阻尼器(dashpot)模型。1934 年，Odqvist 将所谓的 Norton 定律推广到三维情形。1932 年，Hohenemser 和 Prager 建立了第一个关于缓慢粘塑性流动的模型，该模型给出了所谓的不可压缩 Bingham 固体的应力偏量和应变率之间的关系式。这些理论直至 1950 年才开始得到应用，此时塑性极限定理被建立起来了（第 6 章内容）。1960 年召开的首届 IUTAM 结构蠕变国际研讨会上，集中展示了粘塑性理论的一些主要进展，包括 Hoff、Rabotnov、Perzyna、Hult 和 Lemaitre 等人提出的等向强化模型，Kratochvil、Malinini 和 Khadjinsky、Ponter 和 Leckie、Chaboche 等人的随动强化模型。他们阐述的概念和思想成为后来率相关塑性理论研究的基础。顺便说明一下，在对塑性和蠕变现象同时进行描述时，早期部分文献将塑性变形和蠕变变形看作两个相互独立的部分，假设存在下面的关系式

$$\varepsilon = \varepsilon^e + \varepsilon^p + \varepsilon^c$$

这种略显陈旧的处理方法不够科学，目前使用较少。

下面介绍蠕变和塑性动态变形方面的实验结果和小变形粘塑性本构关系的重要理论结

果。更为全面和完整的论述请参考专著：①贾乃文，粘塑性力学及其工程应用，1988；②MA Meyer，Dynamic behavior of materials，1994；以及 JL Chaboche 的综述性文章 A review of some plasticity and viscoplasticity constitutive theories，Int. J. Plasticity，2008，24：1642 –1693.

除非特别指出，本章使用的术语，"非弹性应变 $\varepsilon^{in}$""粘塑性应变 $\varepsilon^{vp}$""蠕变应变 $\varepsilon^{c}$""高应变率下塑性变形 $\varepsilon^{p}$"，均被认为属于塑性应变 $\varepsilon^{p}$。相对于前 7 章中传统意义上定义的常温准静态条件的塑性变形 $\varepsilon^{p}$，这一章讨论的 $\varepsilon^{p}$ 可看作是更宽泛意义的称谓。因为就其变形的本质特征而言，它们均产生的是某种不可恢复的变形。而之所以保留这些略有差异的术语，主要是基于各种本构理论得以建立的背景和来源，同时也为了与已有文献（包括教材、专著和论文等）中的习惯性命名保持一致，以方便读者进一步对照学习。

# 8.1　高温和高应变率下材料的变形特点

与绪论 1.1 小节相类似，材料变形在高温条件和高应变率时的实验结果是建立本构关系的重要依据。

### 1. 蠕变和应力松弛实验

固体材料在恒定应力作用下会发生缓慢的但是连续的塑性变形（这种变形在温度不太高或应力不太大的情况下慢得不易察觉），这种变形称为蠕变变形。对于碳素钢大致在 $300\sim350\ ℃$ 以上才出现蠕变效应；对于合金钢，大约在 $400\ ℃$ 以上才出现。而例如铅、锡等金属或者一些聚合物，在室温下就会产生蠕变过程。

蠕变实验一般在恒定应力下测量其应变响应，通常用"变形-时间"（$\varepsilon - t$）曲线来表示。典型的蠕变曲线如图 8.1 所示，它描述了在恒定温度、恒定单轴拉应力作用下材料的变形随时间的变化规律。研究表明，典型蠕变曲线可以分为四个部分。

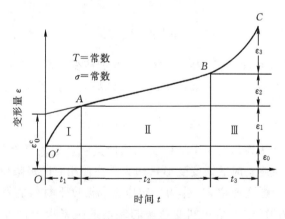

图 8.1　典型蠕变曲线

（1）瞬时伸长 $OO'$

它是在施加应力的瞬时发生的。如果外加应力超过金属在实验温度下的弹性极限，则这部分变形中既包括弹性变形，又包括（即时）塑性变形。

(2)蠕变第 I 阶段(曲线 $O'A$, primary creep stage)

它又称瞬态蠕变(transient creep)。这一阶段的蠕变是非稳定的蠕变阶段,开始蠕变速率很大,但应变率随时间增加而减小,有时也被称为蠕变减速阶段。

(3)蠕变第 II 阶段(曲线 $AB$, secondary creep stage)

它又称稳态蠕变阶段(steady state creep)。其特点是蠕变以近似固定的,但是在该应力和温度下是最小的蠕变速率进行,在蠕变曲线上表现为一直线段,因此又称恒速阶段。

(4)蠕变第 III 阶段(曲线 $BC$, tertiary creep stage)

它又称加速蠕变阶段(accelerating creep)。当蠕变进行到 $B$ 点之后,蠕变以迅速增大的速度进行,处于一种失稳状态,直至 $C$ 点发生断裂。

但是,在不同大小的应力或者温度环境下对应的蠕变曲线的特性和分段组合有所不同,并非所有蠕变曲线均包含全部 3 个阶段。在较低应力和温度下,第 II、III 阶段蠕变可能不会出现,而在较高应力或温度时,第 I 阶段蠕变量与时间的关系式接近于对数或幂函数,即

$$\varepsilon^c \propto \ln t \quad \text{或} \quad \varepsilon^c \propto t^a \tag{8.1.1}$$

式中:$a$ 是 0 和 1 之间的常数,且多为 1/3(此即 Andrade 蠕变定律)。上述对数形式和幂函数关系式一般分别在低于和高于再结晶温度时成立。

第 II 阶段蠕变速率与外加应力的关系可拟合为幂函数,即

$$\dot{\varepsilon}^c \approx A\sigma^m \tag{8.1.2a}$$

随应力的大小,$m$ 的取值大致有三种情况,即①应力较低时,$m \approx 1 \sim 2.5$;②中等程度时,$m \approx 2.5 \sim 7$;③应力较高时,$m$ 迅速增加,可能超过 $10 \sim 20$。亦可将式(8.1.2a)写为如下形式,即 Bailey-Norton 关系式

$$\sigma = C'(\dot{\varepsilon}^c)^{m'} \tag{8.1.2b}$$

文献中常常称 $m'$ 为应变率敏感性指数(strain-rate sensitivity)。$m'$ 的取值为 $0 \sim 1$。$m' = 0$ 表示与速率无关的情况,$m'$ 表示流动应力与应变率成线性关系,它等同于所谓的牛顿流体的粘性体,亦可写为

$$\sigma = \eta \dot{\varepsilon} = \eta \frac{d\varepsilon}{dt}$$

式中:$\eta$ 为粘性系数(粘度,viscosity),表示剪应力 $\tau$ 与剪应变速率 $\dot{\gamma}$ 之间的比例系数,它衡量着材料抵抗局部变形的能力的大小。如果在式(8.1.2b)基础上再考虑应变强化的影响,则有下面的关系式

$$\sigma = C''(\varepsilon^c)^n (\dot{\varepsilon}^c)^{m'} \tag{8.1.3}$$

蠕变第 III 阶段通常被认为是发生了结构变化致使其强度丧失乃至断裂的结果。因此,工程上一般将蠕变第 II 阶段终了时的蠕变变形量作为其在使用时的极限变形量,相应地,需要把蠕变第 II 阶段对应的最小蠕变速率 $\dot{\varepsilon}^c_{\min}$ 作为一定应力和温度下材料的特征。根据材料学者的研究结果,在一给定应力时,这个最小蠕变速率与温度的关系十分接近所谓的 Arrhenius(阿仑尼乌斯)方程(描述热激活物理过程的著名方程),即

$$\dot{\varepsilon}^c_{\min} = \dot{\varepsilon}_0 \cdot \exp\left(-\frac{Q}{kT}\right) \tag{8.1.4}$$

式中:$Q$ 为热激活能;$k$ 为 Boltzmann(玻耳兹曼)常数($1.38 \times 10^{-23}$ J/K);$T$ 为绝对温度。而当给定一温度,$\dot{\varepsilon}^c_{\min}$ 与应力的关系式近似为一指数函数(当应力较高时)或者幂函数 $\dot{\varepsilon}^c_{\min} \propto \sigma^q$

（$q<1$，当应力较低时）。后者被称为 Bailey-Norton-Nadai 关系式。

在给定一应力和温度组合时，下面的关系式常用来近似描述蠕变变形量

$$\varepsilon^c(t) = \varepsilon_0^c + \dot{\varepsilon}_{\min}^c \cdot t \tag{8.1.5}$$

上式中 $\varepsilon_0^c$ 取与材料真实蠕变曲线的直线段在弯折处的截距值。

如前所述，第 Ⅱ 阶段蠕变速率可表示为

$$\dot{\varepsilon}_{\text{Ⅱ}}^c = B(\sigma) \cdot \exp\left(-\frac{Q}{kT}\right) \tag{8.1.6}$$

$B(\sigma)$ 除了上述 Bailey-Norton 形式 $B(\sigma)=A\sigma^q$ 之外，还有 Garofalo 给出的关系式，即

$$B(\sigma) = A\left[\sinh\left(\frac{\sigma}{\sigma_0}\right)\right]^q \tag{8.1.7}$$

上式中的 $A,q,\sigma_0$ 均为与温度、应力相关的系数，可通过实验确定。

对于常温条件下服役的许多材料而言，当应力不超过其屈服应力时，这些率相关的非线性变形是不显著的。粘塑性理论中一个简单的理论模型是 Bingham 模型，其数学关系式为

$$\dot{\varepsilon} = \begin{cases} 0, & \text{当 } |\sigma| < \sigma_s \\ \left(1 - \dfrac{\sigma_s}{|\sigma|}\right)\dfrac{\sigma}{\eta}, & \text{当 } |\sigma| \geqslant \sigma_s \end{cases} \tag{8.1.8}$$

式中：$\eta$ 为粘性系数，屈服应力 $\sigma_s$ 与应力相关。Bingham 模型是最简单的粘塑性模型。8.3 小节中讨论如何将其推广到三维情形。

上面介绍的是单轴加载下的蠕变变形特点。实验表明，固体材料的蠕变行为与其微观结构（例如晶粒尺寸和分布）和成分是非常敏感的。已有的多轴比例加载蠕变实验发现，蠕变变形具有许多与前面章节中的率无关塑性变形相同的特征，包括：①蠕变状态时的体积变化近似不变，即同样满足体积不可压缩假设；②蠕变速率对静水压力不敏感；③主应变速率与主应力的方向一致；④蠕变流动同样遵从诸如 Lévy-Mises 流动法则。

应力松弛实验，如图 8.2 所示，是在施加一恒定应变状态下观察其应力随时间增长而下降的响应情况。$t=0$ 时，$\sigma=\sigma_0$，在恒定应变条件下，$\sigma$ 随 $t$ 增长开始快速降低（第 Ⅰ 阶段），然后应力下降逐渐缓慢并趋于恒定（第 Ⅱ 阶段），后一阶段接近平行于一渐近线。该渐近线所代表的应力 $\sigma_r$ 常被称为松弛极限。

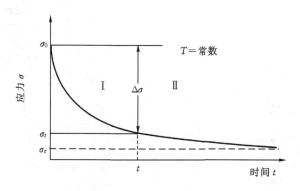

图 8.2　应力松弛曲线

不难理解，应力松弛现象发生的机理和蠕变是一致的，即在总应变保持不变的情况下，随

着 $t$ 的增长,蠕变的产生与增加使得总应变中的弹性应变量减小,导致了应力的松弛(因为弹性应变始终是与应力成正比的)。

蠕变和应力松弛现象均体现出材料的粘塑性响应,在文献中统一归结为材料的粘塑性行为。另外,值得指出的是,这两种物理现象对应的应变率约为 $10^{-9} \sim 10^{-5}$ $s^{-1}$,远低于常规的准静态实验(应变率约为 $10^{-5} \sim 10$ $s^{-1}$,一般使用蠕变试验机(应变率约为 $10^{-9} \sim 10^{-7} s^{-1}$)或者常规试验机(应变率约为 $10^{-7} \sim 10^{-5} s^{-1}$)进行测试。

### 2. 高应变率下的材料动态行为

为了了解固体材料在较高应变率条件下的动态变形特性,可以进行动态试验。根据应变率范围的不同,大致有低速动态实验(应变率约为 $10 \sim 10^3$ $s^{-1}$)、高速动态实验($10^3 \sim 10^5$ $s^{-1}$)以及高速碰撞、爆炸(应变率为 $10^5 \sim 10^7$ $s^{-1}$乃至更高)等超高速实验。目前在中、高应变率范围内已有比较成熟的实验技术,详见专著:余同希,邱信明,冲击动力学,2011。

早在 1909 年 Ludwik 就对金属锡线进行了动态拉伸实验,发现当加载速率提高时,得到的应力-应变曲线是逐渐提高的。图 8.3 为 1932 年 Deulter 对铜、铁等材料在不同应变率时的实验结果,图中 $\sigma_d$ 为动态屈服应力,$\sigma_s$ 为静态屈服应力。可以看到,当应变率增大时,屈服极限有所提高。图 8.4 为 Kolsky 采用分离式 Hopkinson 压杆技术(SHPB)测得的铜的实验曲线,这种技术是中等应变率 $10^2 \sim 10^4$ $s^{-1}$ 范围内一种普遍认可和广泛采用的动态特性测试技术。

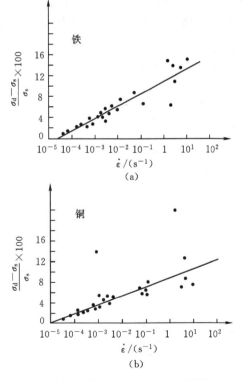

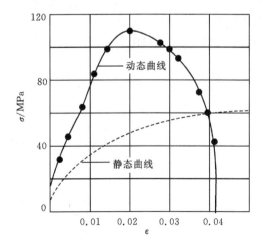

图 8.3　铁和铜在不同应变率下的屈服应力　　　图 8.4　铜在不同应变率下的应力-应变曲线

低碳钢的动态拉伸实验结果如图 8.5 所示。图 8.5(a)表明,随着应变率的提高,低碳钢的屈服应力和塑性变形阶段的流动应力均有所提高,但同时断裂应变减小,即韧性降低。图

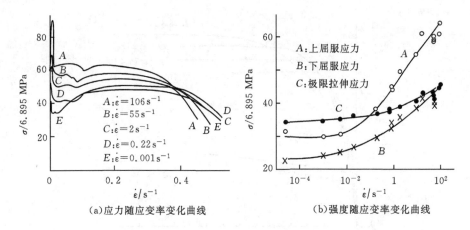

（a）应力随应变率变化曲线　　　　　　　　　　（b）强度随应变率变化曲线

图 8.5　低碳钢拉伸试验得到的应力和强度随应变率变化曲线

8.5(b)给出的是低碳钢的拉伸屈服应力和强度随应变率的变化规律，其中曲线 $A$ 代表上屈服应力，$B$ 代表下屈服应力，$C$ 代表极限拉伸应力（拉伸强度），三者均随应变率增加而提高。屈服应力和流动应力随应变率提高而提高的现象，统称为**应变率效应**。事实上，以铁为基础的合金均表现出这种应变率敏感性。图 8.6 汇总了众多学者利用不同的实验方法测得的低碳钢的单轴拉伸实验结果。可以发现，在相当大的应变率范围内（$10^{-4} \sim 10^4$ $s^{-1}$），低碳钢的无量纲化的动态屈服应力 $\sigma_d/\sigma_s$ 随着应变率的增加，大体呈现为一条上升的曲线，且随着应变率增加，动态屈服应力上升得更快。

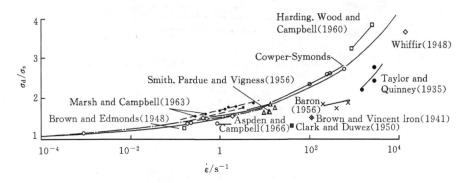

图 8.6　低碳钢单轴拉伸屈服应力随应变率变化规律

需要说明的是，有些材料的应变率效应并不显著。例如，铝合金材料 7075 - T6 在 $3 \times 10^{-2} \sim 5 \times 10^2$ $s^{-1}$ 应变率范围内的应力-应变曲线大体上是重合的，也就是说，该材料属于应变率不敏感材料。

Clifton 和 Li(1983)利用压力-剪切平板冲击实验测得了更高应变率下的应力-应变曲线，发现：①在快速加载条件下屈服极限有明显提高，而屈服的出现却有滞后现象（见图 8.7(a)）；②当应变率达到 $10^5$ $s^{-1}$ 量级时，1100 - 0 型铝合金的流动应力有大幅度提高（见图 8.7(b)）。图中，1 kbar=100 MPa。随着剪切应变率 $\dot{\gamma}$ 的增加，剪切力 $\tau$ 首先缓慢增加，但当 $\dot{\gamma}$ 达到 $10^5$ $s^{-1}$ 左右时，$\tau$ 急剧增大。这种显著的应变率"强化"现象，是常规的本构关系所难以描述的。

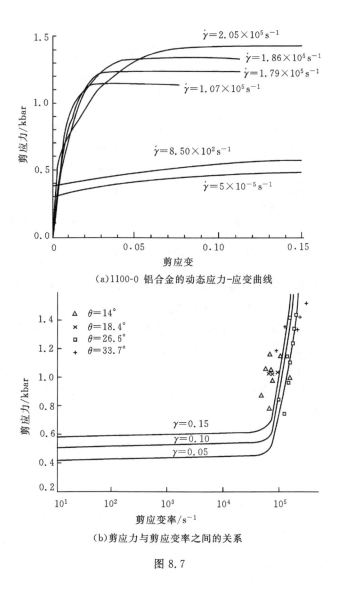

(a)1100-0 铝合金的动态应力-应变曲线

(b)剪应力与剪应变率之间的关系

图 8.7

根据已有的动态加载实验,可以总结出固体材料在高应变率下的一些主要特点。

① 屈服极限有明显的提高,而屈服相对滞后出现;

② 瞬时流动应力随着应变率的提高而提高,在同一应变下动态应力一般高于静态应力,尤其是应变率敏感材料。并且,各种工程材料均存在应变率敏感极限。对于一般金属这种极限大约是 $10^{-3}$ $s^{-1}$ 和 $10^{3}$ $s^{-1}$。低于 $10^{3}$ $s^{-1}$ 可认为是准静态情况,而高于 $10^{3}$ $s^{-1}$ 则应变率效应不太明显。这种应变率敏感性还与温度、内部结构状态等有密切关系。

③ 瞬时应力随着温度升高而降低。动态实验发现,低温和快速加载均可使材料的强度提高。

④ 存在应变率历史效应。当加载过程中应变率发生改变时,材料响应并不立即遵循改变后的应变率相对应的应力-应变关系。如图 8.8(a)中曲线 1,2 分别表示应变率为 $\dot{\gamma}_1$ 和 $\dot{\gamma}_2$ 时的 $\tau$-$\gamma$ 关系,实线表示应变率开始为 $\dot{\gamma}_1$,后来改变为 $\dot{\gamma}_2$ 所得的实验结果。这表明,材料对应

变率历史往往是有"记忆"的,这种现象称为**应变率历史效应**(strain-rate history effect)。有文献将这种实验称为"应变强化实验"(strain hardening test)。图 8.8(b)所示给出了当加载应变率由初始 $0.1\ s^{-1}$ 突然升高至 $100\ s^{-1}$ 并保持一段时间,之后又降回 $0.1\ s^{-1}$,继而再重复这一循环时,材料中实际发生的应力-应变响应曲线。图中,$1\ ksi = 6.895\ MPa$,可以看到,应变率的改变和应力响应之间存在一个明显的滞后。不难想象,即使引入一个率相关的屈服应力的概念,这种滞后现象也是难以用率无关塑性本构理论描述的。

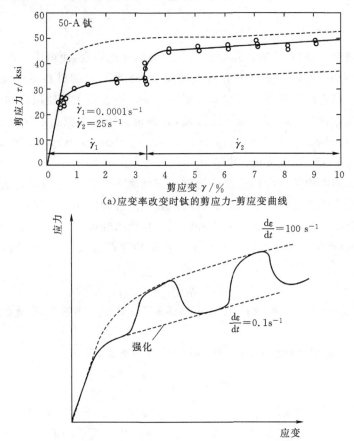

(a)应变率改变时钛的剪应力-剪应变曲线

(b)不同应变率下粘塑性材料的应力-应变响应(图中虚线表示应变率
保持恒定的响应,实线表示应变率突然改变时的响应)

图 8.8

从建立本构关系考虑,合理描述材料在不同温度、不同应变率情况下的塑性变形,通常采用率相关本构方程,一般来说,就是寻求应力 $\sigma$ 与应变 $\varepsilon$、应变率 $\dot\varepsilon$ 和温度 $T$ 之间的函数关系,即

$$\sigma = f(\varepsilon, \dot\varepsilon, T) \tag{8.1.9}$$

由于塑性变形是不可逆的且与变形路径相关,所以,上述关系式中还必须加入与变形历史有关的项,即

$$\sigma = f(\varepsilon, \dot\varepsilon, T, 变形历史) \tag{8.1.10}$$

许多学者提出了不同形式的理论和本构关系式,下面介绍目前获得广泛认可且最为常用的几类本构关系,依次分为经验型本构关系、粘塑性本构关系、物理型本构关系进行介绍。

## 8.2   经验型本构关系

我们知道,应力和应变均为二阶张量,各有 6 个独立分量,所以,式(8.1.9)和式(8.1.10)应该以张量形式给出。这里,可以利用前面定义的等效应力 $\sigma_i$(式(2.1.14))和等效应变 $\varepsilon_i$(式(2.3.12))以及等效应变率 $\dot{\varepsilon}_i$,将两式简化为标量形式。等效应变率 $\dot{\varepsilon}_i$ 的定义与 $\varepsilon_i$ 类似,为

$$\dot{\varepsilon}_i = \frac{\sqrt{2}}{3}\sqrt{(\dot{\varepsilon}_1 - \dot{\varepsilon}_2)^2 + (\dot{\varepsilon}_2 - \dot{\varepsilon}_3)^2 + (\dot{\varepsilon}_3 - \dot{\varepsilon}_1)^2} \tag{8.2.1}$$

由前述塑性理论已经知道,静水压力只产生弹性的体积应变,而剪应力产生塑性应变。因此,采用等效剪应力 $\tau_i$、等效剪应变 $\gamma_i$ 和等效剪应变率 $\dot{\gamma}$ 来写出的材料本构关系,往往具有更加明晰的物理意义和应用上的便利。本节介绍的一些本构方程主要使用这种标量化的关系加以说明。这些一维方程均可以加以张量化处理,详细请参考有关教材和文献。例如,Khan 和 Huang,Continuum theory of plasticity,1995;Nemat-Nasser,Applied Mechanics Review,1992;Rice,J. Applied Mechanics,1970。

描述某一材料的本构关系应将全部试验数据归结为一个简单的数学表达式,即塑性变形与温度、应变、应变率以及某种变形历史参数的函数关系,同时,还能够通过这一关系式的内插和外推来预测已有试验数据未曾涵盖的各种情况。目前已经提出了很多的本构关系表达式。

在应变率较低(或恒应变率)时,大多数金属在塑性变形阶段(即强化阶段)近似遵从下面的指数关系

$$\sigma = \sigma_0 + k \cdot \varepsilon^n \tag{8.2.2}$$

式中:$\sigma_0$ 为屈服应力;$n$ 为强化指数;$k$ 为强化项的系数;对于大多数金属,$n$ 约处于 $0.2 \sim 0.3$ 之间。

对于低碳钢,温度 $T$ 对塑性流动应力 $\sigma$ 的影响可用下式表示

$$\sigma = \sigma_r \left[ 1 - \left( \frac{T - T_r}{T_m - T_r} \right)^m \right] \tag{8.2.3}$$

式中:$T_m$ 是金属的熔点温度;$T_r$ 为一参考温度,在该参考温度下测得的参考应力为 $\sigma_r$,由上式可确定给定温度 $T$ 对应的流动应力 $\sigma$。式(8.2.3)纯粹通过简单的曲线拟合给出,指数 $m$ 根据实验值拟合而得。

根据上一小节,当应变率不太高($\dot{\varepsilon} \leqslant 10^2 \text{ s}^{-1}$)时,材料的应变率效应可以简单表示为

$$\sigma \propto \ln \dot{\varepsilon} \tag{8.2.4}$$

这种关系已经得到实验数据的佐证,如图 8.9 所示(注意,在 $\dot{\varepsilon} = 10^2 \text{ s}^{-1}$ 时曲线发生了变化)。

Johnson 和 Cook(1983)在考虑这些基本因素的基础上,提出了下面的经验型本构方程

$$\sigma = (\sigma_0 + B\varepsilon^n)(1 + C\ln \frac{\dot{\varepsilon}}{\dot{\varepsilon}_0})[1 - (T^*)^m] \tag{8.2.5}$$

式中:$T^*$ 为无量纲的温度

$$T^* = \frac{T - T_r}{T_m - T_r} \tag{8.2.5a}$$

式中:$T_r$ 为参考温度(一般取室温),在该参考温度下测得的屈服应力值为 $\sigma_0$;$B$ 和 $n$ 为应变强化项参数;$C$ 表示应变率敏感性程度;$\dot{\varepsilon}_0$ 为参考应变率(为方便起见,可取 $\dot{\varepsilon}_0 = 1.0 \text{ s}^{-1}$)。文献

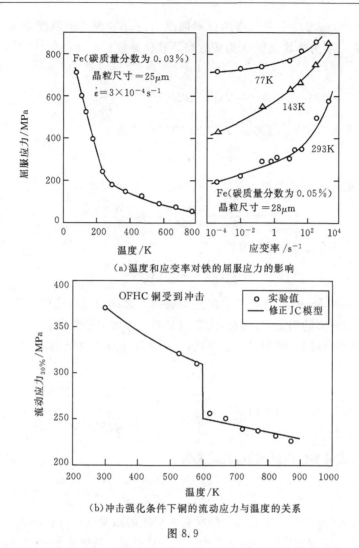

（a）温度和应变率对铁的屈服应力的影响

（b）冲击强化条件下铜的流动应力与温度的关系

图 8.9

中经常将式(8.2.5)称为 JC 本构模型。注意，这里的 $\sigma,\varepsilon$ 可理解为等效流动（屈服）应力和等效塑性应变。JC 本构方程中的 5 个参数，$\sigma_0,B,C,n,m$ 可以根据实验结果确定。Johnson 和 Cook 本人以及众多研究者对大量材料进行了测试并获得了这些参数，发现式(8.2.5)能够很好地描述许多金属的动态塑性行为。因此，JC 模型是一种非常有用且成功的本构模型。并且，对 JC 模型做适当修正，亦可用于陶瓷材料。该本构方程的一个问题是，所有的参数由于彼此相乘而互相耦合。

Klopp 等(1985)提出了如下形式的经验方程

$$\tau = \tau_0 \cdot \left(\frac{\gamma}{\gamma_0}\right)^n \cdot \left(\frac{T}{T_r}\right)^{-\nu} \cdot \left(\frac{\dot{\gamma}_p}{\dot{\gamma}_0}\right)^m \tag{8.2.6}$$

式中：$\tau$ 和 $\gamma$ 分别为等效剪应力和等效剪应变；$\nu$ 为温度软化参数；$n$ 和 $m$ 分别为塑性应变强化和应变率敏感程度的指数。

与式(8.2.6)相类似，有些学者采用如下的经验方程

$$\tau = \tau_0 \cdot (1 + \frac{\gamma}{\gamma_0})^N \cdot \left(\frac{\dot{\gamma}}{r_r}\right)^m \cdot \exp(-\lambda \cdot \Delta T) \tag{8.2.7}$$

式中:$\tau_0$ 为应变 $\gamma=0$、参考应变率$\dot{\gamma}_r$ 下的材料屈服应力;$\Delta T$ 为当前温度 $T$ 与参考温度 $T_r$ 之差。上式右端最后一项为热软化项,$\lambda$ 为指数型热软化参数。

如果令

$$\sigma_r = \tau_0 \cdot \exp(-\lambda\Delta T) \cdot (1+\frac{\gamma}{\gamma_0})^N \tag{8.2.8}$$

则式(8.2.7)就变为剪应变率$\dot{\gamma}$与剪应力 $\tau$ 之间的显式关系

$$\dot{\gamma} = \dot{\gamma}_r \cdot \left(\frac{\tau}{\sigma_r}\right)^{1/m} \tag{8.2.9}$$

与式(8.2.9)类似形式的经验方程还有(Vinh,1979)

$$\tau = \tau_0 \cdot \gamma^n \left(\frac{\dot{\gamma}}{\dot{\gamma}_r}\right)^m \cdot \exp\left(\frac{W}{T}\right) \tag{8.2.10}$$

以及 Campbell(1977)等提出的经验方程

$$\tau = A\gamma^n \left[1 + m\ln\left(1+\frac{\dot{\gamma}}{B}\right)\right] \tag{8.2.11}$$

以上两式中参数 $\tau_0,W,n,m,A,B$ 等可根据实验确定。式(8.2.11)能够对金属铜做出成功的描述。到目前,使用最多的仍是 JC 模型,大多数材料的参数也已测得。

Andrade 等(1994)对 JC 模型进行了修正,引入高温下动态再结晶项,即

$$\sigma = (\sigma_0 + B\epsilon^n)\left[1 + C\ln\frac{\dot{\epsilon}}{\dot{\epsilon}_0}\right]\left[1 - (T^*)^m\right]R(T) \tag{8.2.12a}$$

$$R(T) = \frac{1}{1 - \left[1 - \frac{(\sigma_f)_{rec}}{(\sigma_f)_{def}}\right]H(T)} \tag{8.2.12b}$$

上式中 $H(T)$ 为温度的单位阶跃函数,其定义为

$$H(T) = \begin{cases} 0, & \text{当 } T < T_c \\ 1, & \text{当 } T > T_c \end{cases} \tag{8.2.12c}$$

式中:$T_c$ 为临界现象(如动态再结晶、相变)发生时对应的温度;$(\sigma_f)_{rec}$ 和 $(\sigma_f)_{def}$ 分别为对应于材料再结晶或相变完成前和完成后的流动应力。这一修正成功地描述了 99.99% 铜材料在 600 K 时冲击强化条件下流动应力的陡然下降现象(见图 8.9(b))。

Meyers 等(1995)在 JC 模型中引入了一个热软化项,合理描述了金属钽在较高应变率($\sim 4\times 10^4$ s$^{-1}$)的变形,其形式为

$$\sigma = (\sigma_0 + B\epsilon^n)\left[1 + C\left(\lg\frac{\dot{\epsilon}}{\dot{\epsilon}_0}\right)\right] \cdot \exp[-\lambda(T-T_r)] \tag{8.2.13}$$

在研究结构冲击问题时,往往采用理想塑性材料模型。其中 Cowper-Symonds 的率相关本构模型(简称 CS 模型)是结构塑性动力学领域内很有名的方程。虽然这一成果没有公开发表过,仅有布朗大学应用数学系的技术报告(No.28),但却被广泛引用。其形式为

$$\dot{\epsilon} = D\left(\frac{\sigma_0^d}{\sigma_0} - 1\right)^q \tag{8.2.14}$$

或者写成另一种形式

$$\frac{\sigma_0^d}{\sigma_0} = 1 + \left(\frac{\dot{\epsilon}}{D}\right)^{1/q} \tag{8.2.15}$$

不难看出,CS 本构模型方程给出的是应变率与材料的流动应力之间的关系,仅考虑了应

变率,而未计入温度的影响。式中:$\sigma_0^d$ 为在应变率 $\dot{\varepsilon}$ 下的动态流动应力;$\sigma_0$ 为相应的静态流动应力;$D$ 和 $q$ 是材料常数,可通过实验确定。例如,对于应变率较敏感的低碳钢,$D=40 \text{ s}^{-1}$,$q=5$;对于铝合金,$D=6500 \text{ s}^{-1}$,$q=4$;对于 304 不锈钢,$D=100 \text{ s}^{-1}$,$q=10$。

这种模型利用给定的应变率估算动态流动应力 $\sigma_0^d$,然后,用 $\sigma_0^d$ 直接取代原来的静态流动应力 $\sigma_0$ 进行分析计算。这一方法简单实用,容易纳入有限元计算,且模型中需要实验加以确定的常数较少,加上给出的结果与已有实验数据比较一致,因此被工程界广泛采用。同样,在三维应力状态下,式(8.2.15)中 $\sigma$ 和 $\dot{\varepsilon}$ 应当分别看作是等效动态流动应力和对应的等效应变率。

## 8.3 经典粘塑性本构关系

本节介绍经典粘塑性内变量理论。与上一节通过"曲线拟合"得到的经验型本构方程不同,这一粘塑性本构关系建立在连续体的热力学基本定律之上。根据实验观察到的在较高温度、较高应变率时塑性变形的诸多特点(8.1 节),完全可以对率无关塑性理论进行适当的推广和发展,从而对这种与时间、应变率效应相关的塑性变形行为加以合理描述。

下面对粘塑性本构关系中的各个要素进行介绍。

前已述及,塑性应变取决于应力、温度以及表征其塑性变形历史的一组内变量 $\xi=\{\xi_1,\xi_2,\cdots,\xi_n\}$。这些内变量通常取作标量或二阶张量。相应地,可将应变写作

$$\varepsilon = \varepsilon(\sigma,T,\xi) \tag{8.3.1}$$

这里的本构关系中出现了附加的变量,那么就需要更多的本构方程式。对于率相关非弹性固体而言,可以通过假设这些内变量的率方程(或称为演化方程)

$$\dot{\xi}_\alpha = g_\alpha(\sigma,T,\xi) \tag{8.3.2}$$

以此来确定一点的应变状态。式(8.3.2)就是内变量 $\xi_\alpha$ 的演化方程。但是,应当注意,从关系式 $\varepsilon=\varepsilon(\sigma,T,\xi)$ 未必总能够通过求逆得到 $\sigma=\sigma(\varepsilon,T,\xi)$。以经典牛顿粘性流体为例,在小变形情形下,这一模型给出的方程式为

$$\varepsilon_{ij} = \frac{1}{9K}\sigma_{kk}\delta_{ij} + \varepsilon_{ij}^v \tag{8.3.3}$$

式中:粘性应变 $\varepsilon^v$ 为内变量张量,其率方程为

$$\dot{\varepsilon}_{ij}^v = \frac{1}{2\eta}S_{ij} \tag{8.3.4}$$

式中:$S$ 为应力偏量张量;弹性体模量 $K$ 和粘度 $\eta$ 是温度的函数。很明显,不可能将 $\sigma$ 表示为 $\varepsilon,T$ 和一组内变量的函数,因为,应力的关系式为

$$\sigma_{ij} = K\varepsilon_{kk}\delta_{ij} + 2\eta\dot{e}_{ij} \tag{8.3.5}$$

上式中 $e_{ij}$ 为应变偏量张量的分量。

非弹性固体包含内变量的热力学理论认为,在恒定应力和温度条件下如果全部内变量保持不变,也就是说

$$g_\alpha(\sigma,T,\xi) = 0, \quad \alpha = 1,\cdots,n \tag{8.3.6}$$

则将局部状态 $(\sigma,T,\xi)$ 称为局部平衡状态。

在弹性连续固体中,每个局部状态就为平衡状态,即使连续体未必总体上处于平衡状态,

因为不均匀温度场将引起热传导,从而温度会发生改变。对于率相关非弹性体而言,非平衡状态的存在是一个基本特征,这些状态通过某些不可逆过程(例如前述的蠕变和应力松弛)随着时间而演化。因此,非弹性连续体热力学属于不可逆过程热力学(又称非平衡热力学)。在这一领域,热力学基本定律同样可认为是成立的。

**1. 屈服面**

在经典粘塑性本构关系中,仍然假设存在一个定义明确的屈服准则。即存在一个连续函数 $f(\sigma, T, \xi)$,在给定 $T$ 和 $\xi$ 时,在应力分量构成的空间中,$f(\sigma, T, \xi) < 0$ 围成的区域内部对应着非弹性应变率张量 $\dot{\varepsilon}^{\mathrm{in}}$ 为零;该区域之外,则 $\dot{\varepsilon}^{\mathrm{in}}$ 不为零。那么,这个区域构成了弹性区域;$f(\sigma, T, \xi) = 0$ 则定义了应力空间的屈服面。从严格意义上来说,当材料具有这样的屈服函数 $f$ 时才被认为是粘塑性的。对于一般工程应用情形,为了简单起见,通常还采用一个稍微严格的限定条件,即在弹性区域内全部内变量速率 $\dot{\xi}_a$ 等于零。也就是说,当 $f(\sigma, T, \xi) \leqslant 0$ 时,式(8.3.2)中函数 $g_a(\sigma, T, \xi)$ 等于零。

将上述定义表述为数学关系式,则有

$$\left.\begin{array}{l}弹性区域: f(\sigma,\ T,\ \xi) < 0;\ 且\ \dot{\varepsilon}^{\mathrm{in}} = 0;\ \dot{\xi}_a = 0,\ \alpha = 1,\ \cdots,\ n \\[4pt] 弹塑性界限: f(\sigma,\ T,\ \xi) = 0 \\[4pt] 塑性区域: f(\sigma,\ T,\ \xi) > 0,\ 且\ \dot{\varepsilon}^{\mathrm{in}} \neq 0 \end{array}\right\} \qquad (8.3.7)$$

根据这一定义,可以方便地将函数 $g_a$ 重新定义为

$$g_a = \phi h_a \qquad (8.3.8)$$

的形式,其中 $\phi$ 为一标量函数,代表着材料的率相关和屈服特征,且具有如下的性质:当 $f \leqslant 0$ 时,$\phi = 0$;当 $f > 0$ 时,$\phi > 0$。

**2. 强化条件**

屈服函数 $f$ 与内变量 $\xi_a$ 的函数关系描述着材料的强化性质,这一概念可以这样理解。如图 8.10 所示,实线为单轴加载时的静态应力–应变曲线,其中包含了上升段(即强化)和下降段(即软化)。

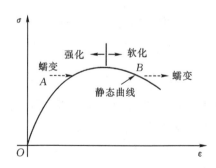

图 8.10　粘塑性材料的强化和软化现象

如果该材料是粘塑性的,曲线之下的点对应着弹性行为,曲线之上为粘塑性,也就是说,该曲线代表着屈服面。当应力保持为该静态曲线之上某一值,蠕变发生,从而导致应变不断增加,如图中水平虚线所示。如果初始点为曲线上升段上方的 $A$ 点,则蠕变会趋近于该曲线,它

是有界的。如果初始为曲线下降段之上的 $B$ 点,则蠕变会逐渐远离该曲线,是无界的。将这一单轴情形推广到一般应力状态,即可认为,蠕变变形趋向于屈服面,在恒定应力和温度条件下屈服函数 $f$ 由一正值减小至零,即 $\dot{f} < 0$,表示强化发生。与之相反,$\dot{f} > 0$ 表示软化发生。由于

$$\dot{f}\Big|_{\sigma = \mathrm{const},\ T = \mathrm{const}} = \sum_\alpha \frac{\partial f}{\partial \xi_z} \dot{\xi}_\alpha = \phi \sum_\alpha \frac{\partial f}{\partial \xi_\alpha} h_\alpha \tag{8.3.9}$$

其中,可定义

$$H = -\sum_\alpha \frac{\partial f}{\partial \xi_\alpha} h_\alpha \tag{8.3.9a}$$

那么有,$H > 0$ 和 $H < 0$ 分别指强化材料和软化材料,或者同一材料的强化和软化阶段。而极限情况 $H = 0$ 对应于理想塑性材料,此时 $f$ 与内变量 $\xi_\alpha$ 无关。

### 3. 流动法则和粘塑性势

与率无关塑性本构理论相类似,可根据非弹性应变 $\varepsilon^{\mathrm{in}} = \varepsilon^{\mathrm{in}}(\xi)$ 来定义关于 $\varepsilon^{\mathrm{in}}$ 的率方程,即流动法则。不妨取

$$\dot{\varepsilon}^{\mathrm{in}}_{ij} = g_{ij}(\sigma,\ T,\ \xi) \tag{8.3.10}$$

上式中

$$g_{ij} = \sum_\alpha \frac{\partial \dot{\varepsilon}^{\mathrm{in}}_{ij}}{\partial \xi_\alpha} g_\alpha \tag{8.3.11}$$

这里 $g_\alpha$ 即为内变量 $\xi_\alpha$ 的率方程 $\dot{\xi}_\alpha = g_\alpha(\sigma, T, \xi)$。

为方便起见,经常假定 $g_{ij}$ 可由一标量函数 $g(\sigma, T, \xi)$ 通过求偏导数得出,即

$$g_{ij} = \phi \frac{\partial g}{\partial \sigma_{ij}} \tag{8.3.12}$$

式中:$g$ 称为流动势(flow potential);这里 $\phi(\sigma, T, \xi)$ 为一正值的标量函数。

流动势 $g$ 常常选取为应力的函数,实际使用最多的形式为

$$g(\sigma,\ T,\ \xi) = J_2 \tag{8.3.13}$$

即应力偏量第二不变量 $J_2$ 的函数。由于

$$\frac{\partial J_2}{\partial \sigma_{ij}} = S_{ij}$$

则该流动法则的形式变为

$$\dot{\varepsilon}^{\mathrm{in}}_{ij} = \phi(\sigma,\ T,\ \xi) S_{ij} \tag{8.3.14}$$

这一流动法则同样基于非弹性变形过程中体积不可压缩的假设。也就是说,材料在非弹性变形状态时体积保持不变,体积变化是纯弹性的。具体到粘塑性材料来说,前面已提及,体积不可压缩假设是符合实验结果的。

定义

$$h_{ij} = \sum_\alpha \frac{\partial \varepsilon^{\mathrm{in}}_{ij}}{\partial \xi_\alpha} h_\alpha \tag{8.3.15}$$

则对应的流动方程(即粘塑性应变率)为

$$\dot{\varepsilon}^{\mathrm{in}}_{ij} = \phi h_{ij} \tag{8.3.16}$$

如果存在一个函数 $g(\sigma, T, \xi)$,它在屈服函数 $f(\sigma, T, \xi) < 0$ 时处处连续且可微分,使得

$$h_{ij} = \frac{\partial g}{\partial \sigma_{ij}} \tag{8.3.17}$$

那么,将 $g$ 称为粘塑性势(viscoplastic potential)。很多学者将 $g$ 等同于屈服函数 $f$,或者至少存在关系式 $\partial g/\partial \sigma_{ij} \propto \partial f/\partial \sigma_{ij}$。这种等式关系在粘塑性理论中并不重要,但是它在转化为率无关塑性本构关系理论时十分重要。

**4. 基于 $J_2$ 流动势的本构模型**

下面讨论一些具体的粘塑性势。如前所述,通常是基于 $J_2$ 流动势来构建本构模型,即式 (8.3.13),并采用 Mises 屈服准则,即

$$\sqrt{J_2} - k = 0 \tag{8.3.18}$$

这里 $k$ 与 $T$ 和 $\xi$ 相关,可取为纯剪屈服应力。

(1) Hohenemser-Prager 模型

基于上述 Mises 屈服条件和 $J_2$ 流动势,Hohenemser 和 Prager(1932)提出了一个粘塑性模型,其流动方程为

$$\dot{\varepsilon}_{ij}^{\text{in}} = \frac{1}{2\eta} \langle 1 - \frac{k}{\sqrt{J_2}} \rangle S_{ij} \tag{8.3.19}$$

式中:$\eta$ 为与温度相关的粘性系数,麦考利符号 $\langle \cdot \rangle$ 的定义是 $\langle x \rangle = x H(x)$,其中 $H$ 为 Heaviside 单位阶跃函数,即

$$H(x) = \begin{cases} 0, & \text{当 } x \leqslant 0 \\ 1, & \text{当 } x > 0 \end{cases}$$

也即

$$\langle x \rangle = \begin{cases} 0, & \text{当 } x \leqslant 0 \\ x, & \text{当 } x > 0 \end{cases}$$

这一模型实际上是 8.1 节提到的 Bingham 模型在三维情形下的推广。可以看到,关系式 (8.3.19)实际上和率无关塑性理论 Prandtl-Reuss 增量本构方程相似,其中增加了粘性效应。但从以上推导过程可知,它并不是 Prandtl-Reuss 本构方程的某种简化或演化。

(2) Freudenthal 模型

1958 年 Freudenthal 根据 Prandtl-Reuss 增量本构关系,类似地提出了一种弹粘塑性本构方程。考虑小变形情况,将总应变率分解为弹性和粘塑性两部分,其中弹性应变率与应力偏量对时间的微分成正比,其比例因子为常数;粘塑性应变率与应力偏量成比例,但其比例因子是含有粘性且与 $\sqrt{J_2}$ 有关的非常数项。其具体本形式为

$$\dot{e}_{ij} = \frac{1}{2\mu}\dot{S}_{ij} + \frac{1 - \dfrac{k}{\sqrt{J_2}}}{2\eta}S_{ij}, \quad \text{当 } \sqrt{J_2} > k \tag{8.3.20}$$

$$\dot{e}_{ij} = \frac{1}{2\mu}\dot{S}_{ij}, \qquad\qquad \text{当 } \sqrt{J_2} \leqslant k \tag{8.3.21}$$

以及弹性变形与平均应力之间的关系式

$$\dot{\varepsilon}_{ii} = \frac{1 - 2\nu}{E}\dot{\sigma}_{ii} \tag{8.3.22}$$

不难看出,上述本构方程表达着瞬时应力偏量与瞬时应变率之间的关系,其比例因子是坐标和

时间的函数,并非常数。这种塑性本构方程将粘性效应和塑性变形结合考虑,已经突破了原有的增量型本构方程的框架,物理意义明确,数学表达更为先进。

(3) Perzyna 模型

1963 年波兰学者 Perzyna 将 Hohenemser-Prager 方程推广为下面的一般形式

$$\dot{\varepsilon}_{ij} = \frac{1}{2\mu}\dot{S}_{ij} + \frac{1-2\nu}{E}\dot{\sigma}_{kk}\delta_{ij} + \gamma(T)\langle\Phi(F)\rangle\frac{\partial f}{\partial\sigma_{ij}} \qquad (8.3.23)$$

式(8.3.23)称为 Perzyna 本构方程,这里 $\gamma(T)$ 是与温度相关的粘性系数(有学者认为它实际上是逆粘度,即流度),符号 $\Phi(F)$ 的定义如下

$$\langle\Phi(F)\rangle = \begin{cases} 0, & \text{当 } F \leqslant 0 \\ \Phi(F), & \text{当 } F > 0 \end{cases} \qquad (8.3.24)$$

注意,这一符号与前面式(8.3.19)中采用的麦考利符号不完全相同。函数 $\Phi(F)$ 的具体形式可以根据材料动态实验结果选定,它描述着材料屈服特性的应变率效应和温度效应。下面将讨论之。

取 $F$ 为如下形式的静态屈服函数

$$F(\sigma_{ij}, \varepsilon_{kl}^{in}) = \frac{1}{\kappa}f(\sigma_{ij}, \varepsilon_{kl}^{in}) - 1 \qquad (8.3.25)$$

其中函数 $f(\sigma_{ij}, \varepsilon_{kl}^{in})$ 与应力状态 $\sigma_{ij}$ 和非弹性应变 $\varepsilon_{kl}^{in}$ 有关;$\kappa$ 为应变强化参数,其定义为

$$\kappa = \kappa(W^{in}) = \kappa\left(\int_0^{\varepsilon_{kl}^{in}}\sigma_{ij} \cdot d\varepsilon_{ij}^{in}\right) \qquad (8.3.26)$$

这里 $W^{in}$ 为非弹性应变的功。在应力空间中,假设屈服面 $F=0$ 是正则的,且为连续外凸。

式(8.3.23)中应变率的非弹性部分为

$$\dot{\varepsilon}_{ij}^{in} = \gamma\Phi(F)\frac{\partial f}{\partial\sigma_{ij}} \qquad (8.3.27)$$

将式(8.3.27)两边自乘,并记非弹性应变率张量的第二不变量 $\dot{I}_2^{in} = \frac{1}{2}(\dot{\varepsilon}_{ij}^{in}\dot{\varepsilon}_{ij}^{in})$,可得

$$\sqrt{\dot{I}_2^{in}} = \gamma\Phi(F)\sqrt{\frac{1}{2}\frac{\partial f}{\partial\sigma_{ij}}\frac{\partial f}{\partial\sigma_{ij}}} \qquad (8.3.28)$$

或写为

$$\phi(F) = \Phi\left[\frac{1}{\kappa}f(\sigma_{ij}, \dot{\varepsilon}_{kl}^{in}) - 1\right] = \sqrt{\dot{I}_2^{in}}\left/\left(\gamma \cdot \sqrt{\frac{1}{2}\frac{\partial f}{\partial\sigma_{ij}}\frac{\partial f}{\partial\sigma_{ij}}}\right)\right. \qquad (8.3.29)$$

如果 $\Phi$ 的反函数 $\Phi^{-1}$ 存在,则由上式可得

$$f(\sigma_{ij}, \varepsilon_{kl}^{in}) = \kappa(W^{in})\left\{1 + \Phi^{-1}\left[\frac{1}{\gamma}\sqrt{\dot{I}_2^{in}}\left/\sqrt{\frac{1}{2}\frac{\partial f}{\partial\sigma_{ij}}\frac{\partial f}{\partial\sigma_{ij}}}\right.\right]\right\} \qquad (8.3.30)$$

式(8.3.30)隐式地表示了弹粘塑性强化材料的动态屈服条件,它刻画着屈服准则与应变率大小和应变强化效应的关系。该式表示在非弹性变形过程中屈服面的变化情况,它与粘性性质 $\gamma$ 以及应变率不变量 $\dot{I}_2^{in}$ 等均有相关性。不难看出,由于动态屈服函数表达式中右端第二项大于零,动态加载面表现为静态加载面 $f=\kappa$ 的均匀扩大。

从式(8.3.27)和式(8.3.30)可以看到,在九维应力空间中,一点的非弹性应变率张量的矢量总是指向其后继动态屈服面的法线方向,如图 8.11 所示。

即非弹性应变率张量与动态屈服面正交。在变形过程中,屈服面的变化是由于等向强化

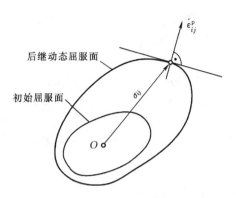

图 8.11 动态加载面和应变率矢量

和随动强化效应以及应变率效应共同引起的。

下面讨论 Perzyna 本构方程的一个特殊情况,即弹粘塑性等向强化材料。

此时可将屈服函数 $F$ 取为如下形式

$$F = \frac{f(\sigma_{ij})}{\kappa} - 1 \tag{8.3.31}$$

$f(\sigma_{ij})$ 仅与应力状态有关,为

$$f(\sigma_{ij}) = \sqrt{J_2}$$

则有

$$\left. \begin{aligned} \dot{e}_{ij} &= \frac{1}{2\mu}\dot{S}_{ij} + \frac{\gamma}{2}\left\langle \Phi\left(\frac{\sqrt{J_2}}{\kappa}\right) - 1 \right\rangle \frac{S_{ij}}{\sqrt{J_2}} \\ \dot{\varepsilon}_{ii} &= \frac{1}{3K}\dot{\sigma}_{ii} \end{aligned} \right\} \tag{8.3.32}$$

根据式(8.3.30),动态屈服条件可写为

$$\sqrt{J_2} = \kappa(W^{\text{in}}) \cdot \left[ 1 + \Phi^{-1}\left( \frac{2\sqrt{\dot{I}_2^{\text{in}}}}{\gamma} \right) \right] \tag{8.3.33}$$

在单向应力状态下,式(8.3.32)分别退化为

$$\dot{\varepsilon} = \frac{\dot{\sigma}}{E} + \gamma^* \left\langle \Phi\left( \frac{\sigma}{\phi(\varepsilon^{\text{in}})} - 1 \right) \right\rangle \cdot \operatorname{sgn}(\sigma) \tag{8.3.34}$$

式中:$\gamma^* = \gamma/\sqrt{3}$;$\phi(\varepsilon^{\text{in}}) = \sqrt{3}\kappa(W^{\text{in}})$。这一关系式(8.3.34)最早是 Malvern(1951)提出的。

式(8.3.33)则退化为

$$\sigma = \phi(\varepsilon^{\text{p}})\left[ 1 + \Phi^{-1}\left( \frac{\dot{\varepsilon}^{\text{in}}}{\gamma^*} \right) \right] \tag{8.3.35}$$

上式表示单向拉伸塑性阶段的动态应力-应变关系,式中右端第一项 $\sigma = \phi(\varepsilon^{\text{p}})$ 可理解为静态单向拉伸应力-应变关系。这一关系式的结果可用图 8.12(a)(当应变率 $\dot{\varepsilon} =$ 常数)和图 8.12(b)(应变率变化的情形,即 $\dot{\varepsilon} = \dot{\varepsilon}(\varepsilon)$)加以说明,后者是更为真实的情况。

现在再对函数 $\Phi(F)$ 作一些讨论。$\Phi(F)$ 应该根据实验数据加以确定。此时,①可以忽略弹性变形部分;②假定复杂应力状态下的 $\sqrt{J_2}$-$\sqrt{\dot{I}_2^{\text{in}}}$ 曲线与单向应力状态下的 $\sigma$-$\dot{\varepsilon}$ 曲线一致(这一点已被 Lindholm(1965)实验所证实)。由此可得

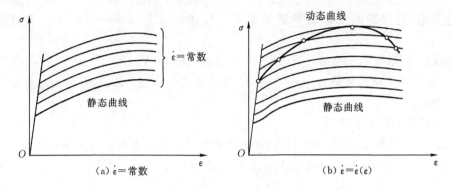

图 8.12　应变率敏感强化材料的动态应力-应变曲线

$$\dot{\varepsilon}^{\mathrm{in}} = \gamma \, \Phi \left( \frac{|\sigma|}{\sigma_0} - 1 \right) \cdot \operatorname{sgn}(\sigma)$$

Perzyna 给出了下面一些 $\Phi(F)$ 函数的表达式

$$\Phi(F) = \sum_{\alpha=1}^{N} A_\alpha \big[ \exp(F^\alpha) - 1 \big] \tag{8.3.36}$$

和

$$\Phi(F) = \sum_{\alpha=1}^{N} B_\alpha F^\alpha \tag{8.3.37}$$

采用这些具体的 $\Phi(F)$ 表达式,可以分别退化得到 8.2 节所介绍的 Cowper-Symonds 应变率本构关系,以及本节的 Freudenthal 本构关系和 Malvern 关系式。详细请参见 Perzyna(1966),Advances in Applied Mechanics, Vol. 9, pp. 243~377。

　　值得指出的是,Perzyna 本构关系式(8.3.23)能够同时描述应变率和温度的影响,此时该关系式中的参量应取作其与温度相关的量。一般来说,温度相关的参量有 $\gamma, F$ 以及函数 $\Phi$ 本身。如果用 $\alpha$ 表示热膨胀系数,那么这一本构方程应变为

$$\left. \begin{aligned} \dot{e}_{ij} &= \frac{1}{2\mu} \dot{S}_{ij} + \gamma(T) \left\langle \Phi \left[ \frac{f(\sigma_{kl}, \varepsilon_{pq}^{\mathrm{in}})}{\kappa(T)} - 1 \right] \right\rangle \frac{\partial f}{\partial \sigma_{ij}} \\ \dot{\varepsilon}_{ii} &= \frac{1}{3K} \dot{\sigma}_{ii} + \alpha \dot{T} \end{aligned} \right\} \tag{8.3.38}$$

总结一下,Perzyna 本构方程有以下特点:

①　非弹性应变率 $\dot{\varepsilon}_{ij}^{\mathrm{in}}$ 是动态与静态加载函数之差的函数;

②　动态加载面是静态加载面按 $\dot{I}_2^{\mathrm{in}}$ 均匀扩大,动态加载面也是凸曲面;

③　非弹性应变率矢量沿着其动态屈服面的法线方向,并且 $\dot{\varepsilon}_{ij}^{\mathrm{in}} = \gamma \langle \Phi(F) \rangle \dfrac{\partial f}{\partial \sigma_{ij}}$;

④　同时考虑了应变强化效应和应变率效应;

⑤　具有粘塑性势理论的性质;

⑥　未反映应变率历史效应(见图 8.8(a))、屈服滞后(见图 8.8(b)))等较为复杂的变形特性。

　　(4) Chaboche 模型

1977 年以来法国学者 Chaboche 提出了一系列更为复杂的粘塑性本构模型。这里对其作一概括性介绍,有兴趣的读者请参见他本人的综述性文章(Chaboche, Int. J. Plasticity, 2008)。

Chaboche 最初受 Armstrong-Frederick 随动强化模型(见 2.6 节)的启发,在小变形且等温条件下,采用广义粘塑性势 $\Omega(f)$ 这一概念,将率无关塑性理论加以推广,由此建立了一种统一粘塑性理论框架。

### 广义势函数和广义正交性

Moreau(1970)和 Rice(1970,1971)提出了更加严格意义上的流动势函数概念。

假定函数 $\Omega(p, T, \xi)$ 仅通过热力学力 $p_\alpha$ 与应力相关

$$p_\alpha = -\rho \frac{\partial \psi}{\partial \xi_\alpha}$$

且与内变量 $\xi_\alpha$ 互为共轭,$\rho$ 为质量密度。这里 $\psi$ 为 Helmholtz 自由能密度,即

$$\Omega = \Omega(\boldsymbol{p}, T, \boldsymbol{\xi})$$

其中定义了 $\boldsymbol{p} = \{p_1, \cdots, p_n\}$。

进一步假设率方程为

$$\dot{\xi}_\alpha = \frac{\partial \Omega}{\partial p_\alpha}$$

上式即为广义正交性假设,$\Omega$ 称为广义势函数。

热力学力 $p_\alpha$ 可通过 Gibbs 自由能函数 $\chi(\sigma, T, \xi)$ 导出。根据

$$\chi = \rho^{-1} \sigma_{ij} \varepsilon_{ij} - \psi$$

可以推导得出

$$p_\alpha = \rho \frac{\partial \chi}{\partial \xi_\alpha}$$

和

$$\varepsilon_{ij} = \rho \frac{\partial \chi}{\partial \sigma_{ij}}$$

这样便有

$$\dot{\varepsilon}_{ij}^{\text{in}} = \sum_\alpha \frac{\partial \varepsilon_{ij}}{\partial \xi_\alpha} \dot{\xi}_\alpha = \rho \sum_\alpha \frac{\partial^2 \chi}{\partial \sigma_{ij} \partial \xi_\alpha} \dot{\xi}_\alpha = \sum_\alpha \frac{\partial p_\alpha}{\partial \sigma_{ij}} \dot{\xi}_\alpha$$

从而

$$\dot{\varepsilon}_{ij}^{\text{in}} = \sum_\alpha \frac{\partial \Omega}{\partial p_\alpha} \cdot \frac{\partial p_\alpha}{\partial \sigma_{ij}}$$

或写为

$$\dot{\varepsilon}_{ij}^{\text{in}} = \frac{\partial \Omega}{\partial \sigma_{ij}}$$

Chaboche 采用了广义粘塑性势 $\Omega(\sigma, R, \alpha)$ 对前面章节介绍的经典率无关塑性理论进行了推广。他将应力状态超出弹性区域的某一正值 $\sigma_v = f > 0$,称之为粘性应力(viscous stress;或过应力,overstress)。这种情形下,正交流动法则变为

$$\dot{\varepsilon}_{ij}^{\text{p}} = \frac{\partial \Omega(f)}{\partial \sigma_{ij}} = \frac{\partial \Omega}{\partial f} \cdot \frac{\partial f}{\partial \sigma_{ij}} = \dot{p} \cdot \frac{\partial f}{\partial \sigma_{ij}} \tag{8.3.39}$$

其中粘塑性应变率的二次范数(用符号 $\| \cdot \|$ 表示)$\dot{p}$ 定义为

$$\dot{p} = \parallel \dot{\varepsilon}^{\mathrm{p}}_{ij} \parallel_M = \sqrt{\dot{\varepsilon}^{\mathrm{p}}_{ij} \cdot M_{ijkl} \cdot \dot{\varepsilon}^{\mathrm{p}}_{kl}} \tag{8.3.40}$$

上式中 $M_{ijkl}$ 为一个四阶张量。$p$ 可理解为塑性应变空间中塑性应变路径长度的一种度量(类似于 2.6 节中 $\mathrm{d}\varepsilon^{\mathrm{p}}_i$ 沿应变路径的积分量 $\int \mathrm{d}\varepsilon^{\mathrm{p}}_i$)。

如果采用 Mises 屈服条件,则

$$f = \parallel \sigma_{ij} - X_{ij} \parallel_M - R - k = \sqrt{\frac{3}{2}(S_{ij} - X'_{ij})(S_{ij} - X'_{ij})} - R - k \leqslant 0 \tag{8.3.41}$$

式中:$X'_{ij}$ 为移动张量或称背应力张量 $X_{ij}$ 的偏量(参见式(2.6.14))。这样定义的屈服面具有 Mises 条件的特征,但是,能够膨胀(由 $R$ 衡量),能够移动($X_{ij}$ 确定其弹性区的中心);$k$ 为与温度相关的材料初始屈服强度。

这样,塑性应变率为

$$\dot{\varepsilon}^{\mathrm{p}}_{ij} = \frac{\partial \Omega}{\partial \sigma_{ij}} = \dot{p} \cdot \frac{3}{2} \frac{S_{ij} - X'_{ij}}{\parallel S_{ij} - X_{ij} \parallel} \tag{8.3.42}$$

那么,相应的累积塑性应变率可写为

$$\dot{p} = \sqrt{\frac{2}{3} \dot{\varepsilon}^{\mathrm{p}}_{ij} \dot{\varepsilon}^{\mathrm{p}}_{ij}} \tag{8.3.43}$$

Chaboche 本构模型中同样使用了如下的假设:①屈服面与第一应力不变量无关,塑性流动不引起任何体积变化;②任一应力状态均可写为以下几部分应力分量之和

$$\sigma_{ij} = X_{ij} + [R + k + \sigma_{\mathrm{v}}(\dot{p})] \frac{\partial f}{\partial \sigma_{ij}} \tag{8.3.44}$$

上式中,函数 $\sigma_{\mathrm{v}}(\dot{p})$ 可由关系式 $\dot{p} = \partial \Omega / \partial f$ 求逆得到。

在 Chaboche 的系列本构模型中,粘塑性本构方程表达式涉及两个要素:①粘塑性势 $\Omega$(或称之为粘性函数)的选取;②所有内变量的强化方程的选取。前者用于确定粘塑性应变率,即通过式(8.3.39)。而内变量可以是标量或者张量,这里记为 $a_j (j = 1, \cdots, N)$。内变量的一般形式包括了应变强化项、动态回复项和静态回复项,可写为

$$\dot{a}_j = h_j \cdot \dot{\varepsilon}^{\mathrm{p}} - r^{\mathrm{D}}_j \cdot a_j \dot{\varepsilon}^{\mathrm{p}} - r^{\mathrm{s}}_j \cdot a_j \tag{8.3.45}$$

上式中右端第一项表示 $a_j$ 随着塑性应变而增加的变化;第二项为与塑性应变相关联的动态回复项;第三项静态回复项则与塑性变形过程无关,主要与温度即所谓的热激活静态回复微观机理有关(8.4 节有提及)。上式中 $h_j$,$r^{\mathrm{D}}_j$,$r^{\mathrm{s}}_j$ 为待确定的函数。

通常粘性应力 $\sigma_{\mathrm{v}}$ 和塑性应变率的范数之间的关系是高度非线性的。Chaboche 认为近似可用幂函数表示

$$\dot{p} = \left\langle \frac{f}{D} \right\rangle^n = \left\langle \frac{\sigma_{\mathrm{v}}}{D} \right\rangle^n \tag{8.3.46}$$

麦考利符号 $\langle \cdot \rangle$ 定义同前。对于大部分工程材料,指数 $n$ 取值范围为 $3 \leqslant n \leqslant 30$,它不仅与材料有关,还与应变率、温度有关。式(8.3.46)很容易从下面的粘塑性势函数求得

$$\Omega = \frac{D}{n+1} \left\langle \frac{\sigma_{\mathrm{v}}}{D} \right\rangle^{n+1} \tag{8.3.47}$$

对于等向强化情形,Chaboche 提出

$$\dot{p} = \left\langle \frac{\parallel \sigma_{ij} - X_{ij} \parallel - R - k}{D} \right\rangle^n \tag{8.3.48}$$

其中等向强化的引入有三种途径:

　① 通过变量 $R$,即弹性区域尺寸的增加;

　② 拖曳应力(drag stress) $D$ 的增加;

　③ 与随动强化变量 $X_{ij}$ 演化规律的某种耦合作用。

这里用前两者为例说明之。可以定义关于 $R$ 或 $D$ 与等向强化状态变量(例如累积塑性应变 $p$ 或总塑性功 $W_p$)

$$R = R(p), \ D = D(p) \tag{8.3.49}$$

或者,令二者存在比例关系

$$D(p) = K + \zeta \cdot R(p) \tag{8.3.50}$$

式中:$K$ 为拖曳应力的初始值;$\zeta$ 为加权系数。取 $K=k$, $\zeta=1$ 的特例,就是 Perzyna 本构方程的情形。

对于随动强化情形,如同 2.6 节所述,已经提出许多不同表达式。按照其复杂程度的不同,经常采用以下几种。

　① Prager 线性随动强化模型,以张量形式给出,有

$$\dot{X} = \frac{2}{3} C \dot{\varepsilon}^p, \ \text{且} \ X = \frac{2}{3} C \cdot \varepsilon^p \tag{8.3.51}$$

　② Armstrong-Frederick 随动强化模型

$$\dot{X} = \frac{2}{3} C \cdot \dot{\varepsilon}^p - \gamma \cdot X \cdot \dot{p} \tag{8.3.52}$$

其中增加了动态回复项(右端第二项),它与 $X$ 共线,且与塑性应变率的范数 $\dot{p}$ 成比例。在单轴加载情形下,背应力 $X$ 不再是线性的,而是指数的,且对于某个 $C/\gamma$,存在一饱和值。对于单轴加载,将上式对 $\varepsilon_p$ 积分可得

$$X = \nu \frac{C}{\gamma} + (X_0 - \nu \frac{C}{\gamma}) \exp[-\nu\gamma(\varepsilon_p - \varepsilon_{p_0})] \tag{8.3.53}$$

式中:$\nu = \pm 1$ 表示塑性流动的方向;$X_0$ 和 $\varepsilon_{p_0}$ 分别为相应的 $\alpha$ 和 $\varepsilon_p$ 在加载开始时的初值。

　③ Chaboche 随动强化模型

$$X = \sum_{i=1}^{M} X_i, \quad \text{且} \ \dot{X}_i = \frac{2}{3} C_i \dot{\varepsilon}^p - \gamma_i X_i \dot{p} \tag{8.3.54}$$

其中增加了更多的项,并且动态回复系数 $\gamma_i$ 与 Armstrong-Frederick 模型中 $\gamma$ 有很大的不同。

正因为 Chaboche 本构模型中引入了更多的背应力组 $\{\gamma_i, C_i\}$(它们并非材料参数)以及回复效应、粘性效应、温度的影响等,所以它能够对金属中一些更为复杂的塑性变形行为进行很好的描述,诸如循环加载时强化-软化现象、塑性棘轮效应等。

归纳来说,从 1977 年至今仍在不断发展中的 Chaboche 粘塑性本构模型是基于热力学的内变量理论框架来构建的。

**5. 粘塑性本构模型的一些具体形式**

为了帮助读者更为简洁地理解和使用粘塑性本构模型,下面给出一些具体例子。

(1) 流动势的例子:幂次应变率敏感性的 Mises 流动势

描述蠕变的一个流动势经常取为(这里以等效应力 $\sigma_i$、等效应变 $\varepsilon_i$ 的方式给出)

$$g(\sigma_i, \{\sigma_0^{(a)}\}) = \sum_{a=1}^{N} \dot{\varepsilon}_0^{(a)} \cdot \exp\left(-\frac{Q_a}{kT}\right) \left[\frac{\sigma_i}{\sigma_0^{(a)}}\right]^{m_a} \tag{8.3.55}$$

式中：$\dot\varepsilon_0^{(\alpha)}$、$Q_\alpha$ 和 $m_\alpha$，$\alpha=1$，…，$N$，是材料常数；$Q_\alpha$ 是对应于蠕变发生微观机理的激活能；$k$ 为 Boltzmann 常数；$T$ 为温度。取 $N=1$ 的模型最为常用。如果涉及的温度和应变率范围很宽，则需要更多的项。该流动势具有多个状态变量（或内变量）$\sigma_0^{(\alpha)}$。对于稳态蠕变，可以将 $\sigma_0$ 取作常数；对于瞬态蠕变，则 $\sigma_0$ 应随应变而增加。下面有一个 $\sigma_0$ 的具体例子。

描述高应变率的变形，有时采用下面的流动势

$$g(\sigma_i，\sigma_0)=\begin{cases}0, & \text{当 } 0<\sigma_i/\sigma_0<1\\ \dot\varepsilon_0^{(1)}\big[(\sigma_i/\sigma_0)^{m_1}-1\big], & \text{当 } 1<\sigma_i/\sigma_0<q\\ \dot\varepsilon_0^{(2)}\big[(\sigma_i/\sigma_0)^{m_2}-1\big], & \text{当 } q<\sigma_i/\sigma_0\end{cases} \tag{8.3.56}$$

式中：$\dot\varepsilon_0^{(2)}=\dot\varepsilon_0^{(1)}(\alpha^{m_1}-1)/(\alpha^{m_2}-1)$；$\dot\varepsilon_0^{(1)}$，$q$，$m_1$，$m_2$ 为材料常数；$\sigma_0$ 则为与应变、应变率、温度相关的状态变量，代表材料静态屈服应力。为了描述在高应变率下应变率敏感性的转变，要求 $m_2<m_1$，$\alpha$ 则是控制这一转变的参数。

（2）流动法则的例子

塑性势 $g$ 的形式规定着塑性应变率的分量，即

$$\dot\varepsilon_{ij}^{p}=\sqrt{\frac{3}{2}}\,\frac{g(\sigma，\xi)}{\dfrac{\partial g}{\partial\sigma_{kl}}\cdot\dfrac{\partial g}{\partial\sigma_{kl}}}\cdot\frac{\partial g}{\partial\sigma_{ij}}$$

如果 $g$ 取作仅通过等效应力 $\sigma_i$ 与应力相关的函数，上式可简化为

$$\dot\varepsilon_{ij}^{p}=g(\sigma_i,\xi)\cdot\frac{3S_{ij}}{2\sigma_i}$$

对于幂次形式 Mises 流动势，上式给出的流动法则是

$$\dot\varepsilon_{ij}^{p}=\sum_{\alpha=1}^{N}\dot\varepsilon_0^{(\alpha)}\cdot\exp\left(-\frac{Q_\alpha}{kT}\right)\left[\frac{\sigma_i}{\sigma_0^{(\alpha)}}\right]^{m_\alpha}\cdot\frac{3S_{ij}}{2\sigma_i} \tag{8.3.57}$$

（3）强化条件的例子

描述瞬态蠕变的等向强化条件常用

$$\sigma_0^{(\alpha)}=Y_\alpha\left[1+\frac{\varepsilon_i^{(\alpha)}}{\varepsilon_0^{(\alpha)}}\right]^{1/n_\alpha} \tag{8.3.58}$$

式中：$\varepsilon_i^{(\alpha)}=\displaystyle\int\dot\varepsilon_0^{(\alpha)}\cdot\exp\left(-\frac{Q_i}{kT}\right)\cdot\left[\frac{\sigma_i}{\sigma_0^{(\alpha)}}\right]^{m_\alpha}dt$ 为相应的蠕变机理下的累积塑性应变；$Y_\alpha$，$\varepsilon_0^{(\alpha)}$，$n_\alpha$ 为材料常数。通常仅取 $N=1$。

描述高应变率的变形采用与上式类似的强化条件，但其 $\sigma_0$ 是与温度相关的，有时用下面的形式

$$\sigma_0=Y[1-\beta(T-T_0)]\left(1+\frac{\varepsilon_i}{\varepsilon_0}\right)^{1/n} \tag{8.3.59}$$

式中：$\varepsilon_i=\displaystyle\int\sqrt{\frac{3}{2}\dot\varepsilon_{ij}^{p}\dot\varepsilon_{ij}^{p}}\,dt$ 为总应变；$T$ 为温度；$Y$，$n$，$T_0$，$\beta$ 是材料常数。

上面提到的各个材料常数可通过拟合实验数据加以确定。例如，单轴拉伸的蠕变实验，$\sigma_{11}=\sigma$，其余应力分量为零，则单轴塑性应变率为

$$\dot\varepsilon_{11}^{p}=\sum_{n=1}^{N}\dot\varepsilon_0^{(n)}\exp\left(-\frac{Q_n}{kT}\right)\left(\frac{\sigma}{\sigma_0^{(n)}}\right)^{m_n}$$

进行一组不同温度和应力水平下的单轴拉伸实验，再拟合得出各个性能常数。通常上式中取

1~2 项即可充分拟合相当宽温度和应力范围的变形情况。由于蠕变速率对材料的微观结构和成分十分敏感,需要使用所研究材料的数据才能获得准确的预测值。作为例子,表 8.1 给出了应力范围为 5~600 MPa 下多晶铝合金的蠕变数据(使用一项级数来拟合)的近似值。

表 8.1　多晶铝合金的蠕变参数

| $\dot{\varepsilon}_0/s^{-1}$ | $\sigma_0/MPa$ | $m$ | $Q/J$ |
|---|---|---|---|
| $1.3\times10^8$ | 20 | 4 | $2.3\times10^{-19}$ |

再例如,单轴拉伸或压缩的高应变率动态实验,其单轴应变率与应力的关系变为

$$\dot{\varepsilon} = \begin{cases} 0, & \text{当 } 0 < \dfrac{\sigma}{\sigma_0} < 1 \\[2mm] \dot{\varepsilon}_0^{(1)}\left[\left(\dfrac{\sigma}{\sigma_0}\right)^{m_1} - 1\right], & \text{当 } 1 < \dfrac{\sigma}{\sigma_0} < q \\[2mm] \dot{\varepsilon}_0^{(2)}\left[\left(\dfrac{\sigma}{\sigma_0}\right)^{m_2} - 1\right], & \text{当 } q < \dfrac{\sigma}{\sigma_0} \end{cases}$$

进行一组不同温度和应力水平下的单轴拉伸实验,如果强化可以忽略,$\sigma_0$ 是温度相关的,近似取为 $\sigma_0 = Y[1 - \beta(T - T_0)]$,表 8.2 为 1100-0 铝合金拟合得到的材料参数估计值。

表 8.2　1100-0 铝合金高应变率变形本构参数

| $\dot{\varepsilon}_0^{(1)}/s^{-1}$ | $\dot{\varepsilon}_0^{(2)}/s^{-1}$ | $\alpha$ | $m_1$ | $m_2$ | $Y/MPa$ | $\beta/K^{-1}$ | $T_0/K$ |
|---|---|---|---|---|---|---|---|
| 100 | $2.4\times10^6$ | 1.6 | 15 | 0.1 | 50 | 0.00157 | 298 |

## 8.4　物理型本构关系

8.2 节提到,一个合理的本构关系应当再现全部实验数据,并能预测现有实验未曾涵盖的情况。显而易见,通过"曲线拟合"方式获得的经验型本构关系无法满足这种要求,因为即使具备实验技术和手段,也无法穷尽各种温度和应变率范围。而上一节介绍的粘塑性唯象本构关系中采用诸如应力、应变、温度等宏观连续变量,以及表征固体介质在塑性变形过程中局部状态的所谓内变量,这些内变量包括塑性功、塑性应变增量沿应变路径的积分或者某种强化变量等,它们仍然属于唯象变量。也就是说,所有变量更多的是一些数学方程式,而与塑性变形的物理机理不存在直接、明晰的关联性。因而,唯象本构关系是无从保证对现有实验未曾涵盖的情形作出准确预测的。

关于材料塑性行为,实际上很难找到一种普遍适用的方程或统一的理论进行描述。因为,目前已经清楚的是,不同材料在不同环境条件下发生塑性变形的机理可能是完全不同的,由此引起的变形特性复杂且多样。这里以著名的变形机理图(Deformation-Mechanism Map,Frost 和 Ashby 1982 年提出)为例加以说明。图 8.13 是金属镍(经退火处理,其典型晶粒尺寸为 100 μm)变形与温度和应变率的依赖关系,其覆盖的应变率范围为 $10^{-10}$~1 $s^{-1}$,温度范围为 $-200$~1400 ℃,无量纲化的应力(等效应力 $\sigma_i$ 除以剪切模量 $\mu$)的变化范围为 $10^{-6}$~$10^{-2}$(图中顶部虚线表示的是纯镍的理想剪切强度,其屈服强度约为 $\sigma_i/\mu = 10^{-3}$)。可以清楚

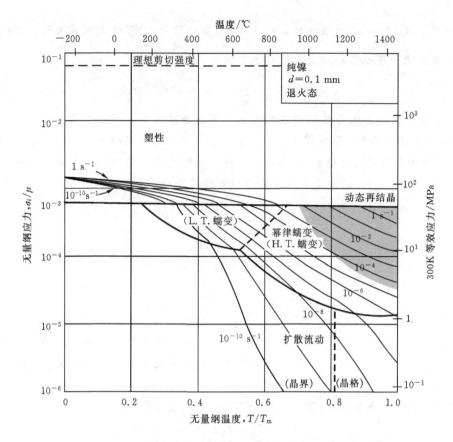

图 8.13　金属镍的变形机理图

地看到,根据应力、温度和应变率的不同,图中划分成不同的区域,包括:塑性(可以由位错滑移等引起)、蠕变(包括幂律形式的蠕变、低温蠕变、高温蠕变)、扩散流动(包括晶界扩散、晶格扩散)以及动态再结晶等。那么,在不同的区域必然需要采用不同的本构关系,也就是说,材料本构关系应该与其变形发生的物理机制存在对应关系。这种基于变形物理机制的本构关系称为物理型本构关系。通常,材料的力学响应与其微观层次各种材料组织和结构的演化密切相关,在不同外部条件(包括应力、温度和应变率)下,起主导性作用的微结构有所不同。希望对此有更深入了解的读者请参考 J. J. Gilman 专著 *Micromechanics of Flow in Solids*(1969),以及余永宁编著《金属学原理》(第 2 版),第 9 章。

　　这里以塑性变形的基本机制之一——位错滑移为例进行简要说明,限于介绍由位错运动引起金属塑性变形的情形。

　　位错,如第 1 章绪论所述,是结晶材料中的一种线缺陷,正是位错在剪应力作用下的运动产生了剪应变。位错动力学认为,在一定的应力作用下,金属的塑性变形主要是由于金属内部的位错被激活而产生运动,从而使晶体之间发生相对滑移的结果。因此,塑性应变率与位错运动的速度之间有一定关系。Orowan 方程给出了金属的等效应变率 $\dot{\varepsilon}_i^{\mathrm{p}}\left(=\sqrt{\dfrac{2}{3}\,\dot{\varepsilon}_{ij}^{\mathrm{p}}\dot{\varepsilon}_{ij}^{\mathrm{p}}}\right)$ 与可动位错密度 $\rho_m$、位错柏氏矢量 $\boldsymbol{b}$ 和平均位错速度 $v$ 的关系,为

$$\dot{\varepsilon}_i^{\mathrm{p}} = \widetilde{m}\rho_m\boldsymbol{b}v \tag{8.4.1}$$

式中：$\widetilde{m} = \sqrt{\dfrac{2}{3} M_{ij} M_{ij}}$，$M_{ij}$ 为晶体的平均 Schmid 取向因子，它可将宏观层次的塑性应变率张量 $\dot{\varepsilon}_{ij}^{\mathrm{p}}$ 和微观层次的塑性剪切应变率 $\dot{\gamma}^{\mathrm{p}}$ 建立起联系，即

$$\dot{\varepsilon}_{ij}^{\mathrm{p}} = \dot{\gamma}^{\mathrm{p}} M_{ij} = \frac{\dot{\gamma}^{\mathrm{p}}}{2} (n_i \otimes s_j + s_i \otimes n_j) \tag{8.4.2}$$

式中：$n$ 和 $s$ 分别表示晶体滑移面的单位法向矢量和滑移方向的单位矢量。对于 fcc 多晶金属，Taylor 计算得到的平均取向因子等于 3.1。式(8.4.1)中 $b$ 为柏氏矢量的大小。柏氏矢量反映着位错周围晶格畸变量的程度，也表示晶格滑动时原子移动的大小和方向。平均位错速度 $v$ 又依赖于外加应力 $\sigma$ 的大小。众多实验结果与理论分析表明，这种关系符合下面的一些表达式

$$v \propto \sigma^n \tag{8.4.3}$$

$$v \propto \exp\left(-\frac{D}{\sigma}\right) \tag{8.4.4}$$

或

$$v \propto \exp\left[-\frac{\Delta U(\sigma)}{kT}\right] \tag{8.4.5}$$

式中：$n, D$ 为材料常数；$k$ 是 Boltzmann 常数；$\Delta U(\sigma)$ 是与应力有关的激活能；$T$ 为绝对温度。这些表达式源自于一种认识，即位错运动所需克服的局部阻力可由外加应力、热激活提供，由此可确定 $v$。

对于中等应力水平的状态，近似存在如下简单的线性关系，即

$$v \propto \sigma \tag{8.4.6}$$

下面简要介绍几种较为广泛认可的物理本构模型。为了表述清晰起见，主要以标量化的应力、应变等形式给出，读者在理解和具体使用时的注意事项同前。

1967 年，Lindholm 和 Yeakley 提出金属铝的本构方程并获得成功应用

$$\sigma = \sigma_G + \frac{\Delta G}{V} + \frac{kT}{V} \ln \frac{\dot{\varepsilon}}{\dot{\varepsilon}_0} \tag{8.4.7}$$

式中：$\Delta G$ 为对应于热激活能的分量；$V$ 为激活体积；$\sigma_G$ 为能量势垒中的应力基值。这一关系式是基于热激活位错运动的塑性变形机理，其中采用了较为简单的矩形形状热激活势垒。

激活能 $\Delta G$ 与应力 $\sigma$ 之间的关系为

$$\Delta G = \Delta G_0 \left[1 - \left(\frac{\sigma}{\sigma_0}\right)^p\right]^q \tag{8.4.8}$$

其中参数 $p$ 和 $q$ 的值确定了活化势垒的形状。因此，更为一般的本构方程为

$$kT \ln \frac{\dot{\varepsilon}}{\dot{\varepsilon}_0} = \Delta G_0 \left[1 - \left(\frac{\sigma}{\sigma_0}\right)^p\right]^q \tag{8.4.9}$$

1977 年，Hoge 和 Mukherjee 提出了如下形式的本构方程

$$\dot{\varepsilon} = \left\{ C_0 \exp\left[\frac{\Delta G}{kT}\left(1 - \frac{\sigma}{\sigma_0}\right)^2\right] + \frac{D}{\sigma} \right\}^{-1} \tag{8.4.10}$$

其中假设了活化势垒的形状为正弦曲线（即 $p=1$，$q=2$）。以上各式均未考虑加工强化或应变强化的影响。根据 8.2 节，一般可采用 $\gamma^n$ 来表示之，其中 $n < 1$，例如式(8.2.10)中就体现了应变强化效应。

还有一些本构方程基于位错的增殖、滑移和湮灭等动力学理论，采用可动位错密度、不可动位错密度（二者之和为位错总密度）作为主要的内变量，并引入了表征材料的应变率敏感程度的物理参量，例如 Kelpaczko(1975，1986，1992)。目前应用最多的有 Zerilli-Armstrong 模型(1987，1994，2004)、力学阈值应力本构模型(1986，1988，2005)。这些本构模型针对较高应变率下金属的力学响应特征，是对变形问题更为综合性的分析处理。

**1. Zerilli-Armstrong 模型（简称 ZA 模型）**

Zerilli 和 Armstrong 从位错动力学 Orowan 关系式(8.4.1)出发，利用其热激活机理(式8.4.10)严格推导了具有较强物理背景的本构关系。ZA 本构模型的塑性流动应力方程的一般形式为

$$\sigma = \sigma(\varepsilon_p, \dot{\varepsilon}_p, T) = \sigma_a + B \cdot \exp(-\beta T) + B_0 \cdot \sqrt{\varepsilon_p} \cdot \exp(-\alpha T) \quad (8.4.11)$$

式中：$\sigma_a$ 为所谓的非热应力分量，由位错亚结构长程相互作用而产生，其大小取决于材料的微结构，其定义为

$$\sigma_a = \sigma_g + \frac{k_h}{\sqrt{l}} + K\varepsilon_p^n \quad (8.4.12)$$

式中：$\sigma_g$ 为溶质和初始位错密度的贡献部分；$k_h$ 为微结构应力强度参数；$l$ 为平均晶粒直径；对于 fcc 金属 $K=0$。

式(8.4.11)右端第二、三项之和为由短程相互作用产生的热应力分量（即晶格摩擦应力，可由热能克服之），$B$，$B_0$ 为材料常数，指数 $\alpha$ 和 $\beta$ 的函数形式为

$$\alpha = \alpha_0 - \alpha_1 \ln(\dot{\varepsilon}_p); \quad \beta = \beta_0 - \beta_1 \ln(\dot{\varepsilon}_p) \quad (8.4.13)$$

式中：$\alpha_0$，$\alpha_1$，$\beta_0$，$\beta_1$ 为材料参数，与材料类型(fcc, bcc, hcp, 合金)相关。

由于 fcc 金属和 bcc 金属的温度和应变率效应存在明显差异，ZA 本构模型通常有以下两种形式。

① 对于 fcc 金属，可表达为

$$\sigma = C_0 + C_1 \cdot \varepsilon_p^{1/2} \cdot \exp\left[-C_3 T + C_4 T \ln\left(\frac{\dot{\varepsilon}_p}{\dot{\varepsilon}_{p_0}}\right)\right] + kd^{1/2} \quad (8.4.14)$$

② 对于 bcc 金属，为

$$\sigma = C_0 + C_1 \cdot \exp\left[-C_3 T + C_4 T \ln\left(\frac{\dot{\varepsilon}_p}{\dot{\varepsilon}_{p_0}}\right)\right] + C_5 \varepsilon_p^n + kd^{-1/2} \quad (8.4.15)$$

上面两式中已经加入了著名的 Hall-Petch 关系式，即 $kd^{-1/2}$，其中 $d$ 为晶粒平均直径，$k$ 是微观应力强度。它表示了材料屈服应力随晶粒尺寸减小而增大的现象，即晶粒尺寸大小对屈服应力的影响。注意，这里的表达式中 $\sigma$ 被定义为流动应力，如果采用 Mises 条件时即为 $\sqrt{\frac{3}{2}\sigma_{ij}\sigma_{ij}}$；$\varepsilon$ 被定义为等效塑性应变，$\dot{\varepsilon}_p = \sqrt{\frac{2}{3}\dot{\varepsilon}_{ij}^p\dot{\varepsilon}_{ij}^p}$；$\dot{\varepsilon}$ 为等效应变率；$T$ 为绝对温度；上二式中 $C_0$ 为参考应力（对应于非热应力分量）；$C_4 = k/G_0$，$G_0$ 为 $T=0$ 时的 Gibbs 自由能。

这两个方程之间的主要区别是，bcc 金属的塑性应变与应变率和温度是互不耦合的。

研究表明，ZA 模型能够很好地再现一些实验结果。从材料微观角度来看，ZA 模型将 fcc 和 bcc 金属区别讨论是合理的。这一模型还考虑了材料的应变率敏感程度的不同以及晶粒尺寸对于流动应力的影响。但是，它不能对变形过程中材料微结构演化给出适当的描述。

2005 年 Abed 和 Vojadjis 对 ZA 模型中的一些不足进行了改进，提出了更好的描述金属

高温变形的修正 ZA 模型,其流动应力关系分别为

fcc 金属

$$\sigma = C_0 + C_2 \varepsilon^{1/2}(1 - X^{1/2} - X + X^{3/2}) \tag{8.4.16}$$

bcc 金属

$$\sigma = C_0 + C_1(1 - X^{1/2} - X + X^{2/3}) + C_5 \varepsilon_p^n \tag{8.4.17}$$

其中

$$X = (-kT/G_0)\ln\dot{\varepsilon}_p^* \tag{8.4.18a}$$

或者

$$X = C_4 T\ln(1/\dot{\varepsilon}_p^*) \tag{8.4.18b}$$

$$\dot{\varepsilon}_p^* = \dot{\varepsilon}_p/\dot{\varepsilon}_{p_0}$$

其中,$\dot{\varepsilon}_{p_0}$ 为等效塑性应变率的参考值,其余参数的定义同前。

### 2. 力学阈值应力本构模型(MTS 模型)

MTS 模型最早由 Follansbee, Kocks 等于 1986 年提出,它同样基于位错动力学理论,其一般形式为

$$\sigma = \sigma(\varepsilon_p, \dot{\varepsilon}, T) = \sigma_a + (s_d\sigma_d + s_e\sigma_e)\frac{\mu(p, T)}{\mu_0} \tag{8.4.19}$$

式中:$\sigma_a$ 为力学阈值应力的非热应力分量;$\sigma_d$ 为由于热激活位错运动和位错之间相互作用内禀势垒引起的流动应力分量;$\sigma_e$ 为伴随应变强化的微结构演化引起的流动应力分量;$\mu$ 为剪切模量 $\mu = \mu_0 - \dfrac{D}{\exp(T_0/T) - 1}$;$p$ 为气体压力;$\mu_0$ 为 0 K 和正常大气压下的剪切模量;$s_d$ 和 $s_e$ 分别为温度和应变率比例因子,它们具有 Arrehenius 形式

$$s_d = \left[1 - \left(\frac{kT}{g_{0d}b^3\mu(p, T)}\ln\frac{\dot{\varepsilon}_{0d}}{\dot{\varepsilon}}\right)^{1/q_d}\right]^{1/p_d} \tag{8.4.20}$$

$$s_e = \left[1 - \left(\frac{kT}{g_{0e}b^3\mu(p, T)}\ln\frac{\dot{\varepsilon}_{0e}}{\dot{\varepsilon}}\right)^{1/q_e}\right]^{1/p_e} \tag{8.4.21}$$

式中:$k$ 为 Boltzmann 常数;$b$ 为柏氏矢量的大小;$g_{0d}$, $g_{0e}$ 分别为无量纲化激活能;$\dot{\varepsilon}$, $\dot{\varepsilon}_0$ 分别为应变率和参考应变率;$q_d$, $p_d$, $q_e$, $p_e$ 为常数。

力学阈值应力的应变强化分量 $\sigma_e$ 的表达式为

$$\frac{d\sigma_e}{d\varepsilon_p} = \theta(\sigma_e) \tag{8.4.22}$$

式中

$$\theta(\sigma_e) = \theta_0[1 - F(\sigma_e)] + \theta_{IV}F(\sigma_e) \tag{8.4.23}$$

$$\theta_0 = a_0 + a_1\ln\dot{\varepsilon}_p + a_2\sqrt{\dot{\varepsilon}_p} - a_3 T \tag{8.4.23a}$$

$$F(\sigma_e) = \frac{\tanh\left(\alpha\dfrac{\sigma_e}{\sigma_{es}}\right)}{\tanh(\alpha)} \tag{8.4.23b}$$

$$\ln\left(\frac{\sigma_{es}}{\sigma_{0es}}\right) = \left(\frac{kT}{g_{0es}b^3\mu(p, T)}\right)\ln\left(\frac{\dot{\varepsilon}_p}{\dot{\varepsilon}_{p_0}}\right) \tag{8.4.24}$$

式中:$\theta_0$ 为位错塞积引起的强化;$\theta_{IV}$ 为第 IV 阶段强化的贡献;$\sigma_{es}$ 为应变强化等于零时的应力;$\sigma_{0es}$ 为对应的 0 K 时阈值应力饱和值;$a_0$, $a_1$, $a_2$, $a_3$ 和 $\alpha$ 为常数;$\dot{\varepsilon}_{p_0}$ 为最大应变率,注意,它通

常不能超过 $10^7$ s$^{-1}$。

不难看出,这种基于物理的本构模型形式十分复杂,涉及到许多物理参数。为了便于读者有一初步了解,表 8.3 给出了 HY-100 调质钢的参考值。

**表 8.3　HY-100 调质钢的 MTS 本构模型参数**

| $\sigma_a$ | $\sigma_d$ | $\mu_0$ | $D$ | $T_0$ | $k$ | $b$ | $\dot{\epsilon}_{0d}$ |
|---|---|---|---|---|---|---|---|
| 40 MPa | 1341 MPa | 71460 MPa | 2910 MPa | 204K | $1.38 \times 10^{-23}$ J/K | $2.48 \times 10^{-10}$ m | $10^{13}$ s$^{-1}$ |

| $g_{0d}$ | $q_d$ | $p_d$ | $\dot{\epsilon}_{0e}$ | $g_{0e}$ | $q_e$ | $p_e$ | $\alpha$ | $g_{0es}$ | $\sigma_{0es}$ | $\theta_N$ | $\dot{\epsilon}_{0es}$ |
|---|---|---|---|---|---|---|---|---|---|---|---|
| 1.161 | 1.5 | 0.5 | $1 \times 10^7$ s$^{-1}$ | 1.6 | 1 | 2/3 | 3 | 0.112 | 822 MPa | 200 MPa | $1 \times 10^7$ s$^{-1}$ |

| $\theta_0 = 6000 - 2.0758T$（MPa/应变） |
|---|

事实上,一个正确的物理型本构方程是基于对塑性变形各种物理过程的深刻理解和巧妙的模型化处理的,同时也需要经过实验数据的验证和确认。

### 3. Preston-Tonks-Wallace 本构模型(PTW 模型)

2003 年 Preston,Tonks 和 Wallace 提出的本构模型能够对极高应变率(接近于 $10^{11}$ s$^{-1}$)和温度接近熔点温度条件下的金属塑性变形进行合理描述。很显然,这是一种处于爆炸加载和超高速冲击的极端条件。

PTW 模型的流动应力表达式为

$$\sigma = \sigma(\varepsilon_p, \dot{\varepsilon}_p, T) = \begin{cases} 2\left\{\tau_s - \alpha\ln\left[1 - \varphi\exp\left(-\beta - \dfrac{\theta\varepsilon_p}{\alpha\varphi}\right)\right]\right\}\mu(p,T); & \text{当处于热激活区} \\ 2\tau_s\mu(p,T); & \text{当处于冲击区} \end{cases}$$

(8.4.25)

以及

$$\alpha = \frac{s_0 - \tau_y}{d}; \quad \beta = \frac{\tau_s - \tau_y}{\alpha}; \quad \varphi = \exp(\beta) - 1 \tag{8.4.26}$$

式中:$\tau_s$ 为正则化的应变强化饱和应力;$s_0$ 为 0 K 时 $\tau_s$ 值;$\tau_y$ 为正则化屈服应力;$\theta$ 为 Voce 强化定律中的强化常数;$d$ 是修正 Voce 强化定律中的无量纲材料参数。通常认为,应变率至少在 $10^4$ s$^{-1}$ 以下,塑性变形的主导性机制是位错热激活相互作用;当应变率处于在 $10^9 \sim 10^{12}$ s$^{-1}$ 的极高应变率这样的强冲击波作用下,应当采用超压爆轰冲击理论来描述金属本构行为;两者之间的过渡区域,应变率为 $10^4 \sim 10^9$ s$^{-1}$ 的较宽范围,变形的应变率敏感性可能有明显增加。

PTW 模型使用了线性 Voce 应变强化定律,即

$$\frac{\mathrm{d}\hat{\tau}}{\mathrm{d}\varepsilon} = \theta\frac{\hat{\tau}_s - \hat{\tau}}{\hat{\tau}_s - \hat{\tau}_y} \quad \text{(Voce 强化定律)} \tag{8.4.27}$$

$$\frac{\mathrm{d}\hat{\tau}}{\mathrm{d}\varepsilon} = \theta\frac{\exp\left[p\dfrac{\hat{\tau}_s - \hat{\tau}}{s_0 - \hat{\tau}_y}\right] - 1}{\exp\left[p\dfrac{\hat{\tau}_s - \hat{\tau}_y}{s_0 - \hat{\tau}_y}\right] - 1} \quad \text{(修正 Voce 强化定律)} \tag{8.4.28}$$

$\tau_s$ 和 $\tau_y$ 分别由下面两式给出

$$\tau_s = \max\left\{s_0 - (s_0 - s_\infty)\,\mathrm{erf}\left[\kappa\hat{T}\ln\left(\frac{\gamma\dot{\xi}}{\dot{\varepsilon}_p}\right)\right],\ s_0\left(\frac{\dot{\varepsilon}_p}{\gamma\dot{\xi}}\right)^{s_1}\right\} \tag{8.4.29}$$

$$\tau_y = \max\left\{y_0 - (y_0 - y_\infty)\,\mathrm{erf}\left[\kappa\hat{T}\ln\left(\frac{\gamma\dot{\xi}}{\dot{\varepsilon}_p}\right)\right],\ \min\left\{y_1\left(\frac{\dot{\varepsilon}_p}{\gamma\dot{\xi}}\right)^{y_2},\ s_0\left(\frac{\dot{\varepsilon}_p}{\gamma\dot{\xi}}\right)^{s_1}\right\}\right\} \tag{8.4.30}$$

式中：$s_\infty$ 是接近于金属熔点时的 $\tau_s$ 的值；$\mathrm{erf}(\cdot)$ 为误差函数；$y_0$，$y_\infty$ 分别是 0 K 时和接近熔点时的 $\tau_y$ 值；$\kappa$，$\gamma$ 为材料常数；$\hat{T}=T/T_m$，$T_m$ 为金属熔点温度；$s_1$，$y_1$，$y_2$ 分别是高应变率区域的材料参数；$\dot{\xi}$ 表示如下

$$\dot{\xi} = \frac{1}{2}\left(\frac{4\pi\rho}{3M}\right)^{1/3}\left[\frac{\mu(p,T)}{p}\right]^{1/2} \tag{8.4.31}$$

这里 $\rho$ 为质量密度，$M$ 为原子质量。PTW 还建议采用下式计算剪切模量

$$\mu(p,T) = \mu_0(0)\cdot(1-\alpha_p\hat{T}) \tag{8.4.32}$$

式中：$\alpha_p$ 取为常数。

　　这一本构关系中，除了剪切模量 $\mu$，熔点温度 $T_m$，还包括 11 个材料参数。根据对金属铜、铀、钽、钼、钒、铍、304SS 和 Nitronic 40 不锈钢的测试结果，这些参数值能够被确定。表 8.4 列出了金属铜的模型参数值。

**表 8.4　金属铜的 PTW 本构模型参数**

| $\theta$ | $d$ | $s_0$ | $s_\infty$ | $\kappa$ | $\gamma$ | $y_0$ | $y_\infty$ |
|---|---|---|---|---|---|---|---|
| 0.025 | 2.0 | 0.085 | 0.00055 | 0.11 | 0.00001 | 0.0001 | 0.0001 |

| $y_1$ | $y_2$ | $s_1$ | $\mu_0$ | $\alpha_p$ |
|---|---|---|---|---|
| 0.094 | 0.575 | 0.25 | 51.8 GPa | 0.43 |

# 习　题　8

**8.1**　根据式(8.1.3)推导蠕变规律的形式。

**8.2**　假设 $\varepsilon = \sigma/E + \varepsilon^c$，且令式(8.1.3)中 $n=0$，试确定所产生的应力松弛规律，即在 $t=0$ 时刻突然施加一应变 $\varepsilon$，且以后保持常数，求应力 $\sigma$ 随时间 $t$ 的函数关系。

**8.3**　假定式(8.1.3)中 $C$ 仅与温度有关，请说明：取蠕变应变和时间的对数为横、纵坐标轴，在该坐标系中，对于一给定应力，不同温度下的蠕变曲线是平行的。

**8.4**　如图所示一直杆，杆件材料服从如下本构关系：$\sigma = \sigma_s + \dot{\eta}\varepsilon\ (\sigma > \sigma_s)$，式中 $\sigma = P(t)/A$，$\sigma_s$ 为静态屈服极限。若 $P(t)$ 为一个阶跃函数，当 $t=0$ 时，应力突然由零增至某一数值 $\sigma_0\ (>\sigma_s)$，且以后保持常数，试求此情况下杆件的应力-应变关系。

[**解答**] $\varepsilon = \dfrac{1}{\eta}(\sigma_0 - \sigma_s)t + \varepsilon_0$

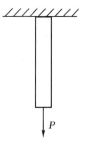

题 8.4 图

**8.5**　试对 Cowper-Symonds 率相关本构关系进行修正,使之可以包含温度的影响。

**8.6**　假设屈服函数形式为:$f(\sigma, T, \xi) = F(\sigma) - k(T, \kappa)$,其中 $\kappa$ 表示强化变量,可以取塑性功 $W_p$,或者等效塑性应变 $\int d\varepsilon_i^p$;并假设流动方程形式为 $\dot{\varepsilon}_{ij}^{in} = \phi h_{ij}$,试确定:根据式(8.3.9a)定义的"强化模量"$H$ 是什么?

**8.7**　当非零应力分量为 $\sigma_{12} = \sigma_{21} = \tau$,且 $\tau > 0$,请写出 Hohenemser-Prager 模型式(8.3.19)给定的剪应变率 $\dot{\gamma} = 2\dot{\varepsilon}_{12}$ 的方程形式,并讨论 $k = 0$ 的特例。

**8.8**　土壤的屈服条件和体积变化有关,假设其静力屈服条件的形式为 $\alpha J_1 + \sqrt{J_2'} = k$,式中,$\alpha$ 为描述土壤体积变化的参数,$J_1$ 为应力张量的第一不变量,$J_2'$ 为应力偏量张量的第二不变量,$k$ 为土壤的剪切屈服极限。试根据 Perzyna 本构方程来推导土壤的体积变化率。

[解答] $\dot{\varepsilon}_{ii}^p = 3\alpha\lambda^*$,式中 $\lambda^* = \left( \dfrac{\dot{I}_2^p}{\dfrac{3}{2}\alpha^2 + \dfrac{1}{4}} \right)^{1/2}$, $\dot{I}_2^p = \dfrac{1}{2}\dot{\varepsilon}_{ij}^p\dot{\varepsilon}_{ij}^p$。

**8.9**　试对 Hohenemser-Prager 模型进行推广,使之包含等向强化和随动强化,并与 Chaboche 模型作比较。

**8.10**　对于一粘塑性固体,其率相关屈服准则为 $\sqrt{J_2} = k + \eta(2\dot{\varepsilon}_{ij}\dot{\varepsilon}_{ij})^{\frac{1}{2m}}$,请写出其流动方程。

**8.11**　参考表 8.3,给出 HY-100 调质钢的准静态应力-应变曲线(分别取 $T_1 = 77$ K,$T_2 = 298$ K;$\dot{\varepsilon}_1 = 0.001$ s$^{-1}$,$\dot{\varepsilon}_2 = 0.1$ s$^{-1}$);动态应力-应变曲线(分别取 $T_3 = 298$ K,$\dot{\varepsilon}_3 = 2500$ s$^{-1}$;$T_4 = 473$ K,$\dot{\varepsilon}_4 = 2800$ s$^{-1}$;$T_5 = 673$ K,$\dot{\varepsilon}_5 = 3000$ s$^{-1}$;$T_6 = 873$ K,$\dot{\varepsilon}_6 = 3100$ s$^{-1}$),并分析其变形特点。

**英文阅读材料 8**

This paper is concerned with the essential structure of inelastic stress-strain relations for metals, particularly in the transient creep and strain-rate sensitive ranges of behavior where time effects dominate. The considerations are primarily macroscopic, but an attempt is made to relate behavior to general features of dislocation motion. The viewpoint that plasticity is inherently time-dependent has been put forth in the dislocation dynamics theory developed by Johnston and Gilman [1, 2]. In a sense, the present study provides the mathematical framework for extension of their theory to general stress states and loading paths. Methods employed closely parallel those of Bishop and Hill [3,4] in studies of the time-independent idealization as based on the concept of crystalline slip within individual grains of a polycrystal, and also those of Kestin and Rice[5] in developing a thermodynamic formulation for inelastic behavior based on internal state variables. Our concern throughout will be with small strains and rotations, and with macroscopically homogeneous stress and strain fields.

**Time-Independent Plasticity.** To clarity what is intended by essential structure in the opening sentence, consider the time independent idealization, for which a definite elastic range (interior of current yield surface) is usually assumed to exist at each stage of the deformation history. The essential content of the theory is then expressed by the maximum plastic work inequality [6,7]

$$(\Sigma_{ij} - \Sigma_{ij}^0) dE_{ij}^p \geqslant 0 \qquad\qquad (1)$$

Here $dE^p$ is a plastic strain increment under a stress $\Sigma$ on the current yield surface, and $\Sigma^0$ is any other stress state lying either within or on the surface. The inequality leads to normality of plastic strain increments to the yield surface at smooth points, and to the requirement of convex surfaces. It is guide to experiment, for complete incremental stress-strain relations may be written once the location of the yield surface is known in terms of the plastic distortion history. Further, it is the key element for validity of certain general principles, e. g., the limit theorems associated with the nonhardening idealization, uniqueness, and variational theorems, etc.

Different and seemingly more fundamental postulates have been introduced as a basis for the inequality. For example, Drucker [8,7] considers a stressed body and makes a stability of material postulate that any additional set of tresses must do nonnegative work on the strains they produce. When applied to a cycle of additional stressing, beginning and ending at a stress state $\Sigma^0$, the stability postulate together with the path independence of elastic strain leads to the inequality(1). In a similar way, Il'yushin [9] arrives at the inequality by postulating nonnegative work in a cycle of straining originating from an arbitrary deformed state. While such postulates may seem to be rather general thermodynamic principles, they are not. As Drucker [10] has noted, they are instead nothing more than reasonable classifications of behavior for metals, and fail, for example, when applied to materials for which inelastic behavior results from slip with frictional resistance of the Coulomb type. This connection with deformation mechanisms was implicitly recognized in the Bishop and Hill [3] derivation. They adopted the conventional continuum view of crystalline slip, with conditions for plastic straining of a particular slip system depending only on the resolved shear stress in the slip direction. This is equivalent to assuming an inequality in the form of (1) for each slip system, from which they were able to derive (1) in terms of macroscopic stress and strain. McClintock and Argon [11] have presented a parallel approximate argument for validity of the inequality through a dislocation, rather than continuum, model of crystalline slip.

**Synopsis of Present Study.** This study of the time-dependent range similarly attempts to relate stress-strain relations to deformation mechanisms. Rather than seeking postulates of an extra-thermodynamic nature, such as stability of material, the emphasis is on elucidating the essential structure of macroscopic stress-strain relations as implied by plausible idealizations of slip processes at the microstructural level.

We start by deriving a kinematical relation between microstructural slip displacements and macroscopic plastic strain in the next section. The material is modeled as a generally inhomogeneous linear elastic system, such as a polycrystal, capable of internal rearrangement through slip. The relation sppears to have escaped notice in earlier studies, and some errors are traced to use of a conventional formula which is really valid only for elastically homogeneous materials (e. g., single crystals). It is found instructive to separately consider a continuum model of slip within individual srystallites, and a discrete dislocation model. Both lead to the same time-dependent macroscopic structure for stress-strain relations, although a number of difficulties arise in starting a theory with the latter. Specifically, once it is accepted that the rate of shearing on a given slip system depends on local stresses only through the resolved shear in the slip direction, or that the velocity of a segment of dislocation line depends only on the local "force" in the Burgers vector direction, the following macroscopic structure emerges: For a given history of prior deformation, the current inelastic strain rate depends on current stress through being derivable from a scalar flow potential,

$$\dot{E}_{ij}^{\mathrm{p}} = \frac{\partial \Omega(\Sigma, \text{ history})}{\partial \Sigma_{ij}} \tag{2}$$

behavior are discussed within the flow potential representation, with linear viscoelasticity and time-independent plasticity developed as limiting cases. Finally, we inquire as to what conditions might result in a potential function representation for longtime strain rates in materials exhibiting stationary creep at constant stress.

**Internal Variables in Irreversible Thermodynamics.** No ture irreversible thermodynamics of general applicability during processes, as distinguished from end point equilibrium states, currently exists. Entropy and temperature, and thus the second law, are given operational meaning only for the latter. However, one might in some cases trace irreversible behavior to internal rearrangements of a material due to changes in certain "internal variables." If we take the point of view that these internal variables could, in concept though not in practice, be manipulated or constrained at will by imposition of appropriate forces, then they join our list of state variables in providing a full thermodynamic characterization of the constrained equilibrium states corresponding, say, to a given internal arrangement, applied stress, and temperature. This makes the equilibrium thermodynamics formalism directly applicable to processes, with the enlarged list of state variables, provided the following essential approximation can be accepted: that every achievable irreversible process may be considered as a sequence of constrained equilibrium states corresponding to the instantaneous values of the internal variables.

These ideas have been adopted by Kestin and Rice [5, section 8] in developing an elementary internal variable theory for solids which leads to the same flow potential representation as in equation (2), and which otherwise parallels the present study. They considered a set of discrete, scalar internal variables, and an equation of state which reduced to linear thermoelasticity when the internal variables were held fixed. The separaton of strain into an inelastic part $E^{\mathrm{p}}$, depending only on internal variables, and an elastic part follows immediately. A Maxwell relation, following from the laws of thermodynamics as applied to constrained equilibrium states, in the key relation: the variation with respect to $\Sigma_{ij}$, at fixed temperature and internal variables, of the thermodynamic force associated with a particular variable = the variation of $E_{ij}^p$ with respect to that variable[5].

The reader may see that equation (6) of the next section, relating slip displacements to macroscopic plastic strain, or its variants(9) and (13) for the two slip models, contains the same information. They next assumed a local dependence, in that at a given internal state, the rate of change of a particular variable would depend only on the thermodynamic force associated with that variable. Together with the Maxwell relation, this leads to the flow potential representation of equation (2) with $\Omega$ viewed as a function of $\Sigma$, temperature, and current internal variables (or history). Our subsequent equations (19) or (29) embody the same local dependence assumption, and lead directly to the flow potential.

We shall not pursue some other thermodynamic consequences of the internal variable theory in [5] and its analog here, since the present study aims only at a "mechanical" description with no reference to temperature changes. We shall, however, question the appropriateness of the sequence of constrained equilibrium states assumption when discussing the discrete dislocation model of slip.

(摘自论文 J. R. Rice. On the Structure of Stress-Strain Relations for Time-Dependent Plastic Deformation in Metals, Journal of Applied Mechanics, 37, 1970, pp. 728 – 737)

### 塑性力学人物 8

## G. I. Taylor(杰弗里·泰勒)

Sir Geoffrey Ingram Taylor (7 March 1886—27 June 1975) was one of the most notable scientists of the 20th century, and over a period of more than 60 years produced a steady stream of contributions of the highest originality. He occupied a leading place in applied mathematics, in classical physics and in engineering science. Taylor's work is of the greatest importance to the mechanics of fluids and solids and to their application in meteorology, oceanography, aeronautics, metal physics, mechanical engineering and chemical engineering. The nature of his thinking was like that of Stokes, Kelvin and Rayleigh, although he got more experiments than any one of these three. He had the rare honor of seeing his scientific papers, gathered together and published in four thick volumes during his lifetime.

In 1923 he was appointed to a Royal Society research professorship as a Yarrow Research Professor. It was in this period that he did his most wide-ranging work on fluid mechanics and solid mechanics, including research on the deformation of crystalline materials. Prof. R. Hill wrote, "*In the continuum theory of plasticity, at a time when the foundations of the subject were still in contentious flux, Taylor had an unrivalled understanding of how the constitutive principles should properly be framed*".

In 1934, Taylor, roughly contemporarily with Michael Polanyi and Egon Orowan, realised that the plastic deformation of ductile materials could be explained in terms of the theory of dislocations developed by Vito Volterra in 1905. The insight was critical in developing the modern science of solid mechanics. Prof. Sir N. Mott wrote, *"Taylor's papers on the dislocation mechanism of plastic deformation in crystal had a very great influence on the development of the subject."*

His final research paper was published in 1969, when he was 83. Taylor received the Timoshenko Medal (1958), Franklin Medal (1962), A. A. Griffith Medal and Prize, Theodore von Karman Medal (1969) and was appointed to the Order of Merit.

# 参考文献

[1] 夏志皋. 塑性力学[M]. 上海:同济大学出版社,1991.

[2] 庄懋年. 工程塑性力学(修订本)[M]. 北京:高等教育出版社,1993.

[3] 王仁,黄文彬,黄筑平. 塑性力学引论[M]. 北京:北京大学出版社,1992.

[4] 徐秉业,刘信声. 应用弹塑性力学[M]. 北京:清华大学出版社,1995.

[5] 北川浩. 塑性力学基础[M]. 刘宏斌,张宏泽,译. 北京:高等教育出版社,1986.

[6] Fung Y C. Foundations of solid mechanics[M]. New Jersey:Prentice Hall,1965.

[7] Hill R. The mathematical theory of plasticity[M]. Oxford:Oxford University Press,1950.

[8] 普拉格 W,霍奇 P G. 理想塑性固体理论[M]. 陈森,译. 北京:科学出版社,1964.

[9] 马丁. 塑性力学——基础及其一般结果[M]. 余同希,译. 北京:北京理工大学出版社,1990.

[10] Л М 卡恰诺夫. 塑性理论基础(第二版)[M]. 周承倜,译. 北京:人民教育出版社,1959.

[11] Calladine C R. Engineering plasticity[M]. Oxford:Pergamon Press,1969.

[12] 王自强. 近代塑性力学发展概况[J]. 力学进展,1986,16(2):210-220.

[13] 陈罕. 现代统一塑性理论[J]. 力学进展,1987,17(3):353-363.

[14] 刘希国,王仁. 塑性动力学和动态塑性失稳回顾[J]. 力学进展,2001,31(3):461-468.

[15] 刘旭红,黄西成,陈裕泽,等. 强动载荷下金属材料塑性变形本构模型评述[J]. 力学进展,2007,37(3):361-374.

[16] 俞茂宏. 强度理论百年总结[J]. 力学进展,2004,34(4):529-560.

[17] Yu M H. Generalized plasticity[M]. Berlin:Springer,2005.

[18] 王小平,孟国涛. 非局部化弹塑性理论及其应用[J]. 岩石力学与工程学报,2007,26(增1):2964-2967.

[19] 黄克智,邱信明,姜汉卿. 应变梯度理论的新进展(一)——偶应力理论和 SG 理论[J]. 机械强度,1999,21(1):81-87.

[20] 黄克智,邱信明,姜汉卿. 应变梯度理论的新进展(二)——基于细观机制的 MSG 应变梯度塑性理论[J]. 机械强度,1999,21(3):161-165.

[21] Needleman A. Computational mechanics at the mesoscale[J]. Acta Materilia,2000,48:105-124.

[22] Hill R. The plastic yielding of notched bars under tension[J]. Q. J. Mech. Appl. Math.,1949,2:40-52.

[23] 余同希,薛璞. 工程塑性力学(第2版)[M]. 北京:高等教育出版社,2010.

[24] 陈钢,刘应华. 结构塑性极限与安定分析理论及工程方法[M]. 北京:科学出版社,2006.

[25] Miller A G. Review of limit loads of structures containing defects[J]. Int. J. Pres. Ves. Piping,1988,32:197-327.

[26] R A C 斯莱特. 工程塑性理论及其在金属成形中的应用[M]. 王仲仁,袁祖培,译. 北京：机械工业出版社,1983.

[27] Hodge P G Jr. Plastic analysis of structures[M]. New York:McGraw-Hill, 1959.

[28] Prager W. An introduction to plasticity[M]. Addison-Wesley, Reading, Mass, 1959.

[29] Hodge P G Jr. The rigid-plastic analysis of asymmetrically loaded cylindrical shells[J]. J. Appl. Mech. ,1954,21:336.

[30] Drucker D C. Limit analysis of cylindrical shells under axially symmetric loading[C]. Proc. 1st Midwest. Conf. Solids Mech. ,Urbana,IL,1953:158.

[31] Eason G, Shield R T. The influence of free ends on the load-carrying capacities of cylindrical shells[J]. J. Mech. Phys. Solids,1955,4:17.

[32] Onat E T. The plastic collapse of cylindrical shells under axially symmetrical loading [J]. Quart. Appl. Mech. ,1955,13:63.

[33] Lubliner J. Plasticity theory[M]. Dover, 2008.

[34] König J A. Shakedown of elastic-plastic structures[M]. Amsterdam:Elsevier, 1987.

[35] 黄筑平,杜森田. 动载荷下弹塑性随动强化结构的安定问题[J]. 力学学报,1985, 15 (5): 445 - 451.

[36] 徐秉业, 刘信声. 结构塑性极限分析[M]. 北京:中国建筑工业出版社,1985.

[37] Khan A S, Huang S. Continuum theory of plasticity[M]. New York:John Wiley & Sons,1995.

[38] 蔡怀崇,闵行. 材料力学[M]. 西安:西安交通大学出版社,2004.

[39] 王子昆,黄上恒. 弹性力学[M]. 西安:西安交通大学出版社,1995.

[40] 何福保,沈亚鹏. 板壳理论[M]. 西安:西安交通大学出版社,1993.

[41] 余同希,邱信明. 冲击动力学[M]. 北京:清华大学出版社,2011.

[42] 周益春. 材料固体力学(上、下册)[M]. 北京:科学出版社,2005.

[43] M A 迈耶斯. 材料的动力学行为[M]. 张庆明,刘彦,黄风雷,等,译.北京:国防工业出版社,2006.

[44] 涉谷阳二. 塑性物理[M]. 东京:日本森北出版株式会社,2011.

[45] 卓家寿, 黄丹. 工程材料的本构演绎[M]. 北京:科学出版社,2009.

[46] 贾乃文. 粘塑性力学及工程应用[M]. 北京:地震出版社,2000.

[47] 吴非文. 火力发电厂高温金属运行[M]. 北京:水利电力出版社,1979.

[48] 余永宁. 金属学原理[M].2 版.北京:冶金工业出版社, 2013.

[49] 赵志业. 金属塑性变形与轧制理论[M].2 版.北京:冶金工业出版社,1994.

[50] Johnson G R, Cook W H. A constitutive model and data for metals subjected to large strains, high strain rates and high[C]. Proceedings of the 7th International Symposium on Ballistics, 1983:541 - 547.

[51] Bingham E C. Fluidity and Plasticity[M]. New York:McGraw-Hill,1922.

[52] Hohenemser K, Prager W. Fundamental equations and definitions concerning the mechanics of isotropic continua[J]. J. Rheology, 1932, 3: 16 - 22.

[53] Perzyna P. Fundamental problems in viscoplasticity [J]. Advances in Applied

Mechanics, 1966, 9:244 - 368.

[54] Chaboche J L. A review of some plasticity and viscoplasticity constitutive theories[J].
     Int. J. Plasticity, 2008, 24:1642 - 1693.

[55] Frost H J, Ashby M F. Deformation-mechanism maps, the plasticity and creep of
     metals and ceramics[M]. Oxford: Pergamon, 1982.

[56] Dunne F, Petrinic N. Introduction to computational plasticity[M]. Oxford: Oxford
     University Press, 2005.

[57] Gilman J J. Micromechanics of flow in solids[M]. New York:McGraw-Hill, 1969.

[58] Bower A F. Applied mechanics of solids[M]. New York:CRC Press, 2009.

[59] Zerilli F J, Armstrong R W. Dislocation-mechanics-based constitutive relations for
     material dynamics calculations[J]. J. Applied Physics, 1987, 61:1816 - 1825.

[60] Follansbee P S, Kocks U F. A constitutive description of the deformation of copper
     based on the use of the mechanical threshold[J]. Acta Metallurgica, 1988, 36:81 - 93.

[61] Banerjee B. The mechanical threshold stress model for various tempers of AISI 4340
     steel[J]. Int. J. Solids Structures, 2007, 44:834 - 859.

[62] Preston D L, Tonks D L, Wallace D C. Model of plastic deformation for extreme
     loading conditions[J]. J. Applied Physics, 2003, 93:211 - 220.